"十四五"职业教育国家规划教材

酒水知识与酒吧管理
第三版

主编 ◎ 匡家庆　　副主编 ◎ 汪京强

中国旅游出版社

第三版前言

《酒水知识与酒吧管理》这本教材的初版是中国旅游出版社 2012 年出版的《调酒与酒吧管理》，后成功申报"十二五"职业教育国家规划教材，获批名称为《酒水知识与酒吧管理》，于 2017 年出版后多次重印，后获批"十三五"职业教育国家规划教材，于 2021 年推出第二版，并获批"十四五"职业教育国家规划教材。此次教材修订，主要突出以下三方面：

一是增加了二维码在内的数字化呈现方式，便于读者通过扫二维码方式获取相关知识链接及教学资源，使其可听、可视、可练。

二是补充完善了社会主义核心价值观的内容。增加了绪论，绪论内容主要包括：深刻认识党的二十大胜利召开的伟大意义，提升新时代大学生政治站位；深刻把握党的二十大主题，激发新时代大学生爱国热情；深入学习领悟过去五年工作和新时代十年伟大变革的重大意义，增强新时代大学生民族自豪感；深刻领会"两个结合"是推进马克思主义中国化时代化的根本途径，加强新时代大学生弘扬中华优秀传统文化教育；牢牢把握全面建设社会主义现代化国家开局起步的战略部署，指引新时代大学生守正创新促发展；深入把握党的二十大关于文化和旅游工作的部署要求，推动文旅融合高质量发展；深刻把握团结奋斗的新时代要求，为文旅行业培养高素质人才。

三是图片优化方面，删除了个别图片，并提高了图片清晰度。

由于作者水平有限，不足之处在所难免，敬请广大读者批评指正！

编者
2023 年 7 月

第二版前言

《酒水知识与酒吧管理》一书自出版以来，由于其知识的系统性、实用性和操作性，受到了全国高职院校酒店管理专业师生的广泛好评，并作为酒店管理专业核心课程的首选教材之一。2017年，该教材入选"十二五"职业教育国家规划教材，2020年，该教材经全国职业教育教材审定委员会审定，再次入选"十三五"职业教育国家规划教材。这既是对本教材的充分肯定，也是对编著者的激励。

鸡尾酒调制与创新是历年来各类酒店服务类比赛的主要内容，随着比赛内容的不断变化与调整，对参赛者酒水知识的完整性、全面性有了更高的要求。为了保证教材内容的完整性，同时增加高职院校师生参与各类赛事的竞争力，本次修订增加了"配制酒"一章，尤其是该章节中"利口酒"部分知识的增加，既弥补了职业院校师生在专业教学中的缺憾，又为高职院校师生调制、创作鸡尾酒提供了有益帮助，同时使该教材内容更趋完整和全面。此外，在"现代鸡尾酒调制技术"一章中增加了"自创酒品赏析"的内容，通过大赛中自创鸡尾酒作品的介绍，让高职院校师生在欣赏优秀作品之时，也能了解自创鸡尾酒的方法。

随着人们生活方式的改变，酒品知识和鸡尾酒创作知识也在不断更新和发展，本教材也将跟随这种变化不断完善，也希望广大高职院校师生在教学过程中能够将发现的问题及时反馈给我们，以便使该教材能与时俱进，更加符合行业和教学的需要。

编者
2021年5月于南京

前　言

随着新生代成为消费主体，各种外来消费品和生活方式也逐渐成为一种消费潮流，葡萄酒、鸡尾酒不但逐渐进入消费者的视野，而且越来越受到普通消费者的关注，泡吧亦已成为许多年轻人的一种生活方式。酒吧已成为当代中国人休闲、交流的重要场所。

无论是传统的英式调酒，还是现代的美式调酒，也就是花式调酒，正被越来越多的年轻人所推崇。学习调酒不仅仅是为了寻求一份好的工作，而更多地成了很多年轻人的一种时尚。近年来，国内外举办的各种各样的调酒大赛越来越多，各种风格独特的酒吧也如雨后春笋般出现在城市的各个角落，形成了众多的主题酒吧街区。调酒既成了一种职业，也是一种兴趣，甚至是一种生活方式。在各种专业的调酒培训机构、各类中高职院校中，调酒师的培训如火如荼，吸引了众多的年轻人参与。

《酒水知识与酒吧管理》正是以现代年轻人的视角，把握时代的脉搏，适时介绍了调酒的基本技能和调酒师必备的基础酒水知识，为有志于调酒事业的年轻人提供一份丰盛的调酒大餐，同时，从酒吧经营与管理的角度，阐述了酒吧服务、经营、管理的相关内容，为调酒师职业生涯的规划和发展奠定基础。本书既有技能的展示，也有知识的积累，有利于调酒爱好者循序渐进、系统地学习调酒艺术和酒吧经营管理艺术。本书不仅可以作为调酒师培训机构、中高职院校酒店管理专业学生学习鸡尾酒调制和酒吧服务管理的教材，也是一本很好的调酒与酒吧管理的工具书。

本书由南京旅游职业学院匡家庆担任主编，华侨大学旅游学院汪京强担任副主编。在资料收集和编撰过程中得到了华侨大学旅游学院汪京强教授以及他的研究生团队、南京旅游职业学院徐斌老师等的大力支持和无私的帮助，得到中国旅游出版社段向民、张芸艳等老师的支持，在此一并表示感谢。

编者
2017 年 5 月于南京

目 录
CONTENTS

绪　论 ··· 1

第一章　酒水概述 ··· 17
第一节　酒的起源和发展 ··· 18
第二节　酿酒的基本原理 ··· 23
第三节　酒　度 ·· 28
第四节　酒的分类 ··· 30
复习与思考 ·· 35

第二章　葡萄酒 ·· 36
第一节　葡萄酒概述 ··· 37
第二节　葡萄酒的酿造 ·· 46
第三节　葡萄酒的服务与品鉴 ·· 50
第四节　葡萄酒的储藏 ·· 59
复习与思考 ·· 60

第三章　世界葡萄酒产地 ·· 61
第一节　法国葡萄酒 ··· 62
第二节　其他国家葡萄酒 ··· 73
复习与思考 ·· 80

第四章　谷物酿造酒 ··· 82
第一节　黄　酒 ·· 83
第二节　啤　酒 ·· 89

第三节	清　酒	96
复习与思考		100

第五章 蒸馏酒　101

第一节	蒸馏酒概述	102
第二节	中国白酒	105
第三节	白兰地	109
第四节	威士忌	115
第五节	其他蒸馏酒	121
复习与思考		128

第六章 配制酒　130

第一节	开胃酒	131
第二节	甜食酒	135
第三节	利口酒	141
复习与思考		146

第七章 鸡尾酒调制基础　147

第一节	鸡尾酒文化渊源	148
第二节	鸡尾酒的定义与基本结构	155
第三节	载杯与调酒用具	165
复习与思考		173

第八章 现代鸡尾酒调制技术　174

第一节	调制术语	176
第二节	传统鸡尾酒调制技术	179
第三节	花式调酒技术	184
第四节	鸡尾酒创作技巧概述	187
第五节	经典鸡尾酒调制	205
复习与思考		215

第九章 咖啡、茶饮料调制 ... 216
第一节 咖啡及咖啡饮料 ... 217
第二节 茶与茶饮料 ... 228
复习与思考 ... 237

第十章 酒吧业态 ... 238
第一节 酒吧业概述 ... 239
第二节 旅游星级饭店酒吧类型及经营特点 ... 244
第三节 餐娱休闲酒吧类型及经营特点 ... 245
复习与思考 ... 249

第十一章 酒吧设计与氛围营造 ... 250
第一节 酒吧市场调研与主题设计 ... 253
第二节 酒吧空间设计与布局概述 ... 261
第三节 酒吧氛围营造 ... 267
复习与思考 ... 276

第十二章 酒吧经营物资的筹措 ... 278
第一节 酒吧物品采购 ... 279
第二节 酒吧酒水采购 ... 283
第三节 酒吧酒水验收 ... 287
第四节 酒吧酒水储存 ... 289
复习与思考 ... 295

第十三章 酒单设计与标准酒谱设计 ... 297
第一节 酒单设计 ... 298
第二节 标准酒谱设计 ... 307
复习与思考 ... 311

第十四章 酒吧服务策划与管理 ... 313
第一节 酒吧岗位设置与职责 ... 314
第二节 酒吧服务规程设计 ... 321

第三节 | 酒吧服务技巧 ……………………………………………… 327
　　复习与思考 ……………………………………………………… 334

第十五章 | 酒吧经营管理 …………………………………………… 336
　　第一节 | 酒水销售管理 ………………………………………… 339
　　第二节 | 酒吧操作管理 ………………………………………… 342
　　第三节 | 酒吧人员管理 ………………………………………… 346
　　第四节 | 酒吧收益管理 ………………………………………… 354
　　第五节 | 酒吧产品质量控制 …………………………………… 366
　　复习与思考 ……………………………………………………… 370

第十六章 | 酒吧营销管理 …………………………………………… 372
　　第一节 | 酒吧营销策略 ………………………………………… 374
　　第二节 | 鸡尾酒会组织与管理 ………………………………… 379
　　第三节 | 酒吧主题活动的组织实施 …………………………… 382
　　复习与思考 ……………………………………………………… 386

附　录 ………………………………………………………………… 388
参考文献 ……………………………………………………………… 389

绪　论

党的二十大是在全党全国各族人民迈上全面建设社会主义现代化国家新征程、向第二个百年奋斗目标进军的关键时刻召开的一次十分重要的大会，是一次高举旗帜、凝聚力量、团结奋进的大会。党的二十大在政治上、理论上、实践上取得了一系列重大成果，就新时代新征程党和国家事业发展制定了大政方针和战略部署，是我们党团结带领人民全面建设社会主义现代化国家、全面推进中华民族伟大复兴的政治宣言和行动纲领，对于全党全国各族人民更加紧密团结在以习近平同志为核心的党中央周围，万众一心、接续奋斗，在新时代新征程夺取中国特色社会主义新的伟大胜利，具有极其重大而深远的意义。学习贯彻党的二十大精神，习近平总书记强调的"五个牢牢把握"是最精准的解读、最权威的辅导。要从战略和全局高度完整、准确、全面理解把握党的二十大精神，增强学习贯彻的政治自觉、思想自觉、行动自觉，为实现党的二十大确定的目标任务不懈奋斗。

一、深刻认识党的二十大胜利召开的伟大意义，提升新时代大学生政治站位

党的二十大担负起全党的重托和人民的期待，从战略全局深刻阐述了新时代坚持和发展中国特色社会主义的一系列重大理论和实践问题，科学谋划了未来一个时期党和国家事业发展的目标任务和大政方针，在党和国家历史上具有重大而深远的意义。

（一）这是中国共产党在百年辉煌成就和十年伟大变革的高起点上创造新时代更大荣光的大会

中国共产党在百年历程中共召开了十九次全国代表大会。党的二十大是我们党在建党百年后召开的首次全国代表大会，也是在新时代十年伟大变革的时间坐标上召开的全国代表大会，具有特别的里程碑意义。

（二）这是推进实践基础上的理论创新、开辟马克思主义中国化时代化新境界的大会

马克思主义中国化时代化既是马克思主义的自身要求，又是中国共产党坚持和发展马克思主义的必然路径。中国共产党为什么能，中国特色社会主义为什么好，归根到底是马克思主义行，是中国化时代化的马克思主义行。党的二十大深刻阐述了习近平新时代中国特色社会主义思想的科学内涵和精神实质，深入阐释了开辟马克思主义中国化时代化新境界的重大命题并提出了明确要求，具有重大理论意义。

（三）这是谋划全面建设社会主义现代化国家、以中国式现代化全面推进中华民族伟大复兴的大会

现代化是各国人民的共同期待和目标。百年来，我们党团结带领人民进行的一切奋斗、一切牺牲、一切创造，就是为了把我国建设成为现代化强国，实现中华民族伟大复兴。在新中国成立特别是改革开放以来的长期探索和实践基础上，经过党的十八大以来在理论和实践上的创新突破，我们党成功推进和拓展了中国式现代化，创造了人类文明新形态。党的二十大明确提出以中国式现代化全面推进中华民族伟大复兴的使命任务，精辟论述了中国式现代化的中国特色、本质要求和重大原则，深刻阐释了中国式现代化的历史渊源、理论逻辑、实践特征和战略部署，大大深化了我们党关于中国式现代化的理论和实践。

（四）这是致力于推动构建人类命运共同体、携手开创人类更加美好未来的大会

当前，世界之变、时代之变、历史之变正以前所未有的方式展开，人类社会面临前所未有的挑战。世界又一次站在历史的十字路口，何去何从取决于各国人民的抉择。党的二十大深刻把握世界大势和时代潮流，宣示中国在变局、乱局中促进世界和平与发展、推动构建人类命运共同体的政策主张和坚定决心，为共创人类更加美好的未来注入强大信心和力量。

（五）这是推动解决大党独有难题、以党的自我革命引领社会革命的大会

全面建设社会主义现代化国家、全面推进中华民族伟大复兴，关键在党。党的二十大明确提出：我们党作为世界上最大的马克思主义执政党，要始终赢得人民拥护、巩固长期执政地位，必须时刻保持解决大党独有难题的清醒和坚定。

二、深刻把握党的二十大主题，激发新时代大学生爱国热情

党的二十大的主题，正是我们党对这些事关党和国家事业继往开来、事关中国特色社会主义前途命运、事关中华民族伟大复兴战略性问题的明确宣示，是大会的灵魂。习近平总书记在党的二十大报告中，开宗明义指出大会的主题："高举中国特色社会主义伟大旗帜，全面贯彻新时代中国特色社会主义思想，弘扬伟大建党精神，自信自强、守正创新，踔厉奋发、勇毅前行，为全面建设社会主义现代化国家、全面推进中华民族伟大复兴而团结奋斗。"这一主题明确宣示了我们党在新征程上带领人民举什么旗、走什么路、以什么样的精神状态、朝着什么样的目标继续前进等重大问题。《中国共产党第二十次全国代表大会关于十九届中央委员会报告的决议》指出："报告阐明的大会主题是大会的灵魂，是党和国家事业发展的总纲。"学习理解党的二十大精神，必须把握这一"灵魂"，抓住这一"总纲"。大会主题中的六个关键词语值得我们高度重视。

（一）旗帜

新时代新征程党高举的旗帜就是"中国特色社会主义伟大旗帜"。大会主题写入这一根本要求，既体现了中国特色社会主义历史演进的连续性、继承性，又体现了新时代党坚持和发展中国特色社会主义的坚定性、恒久性。

（二）思想

大会主题所指示的"全面贯彻新时代中国特色社会主义思想"，就是要求在新时代新征程必须全面贯彻习近平新时代中国特色社会主义思想。党的二十大报告对此作出全面部署。

（三）精神

继在庆祝中国共产党成立100周年大会上习近平总书记提出并号召继承发扬伟大建党精神后，党的二十大主题写入了"弘扬伟大建党精神"的要求，新修改的党章载入了伟大建党精神"坚持真理、坚守理想，践行初心、担当使命，不怕牺牲、英勇斗争，对党忠诚、不负人民"的内涵，这是党在自己最高权力机关及最高章程上的庄严宣示，明确回答了党以什么样的精神状态走好新的赶考之路的重大问题，不仅是贯穿大会报告的重要红线，也是今后党的全部理论和实践的重要遵循。

（四）现代化

"现代化"即"全面建设社会主义现代化国家"。这一重要主题彰显了当前和今后一个时期党的中心任务。党的二十大庄严宣告："从现在起，中国共产党的中心任务就是团结带领全国各族人民全面建成社会主义现代化强国、实现第二个百年奋斗目标，以中国式现代化全面推进中华民族伟大复兴。""中国式现代化"成为这次大会的重要标识。

（五）复兴

在党的二十大主题中，前后用了三个"全面"，即"全面贯彻新时代中国特色社会主义思想""全面建设社会主义现代化国家""全面推进中华民族伟大复兴"。第一个"全面"规定了新时代党的创新科学理论的指导地位，第二个"全面"规定了新时代新征程的中心任务，第三个"全面"规定了党在新时代新征程的奋斗目标。大会主题中的前两个"全面"，以及报告全文使用的其他一百多个"全面"，都是为了实现"全面推进中华民族伟大复兴"这一根本目标。

（六）团结奋斗

"团结奋斗"是党的二十大主题的鲜明特色。除了在主题中要求"为全面建设社会主义现代化国家、全面推进中华民族伟大复兴而团结奋斗"外，"团结奋斗"一词还体现在党的二十大报告的标题、导语、正文、结束语各个部分。报告全文共使用7次"团结奋斗"、27次"团结"，突出表达了这次大会的主基调。

三、深入学习领悟过去五年工作和新时代十年伟大变革的重大意义，增强新时代大学生民族自豪感

过去五年和新时代以来的十年，在党和国家发展进程中极不寻常、极不平凡。习近平总书记在党的二十大报告中全面回顾总结了过去五年的工作和新时代十年的伟大变革，深刻指出新时代十年的伟大变革，在党史、新中国史、改革开放史、社会主义发展史、中华民族发展史上具有里程碑意义。学习宣传、贯彻落实党的二十大精神，必须深入学习领悟过去五年工作和新时代十年伟大变革的重大意义，坚定历史自信、增强历史主动，自觉在思想上政治上行动上同以习近平同志为核心的党中央保持高度一致。

党的二十大报告在总结党的十九大以来五年工作基础上，用"三件大事"、三个

"历史性胜利"高度概括新时代十年走过的极不寻常、极不平凡的奋斗历程，从16个方面全面回顾党和国家事业发展取得的举世瞩目的重大成就，从4个方面总结提炼新时代十年伟大变革的里程碑意义。新时代十年的伟大变革，充分证明中国特色社会主义道路不仅走得对、走得通，而且走得稳、走得好。

四、深刻领会"两个结合"是推进马克思主义中国化时代化的根本途径，加强新时代大学生弘扬中华优秀传统文化教育

党的二十大报告提出，中国共产党为什么能，中国特色社会主义为什么好，归根到底是马克思主义行，是中国化时代化的马克思主义行。100多年来，我们党洞察时代大势，把握历史主动，进行艰辛探索，坚持解放思想和实事求是相统一、培元固本和守正创新相统一，把马克思主义基本原理同中国具体实际相结合、同中华优秀传统文化相结合，不断推进理论创新、进行理论创造，不断推进马克思主义中国化时代化，带领中国人民不懈奋斗，中华民族迎来了从站起来、富起来到强起来的伟大飞跃，实现中华民族伟大复兴进入了不可逆转的历史进程。

马克思主义理论不是教条，而是行动指南。习近平总书记在党的二十大报告中指出："我们坚持以马克思主义为指导，是要运用其科学的世界观和方法论解决中国的问题，而不是要背诵和重复其具体结论和词句，更不能把马克思主义当成一成不变的教条。"坚持和发展马克思主义，必须同中国具体实际相结合。100多年来，我们党把坚持马克思主义和发展马克思主义统一起来，既始终坚持马克思主义基本原理不动摇，又根据中国革命、建设、改革实际，创造性地解决自己的问题，不断开辟马克思主义中国化时代化新境界。坚持和发展马克思主义，必须同中华优秀传统文化相结合。只有植根本国、本民族历史文化沃土，马克思主义真理之树才能根深叶茂。中华优秀传统文化源远流长、博大精深，是中华文明的智慧结晶，其中蕴含的天下为公、民为邦本、为政以德、革故鼎新、任人唯贤、天人合一、自强不息、厚德载物、讲信修睦、亲仁善邻等，是中国人民在长期生产生活中积累的宇宙观、天下观、社会观、道德观的重要体现，同科学社会主义核心价值观主张具有高度契合性。中国共产党之所以能够领导人民成功走出中国式现代化道路、创造人类文明新形态，很重要的一个原因就在于植根中华文化沃土，不断推进马克思主义中国化时代化，推动中华优秀传统文化创造性转化、创新性发展。

五、牢牢把握全面建设社会主义现代化国家开局起步的战略部署，指引新时代大学生守正创新促发展

党的二十大站在党和国家事业发展的制高点，科学谋划了未来五年乃至更长时期党和国家事业发展的目标任务和大政方针，发出了全面建设社会主义现代化国家、全面推进中华民族伟大复兴的动员令。

"全面建成社会主义现代化强国，总的战略安排是分两步走：从二〇二〇年到二〇三五年基本实现社会主义现代化；从二〇三五年到本世纪中叶把我国建成富强民主文明和谐美丽的社会主义现代化强国。"党的二十大对全面建成社会主义现代化强国两步走战略安排进行了宏观展望，又围绕统筹推进"五位一体"总体布局、协调推进"四个全面"战略布局，从11个方面对未来五年工作作出全面部署，全面构建了推进社会主义现代化建设的实践体系。特别是把教育科技人才、全面依法治国、维护国家安全和社会稳定单列部分进行具体安排，充分体现了抓关键、补短板、防风险的战略考量，是党中央基于新的战略机遇、新的战略任务、新的战略阶段、新的战略要求、新的战略环境做出的科学判断和战略安排，必将引领全党全国各族人民有效应对世界之变、时代之变、历史之变，推动全面建设社会主义现代化国家开好局、起好步。

六、深入把握党的二十大关于文化和旅游工作的部署要求，推动文旅融合高质量发展

党的二十大作出推进文化自信自强、铸就社会主义文化新辉煌的重大战略部署，要准确把握社会主义文化建设的指导思想和原则目标、战略重点和主要任务以及中国立场和时代要求。

（一）要准确把握社会主义文化建设的指导思想和原则目标

报告指出："全面建设社会主义现代化国家，必须坚持中国特色社会主义文化发展道路，增强文化自信，围绕举旗帜、聚民心、育新人、兴文化、展形象建设社会主义文化强国，发展面向现代化、面向世界、面向未来的，民族的科学的大众的社会主义文化，激发全民族文化创新创造活力，增强实现中华民族伟大复兴的精神力量。"报告明确提出了社会主义文化建设的根本指导思想、基本原则和奋斗目标，坚持为人民服务、

为社会主义服务，以社会主义核心价值观为引领，发展社会主义先进文化，弘扬革命文化，传承中华优秀传统文化，满足人民日益增长的精神文化需求，巩固全党全国各族人民团结奋斗的共同思想基础，不断提升国家文化软实力和中华文化影响力。

（二）要准确把握社会主义文化建设的战略重点和主要任务

党的二十大报告提出了建设具有强大凝聚力和引领力的社会主义意识形态、广泛践行社会主义核心价值观、提高全社会文明程度、繁荣发展文化事业和文化产业、增强中华文明传播力影响力五个方面的战略任务，准确把握、全面落实好这些战略重点和主要任务，对于推进文化自信自强，铸就社会主义文化新辉煌具有重要基础支撑作用。

（三）要准确把握社会主义文化建设的中国立场和时代要求

党的二十大报告指出："中华优秀传统文化源远流长、博大精深，是中华文明的智慧结晶。"要把马克思主义基本原理与中华优秀传统文化相结合，不断推进马克思主义中国化，增强中华文明的传播力和影响力。

（四）以文塑旅、以旅彰文、推进文化和旅游深度融合发展

党的二十大报告明确提出："加大文物和文化遗产保护力度，加强城乡建设中历史文化保护传承，建好用好国家文化公园。坚持以文塑旅、以旅彰文，推进文化和旅游深度融合发展。"这些重要论述，为文旅行业把握新发展阶段，贯彻新发展理念，构建新发展格局，推动高质量发展点明了方向，指明了路径，是未来5年乃至更长一段时间内文旅行业融合发展实践的根本遵循和行动指南，对文旅行业实现理念重构和实践创新具有非常重要的现实指导意义。

七、深刻把握团结奋斗的新时代要求，为文旅行业培养高素质人才

在党的二十大上，习近平总书记宣示新时代新征程党的使命任务，发出了全面建设社会主义现代化国家、全面推进中华民族伟大复兴的动员令。从现在起，中国共产党的中心任务就是团结带领全国各族人民全面建成社会主义现代化强国、实现第二个百年奋斗目标，以中国式现代化全面推进中华民族伟大复兴。

美好的蓝图需要埋头苦干、团结奋斗才能变为现实。习近平总书记的铿锵宣示充

满信心和力量——"党用伟大奋斗创造了百年伟业，也一定能用新的伟大奋斗创造新的伟业"。让我们更加紧密地团结在以习近平同志为核心的党中央周围，全面贯彻习近平新时代中国特色社会主义思想，坚定信心、同心同德，埋头苦干、奋勇前进，深入贯彻落实党的二十大精神和党中央决策部署，为全面建设社会主义现代化国家、全面推进中华民族伟大复兴而团结奋斗，在新的赶考之路上向历史和人民交出新的优异答卷！

相关链接1 🔍搜索

关于党的二十大报告，必须知道的"关键词"

2022年10月16日，中国共产党第二十次全国代表大会开幕，习近平代表第十九届中央委员会向大会作报告。一起学习报告里的这些"关键词"。

【大会的主题】

大会的主题是：高举中国特色社会主义伟大旗帜，全面贯彻新时代中国特色社会主义思想，弘扬伟大建党精神，自信自强、守正创新，踔厉奋发、勇毅前行，为全面建设社会主义现代化国家、全面推进中华民族伟大复兴而团结奋斗。

【三个"务必"】

中国共产党已走过百年奋斗历程。我们党立志于中华民族千秋伟业，致力于人类和平与发展崇高事业，责任无比重大，使命无上光荣。全党同志务必不忘初心、牢记使命，务必谦虚谨慎、艰苦奋斗，务必敢于斗争、善于斗争，坚定历史自信，增强历史主动，谱写新时代中国特色社会主义更加绚丽的华章。

【极不寻常、极不平凡的五年】

党的十九大以来的五年，是极不寻常、极不平凡的五年。党中央统筹中华民族伟大复兴战略全局和世界百年未有之大变局，就党和国家事业发展作出重大战略部署，团结带领全党全军全国各族人民有效应对严峻复杂的国际形势和接踵而至的巨大风险挑战，以奋发有为的精神把新时代中国特色社会主义不断推向前进。

【三件大事】

十年来，我们经历了对党和人民事业具有重大现实意义和深远历史意义的三件大事：一是迎来中国共产党成立一百周年，二是中国特色社会主义进入新时代，三是完成脱贫攻坚、全面建成小康社会的历史任务，实现第一个百年奋斗目标。

【新时代十年的伟大变革】

新时代十年的伟大变革,在党史、新中国史、改革开放史、社会主义发展史、中华民族发展史上具有里程碑意义。

【归根到底是两个"行"】

实践告诉我们,中国共产党为什么能,中国特色社会主义为什么好,归根到底是马克思主义行,是中国化时代化的马克思主义行。拥有马克思主义科学理论指导是我们党坚定信仰信念、把握历史主动的根本所在。

【中国共产党的中心任务】

从现在起,中国共产党的中心任务就是团结带领全国各族人民全面建成社会主义现代化强国、实现第二个百年奋斗目标,以中国式现代化全面推进中华民族伟大复兴。

【中国式现代化】

中国式现代化,是中国共产党领导的社会主义现代化,既有各国现代化的共同特征,更有基于自己国情的中国特色。

——中国式现代化是人口规模巨大的现代化。

——中国式现代化是全体人民共同富裕的现代化。

——中国式现代化是物质文明和精神文明相协调的现代化。

——中国式现代化是人与自然和谐共生的现代化。

——中国式现代化是走和平发展道路的现代化。

中国式现代化的本质要求是:坚持中国共产党领导,坚持中国特色社会主义,实现高质量发展,发展全过程人民民主,丰富人民精神世界,实现全体人民共同富裕,促进人与自然和谐共生,推动构建人类命运共同体,创造人类文明新形态。

【全面建设社会主义现代化国家开局起步的关键时期】

未来五年是全面建设社会主义现代化国家开局起步的关键时期。

【五个"坚持"】

我国发展进入战略机遇和风险挑战并存、不确定难预料因素增多的时期,各种"黑天鹅""灰犀牛"事件随时可能发生。我们必须增强忧患意识,坚持底线思维,做到居安思危、未雨绸缪,准备经受风高浪急甚至惊涛骇浪的重大考验。前进道路上,必须牢牢把握以下重大原则。

——坚持和加强党的全面领导。

——坚持中国特色社会主义道路。

——坚持以人民为中心的发展思想。

——坚持深化改革开放。

——坚持发扬斗争精神。

【加快构建新发展格局】

必须完整、准确、全面贯彻新发展理念，坚持社会主义市场经济改革方向，坚持高水平对外开放，加快构建以国内大循环为主体、国内国际双循环相互促进的新发展格局。

【发展经济着力点】

坚持把发展经济的着力点放在实体经济上，推进新型工业化，加快建设制造强国、质量强国、航天强国、交通强国、网络强国、数字中国。

【实施科教兴国战略】

必须坚持科技是第一生产力、人才是第一资源、创新是第一动力，深入实施科教兴国战略、人才强国战略、创新驱动发展战略，开辟发展新领域新赛道，不断塑造发展新动能新优势。

坚持创新在我国现代化建设全局中的核心地位。完善党中央对科技工作统一领导的体制，健全新型举国体制，强化国家战略科技力量，优化配置创新资源，提升国家创新体系整体效能。

【全过程人民民主】

全过程人民民主是社会主义民主政治的本质属性，是最广泛、最真实、最管用的民主。必须坚定不移走中国特色社会主义政治发展道路，坚持党的领导、人民当家作主、依法治国有机统一。

【全面依法治国】

全面依法治国是国家治理的一场深刻革命，关系党执政兴国，关系人民幸福安康，关系党和国家长治久安。必须更好发挥法治固根本、稳预期、利长远的保障作用，在法治轨道上全面建设社会主义现代化国家。

【文化自信自强】

全面建设社会主义现代化国家，必须坚持中国特色社会主义文化发展道路，增强文化自信，围绕举旗帜、聚民心、育新人、兴文化、展形象建设社会主义文化强国，发展面向现代化、面向世界、面向未来的，民族的科学的大众的社会主义文化，激发全民族文化创新创造活力，增强实现中华民族伟大复兴的精神力量。

【为民造福】

治国有常，利民为本。为民造福是立党为公、执政为民的本质要求。必须坚持在发展中保障和改善民生，鼓励共同奋斗创造美好生活，不断实现人民对美好生活的向往。

【完善分配制度】

坚持按劳分配为主体、多种分配方式并存，构建初次分配、再分配、第三次分配协调配套的制度体系。努力提高居民收入在国民收入分配中的比重，提高劳动报酬在初次分配中的比重。坚持多劳多得，鼓励勤劳致富，促进机会公平，增加低收入者收入，扩大中等收入群体。规范收入分配秩序，规范财富积累机制，保护合法收入，调节过高收入，取缔非法收入。

【推动绿色发展】

大自然是人类赖以生存发展的基本条件。尊重自然、顺应自然、保护自然,是全面建设社会主义现代化国家的内在要求。必须牢固树立和践行绿水青山就是金山银山的理念,站在人与自然和谐共生的高度谋划发展。

【总体国家安全观】

国家安全是民族复兴的根基,社会稳定是国家强盛的前提。必须坚定不移贯彻总体国家安全观,把维护国家安全贯穿党和国家工作各方面全过程,确保国家安全和社会稳定。

【新安全格局】

我们要坚持以人民安全为宗旨、以政治安全为根本、以经济安全为基础、以军事科技文化社会安全为保障、以促进国际安全为依托,统筹外部安全和内部安全、国土安全和国民安全、传统安全和非传统安全、自身安全和共同安全,统筹维护和塑造国家安全,夯实国家安全和社会稳定基层基础,完善参与全球安全治理机制,建设更高水平的平安中国,以新安全格局保障新发展格局。

【开创国防和军队现代化新局面】

实现建军一百年奋斗目标,开创国防和军队现代化新局面。

如期实现建军一百年奋斗目标,加快把人民军队建成世界一流军队,是全面建设社会主义现代化国家的战略要求。必须贯彻新时代党的强军思想,贯彻新时代军事战略方针,坚持党对人民军队的绝对领导,坚持政治建军、改革强军、科技强军、人才强军、依法治军,坚持边斗争、边备战、边建设,坚持机械化信息化智能化融合发展,加快军事理论现代化、军队组织形态现代化、军事人员现代化、武器装备现代化,提高捍卫国家主权、安全、发展利益战略能力,有效履行新时代人民军队使命任务。

【坚持和完善"一国两制",推进祖国统一】

"一国两制"是中国特色社会主义的伟大创举,是香港、澳门回归后保持长期繁荣稳定的最佳制度安排,必须长期坚持。

坚持贯彻新时代党解决台湾问题的总体方略,牢牢把握两岸关系主导权和主动权,坚定不移推进祖国统一大业。

解决台湾问题是中国人自己的事,要由中国人来决定。我们坚持以最大诚意、尽最大努力争取和平统一的前景,但决不承诺放弃使用武力,保留采取一切必要措施的选项,这针对的是外部势力干涉和极少数"台独"分裂分子及其分裂活动,绝非针对广大台湾同胞。国家统一、民族复兴的历史车轮滚滚向前,祖国完全统一一定要实现,也一定能够实现!

【人类命运共同体】

中国提出了全球发展倡议、全球安全倡议,愿同国际社会一道努力落实。我们真诚呼吁,世界各国弘扬和平、发展、公平、正义、民主、自由的全人类共同价值,促进各国人民相知相亲，尊重世界文明多样性，以文明交流超越文明隔阂、文明互鉴超越文明冲突、文明共存超越文明优越，共同应对各种全球性挑战。中国人民愿同世界人民携手开创人类更加美好的未来。

【新时代党的建设新的伟大工程】

全面建设社会主义现代化国家、全面推进中华民族伟大复兴，关键在党。我们党作为世界上最大的马克思主义执政党，要始终赢得人民拥护、巩固长期执政地位，必须时刻保持解决大党独有难题的清醒和坚定。全党必须牢记，全面从严治党永远在路上，党的自我革命永远在路上，决不能有松劲歇脚、疲劳厌战的情绪，必须持之以恒推进全面从严治党，深入推进新时代党的建设新的伟大工程，以党的自我革命引领社会革命。

【五个"必由之路"】

全党必须牢记，坚持党的全面领导是坚持和发展中国特色社会主义的必由之路，中国特色社会主义是实现中华民族伟大复兴的必由之路，团结奋斗是中国人民创造历史伟业的必由之路，贯彻新发展理念是新时代我国发展壮大的必由之路，全面从严治党是党永葆生机活力、走好新的赶考之路的必由之路。

【战略性工作】

青年强，则国家强。当代中国青年生逢其时，施展才干的舞台无比广阔，实现梦想的前景无比光明。全党要把青年工作作为战略性工作来抓，用党的科学理论武装青年，用党的初心使命感召青年，做青年朋友的知心人、青年工作的热心人、青年群众的引路人。

——资料来源：人民网·中国共产党新闻网

相关链接2 🔍搜索

9个重要表述，带你理解高质量

习近平在党的二十大报告中提出，必须完整、准确、全面贯彻新发展理念，坚持社会主义市场经济改革方向，坚持高水平对外开放，加快构建以国内大循环为主体、国内国际双循环相互促进的新发展格局。

中国式现代化

> **报告原文**
>
> 在新中国成立特别是改革开放以来长期探索和实践基础上，经过十八大以来在理论和实践上的创新突破，我们党成功推进和拓展了中国式现代化。
>
> 中国式现代化，是中国共产党领导的社会主义现代化，既有各国现代化的共同特征，更有基于自己国情的中国特色。

高水平社会主义市场经济体制

> **报告原文**
>
> 构建高水平社会主义市场经济体制。坚持和完善社会主义基本经济制度，毫不动摇巩固和发展公有制经济，毫不动摇鼓励、支持、引导非公有制经济发展，充分发挥市场在资源配置中的决定性作用，更好发挥政府作用。

现代化产业体系

> **报告原文**
>
> 建设现代化产业体系。坚持把发展经济的着力点放在实体经济上，推进新型工业化，加快建设制造强国、质量强国、航天强国、交通强国、网络强国、数字中国。

乡村振兴

> **报告原文**
>
> 全面推进乡村振兴。坚持农业农村优先发展，坚持城乡融合发展，畅通城乡要素流动。扎实推动乡村产业、人才、文化、生态、组织振兴。全方位夯实粮食安全根基，牢牢守住十八亿亩耕地红线。深化农村土地制度改革，赋予农民更加充分的财产权益。保障进城落户农民合法土地权益，鼓励依法自愿有偿转让。

区域协调发展

> **报告原文**
>
> 促进区域协调发展。深入实施区域协调发展战略、区域重大战略、主体功能区战略、新型城镇化战略，优化重大生产力布局，构建优势互补、高质量发展的区域经济布局和国土空间体系。

高水平对外开放

> **报告原文**
>
> 推进高水平对外开放。稳步扩大规则、规制、管理、标准等制度型开放。加快建设贸易强国。营造市场化、法治化、国际化一流营商环境。推动共建"一带一路"高质量发展。有序推进人民币国际化。深度参与全球产业分工和合作，维护多元稳定的国际经济格局和经贸关系。

新领域新赛道

报告原文

必须坚持科技是第一生产力、人才是第一资源、创新是第一动力,深入实施科教兴国战略、人才强国战略、创新驱动发展战略,开辟发展新领域新赛道,不断塑造发展新动能新优势。

共同富裕

报告原文

我们要实现好、维护好、发展好最广大人民根本利益,紧紧抓住人民最关心最直接最现实的利益问题,坚持尽力而为、量力而行,深入群众、深入基层,采取更多惠民生、暖民心举措,着力解决好人民群众急难愁盼问题,健全基本公共服务体系,提高公共服务水平,增强均衡性和可及性,扎实推进共同富裕。

和谐共生

报告原文

大自然是人类赖以生存发展的基本条件。尊重自然、顺应自然、保护自然,是全面建设社会主义现代化国家的内在要求。必须牢固树立和践行绿水青山就是金山银山的理念,站在人与自然和谐共生的高度谋划发展。

——资料来源:http://finance.people.com.cn/n1/2022/1018/c1004-32547280.html.

相关链接3 搜索

高举中国特色社会主义伟大旗帜

为全面建设社会主义现代化国家而团结奋斗

——在中国共产党第二十次全国代表大会上的报告(节选)

八、推进文化自信自强,铸就社会主义文化新辉煌

全面建设社会主义现代化国家,必须坚持中国特色社会主义文化发展道路,增强文化自信,围绕举旗帜、聚民心、育新人、兴文化、展形象建设社会主义文化强国,发展面向现代化、面

向世界、面向未来的，民族的科学的大众的社会主义文化，激发全民族文化创新创造活力，增强实现中华民族伟大复兴的精神力量。

我们要坚持马克思主义在意识形态领域指导地位的根本制度，坚持为人民服务、为社会主义服务，坚持百花齐放、百家争鸣，坚持创造性转化、创新性发展，以社会主义核心价值观为引领，发展社会主义先进文化，弘扬革命文化，传承中华优秀传统文化，满足人民日益增长的精神文化需求，巩固全党全国各族人民团结奋斗的共同思想基础，不断提升国家文化软实力和中华文化影响力。

（一）建设具有强大凝聚力和引领力的社会主义意识形态

意识形态工作是为国家立心、为民族立魂的工作。牢牢掌握党对意识形态工作领导权，全面落实意识形态工作责任制，巩固壮大奋进新时代的主流思想舆论。健全用党的创新理论武装全党、教育人民、指导实践工作体系。加强全媒体传播体系建设，塑造主流舆论新格局。健全网络综合治理体系，推动形成良好网络生态。

（二）广泛践行社会主义核心价值观

社会主义核心价值观是凝聚人心、汇聚民力的强大力量。弘扬以伟大建党精神为源头的中国共产党人精神谱系，用好红色资源，深入开展社会主义核心价值观宣传教育，深化爱国主义、集体主义、社会主义教育，着力培养担当民族复兴大任的时代新人。推动理想信念教育常态化制度化，持续抓好党史、新中国史、改革开放史、社会主义发展史宣传教育，引导人民知史爱党、知史爱国，不断坚定中国特色社会主义共同理想。用社会主义核心价值观铸魂育人，完善思想政治工作体系，推进大中小学思想政治教育一体化建设。坚持依法治国和以德治国相结合，把社会主义核心价值观融入法治建设、融入社会发展、融入日常生活。

（三）提高全社会文明程度

实施公民道德建设工程，弘扬中华传统美德，加强家庭家教家风建设，加强和改进未成年人思想道德建设，推动明大德、守公德、严私德，提高人民道德水准和文明素养。统筹推动文明培育、文明实践、文明创建，推进城乡精神文明建设融合发展，在全社会弘扬劳动精神、奋斗精神、奉献精神、创造精神、勤俭节约精神，培育时代新风新貌。加强国家科普能力建设，深化全民阅读活动。完善志愿服务制度和工作体系。弘扬诚信文化，健全诚信建设长效机制。发挥党和国家功勋荣誉表彰的精神引领、典型示范作用，推动全社会见贤思齐、崇尚英雄、争做先锋。

（四）繁荣发展文化事业和文化产业

坚持以人民为中心的创作导向，推出更多增强人民精神力量的优秀作品，培育造就大批德艺双馨的文学艺术家和规模宏大的文化文艺人才队伍。坚持把社会效益放在首位、社会效益和经济效益相统一，深化文化体制改革，完善文化经济政策。实施国家文化数字化战略，健全现代公共文化服务体系，创新实施文化惠民工程。健全现代文化产业体系和市场体系，实施重大文化产业项目带动战略。加大文物和文化遗产保护力度，加强城乡建设中历史文化保护传承，建好用好国家文化公园。坚持以文塑旅、以旅彰文，推进文化和旅游深度融合发展。广泛开展全民健身活动，加强青少年体育工作，促进群众体育和竞技体育全面发展，加快建设体育强国。

（五）增强中华文明传播力影响力

坚守中华文化立场，提炼展示中华文明的精神标识和文化精髓，加快构建中国话语和中国叙事体系，讲好中国故事、传播好中国声音，展现可信、可爱、可敬的中国形象。加强国际传播能力建设，全面提升国际传播效能，形成同我国综合国力和国际地位相匹配的国际话语权。深化文明交流互鉴，推动中华文化更好走向世界。

——资料来源：http://www.gov.cn/xinwen/2022-10/25/content_5721685.htm.

酒水概述

第一章

酒水概述PPT

学习目的意义 通过了解酒水饮料的基础知识,让学生对教材内容有一个初步的认识,对酒类饮品有一个基本了解,为本学科的学习打下基础。

本章内容概述 本模块内容为酒的起源和发展、酿酒的基本原理、酒度,并全面介绍了按照不同标准划分的酒水的不同种类。

学习目标

方法能力目标
掌握酒的历史和发展历程、酒的分类方法和发酵原理,对酒水知识有一个基本了解。

专业能力目标
通过本章的学习,能够区分不同种类的酒,看懂酒的度数的含义,了解不同种类酒的特征。

社会能力目标
通过学习酒的相关基础知识,丰富学生的知识结构,激发学生对酒水学习的兴趣和积极性,培养学生的人文素养,以便更好地服务企业和社会。

> **知识导入**
>
> **酒的发现**
>
> 　　酒，大自然神工之作，历来为世人所传颂，其醇香和魅力充盈着世界的每个角落。浩如烟海、多似繁星的酒类与世界历史文化密切相关，代代相传，生生不息，并因此获得了深刻的文化内涵，成为一种博大精深的文化现象——世界酒文化。人类在地球上繁衍生息可追溯到500万年以前，然而，从被发现的化石来看，距今2000万年前的地球上，就已经有了野生葡萄的生存；更早以前，微生物、野生孢子就已存在，野生葡萄和野生孢子两者结合，就会酝酿成"原始的葡萄酒"。这种现象表明，本质意义上的"酒"先于人类的出现就已客观存在，在人类文明发展的历史进程中，我们的祖先并不是发明了酒，而是发现了酒，全世界人民的辛勤劳动和智慧创造了璀璨的酒文化。

第一节　酒的起源和发展

一、酒的概念

　　酒，自古以来就以独特的醇香，成为人们日常生活中不可缺少的一部分。

　　有人把酒称作一种食物，或是一种美好的饮料。全世界各个民族几乎都有饮酒的习惯，但酒不同于普通的饮料，特殊且不能用于解渴，因为它含有令人兴奋、给人带来刺激的酒精成分。然而，正是这种特殊的作用，使得酒与人类结下了不解之缘，每逢佳节、喜庆之时，人们要饮酒助兴；社交活动中，常常用酒来款待宾客，或相互馈赠；国际交往时，更是经常用酒表达礼仪。中国历代的文人墨客中，不乏一些人一杯美酒入肚，则会诗兴大发，下笔如神，以诗言志，留下了许多千古佳作，如曹操的《短歌行》中有"对酒当歌，人生几何！譬如朝露，去日苦多。慨当以慷，忧思难忘。何以解忧？唯有杜康"的诗句；欧阳修在《定风波》中有"对酒追欢莫负春，春光归去可饶人"。此外，李白、杜甫、白居易等著名诗人都留下了大量的诗文，为中国酒文化的发展留下了珍贵的资料。

　　酒与人类的关系十分密切。古今中外，在现实生活中，酒与人类维系着复杂的情感和永恒的机缘，酒被赋予了英勇豪壮、高贵圣洁、风流浪漫、吉庆祥和等感情色彩。中国是世界酒文化的发源地，5000年悠久的文明饱浸着酒的醇香和真谛。中西方酒文化是互通的，在西方，酒始终被认为是神圣和生命的化身。古今中外众多的专家学者倾其毕生致力于酒的考古、研究、继承和开发，却很难给酒下一个完整全面的定义。酿酒作为一种复杂的工艺，其产生过程中，大自然的赐福、一系列秘密还有待人类继续研究探索。作为一种深刻的社会现象，酒在各个国家、地区、种族、民族都有着各不相同的文化内涵和象征。

简而言之，酒是含有酒精（乙醇）的有机化合物质，是一种以谷物、水果、花瓣、种子或其他含有丰富糖分、淀粉的植物经糖化、发酵、蒸馏、陈酿等生产工艺而产生的含有食用酒精的饮品。

二、酒的起源

人类饮用含酒精饮料（Alcoholic Beverage）的历史由来已久，但酒究竟起源于何时却是一个有趣而又复杂的问题。有一点是可以肯定的，酒先于人类就客观存在，原始野生的孢子附着在成熟的野生谷物、果实上，经过原始的发酵作用便会酝酿成成熟的酒液，然而，没有任何典籍明确记载发酵作用是如何发现的，因此，酒不是某个人发明的，关于酒的起源仅限于种种假说，人类开始酿酒的历史也只能从考古发现中去推断。

有人说，文化是从酒里"酿"出来的，这话虽然有些夸张，但也不无道理，历史学家公认的文明发源地如古巴比伦、古埃及等，其酒的发明都在文字出现之前，古代中国也是如此。

中国是世界上最早的酿酒国家之一。据考证，远在上古时期中国就出现了酒，但这种酒液大都是自然生成的。中国自古就有"猿猴造酒"的传说，说的是生活在山林中的猿猴将吃剩的果子集中堆放起来，成熟的果子由于附在果皮上的酵母菌等微生物的作用自然发酵，便酝酿成了原始的酒。明代文人李晔所著《紫桃轩杂缀·蓬栊夜话》有这样的描述："黄山多猿猱，春夏采杂花果于石洼中，酝酿成酒，香气溢发，闻数百步。"这些记载都十分肯定地说明了猿猴能够将杂果采集起来酿造美酒（见图1-1）。猿猴尚能如此，更何况人类呢？欧洲也有"鸟类衔食造酒于巢中"之说。人类从大自然的千变万化中获取了酿酒的灵感，酿酒有着与人类文明一样悠久的历史。

图1-1 猿猴造酒

（一）中国酒之源

（1）公元前26世纪"三皇""五帝"说。根据中华古老医书《黄帝内经·素问》中有关"醴酪"的记载，推断在公元前26世纪的黄帝时代中国就已经有了酒，"醴酪"也成为早期酒的代名词。

（2）公元前21世纪"仪狄作酒"之说。《战国策·魏策》中有较明确和详细的记载："昔者，帝女令仪狄作酒而美，进之禹，禹饮而甘之，遂疏仪狄，绝旨酒，曰：'后世必有以酒亡其国者'。"这说明在夏朝已有了酒，而且此时的酒味美而甘。同时禹还警示后人，滥饮无度会导致亡国。这表明中国不但远在夏朝时期有了酒，而且人们对酒形成了较为深刻的认识（见图1-2）。

图1-2　仪狄作酒

（3）"杜康作酒"之说。古代先民往往会将酿酒的起源归于某位神灵的发明，并把他视为酿酒业的鼻祖或酒神，世代供奉，以至于成为一个系统的观点和民俗学的一个重要组成部分。"酒神属杜康，造酒有奇方；隔壁三家醉，开樽十里香。"在中国，人们把杜康尊称为酒的鼻祖，代代流传。杜康作酒实为秫酒，即高粱酒。为了永远纪念这位酿酒鼻祖，人们在相传其作酒之地——河南汝阳杜康村修建了酒祖殿，供奉杜康塑像，以弘扬中国传统的酒文化。

（4）劳动人民创造说。酿酒不是出自某个人的奇思妙想，而是劳动人民在长期实践中总结出来的。事实证明，酿酒方法的创造发明是一个极其漫长而复杂的积累过程，自古至今，劳动人民的辛勤劳动和智慧创造了灿烂的酒文化。中国人民酿酒的起源可推溯到5000年以前，随着生产，特别是农耕业的发展和烹调技术的进步，人们从野生果物、谷物的自然发酵中得到启发，开始掌握酿酒技术。

（二）西方酒之源

西方最早出现文明之光的区域是底格里斯河和幼发拉底河冲积而成的美索不达米亚平原，简称苏美尔。这里也成为世界酿酒技术和酒文化的重要发源地之一。

（1）西方谷酒之父——啤酒。早在公元前7000多年前，苏美尔人的酿酒技术已经比较成熟了，他们用大麦、小麦、黑麦等发酵制成原始的啤酒。公元前3000年以后，古埃及人便从苏美尔人那里学会了酿造啤酒的技术，并开始盛行饮用啤酒，当时古埃及人称啤酒为"海克""热喜姆"，通常称为麦酒。公元前48年，古罗马恺撒大帝率兵进入埃及亚历山大城，之后军中的日耳曼人和罗马人将啤酒酿制技术带入欧洲。以后，尤其是在中世纪漫长的岁月中，伴随着日耳曼人在欧洲大陆纵横驰骋，以及和欧洲各地土著居民的融合，日耳曼人始终和啤酒联系在一起，并使现在的德国成为世界上最著名的"啤酒王国"。

（2）西方果酒之父——葡萄酒。葡萄树是人类最早种植的植物之一，外高加索地区的土耳其、叙利亚、黎巴嫩考古发现了约公元前8000年新石器时代的野生葡萄种子，并在叙利亚的大马士革发现了同时代的葡萄压榨器，表明公元前8000年此地区酿制葡萄酒风气渐起。历史进程表明，一种文明的起源和发展，会以发源地为中心而繁荣并传播蔓延。大约公元前6000年，外高加索地区开始种植葡萄并酿制葡萄酒，因此可以较为肯定地说，葡萄酒的起源地位于黑海南部、横跨高加索地区，特别是外高加索地区最有可能是葡萄种植和葡萄酿酒的发源地，从那里，有关葡萄酒的文明延伸到地中海东部边界并传播至整个中东地区。葡萄酒文明从其起源到发展的历程，始终活跃于欧亚大陆的交界，奠定了葡萄酒文明在西方酒文化中的核心地位，这对西方历史、宗教、文化、艺术的发展产生了深远的影响。麝香葡萄（Muscat）和西拉葡萄（Syrah）被认为是现今葡萄最古老的祖先，它们的名字和发音也佐证了有组织的葡萄种植和酿酒起源于中东地区。

（3）西方酒神。在古希腊神话中，酒神名为戴昂尼萨斯（Dionysus），意为"宙斯跛子"。酒神的形象为娇弱裸体的男青年，容貌英俊美丽。而在某些戏剧、绘画等艺术作品中，酒神被刻画成放纵恣意的形象，常青藤的花冠、松果形的图尔索斯杖、坎撒洛斯双柄酒杯和葡萄是酒神最典型的形象特征。古希腊人和古罗马人对酒神十分崇拜，他们笃信戴昂尼萨斯发现并向人们传授了栽种葡萄的技术，并酿成了葡萄美酒。从公元前6世纪开始，酒神祭典盛行于古希腊，每年12月到翌年3~4月，当葡萄大获丰收、新酒上市之时，古希腊城乡各地便将酒神祭典的活动推向高潮，祭司吟唱赞美诗，对酒神进行礼拜，献上新酿葡萄酒；民众纵饮狂欢，通宵达旦，以祈求降魔驱邪，来年土地肥沃、风调雨顺。在雅典，酒神祭典期间会在卫城南边的酒神剧院进行盛大的祭祀典礼和戏剧比赛。酒神堪称西方文艺精神之典范，他象征了西方文化中自然、柔美、狂放的特质，而酒神祭典则开创了西方诗歌、戏剧、绘画等艺术形式的先河。

古埃及人推崇奥西里斯（Osiris）为酒神，因为奥西里斯是死者的庇护神，酒可以用来祭祀先人，超度亡灵。约公元前2500年，葡萄酒在古埃及具有了宗教和政治的象征意义。

基督徒认为诺亚（Noah）是酿酒的始祖，在《创世记》第九章中提及了诺亚登陆后，开垦了一片葡萄园，后来大获丰收，令诺亚兴奋不已，并亲自酿制成葡萄酒，因此，基督徒相信酿酒可以追溯到大洪水时代。关于"诺亚酿酒"的传说来源于两河流域的苏美尔人，他们还确定埃里温（Erivan）为诺亚酿酒的发源地。

总之，由于原始的野生孢子和野生作物的发酵作用而产生了酒精，酒这一大自然神工之作，先于人类就客观存在了。然而，只有人类才能创造环境，即今日所谓的文化，并对现实生活中不存在的事物和观念予以想象或表达。在旧石器时代，由于生存环境恶劣，技术条件低下，食物来源贫乏，因此，人们采集到的野生植物没有任何剩余可作其他用途。进入新石器时代后，作物的栽培和传播成为必然，如起源于中东地区的大麦、小麦、燕麦、裸麦、葡萄等作物，起源于中国的高粱、稻、黍等作物，起源于美洲的玉米、马铃薯等作物在成功培植的基础上进行了大规模的种植，并从中心发源地逐渐向外传播扩散，为谷类原料酒、果类原料酒、果杂类原料酒的酿造技术的开创和酿造工艺的进一步发展奠定了物质基础。从开始饮酒、酿酒，发展到使用专门的酒器，经历了相当漫长的历史过程。到新石器时代末期，制陶技术和工艺有了较大进步，近东地区的居民开始建造窑并为陶器上釉，用上釉的陶器来储存酒类，起到了密封作用，防止渗漏和蒸发。事实证明，人类的祖先从大自然中受到启发，开创了酿酒的先河，经过长期的探索、实践和总结，人类终于完善了酿酒技术，创造了灿烂辉煌、生生不息的世界酒文化。

三、酒的发展

发明创造是人类的天性，文明世界是对自然进行改良的过程中形成的，人类对酒的认识经历了漫长的岁月。当人类社会由原始的食物采集时期过渡到农耕时代之后，劳动技术的进步、粮食作物的剩余、人口种族的定居等因素促成了酿酒时代的到来，从原先的关于酒的生活观察和体验逐步发展到有意识的人工酿酒，并在反复实践中总结形成了有关酿酒的经验和技术，例如单式发酵酿酒法最早出现在古埃及和两河流域，复式发酵酿酒法是中国古代先民的一项伟大发明。随着人类文明的延伸、社会经济的发展，每个时代科学技术的进步都给酿酒工艺的改良和深化提供了新的契机，酿酒技术的普及、饮酒风尚的盛行、社会分工的细化，最终导致酿酒业的确立。从文化角度分析，世界文明的发源地无一例外地都与酒结下了不解之缘，成为美酒孕育的摇篮，并赋予酒自然原始的精神内涵，文化联结和商业联结的双重性促进酒在世界范围内的传播和扩张，在应用和创造的过程中，衍生出政治、经济、宗教、哲学、艺术等象征含义。透视东西方多姿多彩的酒文化内涵，可以发现世界各民族的智慧和灵感凝聚成了显著的酒文化轨迹，最终融合成为有机的整体。

从酿酒工艺和科学发展的层面分析，酒的分类体系及其饮用范围，在公元395～1500年前后已基本定型。随着科学技术的进步、人文精神的传播和优胜劣汰的竞争，酿酒领域发生了巨大变化，传统经验型的酿酒工艺逐步被注重科学实践型的酿酒工艺所取代，两者最终融为一体。与此同时，以酒为载体的包罗万象的酒文化也渗透于世界每个角落。

中国作为酒文化的发源地之一，为世界酿酒业做出了杰出的贡献。中国在继承和发扬本民族传统酿酒工艺精华的同时，从不排斥对外来酒文化的吸收，西汉时期张骞出使西域，通过古老的丝绸之路从西域引进了葡萄栽培和酿制技术。但由于中国传统用曲发酵工艺的限制，葡萄酒的酿制长期得不到较好的发展，未实现质的突破。直到1892年，华侨张弼士先生在山东烟台开辟了大面积的葡萄种植园，从法国、意大利引进优质的葡萄品种、先进的酿酒设备，开创了中国本土葡萄酒产业的先河。通过几代人不懈的努力，张裕公司旗下的葡萄酒、白兰地等品牌已跻身为世界著名品牌，张裕公司也成为如今亚洲地区最大的葡萄酒公司。1903年，英、德商人合资在青岛开办了英、德酿酒有限公司，优质的崂山泉水、历史悠久的德国酿造技术在这里汇合，由此诞生了驰名世界的啤酒品牌——青岛啤酒，也是国内啤酒业效仿的典范。

酒是世界各民族共同创造的硕果，是人类智慧的结晶，在酒被认识、应用的过程中，世界各民族打造了各具历史背景和时代特色的酒文化轨迹。多源头、多走向、多元化是酒文化发展的趋势。虽然酒在发展和传播的过程中曾遭遇过冲突和挫折，但在人类创造文明和新世界的动力驱使下，酿酒技术的革命从未停止，酒在人类社会的经济和文化生活中发挥着重要的影响力。如今，蓬勃发展的中国酿酒业为国民经济进步和人民生活水平提高做出了巨大贡献，但同样也面临着新观念、新技术的挑战。世界经济一体化格局的形成，使中国正逐步成为西方酒品最大的销售和消费市场，餐饮业的繁荣、中西方酒文化的有机结合、城市酒吧文化圈的崛起，使得酒品的消费和饮用潮流愈显健康、时尚特性。酒品销售市场激烈的竞争，促使酒类生产企业加速研制新产品，并注重实施适合市场经济发展的营销策略。20世纪80年代以来，中国酿酒业进一步开拓国际市场，兴建了一大批中外合资、合作企业，世界著名的酿酒集团和洋酒经销公司几乎都在中国设立了办事机构，先进工艺和传统经验结合，产生了诸多国产的世界著名品牌。目前，中国酿酒业正在加速进行"四个转变"，即蒸馏酒向酿造酒转变、粮食酒向果实酒转变、高度酒向低度酒转变、低质酒向高质酒转变。酒的发展确立了一个全新的起点，与此相伴的中国酒文化掀开了新的一页。

第二节　酿酒的基本原理

人类对酒的认识、利用和创造经历了一个极其漫长的过程，时至今日从未停止过。但在很长一段时间内，人类的酿酒活动仅仅停留在继承先辈的传统和运用自身的经验方面，无法全面控制和提高酒的品质，没有解决酿酒过程中的关键难题。随着科学技术的发展和人类认识能力的拓展，借助科学实验，人们对酒的认识逐渐深入微观世界，形成了有关酿酒过程中诸多变化的理性认识，在此基础上，酿酒的生产工艺不断完善和提高，并用来指导酿酒实践。酿酒基本原理的形成、生产工艺和科技的飞跃，始终是贯穿于酒的发展历程的一根主干线。

酿酒基本原理主要包括酒精发酵、淀粉糖化、制曲、原料处理、蒸馏取酒、老熟和陈酿、勾兑调校等。

一、酒精发酵

酒精发酵是酿酒的主要阶段，糖质原料如水果、糖蜜等，本身含有丰富的葡萄糖、果糖、蔗糖、麦芽糖等成分，可经酵母或细菌等微生物的作用直接转变为酒精。法国细菌学家路易·巴斯德是酒精发酵理论的奠基人。

酒精发酵过程是一个非常复杂的生化过程，有一系列连续反应并伴随产生许多中间产物，其中有30多种化学反应，而且需要一系列酶的参加。酒精是发酵过程的主要产物，理论上100公斤糖可以生成大约51.5公斤乙醇，换算成容积大约为63.3升，但酵母的繁殖及维持其活性、新的酶类合成、发酵过程中原料的损耗等都需要消耗糖分作为能量，因此，一般认为100公斤糖可以生成50～55升乙醇。除酒精外，被酵母菌等微生物合成的其他物质及糖质原料中的固有成分如芳香化合物、有机酸、单宁、维生素、矿物质、盐、酯类等往往决定了酒的品质和风格。酒精发酵过程中产生的二氧化碳会增加发酵温度，因此必须合理控制发酵的温度，当发酵温度高于30℃～34℃，酵母菌就会被杀死而停止发酵。发酵除糖质原料本身含有的酵母外，还可以使用人工培养的酵母，因使用酵母等微生物的不同，酒品风格也各具风味和特色。

二、淀粉糖化

采用糖质原料只需使用含酵母等微生物的发酵剂便可以进行发酵过程，由于酵母本身不含糖化酶，而淀粉由许多葡萄糖分子组成，所以采用含淀粉质的谷物酿酒时，还需将淀粉糊化，使之变为糊精、低聚糖、可发酵性糖的糖化剂。糖化剂中不仅含有能分解淀粉的酶类，而且含有一些能分解原料中脂肪、蛋白质、果胶等的其他酶类。曲和麦芽是酿酒常用的糖化剂，麦芽是大麦浸泡后发芽而成的制品，西方酿酒糖化剂惯用麦芽。曲是由谷类、麸皮等培养真菌、乳酸菌等而成的制品，一些不是利用人工分离选育的微生物而自然培养的大曲和小曲等，往往具有糖化剂和发酵剂的双重功能，将糖化和酒化这两个步骤合并起来同时进行，称为复式发酵法。

$$(C_6H_{10}O_5)n + nH_2O \rightarrow nC_6H_{12}O_6$$
淀粉 ＋ 水 → 葡萄糖

从上列反应式可计算出，理论上 100 公斤淀粉可糖化生成 111.12 公斤葡萄糖。

三、制曲

　　酒曲也称酒母，酒曲多以含淀粉的谷类（大麦、小麦、麸皮）、豆类、薯类和含葡萄糖的果类为原料和培养基，经粉碎加水成块或饼状，在一定温度环境下培育而成。酒曲中含有丰富的微生物和培养基成分，如真菌、细菌、酵母菌、乳酸菌等，真菌中有曲霉菌、根霉菌、毛霉菌等有益的菌种，"曲为酒之母，曲为酒之骨，曲为酒之魂"。曲是提供酿酒用各种酶的载体。中国是曲蘖的故乡，远在 3000 多年前，中国人不仅发明了曲蘖，而且已运用曲蘖进行酿酒。酿酒质量的高低取决于制曲的工艺水平，历史久远的中国制曲工艺给世界酿酒业带来了极其深远的影响。

　　中国的曲种大概可分为 5 类：大曲、小曲、红曲、麦曲、麸曲。

　　中国以谷物为原料制成的各种曲，不仅使用方便，而且利用固态培养基培育并保存微生物，是优良的工艺和方法，在低温干燥条件下，曲中的微生物处于休眠状态，糖化力和发酵力都极其微小，而且在长期储存的过程中，曲中的微生物得以进一步纯化。19世纪末期，法国人卡尔麦特利用中国的酒曲分离出高糖化、高酒化的真菌菌株，用于酒精的生产，从而改变了欧洲人历来用麦芽、谷芽为糖化剂的酿造法，与中国制曲的历史相比迟了 2000 多年。

　　中国制曲的工艺各具传统和特色，即使是酿酒科技高度发达的今天，传统作坊式的制曲工艺仍保持着本色，尤其是对于名酒而言，传统的制曲工艺奠定了酒的卓越品质。

四、原料处理

　　无论是酿造酒，还是蒸馏酒及其两者的派生酒品，所采用的主要制酒原料均为糖质原料或淀粉质原料。为了充分利用原料，提高糖化能力和出酒率并形成特有的酒品风格，酿酒的原料必须经过一系列特定工艺的处理，主要包括原料的选择配比及其状态的改变等，环境因素的控制也是关键环节。

　　糖质原料以水果为主，原料处理主要包括根据成酒的特点选择品种、采摘分类、除去腐烂果品和杂质、破碎果实、榨汁去梗、澄清抗氧、杀菌等。以葡萄酒为例，优质的葡萄酒必须选用特定的葡萄品种，如酿制红葡萄酒的 Cabernet Sauvignon、Gamay、Merlot等，酿制白葡萄酒的 Chardonnay、Riesling 等。每年的 9 月、10 月是葡萄收获的季节，果农们进园采摘酿酒的葡萄，在 24 小时内将其送至酒厂进行处理，通过分类，选择优良的果实，进行破碎、压榨、除梗等以获得优质的葡萄原汁。酒种和酒质不同决定了破碎压榨工艺的区别，红葡萄酒所选用的葡萄品种在破碎压榨后，果肉、果皮、果汁一同参与发酵，而白葡萄酒所选用的葡萄品种破碎压榨后，只采用葡萄汁进行发酵，即使在酿酒科技自动化的今天，一些著名的葡萄酒庄园仍然采用传统的人工操作并对原料进行处理，比如欧洲的一些葡萄园就采用人工采摘葡萄的方法，并将葡萄装入木桶中，男女老少用脚踩踏葡萄榨取葡萄汁。

淀粉质原料以麦芽、米类、薯类、杂粮等为主，采用复式发酵法，先糖化，后发酵或糖化发酵同时进行。原料品种及发酵方式不同，在原料处理的过程和工艺上也有差异。中国广泛使用酒曲酿酒，其原料处理的基本工艺和程序是精碾或粉碎、润料（浸米）、蒸煮（蒸饭）、摊凉（淋水冷却）、翻料、入缸或入窖发酵等。西方以淀粉原料制酒，制麦芽为核心，其原料处理的基本工艺和程序是精选大麦，浸麦，使其充分吸收水分，在特定的环境调节下使大麦发芽，然后干燥麦芽使其停止发芽，粉碎麦芽，同酿造用水混合制成麦芽浆，加入淀粉糊煮成糊状，开始糖化。苏格兰威士忌是世界著名的谷物蒸馏酒，独特的原料处理工艺使其酒质卓越超群。苏格兰威士忌以大麦为主要原料，大麦洒水发芽后，用苏格兰特有的泥炭熏烤，从而使麦芽带有独特浓烈的烟熏味，并使酒质具有这一显著特点。熏烤的麦芽经粉碎加入不同温度的酿造用水制成麦芽浆，并使淀粉分离，泵入发酵罐待冷却后进行发酵。

五、蒸馏取酒

所谓蒸馏取酒就是通过加热，利用沸点的差异使酒精从原有的酒液中浓缩分离，冷却后获得高酒精含量酒品的工艺。在正常的大气压下，水的沸点是 $100℃$，酒精的沸点是 $78.325℃$，将酒液加热至两种温度之间时，就会产生大量的含酒精的蒸气，将这种蒸气收入管道并进行冷凝，就会与原来的酒液分开，从而形成高酒精含量的酒品。在蒸馏的过程中，原汁酒液中的酒精被蒸馏出来收集，并控制酒精的强度，原汁酒中的味素也将一起被蒸馏，从而使蒸馏的酒品中带有独特的芳香口味。

蒸馏酒液的设备称为蒸馏器，最简单的蒸馏器称为蒸馏锅（罐），铜质制成，自蒸馏技术用于制酒，这种设备一直用至 19 世纪，现在法国的干邑地区、苏格兰、爱尔兰仍采用这种传统的蒸馏机进行蒸馏酒品。这种蒸馏设备又被称为单式蒸馏机，使用单式蒸馏设备能够保持较好的酒味，但蒸馏过程中的诸环节烦琐，较难控制。目前连续式蒸馏机广泛用于酿酒业，性能也在不断提高，其设备通常制成塔形，由一个酒液塔和数个精馏塔连接在一起，所以又被称为塔式蒸馏机。采用连续式蒸馏设备所获得的酒液酒精含量较高，但酒体不够丰满，缺乏酯类、酸类、醛类等成分，与单式蒸馏设备相比，所获得的酒液酒香不足。

六、老熟和陈酿

酒是具有生命力的，糖化、发酵、蒸馏等一系列工艺的完成并不能说明酿酒全过程就已终结，新酿制成的酒品并没有完全完成酒品风格的物质转化，酒质粗劣淡寡，酒体欠缺丰满。新酒必须经过特定环境的窖藏，经过一段时间的储存后，醇香和美的酒质才能够最终形成并深化。通常将这一新酿制成的酒品窖香储存的过程，称为老熟和陈酿。

人们通常把酒品老熟和陈酿的年限称为酒龄，并把它作为衡量酒品质量的标志。苏格兰威士忌在酒标上明确标明酒龄，干邑白兰地酒标上的字母及其组合标明了参与调配的白兰地的酒龄。

对于酒在老熟和陈酿过程中所发生的一系列复杂的变化，人们至今还未能完全解释清楚，酒质在此过程中主要发生了以下几种转变：

（1）酒在老熟陈酿的过程中，适度接触空气，空气中的氧气徐徐渗入酒液，使酒液经过氧化还原、酯化等化学反应以及聚合等作用，减少粗劣的物质成分，突出生成芳香物质，从而改善酒的风味。

（2）刺激辛辣的成分挥发，酒液的精华得以浓缩，使之愈加丰腴醇美。

（3）酒中的有机物质如醇类、酸类、酯类、醛类等彼此化合，使酒的芳香和味道丰富协调，酒质纯正圆满。

（4）酒精分子和水分子互相结合，酒精刺激味道减少，酒品有回味。

（5）酒液在陈酿过程中，吸收了储存器尤其是橡木桶桶材的成分（如木质素、鞣酸、色素、氮化合物等），成分渗解析出，从而使酒液获得了色、香、味等典型的酒体风格特征。

七、勾兑调校

勾兑调校工艺是将不同种类、陈年和产地的原酒液半成品（如白兰地、威士忌等），或选取不同档次的原酒液半成品（如中国白酒、黄酒等）按照一定的比例，参照成品酒的酒质标准进行混合、调整和校对的工艺，勾兑调校能不断获得均衡协调、质量稳定、风格传统地道的酒品。

酒品的勾兑调校被视为酿酒的最高工艺，创造出酿酒活动中的一种精神境界。从工艺的角度来看，酿酒原料的种类、质量和配比存在着差异性，酿酒过程中包含着诸多工序，中间发生了许多复杂的物理、化学变化，转化产生了几十种甚至几百种有机成分，其中有些机制至今还未研究清楚。勾兑师的工作便是富有技巧地将不同酒质的酒品按照一定的比例进行混合调校，在确保酒品总体风格的前提下，以得到整体均匀一致的市场品种标准。

第三节　酒　度

乙醇在酒品中的含量用酒度来表示，酒度的表示法因计量和国家不同而不同。在古代，造酒的人检测酒中酒精含量高低的方法非常独特。他们把相等量的酒与火药混合，然后点燃，如果火药不起火，证明酒精含量很低，如果火焰很亮证明酒精含量高，如果火焰中等而呈蓝色，证明酒精适中，英文称这种方法为"检验"（Proved）。现在酒里含多少酒精用"Proof"（酒精、酒类的强度标准或称纯度）一词来表示。

一、计量表示法

（1）容量百分比（Percent Volume）。容量百分比是惯用的酒度表示法，即在室温20℃的条件下，每100毫升的酒液中含有乙醇的毫升数，以"% by vol."或"V/V%"表示。

（2）重量百分比（Percent Weight）。即在室温20℃的条件下，每100毫升酒液中含有乙醇的克数，以"by wgt"或"W/W%"表示。

二、不同国家和地区的酒度表示法

（1）标准酒度（Alcohol% by Volume）。标准酒度是法国著名化学家盖·吕萨克（Gay Lussac）发明的，它是指在室温20℃条件下，100毫升酒液中含有乙醇的毫升数。标准酒度表示法简易明了，被广泛采用，通常以百分比表示，或简写为GL。

（2）英制酒度（Degrees of Proof UK）。英制酒度是18世纪英国人克拉克（Clark）创造的一种酒度计算方法，它和美制酒度一样用酒精纯度来表示，1个酒精纯度相当于1.75酒精含量，即标准酒度的1.75倍。

（3）美制酒度（Degrees of Proof US）。美制酒度用酒精纯度（Proof）表示，1个酒精纯度相当于2%的酒精含量，即可认为是标准酒度V/V%的2倍。

英制酒度和美制酒度以"酒精纯度"（Proof）为单位，它们的使用比标准酒度都要早。酒度之间的换算关系为：标准酒度×1.75=英制酒度；标准酒度×2=美制酒度；英制酒度×8/7=美制酒度。表1-1是3种常用酒精度数换算表。

表1-1 3种常用酒精度数换算

标准度数	英制酒度	美制酒度	标准度数	英制酒度	美制酒度
1	1.75	2	22	38.5	44
2	3.5	4	24	42	48
4	7	8	30	52.5	60
6	10.5	12	40	70	80
8	14	16	50	87.5	100
10	17.5	20	60	105	120
12	21	24	70	122.5	140
14	24.5	28	80	140	160
16	28	32	90	157.5	180
18	31.5	36	100	175	200
20	35	40			

中国酒的酒度表示方法基本采用标准酒度法，规定在20℃时，每100毫升酒液中含纯酒精1毫升（即1），叫1度，例如著名的西凤酒为65度，也就是每100毫升20℃的酒液中含65毫升纯酒精；长城红葡萄酒为14度，即每100毫升20℃的酒液中含纯酒精14毫升。

啤酒是所有酒类中含酒精成分最低的一类酒，但是啤酒中的纯酒精含量计算法与别的酒不同，它不是按容量百分率计算，而是按重量百分率计算，一般在2～7.5，即每升酒液中含纯酒精20～75克。啤酒酒标上常注明"7°"或"11°"等，这里的"度"不是纯酒精含量，而是酒精中含有的原麦汁浓度重量百分率。

酒液中含酒精量的多少可以用酒精计（酒精表）来测定。酒精计又称酒精比重计，它是根据酒的度数因比重不同而变化的原理设计的，因为酒的比重不同，浮体沉入酒液中的部分也不相同，酒的度数越高，比重越小，酒精计下沉也越深；相反，酒度越低，下沉越浅。但使用酒精计测量酒度时必须使酒液保持在20℃的状况下，否则就应将不同温度下测试的酒度与《酒度·温度换算表》对照，查出20℃的酒度作为实际酒度。表1-2是常见洋酒酒精含量表，表1-3是常见国产酒酒精含量表。

表1-2 常见洋酒酒精含量

酒　名	酒精含量（度）	酒　名	酒精含量（度）
威士忌（Whisky）	约45	樱桃白兰地（Cherry Brandy）	28～35
白兰地（Brandy）	约45	桃子白兰地（Peach Brandy）	32～40
金酒（Gin）	约45	可可甜酒（Cream de Cacao）	25～27
朗姆酒（Rum）	约45	波尔多葡萄酒（Bordeaux）	7～15
伏特加（Vodka）	40～50	香槟酒（Champagne）	11～14
特基拉（Tequila）	约45	波特酒（Port）	约20
古拉索（Curacao）	34～42	雪利酒（Sherry）	约20
樱桃利口酒（Maraschino）	27～30	味美思（Vermouth）	19
薄荷酒（Peppermint）	27～30	啤酒（Beer）	4～8
杏仁白兰地（Apricot Brandy）	32～40		

表1-3 常见国产酒酒精含量

酒　名	酒精含量（度）	酒　名	酒精含量（度）
茅台酒	53、39	董酒	58
汾酒	65、53	西凤酒	65、55、39
五粮液	60、52、39	泸州老窖特曲	60、52、38
洋河大曲	55、48、38	全兴大曲	60、52、38
剑南春	60、52、38	双沟大曲	53、46、39
古井贡酒	60、55、38	郎酒	53、39

第四节　酒的分类

　　酒是一个庞大的家族，世界各地有成千上万个品种，有甜的、酸的，有色的、无色的，高度的、低度的。人类酿酒之初，由于认识的局限性，无法探索酒的微观世界，对酒的认识只停留在感性基础上，酒的名称与类别往往是由酿酒起源地、有关酒的宗教信仰以及酒的地域性、民族性等文化特性演变而成的。随着酿酒工艺科学的发展完善，酒的分类体系按照酒系→酒类→酒种→酒品的走向日益细化，酒的分类方法和标准也各不相同，如按照生产工艺可分为酿造酒、蒸馏酒、配制酒等，按照生产原料可分为谷类酒、果类酒、香料酒、草药酒、奶蛋酒、蜂蜜酒、植物浆液酒、混合酒等，此外也可根据酒的产地、颜色、含糖量、状态、饮用方式等特性进行分类。

　　世界上比较规范的分类方法是按照生产工艺将酒分为酿造酒、蒸馏酒和配制酒三大体系，每个酒系又以生产原料细分为具体的酒类和酒品。

一、酿造酒（Fermented wine）

酿造酒，又称原汁、发酵酒，它是以富含糖质、淀粉质的果类、谷类等为主要原料，添加霉菌、酵母菌，经糖化、发酵而产生的含有酒精的饮料。其生产工艺过程包括糖化、发酵、过滤、杀菌、储存、调配等。酿造酒的特点是酒精含量较低，酒精度一般在20%以下，营养丰富，佐餐性较强。酿造酒的主要原料是谷物和水果，其特点是含酒精量低，属于低度酒，例如用谷物酿造的啤酒一般酒精含量为3~8，果类的葡萄酒酒精含量为8~14。酿造酒根据生产原料的不同，分为谷类、果类和其他类。

（一）谷类酿造酒

谷类酿造酒是以含淀粉质的大麦、小麦、大米、玉米、高粱、黍等为主要原料糖化发酵而成的酒品，主要分为啤酒、黄酒和清酒三大类。啤酒是营养十分丰富的清凉饮料，素有"液体面包"之称，其主要生产原料是大麦。生产方法有上发酵和下发酵两种。黄酒是中国特有的酿造种类。我国劳动人民在长期的辛勤劳动中积累了丰富的酿酒经验，创造了独特的黄酒酿造工艺。黄酒是以粮食（主要是大米和黍米）为原料，通过真菌、酵母和细菌的共同作用酿造的一种低度压榨酒。清酒是以大米与天然矿泉水为原料，经过制曲、制酒母、酿造等工序，通过复合发酵，酿造出酒精度达18左右的酒醪，之后加入石灰使其沉淀，经过压榨制成的原酒。

（二）果类酿造酒

果类酿造酒是以富含糖分的果实为原料酿造而成的酒品，在果类酿造酒中以葡萄酒最具有典型性。根据国际葡萄与葡萄酒组织（OIV）1978年的规定，将葡萄酒分为葡萄酒和特殊葡萄酒。葡萄酒的分类方法很多，主要有以下几种：

（1）按葡萄酒的色泽分类：红葡萄酒（Red Wine）、白葡萄酒（White Wine）、玫瑰红葡萄酒（Rose Wine）。

（2）按葡萄酒的含糖量分类（1996年规定）：干葡萄酒（Dry Wine）、半干葡萄酒（Semi-Dry Wine）、半甜葡萄酒（Semi-Sweet Wine）、甜葡萄酒（Sweet wine）。

（3）按葡萄酒的含汽状态分类：静态葡萄酒（Stilled Wine）、起泡葡萄酒（Sparkling Wine）。

（4）按葡萄酒的特殊生产工艺分类：强化葡萄酒（Fortified Wine）、加香葡萄酒（Flavored Wine）。

（5）其他分类方法。

①按饮用时间，可分为餐前葡萄酒、佐餐葡萄酒和餐后葡萄酒。

②按所用葡萄，可分为单品种葡萄酿制的葡萄酒和多品种葡萄酿制的葡萄酒。
③按葡萄的来源，可分为家葡萄酒和山（野）葡萄酒。
④按生产年份，可分为年份葡萄酒和无年份葡萄酒。
⑤按葡萄汁含量，可分为半汁葡萄酒和全汁葡萄酒。
⑥按葡萄酒品质，可分为调配葡萄酒、普通葡萄酒和高级葡萄酒。

除葡萄酒之外，用其他水果酿造的酒，必须注明水果的名称以区别于葡萄酒，或用专用名词表示，例如苹果酒（Cider）、樱桃酒（Cherry Wine）、草莓酒（Strawberry Wine）、橙酒（Orange Wine）等。

（三）其他类酿造酒

以牛乳、马乳、羊等动物乳汁或蜂蜜为原料酿制成的酿造酒。

二、蒸馏酒（Distilled Alcoholic Beverages/Spirits）

凡以糖质或淀粉为原料，经糖化、发酵、一次或多次蒸馏提取的高酒精含量的酒品为蒸馏酒。世界上蒸馏酒品很多，比较典型的有白兰地、威士忌、金酒、伏特加、朗姆酒、特吉拉酒、中国白酒、日本烧酒等。根据生产原料的不同可分为谷类蒸馏酒、果类蒸馏酒、果杂类蒸馏酒和其他类蒸馏酒。

（一）谷类蒸馏酒

（1）威士忌（Whisky）。国际上习惯将威士忌按产地分为4类，即苏格兰威士忌、爱尔兰威士忌、美国威士忌（又称波旁威士忌）和加拿大威士忌（又称黑麦威士忌）。

（2）金酒（Gin）。又称杜松子酒，金酒原产于荷兰，目前比较流行的酒品有荷兰金酒和英国伦敦干金酒两种。

（3）伏特加（Vodka）。一般是以马铃薯或玉米、大麦、黑麦等为原料生产的精馏酒精，经活性炭处理，兑水稀释而成，酒精含量在45%左右，以东欧为主要产地。

（4）中国白酒。中国白酒名品众多，风格多样，一般有以下几种分类方法。
①按香型和质量特点分：酱香型、浓香型、清香型、米香型、兼香型。
②按生产工艺分：固态发酵白酒、液态发酵白酒、固液勾兑白酒。
③按原料分：粮食酒（玉米、高粱、麦类、稻米等）、薯类白酒（鲜白薯干、白薯干）、代用品白酒（玉米糠、高粱糠、粉渣等）。
④按使用酒曲的种类分：大曲白酒、小曲白酒、大小曲混合白酒、麸曲白酒。
⑤按酒精含量分：高度白酒（50°以上）、中度白酒（40°~50°）、低度白酒（40°以下）。

（5）其他谷物蒸馏酒。主要有：

①阿瓜维特酒（Aquavit）是以马铃薯和谷物为主要原料，通过麦芽糖化、发酵，然后进行蒸馏，最后以香草等提香蒸馏酒，为北欧挪威、丹麦、瑞典等国的传统谷物蒸馏酒。

②科伦酒（Korn）为德国特有的谷物蒸馏酒，原料为黑麦、小麦、混合谷物等，德国把这种酒称为 Korn Brannt Wein（意为"用谷物制造的白兰地"），简称为 Korn。此外，德国将类似科伦酒的蒸馏酒称为修那普斯（Schnapps），这是一种广义的概念。

③俄克莱豪（Okolehao）是夏威夷的特产酒，是以芋头（当地称为 Ti）为原料而制成的蒸馏酒，简称为欧凯（Oke）。夏威夷的当地人一般会直接饮用，但更流行的饮用方式是在俄克莱豪酒中兑入可乐或橙汁一起饮用。

（二）果类蒸馏酒

白兰地是对果类蒸馏酒的总称，但就其典型性和代表性而言，白兰地往往是葡萄白兰地的代名词，其他果类蒸馏酒的命名则在白兰地前冠以水果名，或以专有名称指示。除葡萄白兰地外，其他水果如苹果、梨、桃子、草莓、杏、李子、樱桃等均可制造白兰地，各具风格。水果白兰地中著名的酒品有樱桃白兰地：Eau-de-vie de Kirsch（法）；黄李白兰地：Eau-de-vie de Misrabelle（法）；紫罗蓝色李白兰地：Eau-de-vie de quetsch（法），Sljivovica（南斯拉夫）；木莓白兰地（即覆盆子）：Eau-de-vie de Framboise（法）；西洋梨白兰地：Eau-de-vie de William（法）；杏白兰地：Barak Palinka（匈牙利）。

（三）果杂类蒸馏酒

果杂类蒸馏酒主要是以植物的根、茎、花、叶等作为原料，经糖化、发酵、蒸馏等工艺而成的蒸馏酒，主要的酒品有朗姆酒（Rum）、特吉拉酒（Tequila）等。此外，以龙胆根为原料制成的蒸馏酒也较为著名，瑞士的 Aveze、德国的 Gentiane Germain 及法国的 Suze 都是较为著名的龙胆蒸馏酒。

（四）其他类蒸馏酒

有些蒸馏酒虽然生产工艺与上述几种相同，但由于制酒原料独特和酒种稀少等原因，无法归入以上几类，故单独列为其他蒸馏酒，习惯将阿拉克（Arrack/Arak）作为这类酒的总称，其语源可能来自阿拉伯语中的 Araq（果汁）。

最初的蒸馏酒工艺始于阿拉伯，是用椰枣的果汁发酵蒸馏而成。以后随着蒸馏技术的传播，人们才开始尝试用多种原料制造蒸馏酒。目前，被称为 Arak 的蒸馏酒仍为西亚、东南亚、南美等各地居民的传统酿制。例如中东的椰枣酒、南美的花酒以及热带海洋地区的椰子酒等。

三、配制酒（Compounded）

配制酒也称混配酒，即混合配制酒，包括配制酒和混合酒两大体系。配制酒的诞生比其他单一的酒品要晚，但由于它更接近消费者的口味和爱好，因而发展较快。配制酒的酒基可以是原汁酒，也可以是蒸馏酒，还可以两者兼而有之。混合酒是一种由多种饮料混合而成的新型饮料，主要代表是鸡尾酒。配制酒种类繁多，风格万千，分类体系较为复杂，世界上较为流行的是将配制酒分为3类，即开胃酒、甜食酒和利口酒。

（一）开胃酒（Aperitif）

常见的开胃酒包括味美思（Vermouth）、茴香酒（Anises）和比特酒（Bitter）。

味美思主要以葡萄酒作为酒基，葡萄酒含量占80%，其他成分是各种香料，因此，酒中有强烈的草本植物味道。它最初在法国酿造，随后意大利、美国等也相继生产。

茴香酒是用茴香油与食用酒精或蒸馏酒配制而成的酒，有无色和染色两种，一般酒度在25°左右。茴香酒以法国生产的酒品较为有名，目前较为有名的茴香酒为潘诺（Pernod）。

（二）甜食酒（Dessert Wines）

甜食酒又称为餐后酒，是在西餐中佐助甜品的饮品，口味较甜，主要以葡萄酒作为酒基进行配制。著名的甜食酒产地主要集中在南欧诸国，如葡萄牙的波特酒（Port）、西班牙的雪利酒（Sherry）、葡萄牙的马德拉酒（Madeira）、西班牙的马拉加酒（Malaga）、意大利的马萨拉酒（Marsala）等。

波特酒是葡萄牙的国宝，是用葡萄原汁酒与葡萄蒸馏酒勾兑而成的配制酒品。主要有红、白波特酒，分为瓶装陈酿波特酒（Vintage）和桶装陈酿波特酒（Wood Port）两种。

雪利酒主要产于西班牙的加的斯（Jerez）地区，但最受英国人的喜爱。它是用加的斯所产葡萄酒为酒基，勾兑当地的葡萄蒸馏酒而成，一般分为两种：菲奴（Fino）和奥鲁罗索（Oloroso）。

马德拉酒产于大西洋中的马德拉岛上，是用当地产的葡萄酒和葡萄烧酒为基本原料勾兑而成。马德拉酒是深受人们喜爱的上等甜食酒品，也是很好的开胃酒，酒精含量为16°~18°。

马拉加酒产于西班牙安达卢西亚的马拉加地区，生产方法与波特酒相似。马拉加酒种类较多，常根据色泽和酸甜程度来进行分类，如有白干、甘甜、甜型马拉加等。

马尔萨拉酒产于意大利西西里岛西北部的马尔萨拉一带，是用葡萄酒与葡萄蒸馏酒兑成的配制酒，最适合于做甜食酒和开胃酒。

（三）利口酒（Liqueur）

利口酒又称香甜酒，是用食用酒精或蒸馏酒为酒基，加入各种调香物品配制而成的。利口酒分类体系庞大复杂，通常按配制原料分为水果类、种子类、果皮类、香草类和乳脂类等。利口酒色彩缤纷、口味香甜、充满韵味，是西餐宴会餐后甜酒的最佳选择，也是改变和创造了鸡尾酒的风格，赋予其诗情画意的辅料和配料。此外，利口酒还可以用于西餐烹调、烘烤、配制冰激凌、布丁以及众多巧克力等。

鸡尾酒是混合酒类的典型，是色、香、味、形、意俱佳的酒品，因鸡尾酒的制作以酒品之间一般的调配为主，所以不能称为生产工艺。鸡尾酒是风靡现代生活的时尚饮品，它的世界多姿多彩，争奇斗艳，包含了人类最美好的情感和丰富的想象。鸡尾酒的发展历程虽短，但在传统和创新有机融合的动力驱使下，有着永恒的生机和活力。

可以说酒是世界各民族共同创造的硕果，是人类智慧的结晶，在酒被认识、应用和创造的过程中，世界各民族铸造了各具历史背景和时代特色的酒文化。多源头、多走向、多元化是酒文化发展的史实和趋势。在以酒为载体所表现的各种文化现象中，酿酒工艺和科技的发展占主导地位。酿酒基本原理的形成，生产工艺和科技的飞跃，始终是贯穿酒的发展历程中的一根主干线。在长期的发展过程中，酒的分类体系按照酒系→酒类→酒种→酒品的走向日益精细化，世界上比较规范的分类方法是按照生产工艺将酒分为酿造酒、蒸馏酒和配制酒三大体系，每个体系又以生产原料细分为具体的酒类和酒品。

复习与思考

简答题

1. 酒的基本概念是什么？
2. 酿酒的基本原理有哪些？
3. 何谓酒度？酒度的3种表示方法是什么？它们之间的换算关系是什么？
4. 根据酒的生产工艺，画出酒的分类体系图。

葡萄酒 PPT

第二章 葡萄酒

学习目的意义 通过学习葡萄酒的发展历史、种类和酿造工艺，丰富学生对葡萄酒文化的了解，提高其审美鉴赏能力、人文素养及葡萄酒相关服务水平。

本章内容概述 本章内容涉及葡萄酒概述、葡萄酒的酿造、葡萄酒的服务与品鉴，同时还介绍了葡萄酒的储藏。

学习目标

方法能力目标

通过对本章知识的学习，掌握葡萄酒的历史渊源、产地、葡萄的不同品种和种植以及不同种类葡萄酒的特点和酿造工艺。

专业能力目标

掌握不同品种葡萄酒储藏、服务和饮用的正确方式，培养对葡萄酒的鉴赏能力，在此基础上激发学生对研究葡萄酒文化的兴趣，熏陶人文素养。

社会能力目标

能够胜任西餐厅或酒吧工作，正确、熟练地提供葡萄酒相关服务，根据客人所点菜肴，建议搭配葡萄酒的种类，回馈企业与社会。

> **知识导入**
>
> ### 葡萄酒的传说
>
> 传说古代有一位波斯国王，爱吃葡萄，曾将葡萄压紧储藏在一个大陶罐里，标着"有毒"，防人偷吃。数天以后，国王的一位妃子对生活产生了厌倦，擅自饮用了标明"有毒"的陶罐中葡萄酿成的饮料。由于味道非常好，她非但没结束自己的生命，反而异常兴奋，又对生活充满了信心。她专门盛了一杯呈送给国王，国王饮后也十分喜欢。自此，国王颁布了命令，专门收藏成熟的葡萄，压紧盛在容器内进行发酵，以便得到葡萄酒。

第一节 葡萄酒概述

"一顿没有葡萄酒的聚餐犹如一个没有阳光的白昼"，这句谚语在法国可谓妇孺皆知。有了葡萄酒，就会使就餐更加优雅和缓，因为葡萄酒的饮用必须轻斟慢啜，而不是开怀豪饮，每次轻啜都要稍加停顿，以便细细品味，让酒香在口中得以充分回旋，使葡萄酒宜人的暖流渗透到每条血管、每个细胞中去，让这种魔力般的香味长驻嘴边。而且，既然不急于饮酒，用餐者也就有了充分的时间进行交谈。葡萄酒还有助于食物消化，也是因为它阻止了人们快速进食。

发酵是制造所有含酒精饮料的基础。这一过程通过酵母对糖的作用，首先转变成乙醇和二氧化碳气体，然后与空气隔绝，否则酒液将会变成酸醋。

在葡萄酒的生产过程中，糖发酵转变成了酒精（乙醇），产生的二氧化碳气体也是允许挥发的，二氧化碳气体挥发完后剩下的便是我们所说的静态葡萄酒，静态而不是起泡的葡萄酒通常用于佐餐。

任何含有糖分的液体都可以通过增加酵母进行发酵，但葡萄酒却是自然生成，它不需要人类的干预。葡萄园上空的大气层中饱含无数酵母物质，可以降落在葡萄上；葡萄汁中含有的糖分则为酒精的产生提供了内在条件，葡萄越甜，生产出葡萄酒的酒精含量越高。发酵过程完成后，葡萄酒被装进木桶进行陈酿，也就是说其酒香和独特的口味可以随着时间的变迁而发展，所有这一切看起来似乎异常简单。

当然，生产上好的葡萄酒是一个十分复杂的过程，因为这不仅要依赖发酵这一神秘过程，而且还要依赖使用的葡萄品种，以及它们的生产地出产能够酿造上等葡萄酒的葡萄。

世界上酿酒葡萄的黄金生长温度带是北纬30°～50°和南纬30°～40°，只有极少数较好的葡萄种植园位于这两个黄金带之外。位于北半球的黄金带包括法国、德国、意大利、葡萄牙、西班牙和美国，同时还包括北非和其他产酒区；位于南半球生长带的地区包括南部非洲、澳大利亚、智利和阿根廷等。

也许可以这样认为，想要生产出可口的葡萄酒，种植园的土壤必须相当肥沃才行。不过这不是主要因素，法国生产香槟的厄伯尔内（Epernay）地区是白垩土质，德国摩泽尔河谷（Moselle Valley）的葡萄园生长在板岩土壤中；生产世界著名葡萄酒的法国波尔多（Bordeaux）地区的葡萄园布满沙砾、沙土和黏土。也许这便是葡萄酒不可思议的神秘处之一，即无法肯定一种酒出自哪种土壤中长出的葡萄。一个种植园的葡萄能生产出极好的葡萄佳酿，而另一个仅几千米以外的葡萄园却只能生产很一般的就餐葡萄酒。葡萄酒总保持着一种神秘感，也许这就是它吸引人们的原因之一吧。

一、葡萄酒的定义和分类

葡萄酒是以100%新采摘的葡萄，按照当地传统方法压榨、发酵而产生的含酒精饮料，是世界上最为自然生成的饮料，属于一种酿造酒。葡萄酒的分类方法很多，主要有以下几种。

（一）按葡萄酒的颜色划分

（1）红葡萄酒（Red Wine）：红葡萄酒酒液呈红色。红葡萄酒是用红皮或紫皮葡萄压榨成汁并连皮带肉一起发酵，使果皮中的色素染入酒液中后再去皮渣酿造而成的葡萄酒。

（2）白葡萄酒（White Wine）：白葡萄酒液呈金黄色、淡黄色或近于无色，较为澄清，是用白皮或者青皮葡萄的葡萄汁酿成的葡萄酒，有时也用紫皮葡萄的果汁酿制。

（3）玫瑰红葡萄酒（Rose Wine）：一般来说，玫瑰红葡萄酒是用红皮葡萄连皮带肉榨汁、酿造，但中途将皮渣滤出，由于皮肉浸泡的时间比较短，酒液上只染上了少许红色，所以酒色呈粉红玫瑰色。

（二）按葡萄酒的含糖量划分

（1）干型葡萄酒（Dry Wine）：酒中含糖量在0.5%以下，口感酸而不甜。

（2）半干型葡萄酒（Semi-Dry Wine）：酒中含糖量为0.5%～1.2%，口感有微弱的甜味。

（3）半甜型葡萄酒（Semi-Sweet Wine）：酒中含糖量为1.2%～5%，口感较甜。

（4）甜型葡萄酒（Sweet Wine）：酒中含糖量在5%以上，口感很甜。

（三）葡萄酒的含气状态划分

（1）静态葡萄酒（Stilled Wine）：指不含二氧化碳气体的葡萄酒。

（2）起泡葡萄酒（Sparkling Wine）：主要是将酿造过程中自然生成的二氧化碳气体保留在葡萄酒中，这种天然汽酒以法国香槟酒为代表。还有一种人工汽酒，是在葡萄酒中用人工方法加入二氧化碳气体，从而形成葡萄汽酒。

（四）按照饮用习惯

划分为餐前酒、佐餐酒和餐后甜酒三种。

二、葡萄酒的成分

（一）葡萄

葡萄酒最基本的原材料是葡萄。葡萄的皮、果肉甚至种子的质量都会在酿出的葡萄酒中有所反映，所以说，葡萄的质量和葡萄酒的质量有着密切的联系。

葡萄品种分为鲜食葡萄品种和酿酒葡萄品种，我们通常见到的葡萄均为鲜食葡萄。酿酒葡萄为 Ampelidecese 科，所有酿酒葡萄品种均属于 Ampelidecese 的10个科属中的 Vitis 科属，其中又以 Vitis Vinifera 种最为重要，因为全球的葡萄酒有99.99%均是使用 Vitis Vinifera 的葡萄品种酿造。Vitis Vinifera 是欧洲用来制造上好葡萄酒的品种。

1. 葡萄的成分

葡萄依其果皮颜色可以分为白葡萄（绿皮）和黑葡萄（黑皮、红皮、紫皮）两大类。无论是白葡萄还是黑葡萄，其主要构造均由果肉、果皮及种子组成。其中果肉含有糖分、水分、苹果酸、酒石酸、柠檬酸和矿物质。葡萄皮是色素、单宁、芳香物质等的来源，并包含纤维素及果胶，酵母也存在于果皮部分。种子含有有害葡萄风味的物质如单宁酸、脂肪、树脂、挥发酸等成分，它们一旦释放出来将会使葡萄酒难以入口，所以在压榨葡萄时一定要小心，不可将葡萄种子压碎。此外，葡萄中还含有水分、碳水化合物、蛋白质、氨基酸以及矿物质等（见表2-1）。

表2-1 成熟葡萄成分

成 分	含量（%）	备 注
水	70～80	
汁	15～30	
碳水化合物		
糖	12～17	葡萄糖和果糖
果胶	0.1～1.0	包括树胶等
多缩戊糖	0.1～0.5	含少量戊糖
肌醇	痕迹	
酸类		
苹果酸	0.1～0.5	随地区、品种、季节各异
酒石酸	0.2～0.8	主要是酒石酸氢盐
柠檬酸	痕迹	
单宁酸	0.0～0.2	
氮	0.01～0.02	主要是蛋白质、氨基酸、氮
灰末	0.2～0.6	

2. 葡萄的种植

酿酒学家认为，影响葡萄酒质量的因素有4个：土壤、气候、葡萄品种和人。当然还有其他少数影响因素，如主酵母等。这4个要素中最基本、最重要的是葡萄品种，其次是土壤。

（1）土壤。种植葡萄的土壤中的各种成分对酿出的葡萄酒质量有很大影响。一般来说，不适合农作物生长的土壤往往能生长出酿造优质葡萄酒所需的葡萄，土壤过于肥沃，葡萄可能会丰收，但是这种葡萄却不能酿出好的葡萄酒。白垩、石灰石和沙砾等都是适合葡萄生长的优质土壤，如法国勃艮第地区的鲕状碎石土壤、香槟地区几乎贫瘠的石灰岩土壤、波尔多地区的沙砾土壤，以及德国摩泽尔河谷地区的板岩土壤区种植的葡萄都生产出了大量世界著名的葡萄酒。贫瘠的土地中还含有大量的微量元素，这些微量元素不但渗透到葡萄中，而且也自然而然地渗入酿成的葡萄酒中，对葡萄酒的口味及香气都有很大影响。这些元素包括铜、铁、钴、硅、碘、镍、锌、钼等矿物质和氧、氮、氢等气体元素，它们通常含量极小，过于浓密会严重损害葡萄及葡萄酒的质量。此外，土壤排水对葡萄生长也有一定的影响，土壤排水能力取决于土壤颗粒的大小和土层的厚度，颗粒太细会阻止水分吸收，颗粒太大又会使排水过快。土壤中的矿物质由于排水作用会被带到底层，但由于葡萄的根扎得很深，所以还可以继续吸收这些矿物质。

（2）气候。气候对葡萄的生长有很大影响，其中，温度和降雨量的影响尤其突出。最为理想的气候条件是冬季寒温适中，伴有适量雨水，夏季炎热而漫长，有足够但不是太多的雨水。夏季需要有足够的阳光和高温使葡萄成熟并产生一定的葡萄糖，只有这样才能在发酵后获得含有一定酒精的葡萄酒。5月是葡萄开花打蕾的季节，如果有霜冻，将会使葡萄颗粒无收。夏末的冰雹或强风也会使满架的葡萄荡然无存，秋季第一次寒流过后，葡萄进入休眠状态，果木变得坚硬。冬季过于寒冷则会将果木冻死。在有霜冻的地区，把葡萄种在山坡上可以减轻霜冻带来的损失，这是因为冷空气比热空气重，冷空气下沉时把热空气沿斜坡向上挤，使葡萄园处在气温相对较高的状态下。

河流对于葡萄种植园的气候也有一定影响，靠近葡萄园的大片水域能够在葡萄园上空形成相对稳定的气流并影响陆地上的气温。因为在水温和气温相同的情况下，水需要3倍于土壤所需要的热量，这样水温在下降时其速度就要比土壤慢很多，从而使气温下降时水中的热量释放出来，均衡附近地区的气温。地势与气温也有关系，地势越高，气温越低，所以一般海拔1000米以上就不能栽种葡萄，葡萄种植园的理想高度是海拔400～600米。

（3）葡萄品种。葡萄酒的香味源自葡萄本身，但据目前已知的5000多种可以酿酒的葡萄中，只有约50多种可以酿造一流的葡萄酒。酿酒用的葡萄和一般食用的葡萄的差异在于果粒较小，果肉较少，大致可分为白葡萄和黑葡萄两种。白葡萄，颜色有青绿色、黄色等，主要用来酿制气泡酒和白葡萄酒。红葡萄酒和玫瑰红葡萄酒是由黑葡萄酿制而成的，葡萄皮的颜色留在葡萄汁中进行发酵。白葡萄酒既可以由白葡萄，也可以由黑葡萄酿制而成，其中的奥秘在于发酵前将葡萄皮等残渣从葡萄汁中分离出去。无论是白葡萄还是黑葡萄都或甜或酸，在酿造过程中，多少会改变原有的味道，这就使得选择葡萄品种成为酿酒的一大艺术。

酿制红葡萄酒的主要葡萄品种如表2-2所示，常见红葡萄品种特质如表2-3所示。

表2-2 酿制红葡萄酒的葡萄品种

译　名	原文名称	其　他　译　名	原产地
赤霞珠	Cabernet Sauvignon	雪华莎、苏维翁、解百纳、卡本内、苏维浓	法　国
品丽珠	Cabernet Franc	卡本内·弗朗	法　国
蛇龙珠	Cabernet Gernischt		法　国
佳利酿	Carignan	佳醴酿	法　国
神索	Sinsaut		法　国
佳美	Gamay	黑佳美、红佳美	法　国
梅洛	Merlot	梅鹿辄、梅鹿汁、美露、美洛、美乐	法　国
黑品乐	Pinot Noir	黑比诺、黑彼诺、黑皮诺、黑品诺、匹诺瓦	法　国

续表

译 名	原文名称	其 他 译 名	原产地
味而多	Petit Verdot	魏天子	法 国
西 拉	Syrah	希哈、设立子	法 国
增芳德	Zinf Andel	金芬黛	法 国
歌海娜	Grenache	格那希、格纳许	西班牙
弥 生	Mission		西班牙
内比奥罗	Nebbiolo	纳比奥罗	意大利
桑娇维塞	Sangiovese	三吉优维烈、山吉优维烈、圣祖维斯	意大利
宝 石	Ruby Cabernet	宝石百纳	美 国

表2-3 常见红葡萄品种特质比较

品种名	英文名	单宁与酸度	酒体与口味	香 气
赤霞珠	Cabernet Sauvignon	单宁：高 酸度：中等偏高（到高）	酒体：中等偏厚（到厚） 酒精度：中等（到高）	黑加仑、黑莓、深色樱桃、青椒、雪松木等
梅 洛	Merlot	单宁：中等（到高） 酸度：中等（到中等偏高）	酒体：中等偏厚（到厚） 酒精度：高	红李子、青椒、红枣
黑品乐	Pinot Noir	单宁：中等（到高） 酸度：中等偏高（到高）	酒体：中等偏厚 酒精度：高	覆盆子、草莓、樱桃、泥土、香料
品丽珠	Cabernet Franc	酸度和单宁都比较低	口感更柔顺，成熟较早	青椒、马铃薯皮等
佳 美	Gamay		以酸度为基础，带有一点点涩味的轻巧、清淡口感	草莓、樱桃、新鲜葡萄等的果实香气
西 拉	Syrah（Shiraz）	单宁：中等（到中等偏高） 酸度：中等	酒体：厚 酒精度：高	混合有深色浆果，香料与皮革等野性的香味
歌海娜	Grenache	单宁：低（到中等偏高） 酸度：低（到中等偏高）	酒体：中等 酒精度：高	带有明显的红色水果与一些甜香料的味道

①赤霞珠（Cabernet Sauvignon）。它是世界著名的黑葡萄品种，是法国波尔多地区的代表品种。赤霞珠所产葡萄酒的特性极强，色泽深、单宁强、酚类物质含量高、酒体强劲浑厚，酒龄较浅的葡萄酒经常口味较涩，要经数年陈酿后才进入适饮期（波尔多梅多克地区所产的葡萄酒要经过至少10年以上的陈酿）。其酒香以红色果实如黑加仑、黑樱桃和李子等香气为主，也含有植物性香，如青胡椒等，还有烘焙香，如咖啡和烟熏味。由于这种葡萄酿制的红酒具有独特的风味，所以许多产葡萄酒的国家和地区如澳大利亚、南非、美国、智利、中国等也把它作为酿制优质红葡萄酒的首选品种。

②梅洛（Merlot）。它是波尔多地区最为广泛种植的品种，由它酿造出的葡萄酒柔和芳香，在波尔多地区的梅多克（Medoc）产区，经常用它同赤霞珠酿制的葡萄酒进行调配。

即使不调配,在波尔多地区的圣·艾米莉(St. Emillion)和伯姆龙(Pomerol)、意大利、澳大利亚和美国加利福尼亚州也能酿制出上等的葡萄酒,有世界价格最贵葡萄酒之称的彼德律酒(Chateau Petrus),即主要以梅洛葡萄酿成。目前,此种葡萄在中国也有种植。

③佳美(Gamay)。该品种是勃艮第最重要的品种,著名的薄酒莱葡萄酒(Beaujolais)即以佳美葡萄酿造。用佳美生产的葡萄酒颜色呈淡紫色,单宁含量非常低,口感清淡,富含新鲜果香,通常不宜久存,简单易饮,属于酒龄年轻时即喝的葡萄酒。此种葡萄在中国现有一定规模的种植,如青岛的华东酒厂即有佳美葡萄酒出品。

④黑品乐(Pinot Noir)。以生产勃艮第红葡萄酒而著名,是勃艮第地区唯一的红酒品种,属早熟型,产量小且不稳定,适合较寒冷气候,对生长环境的要求较高,生产的酒结构严谨,口感丰厚,适合长期陈酿,酒品年轻时以果香为主,陈年后则变化丰富。上乘的黑品乐出自勃艮第的金丘,是由黑品乐葡萄酿制的世界上最高级尊贵的红酒之一。

⑤西拉(Syrah)。在澳大利亚,西拉品种被称作Shiraz(希拉子)和Hermitage。法国隆河谷地产区是其原产地,也是最佳产地。它可酿出色泽深暗、质地稠密、口感强烈的红酒。但它在酒龄浅时单宁含量较高,故宜储存3年以上再配食物饮用为佳。成熟的西拉酒带有黑醋栗和杉木的清香,并有混合的香料气味。在法国,西拉也用于同其他品种的葡萄酒进行调配。最好的西拉葡萄酒酿制于低产量的葡萄园,产量过高会降低葡萄酒的质量。

⑥品丽珠(Cabernet Franc)。作为赤霞珠的近亲,该品种的原产地一般被视为波尔多地区。然而,在卢瓦尔和法国其他一些地区以及美国的东部和西部的一些州也种植该品种。该品种的习性与赤霞珠一样,易于管理,长势很好,而且产量也大,不过与赤霞珠相比易受真菌的侵蚀。在波尔多地区主要用来和赤霞珠、梅洛混合酿造葡萄酒。

酿制白葡萄酒的主要葡萄品种如表2-4所示。

表2-4 酿制白葡萄酒的葡萄品种

译 名	原文名称	其他译名	原产地
霞多丽	Chardonnay	查当尼、莎当妮、夏多内	法 国
雷司令	Riesling	丽诗玲、丽丝玲、薏丝琳	德 国
赛米雍	Semillon	瑟美戎、赛美容、森美戎	法 国
长相思	Sauvignon Blanc	白苏维浓、白苏维翁、白索维浓	法 国
白诗南	Chenin Blanc	百梢南	法 国
贵人香	Italian Resling	意斯林、薏丝琳	意大利
白品乐	Pinot Blanc	白皮诺	法 国
琼瑶浆	Traminer(Gewurztraminer)	格乌兹塔明那	德 国
白麝香	Muscat Blanc	蜜思卡	不 详

续表

译 名	原文名称	其他译名	原产地
白玉霓	Ugni Blanc	白维尼	法 国
阿里高特	Aligote	阿时戈特	法 国
墨 勒	Muller–Thurgau		德 国
西万尼	Silvaner		德 国
白福尔	Folle	白疯女	法 国
哥伦巴	Colombard	鸽笼白	法 国

①霞多丽（Chardonnay）。源产自法国的勃艮第，是目前全世界最受欢迎的酿酒葡萄，属早熟型品种。由于其适合各类型气候，耐寒，产量高且稳定，容易栽培，该品种几乎已在全球各产酒区普遍种植。霞多丽是白葡萄酒中最适合用橡木桶培养的品种，其酒香味浓郁。霞多丽以生产干白葡萄酒和气泡酒为主。目前，霞多丽在澳大利亚、美国加利福尼亚州、意大利、南非、智利、阿根廷、保加利亚等国家和地区得到广泛种植。中国葡萄酒产区的霞多丽种植近年来也得到了快速发展。

②雷司令（Riesling）。它是德国最重要的葡萄品种，目前在中国也有广泛种植。与其他葡萄品种显著不同的是，雷司令果实的表面是"白色"的，好像裹了一层面粉。雷司令属晚熟型，适合大陆性气候，耐冷，多种植于向阳的斜坡及沙质黏土，产量大，为优质葡萄品种中的最高级品，所产葡萄酒特性明显，酸甜度平衡，丰富细致、均衡，非常适合久存。雷司令酿制的葡萄酒大多数是干型的，不过也经常有半干型的。中欧最有名的雷司令葡萄酒非常甜，是用贵腐葡萄酿制成的。

③赛米雍（Semillon）。原产自法国波尔多地区，适合温和型气候，产量大，颗粒小，糖分高，易氧化。用它生产的干白葡萄酒品种特色不明显，酒香淡，口感厚实，酸度经常不足，适合年轻人饮用。它以生产贵腐葡萄酒（Noble Wine）而著名，酿制成的葡萄酒经数十年口感仍甜而不腻、厚实香醇。

④长相思（Sauvignon Blanc）。原产自法国波尔多。主要用来酿制酒龄浅的干白葡萄酒，或混合赛米雍葡萄以制造贵腐白葡萄酒。以此酿制的葡萄酒最大的特色，在于拥有强烈的口感和青苹果的清香，酒酸味强、辛辣口味重。适合酒龄浅时品尝。此外，有些产区混合赛米雍，经木桶发酵培养的干白酒较为圆润细致且耐久存。

⑤白诗南（Chenin Blanc）。这是法国的卢瓦尔谷地唯一允许用来生产白葡萄酒的品种，所产葡萄酒常有蜂蜜和花香，口味浓，酸度强，其中白葡萄酒和气泡酒品质不错，大多适合于酒龄浅时饮用，也可陈年，同时，它还可以用于生产晚摘和贵腐甜白葡萄酒。这种葡萄在美国加利福尼亚以及澳大利亚、南非和南美栽培也很普遍。

葡萄品种的确定固然重要，但葡萄品种的栽培方法也很有讲究，每个葡萄种植园都有自己独特的葡萄栽培方法，而且很多是世代延续下来的传统方法，一般都不会轻易改变。因此，在不同的葡萄园可以看到，有的葡萄架有一人多高，有的却只有半人高，有的葡萄藤独株生长，有的合株而生。葡萄的栽培方法与所吸收的阳光和地面散发出的热量有一定的关系，甚至连每株葡萄藤上葡萄果实的多少都会对酿酒造成很大的影响。

（4）人。在葡萄种植和葡萄酒酿制过程中，人虽不是唯一的决定因素，但也是最主要的因素之一，因为从葡萄的栽培、种植管理、收获，到葡萄酒酿制等一系列的工作很多都是由人来完成的，特别是在葡萄收获以后，主要是依靠酿酒工人的技术来酿造葡萄酒。葡萄的破碎、压榨、发酵，葡萄酒的倒桶、陈酿、澄清等每个步骤都必须由酿酒师认真地完成才能使酿出的葡萄酒芬芳宜人。

有些专家还将年运（Luck of Year）作为影响葡萄酒质量的一个因素。所谓年运，主要是依赖于当年的自然气候，如阳光充足、雨量适中等，但还有一个重要因素就是病虫害的影响。因此，年运也是决定葡萄酒质量的非人工因素之一。很多国外著名的葡萄酒在商标上都标有生产年份，有的年份甚至是葡萄酒的标志。

3. 收获

选择收获时间对葡萄酒的质量影响很大。在优质葡萄酒产地，对葡萄成熟的检测工作十分细心，葡萄在寒冷的地区很难成熟，因此，葡萄采摘应尽可能安排在最佳时期。在温暖地区，当葡萄中的糖和酸有了合理比重，必能酿出理想的葡萄酒时便可进行采摘收获。葡萄一经采摘则需立即去梗、压榨，装入酿酒桶，稍一迟疑，即便不超过12个小时也会产生严重后果。因为：一是那些能自然生成酒香的元素与空气接触太多，会使葡萄酒产生不好的气味；二是令人讨厌而又多余的细菌或微量的糖分流损都会破坏酿成的葡萄酒的口味。

（二）葡萄酒酵母

葡萄酒是通过酵母的发酵作用将葡萄汁制成酒的，因此酵母在葡萄酒生产中占有很重要的地位。优良葡萄酒除本身的香气外，还包括酵母产生的果香和酒香。酵母的作用能将酒液中的糖分全部挥发，使残糖保留在4克以下。酵母较高的发酵能力可使酒精含量达到16%。此外，葡萄酒酵母具有较高的二氧化硫抵抗力、较好的凝聚力和较快的沉降速度，能在低温15℃或适宜的温度下发酵，以保持葡萄酒新鲜的果香味。

（三）添加剂

添加剂指添加在葡萄发酵液中的浓缩葡萄汁或白砂糖。优良的葡萄品种在适合的生长条件下可以产出合格的制作葡萄酒的葡萄汁，然而，由于自然条件和环境等因素，葡萄含量常达不到理想的标准，这时需要调整葡萄汁的糖度，加人工添加剂以保证葡萄酒的酒精度。

（四）二氧化硫

二氧化硫是一种杀菌剂，它能抑制各种微生物的活动。然而，葡萄酒酵母抗二氧化硫能力强，在葡萄酒发酵液中加入适量的二氧化硫可以使葡萄发酵顺利进行。

第二节　葡萄酒的酿造

葡萄酒的酿造过程如图2-1所示。

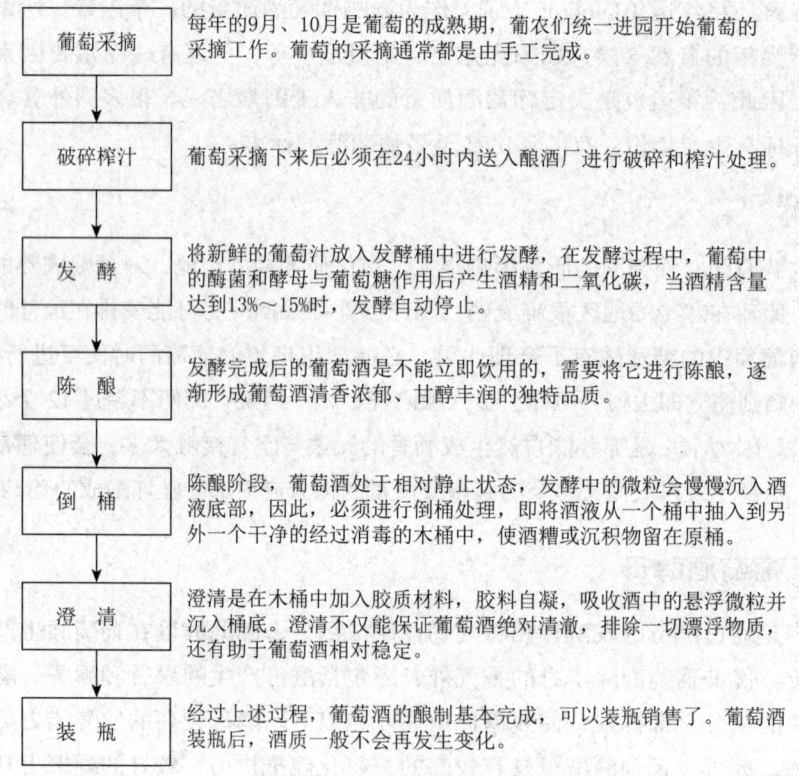

图2-1　葡萄酒的酿造过程

一、白葡萄酒的酿造

（1）筛选。采收后的葡萄有时夹带着未成熟或腐烂的葡萄，特别是在不好的年份，此时酒厂会认真筛选。

（2）去梗。葡萄梗中的单宁收敛性强，不完全成熟时常常带刺激性草味，必须全部或部分去除。

（3）破碎。由于葡萄皮含有单宁、红色素及香味物质等重要成分，所以在发酵前，特别是红葡萄酒，必须破皮挤出葡萄肉，让葡萄汁和葡萄皮接触，以便这些物质溶解于酒中。破皮的过程必须谨慎，避免释放出葡萄梗和葡萄籽中的劣质单宁和油脂。

（4）浸泡。酿制白葡萄酒很少需要这一环节，但有时为了改善风味，在提取葡萄皮中的一部分果香时，会将破皮后的葡萄汁与葡萄皮在低温下接触一段时间。

（5）榨汁。榨汁的过程就是将果实中的液态物质挤出。所有的白葡萄酒都要在发酵前榨汁（红酒的榨汁则在发酵以后），有时不需要经过破皮、去梗的过程而直接榨汁。榨汁的过程必须注意压力不能太大，以避免苦味和葡萄梗味。

（6）沉淀去渣。除去葡萄汁里的果实中的固体物以及其他泥沙、碎屑等异物。沉淀去渣是使白葡萄酒在发酵前低温静置，在固体物质沉淀后再去除。在现代化的酿酒工艺中，常常使用离心去渣的方式。

（7）酒精发酵。葡萄的酒精发酵是酿造过程中最重要的一步，其原理可简化成以下形式：

$$\text{葡萄中的糖分} + \text{酵母菌} \rightarrow \text{酒精（乙醇）} + \text{二氧化碳} + \text{热量}$$

酒精发酵是化学反应过程，这一步真正使葡萄进入了向葡萄酒的转化。酵母将葡萄汁中的糖发酵转化成酒精，产生口味上的变化。发酵可由葡萄本身所携带的酵母在合适的温度下自然产生，也可以由添加人工培养的酵母来进行。白葡萄酒的发酵温度通常为 8℃～18℃。

（8）乳酸发酵。这一过程不是必需的，是由酒中的细菌而不是酵母菌引发的。能够将酒中较粗涩的苹果酸转化成口味更柔软的乳酸，降低酒的酸度。

（9）澄清过滤。过滤掉发酵后自然死亡的酵母，使酒变得清澈。

（10）桶中老熟。发酵后的酒可在桶中培养一段时间来稳定酒质，但有些葡萄酒也可以直接装瓶。

（11）装瓶。酒质相对稳定后就可以装瓶了。装瓶前有时还会对来自不同培养桶中的葡萄酒进行混合。装瓶后的酒要在酒窖中保存一段时间，在出酒窖前才贴上酒标上市。

白葡萄酒可以用青葡萄和白葡萄酿制，也可以用红葡萄汁酿制。白葡萄酒有甜型和干型之分，其酿制方法也有所区别，关键取决于糖分转化成酒精的程度如何。甜白葡萄酒是由于形成了15%～16%的酒精后，糖没有继续进行正常的发酵，而干白葡萄酒则使糖分彻底发酵。

生产白葡萄酒最重要的过程是在可能的情况下，尽早将葡萄汁与葡萄皮分开，葡萄一经采摘，便立即碾碎、压榨，将葡萄汁收入发酵池或桶中进行发酵。佳酿白葡萄酒只能用破碎后自行流出的葡萄汁和压榨时最早流出的液汁酿成，压榨的压力越大，葡萄汁酿出的葡萄酒质量越差。

生产最高质量的白葡萄酒，重要的是在发酵前尽可能地排除汁液中的悬浮物，传统的方法是使葡萄汁沉淀，近年来使用离心机成了白葡萄汁澄清的最理想的方法。

白葡萄酒的发酵既可以在大槽里进行，也可以在60加仑的小木桶中进行。佳酿白葡萄酒的生产奥秘是慢发酵、冷发酵和控制发酵，氧气对于白葡萄酒在木桶中成熟所起的作用要比红葡萄酒小得多，白葡萄酒的进一步发酵也不必需要氧气。为了使白葡萄酒处于最佳状态，必须在发酵时隔绝氧气。

第一次发酵结束时便可以进行倒桶处理。在许多地区，第一次倒桶非常轻，因为搅动起来的沉淀物会阻止第二次发酵，从而减少葡萄酒含量。

除了周期性轻轻倒桶外，还可以通过温度来控制发酵。大多数葡萄酒庄园园主认为，最适合的发酵温度是16℃～20℃，但有些葡萄酒比较适合更低的温度。慢发酵、低发酵是酒液从葡萄中吸取水果香味的好方法，这是快速发酵所望尘莫及的。

在气候温暖的地区和国家，往酒中添加酸类以提高其含酸度也是被允许的，因而有时也鼓励二次发酵。二次发酵结束后，由于酒石酸和柠檬酸达到最佳含量，酒的酸度便得到了调整。

与红葡萄酒相比，白葡萄酒易低温保存，酒石酸盐和其他分解物质也更易看得见，但这种物质能在低温下迅速沉淀。

干白葡萄酒装瓶较早，一般早于甜白葡萄酒。通常干白葡萄酒在桶中陈酿1年或18个月便可以进行过滤、澄清、倒桶、装瓶或连桶出售。总的来说，干白葡萄酒受赏识的是它的清新和葡萄酒早期的香味，而甜白葡萄酒品种则是几年后在杯中散发香味并绵延持续，一些极好的佳酿葡萄酒能保持其优良的品质达半个世纪之久，有些甚至更长。

二、红葡萄酒的酿造

红葡萄酒的酿造流程与白葡萄酒的酿造流程大同小异：（分选）→去梗除叶→破碎→（浸泡）→酒精发酵→榨汁→乳酸发酵→澄清过滤→桶中培养→（混合）→装瓶。这里主要介绍其中不同的环节。

（1）破碎。在红葡萄酒的酿制过程中，破碎是一个必要的环节。这是红葡萄酒获取颜色、单宁和风味的最重要途径。最初葡萄园葡萄的破碎基本采用人工踩压的方式进行（见图2-2）。

（2）酒精发酵。酿造红葡萄酒时，在破碎（之后有时浸泡）后使自然流出的葡萄汁连皮带籽，甚至有时还带一部分梗，一起进入发酵过程。这种混合了葡萄汁、葡萄皮、葡萄籽、葡萄梗的混合体被称为葡萄浆（Must）。这一点与酿制白葡萄酒不同，在酿制白葡萄酒时，要对葡萄果实完成榨汁并除渣后，再对葡萄汁进行发酵。也就是说，白葡萄酒是由葡萄汁发酵获得的，红葡萄酒是由葡萄浆发酵形成的。红葡萄酒之所以采取这种原料发酵形式，主要是因为这样可以从葡萄皮中获取更多的色素、单宁和风味物质，使葡萄酒更具特色。红葡萄酒的发酵温度一般比白葡萄酒高，为20℃~28℃。由于发酵温度高，红葡萄酒的发酵时间比白葡萄酒要短。

图2-2 人工踩压葡萄

（3）榨汁。红葡萄酒是在完成发酵后再进行榨汁处理的。榨汁可以分为两个阶段，第一个阶段是稍用力使已发酵的葡萄基酒流出；第二个阶段是用较大的力硬榨出葡萄基酒。同样，这两个阶段的红葡萄基酒可以分开处理，也可以混在一起处理，关键在于所要酿制的红葡萄酒的品质。

（4）乳酸发酵。多数红葡萄酒在完成酒精发酵后都须进行乳酸发酵，这一点也与白葡萄酒不同。红葡萄酒是用红葡萄和黑葡萄酿制而成，葡萄经过破碎压榨以后，与果皮、果肉一起发酵，发酵时间长短不一。这种发酵还依赖于葡萄酒的品种、酿酒的独特风格以及产地的传统。

发酵期间，果肉和果皮中析出大量的色素和丹宁，从而使红葡萄酒拥有丰富的色泽。红葡萄酒在槽中发酵结束后，酒液被装入橡木桶进行陈酿使其澄清和去除酒糟，并在装瓶之前完成一切化学变化，这需在有氧气的情况下进行，没有氧气，红葡萄酒就不能成熟或度过早期的凶烈而存在。

早期阶段，红葡萄酒处于静止状态，其他发酵而剩下的微粒慢慢沉入酒液底部，此后便进行倒桶处理。倒桶工作一般第一年进行4次，若产酒量不大，年底就可以装瓶，或直接出售。优质的葡萄酒通常在桶中再酿一年，第二年陈酿时，葡萄酒可能要进行2~3次倒桶。这一年酒的变化不是很明显，颜色变深，香味变浓，并由于和木桶接触而日趋芳醇，形成自己的特色，但仍含有一些沉淀。红葡萄酒在这种状况下维持一年或更长时间，在装瓶或外运前才进行澄清。

澄清不仅能保证红葡萄酒绝对清澈，排除一切漂浮物质，还有助于红葡萄酒保持相对稳定的状态，防止因蛋白质、色素或多酚物质引起的沉淀。红葡萄酒使用的澄清物是明矾、蛋白和动物血清等。

澄清不能用过滤代替。澄清能使酒液更加清澈，同时也能提高酒的香味和均衡，并使洁净的红葡萄酒在瓶中保留的时间更长。

三、玫瑰红葡萄酒的酿造

玫瑰红葡萄酒的制作过程在开始时与红葡萄酒一样，不过酒和果皮接触的时间短得多，果皮留在酒里的时间越长酒越红。所以，当酒的颜色达到粉红的程度时，果皮就要被取出并将酒装入另外的容器内继续发酵。

由于玫瑰红葡萄酒都是在制成后较短时间内饮用，所以，酒中的单宁不能过多。

第三节　葡萄酒的服务与品鉴

葡萄酒无论是在中国还是在国外都有悠久的历史，上至王公贵族，下到平民百姓，葡萄酒都是十分受欢迎的饮料。随着旅游业的迅速发展，在酒店的西餐厅服务中，葡萄酒更是成了不可缺少的重要组成部分。西餐厅是酒店除了酒吧以外最重要的葡萄酒销售点。对于不同种类的葡萄酒，服务方法和过程也不尽相同，但有一些基本原则是相通的：不同的葡萄酒应使用相应的酒杯，不同的葡萄酒需要不同的饮用温度，不同的葡萄酒还要与相应的菜肴进行搭配。

一、杯具要求

酒杯的出现相对晚些，现在世界上很多国家都能生产大量的各种品质的葡萄酒酒杯。起初饮酒用的酒杯都带有色彩，而且形状很古怪，随着葡萄酒饮用的普及和酒质量的提高，制造商开始寻求更好的葡萄酒酒杯形状，以利于葡萄酒在杯中取得最佳香味。葡萄酒酒杯应该无色晶莹透明，杯身无气泡，这样，饮酒者便可以充分领略葡萄酒迷人的色彩。通常情况下，葡萄酒酒杯都是高脚杯（见图2-3），这样饮酒时就不至于因手温较高而影响杯中葡萄酒的温度。

通常，红葡萄酒酒杯开口较大，这可以使红葡萄酒在杯中充分释放其芳香。白葡萄酒酒杯开

图2-3　葡萄酒酒杯

口较小，为的是保持葡萄酒的香味。香槟酒或葡萄汽酒应该用笛形或郁金香形的杯具，这样可以很好地保持酒中的气泡，浅碟香槟杯并不是香槟酒理想的杯具，因为它会使酒液中的二氧化碳气体迅速挥发，而在杯中留下平淡无味的酒液。

二、温度要求

葡萄酒的饮用和服务温度根据其不同种类有所不同，葡萄酒只有在合适的温度下才能充分发挥出自身的特点。一般来说，白葡萄酒和葡萄汽酒要经过冰镇，低温饮用，但温度太低也不适宜，葡萄汽酒维持一定的低温可以较好地保持气泡，保证足够的品味。红葡萄酒要在室温条件下饮用，温度过高则枯燥无味。目前，餐厅冬季室温通常在20℃~24℃，夏季在24℃~26℃。一些酒的最佳饮用温度为：干白葡萄酒10℃，甜白葡萄酒12℃~13℃，优质白葡萄酒15℃，陈年波特酒20.5℃，波特酒18.8℃，干型雪利酒11.7℃，甜型雪利酒17.2℃，香槟汽酒7.7℃。

三、服务要求及服务方法

葡萄酒的品种不同，服务方式也不一样。葡萄酒服务一般由餐厅服务员负责，在比较高级的西餐厅里，则由精通酒水知识的专职侍酒员负责。葡萄酒服务程序大致包括以下步骤：递酒单、接订单、客人验酒、开瓶、倒酒等。

（一）递酒单

服务中给客人递呈酒单和接受订单方法与餐厅服务基本一样，递酒单的程序一般是先女宾后男宾，先主人后客人，有时应根据主人的要求，直接递给客人点单。此外，酒单最好打开至第一页递给客人。

（二）接订单

接受客人订单时要迅速、准确地记下客人所要点的酒品。如果客人不太精通酒水知识，显得无所适从时，服务员或侍酒员应给予善意的推荐，但切不可硬性推销，反而使客人手足无措。在客人点完酒后服务员应清晰地重复客人所点酒水，以免出现差错。

（三）客人验酒

将酒从酒吧或酒窖取出后让客人实际检查一下是否正确，进行再次确认，做到万无一失。验酒时首先应擦净酒瓶外表的灰尘,并检查酒标是否清洁完整,尽量不要把酒标已霉变的葡萄酒拿上桌。给客人查看时要把酒标朝向客人。

(四)开瓶

开瓶是葡萄酒服务中的重要一环,葡萄酒的开瓶方法如下:
(1)示酒。
(2)用开瓶钻上的小刀沿瓶口下沿割断酒瓶盖锡封。
(3)把瓶塞擦拭干净。
(4)从软木塞的中心轻轻把螺旋拔旋进木塞(见图2-4)。

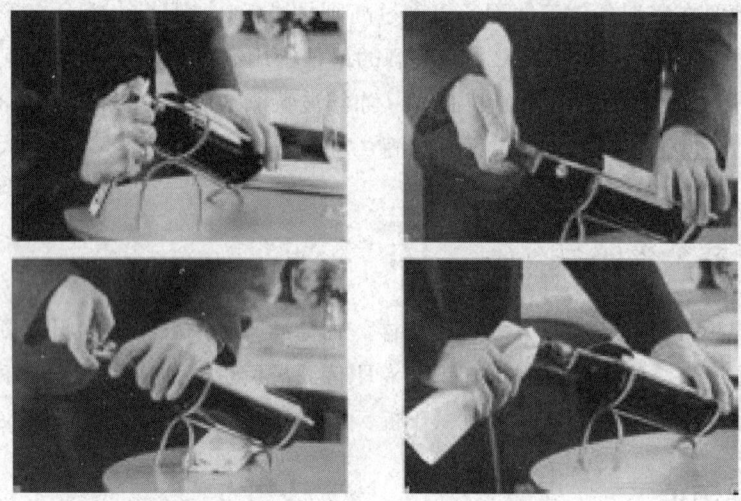

图2-4 葡萄酒开瓶

(5)通过开瓶钻上的杠杆轻轻把木塞拔出,注意用力均匀,避免用力过猛而使木塞破碎。
(6)旋出木塞,检查一下有无变质现象,然后递给客人进一步确认。
(7)用餐巾擦净瓶口内部,准备为客人斟酒。

香槟酒开瓶时要特别注意必须用左手大拇指压住瓶塞,右手拧开铁丝罩,然后左手轻轻转动酒瓶,利用瓶内压力把瓶塞推出,注意不要把瓶口对着自己或客人,以免发生意外,打开瓶塞时声音不宜太大。为了防止开瓶时瓶内压力过大,在拿香槟酒时不应摇晃。

(五)倒酒

给客人倒酒前必须先在主人杯中倒少许,让主人品尝,得到主人的认可后,从主人右侧的客人开始按顺时针方向给客人斟酒。一般红葡萄酒倒五成，白葡萄酒倒七成，这样可以使葡萄酒在杯中进一步完善，从而更加芬芳爽口。

在比较高级的西餐厅，若饮用较高级的红葡萄酒时，还应先滗酒，以免把沉淀物倒入杯中，滗酒的方法是准备一只滗酒瓶、一支蜡烛后，轻轻倾斜酒瓶，使酒液慢慢流入滗酒瓶中，注意动作要轻，不要搅起瓶底的沉淀物，对着烛光直到

图2-5　滗酒

酒液全部滗完，然后再把酒斟给客人（见图2-5）。目前，一些高档餐厅使用专门的机械式滗酒器进行滗酒，以减少操作中的震动，使滗酒更加充分。

一般红葡萄酒需使用酒篮服务，白葡萄酒为了保证充分冰冻，通常放在冰桶中送进餐厅侍客服务，香槟和葡萄汽酒也同样要放进冰桶，将酒经过冰冻后再提供给客人。

此外，葡萄酒在服务过程中还应注意以下几点：

（1）永远用右手拿瓶给客人斟酒，拿瓶时手要牢牢握住酒瓶下部，不要捏住瓶颈。

（2）倒酒时要注意倒好后转一下酒瓶，让瓶口最后一滴滴到杯中，尽量不要滴到桌上。

（3）给客人添酒时先征询一下客人的意见。

（4）按标准斟酒，不要斟得太满。

相关链接 🔍搜索

红葡萄酒服务流程

程　序	标　准
1. 准备工作	（1）准备好酒篮，并将一块干净的餐巾铺在酒篮中 （2）将葡萄酒放在酒篮中，酒标向上 （3）在客人的水杯右侧摆放红葡萄酒杯，间距均为1.5厘米
2. 示瓶	（1）用右手拿起装有红葡萄酒的酒篮，走到客人座位右侧，另外取一个小碟子放在客人餐具右侧，用来放开瓶后取出的木塞 （2）服务员右手持酒篮倾斜45°，站于主饮者（大多为点酒者或者男主人）右侧，酒标向上，请客人看清酒标，询问客人是否可以立即开瓶。在不用酒篮的情况下，左手托瓶底，右手扶瓶颈，呈45°把酒标面向客人，让其辨认；也可单手示瓶，以手指托住瓶底，以手掌及手腕扶持瓶身，也是呈45°把酒标面向客人

续表

程　序	标　准
3. 开瓶	（1）将红葡萄酒立于酒篮中，左手扶住瓶颈，右手用开酒刀割开封口，并用一块干净的餐巾布将瓶口擦净 （2）将酒钻垂直钻入木塞，不可旋转酒瓶。当酒钻完全钻入木塞后，轻轻拔出 （3）将木塞放入准备好的小碟子中，并摆在红葡萄酒杯的右侧，间距1～2厘米
4. 试酒、斟酒服务	（1）服务员将打开的红葡萄酒瓶放回酒篮，酒标向上，同时用右手拿起酒篮，瓶颈下应衬垫一块餐巾或纸，从客人右侧斟倒30毫升红葡萄酒，请客人品评酒质 （2）客人认可后，按照先客后主、女士优先的原则，依次为宾客倒酒，倒酒时站在宾客的右侧，斟酒量为1/2杯 （3）每倒完一杯酒要轻轻转动酒篮，避免酒滴在餐台上 （4）斟酒后，把酒篮放在客人餐具的右侧，注意不能将瓶口对着客人，红葡萄酒也可不用酒篮，直接放在服务台或餐桌上，高档餐厅一般都使用酒篮
5. 续酒服务	（1）随时观察客人饮水的饮用情况，当客人酒水喝至斟酒量的1/3应及时添加 （2）当整瓶酒将要倒完时，要询问客人是否再加一瓶。如客人不需要加酒，要待其喝完杯中酒后及时将空杯撤掉 （3）如果客人同意再加一瓶，需按以上服务程序和标准再操作一遍

白葡萄酒服务流程

程　序	标　准
1. 准备工作	（1）准备一个冰桶，在冰桶中放入1/3桶冰块，再放入1/2冰桶的水后，放在冰桶架上，并配一条叠成8厘米宽的条形口布，使用这种冰桶冰镇的方式，一般10分钟后就可以达到冰镇的效果；如果是事先放在冰柜里冷藏，则客人点用后即可享受到最佳饮用温度，但是仍然要使用冰桶保持冷却温度 （2）将客人所点的白葡萄酒放入冰桶中，酒标向上 （3）在客人的水杯右侧摆放白葡萄酒杯，间距1.5厘米
2. 示瓶	（1）将冰桶架、冰桶、酒、条形餐巾布及装木塞的小碟子放到客人座位右侧 （2）左手持餐巾布，右手持酒瓶，将酒瓶底部放在条状餐巾布的中间部位，再将口布两端拉起至酒瓶商标以上部位，并使酒标全部露出 （3）右手持餐巾布包好的酒瓶，左手轻托住酒瓶底部，送至宾客面前，请客人看酒标，并询问客人是否立即开启酒瓶
3. 开瓶	（1）客人允许后，将酒瓶放回冰桶，左手扶住瓶颈，右手割开封口，并用一块干净的餐巾布擦拭瓶口 （2）将酒钻垂直钻入木塞，待酒钻完全钻入后，轻轻拔出木塞 （3）将木塞放入小碟子中，放在客人白葡萄酒杯的右侧，间距1～2厘米
4. 试酒、斟酒服务	（1）从冰桶取出时，以一块餐巾包住瓶身，以免瓶身外侧水滴弄脏台布或宾客的衣服，右手持酒瓶，酒标朝向客人，从主人右侧斟倒30毫升白葡萄酒，请主人品评酒质 （2）主人认可后，按照先客后主、女士优先的原则，依次为宾客倒酒；斟酒的位置在宾客的右侧，斟酒量为2/3杯 （3）每倒完一杯酒要轻轻转动一下酒瓶，避免酒滴在桌布上 （4）斟完后，把白葡萄酒瓶放回冰桶，酒标向上

续表

程 序	标 准
5. 续酒服务	（1）随时观察客人酒水的饮用情况，当客人酒水喝至斟酒量的 1/3 时应及时添加 （2）当瓶中酒将要倒完时，要询问客人是否再加一瓶，如客人不需加酒，待其喝完杯中酒后及时撤去空杯 （3）如客人同意再加一瓶，需按以上服务程序和标准再操作一遍

香槟酒的服务流程

程 序	标 准
1. 准备工作	（1）准备好冰桶 （2）将香槟酒放于冰桶内冰冻 （3）将酒瓶、冰桶和冰桶架一起放到客人桌上
2. 示瓶、开瓶	（1）将香槟酒从冰桶内取出向主人展示，主人确认后放回冰桶 （2）气泡酒的开启无须开瓶工具。用酒刀将瓶口处的锡纸割开，左手握住瓶颈，同时用拇指压住瓶塞，右手将捆扎瓶塞的铁丝拧开、取下 （3）解开金属丝扣，将瓶口朝向安全的方向，用干净餐巾布包住瓶塞顶部，一手的拇指按住软木塞，其他手指与手掌握住瓶颈，另一手转动酒瓶底部，直到瓶塞离开瓶口，双手同时反方向转动并缓慢地上提瓶塞，直到气体将瓶塞顶离瓶口，也可以轻轻摇晃酒瓶，利用瓶内气体的力量推出瓶塞，但是一定要小心，不要造成过多气泡的逸失 （4）开瓶时动作不宜过猛，以免发出过大的声音而惊动客人
3. 试酒	（1）用餐巾布将瓶口和瓶身上的水迹擦掉，将酒瓶用餐巾布包住 （2）向主人杯中注入 30 毫升的酒，交由主人品尝 （3）待主人认可后，服务员需询问是否可以立即斟酒
4. 斟酒服务	（1）斟酒时服务员右手持瓶，从主宾右侧顺时针方向进行，先客后主，女士优先。从冰桶取出时，应以一块餐巾包住瓶身，以免瓶身外侧的水滴弄脏台布或宾客的衣服 （2）斟酒量为杯量的 2/3 （3）每斟一杯酒分两次完成，先斟至杯的 1/3 处，待泡沫平息后再斟至杯的 2/3 即可，以免杯中泛起的泡沫溢出，斟完酒后旋转瓶身收酒瓶，防止瓶口的酒滴落到台面上 （4）酒标须始终朝向客人 （5）为所有的客人斟完酒后，将酒瓶放回冰桶内冰冻，如果客人有要求也可以直接放在餐桌上
5. 续酒服务	（1）随时观察客人酒水的饮用情况，当客人酒水喝至斟酒量的 1/3 时应及时添加 （2）酒瓶中只剩下一杯酒量时，需征求主人意见是否增加一瓶 （3）如果宾客要求再加一瓶，则按以上服务程序和标准再操作一遍

四、葡萄酒的品鉴

品尝者通过眼、鼻、口、舌来感觉葡萄酒色、香、味等品质特色，并通过人体的这些感官对各种不同等级、品种的葡萄酒加以评估。

品酒步骤：观色，嗅香，品尝（品尝时，当酒吸入口中，必须吸进一些空气，使酒液在舌头上前后滚动，这样能够均匀和正确地得到味觉印象）。

品酒时必须具备一些物质条件：品酒地点、酒的温度等。品尝多种酒时需要按照一定顺序，一般为：先低度后高度，先新酒后老酒，先干后甜，先白后红。

对葡萄酒的品评需要长期锻炼和经验积累，并在实践中总结归纳，才能取得较好的评酒技艺。同时，对葡萄酒的品评本身就是对葡萄酒质量的检查。在欧洲很多葡萄酒产地都有严格的品评标准，葡萄酒必须达到什么水平才能称得上优质，一般都需经过当地的酿酒师、品酒师先行品评鉴定，然后再由更高一级的行政部门加以品评判别，定上等级才能对外销售。

相关链接 🔍搜索

常用的葡萄酒评估词汇

1. 颜色

清澈（Clear）——酒液无任何杂质，无明显漂游物和悬浮物。

晶亮（Brilliant）——酒色明亮如晶，如宝石般闪光耀目。

闪烁（Gleaming）——酒中气泡晶莹闪烁。

混浊（Cloudy）——混浊是评酒的重要指标，混浊主要有以下几种状态：有悬浮物、轻微混浊、混浊、极浑等；混浊严重的酒品，酒液给人阴暗、朦胧的感觉。

灰暗（Broken）——劣质象征，颜色深暗。

2. 香气

清香（Fragrant）——在酒香基础上的一种类似草根的芳香。

果香（Fruity）——带有水果的芳香气息。

葡萄香（Grapy）——葡萄酒香味。

酒香浓郁（Deep）——香气浓厚馥郁、圆润。

纯净（Clean）——酒味醇正无杂味。

清雅——香气不浓不淡，令人愉快又不粗俗。

细腻——香气细致、柔和。
喷香——扑鼻的香气如同从酒中喷射而出。
回香——酒液咽下后，才感到有香气。
余香——饮后余留的香气。

此外，还有绵长、完满、芳香、陈酒香、浮香等气味，也有令人生畏的霉腐、辛辣、硫黄等气味。

3. 味道

酸（Acid）——酸是酒液的主要发味成分，酸味的存在对酒味和香气都有促进作用，酒无酸则味道寡淡；酸味过大则显粗糙，失去回味。

苦（Bitter）——葡萄酒有苦味说明酒已被污染。

甜（Sweet）——酒液含糖量高的表现，有微甜、浓甜、酣甜、甘冽、甘爽等。

干（Dry）——酒无甜味，有时又称酸。

圆（Body）——口感圆润丰满。

腻（Cloying）——有回味，味道圆正。

浓（Depth）——均匀、浓郁的味道。

硬（Hard）——丹宁酸等酸味太重，酒品不成熟。

冲（Full-bodied）——酒精含量高，辣口。

烈（Heavy）——比冲还要厉害一些。

爽（Silk）——口味平滑、爽快。

柔（Soft）——口味柔和、舒服。

4. 酒体

酒体又称风格或典型性，它是指酒品的各个方面，也就是色、香、味的和谐统一。优质的葡萄酒酒体都十分丰满、完整。一般用于描述葡萄酒酒体的评语有：

酒体丰满——酒液色泽美观，各种成分平衡协调。

酒体优雅——酒液外观优美，香气和口味恰到好处。

酒体肥硕——酒液浓稠，口味饱满、柔软。

酒体轻弱——酒液颜色浅淡，酒度不高，饮时感到轻弱乏味。

酒体粗劣——酒色深暗，味浓苦涩。

五、葡萄酒与菜肴的搭配

葡萄酒与菜肴的搭配是西餐用餐中的一门艺术。人们经过长期的实践和不断的经验总结，归纳出了一些最基本的原则，那就是白葡萄酒与白色的肉类食物，如鸡、鱼肉、奶油、水牛肉类、海产等搭配；红葡萄酒与红色的肉类食物，如牛肉、猪肉、鸭和野味等搭配。菜肴越是味浓，所搭配的葡萄酒应越浓烈。

通常调味汁中带有醋的沙拉是不能与葡萄酒搭配的。同样，咖喱和巧克力以及带有巧克力的甜品也不适合同葡萄酒一起食用，因为带醋的调味汁会同葡萄酒相抵触并产生很不柔和的味道，咖喱的辣味会抹杀好酒的细腻口味，巧克力很甜并带有特殊的味道，任何酒，即使是很浓烈的葡萄酒也会被巧克力的味道压制住。

甜型葡萄酒会使食欲减退，所以一般不应在餐前饮用，可在餐后吃甜品时一道饮用。西餐中常用葡萄酒烹制菜肴，这样的菜肴必须用烹饪时使用的同一种酒来搭配。香槟酒几乎能够同所有食物搭配，并可以在整个用餐过程中饮用。

相关链接 🔍搜索

葡萄酒与西餐菜肴的常规搭配

清汤、牛尾汤——干或半干型雪利酒

甲鱼汤——干型马德拉

蔬菜汤——干白葡萄酒

蚝、壳类海鲜——夏布丽、干雷司令、干白葡萄酒、淡红波尔多

鸡、小牛肉——干白波尔多、干白葡萄酒、淡红波尔多

清淡肉类——干玫瑰酒

牡蛎——夏布丽、波尔多干型酒、干白葡萄酒

牛排、鹿肉、野鸡——勃艮第红葡萄酒、意大利红酒

清淡甜品——甜白波尔多酒、法国甜酒

冷、热河虾——白勃艮第、莫氏卡苔、干白葡萄酒

烟熏鳗鱼——夏布丽，法国、西班牙干白葡萄酒

烟熏火腿——红波尔多酒、博若莱葡萄酒

第四节　葡萄酒的储藏

一、葡萄酒瓶识别

（1）波尔多葡萄酒——高肩圆柱形，深绿色为红葡萄酒瓶，透明玻璃为白葡萄酒瓶。

（2）勃艮第葡萄酒——溜肩，深绿色或褐色瓶身。

（3）香槟酒——溜肩，宽腰，收底，瓶口粗大，瓶壁非常结实，瓶底凹进去以加强瓶子强度，为深绿色玻璃瓶。

（4）阿尔萨斯——瓶身细长均匀，瓶身略宽于瓶底，浅绿色玻璃瓶。

（5）莱茵和摩泽尔——二者形状相同，均为细长形，溜肩，圆柱体瓶身，莱茵葡萄酒瓶为褐色，摩泽尔为绿色。

（6）干蒂——酒瓶十分独特呈大肚形，下半部用稻草蓝兜住，通常为深绿色玻璃瓶。

（7）普罗旺斯——科·普罗旺斯葡萄酒瓶呈棒槌状，底部像花瓶一样带有底座。

葡萄酒瓶的规格大小也不一样，目前，常见的瓶装容量有：

①法国半瓶装 375 毫升；1 瓶装（Fullbottle）750 毫升；双瓶装（Magnum）1500 毫升。

②德国半瓶装（Demi-bouteille）350 毫升；1 瓶装（Bouteille）700 毫升。

③香槟酒的规格有 1/4 瓶装（Quart）200 毫升、半瓶装（Demi-bouteille）400 毫升、1 瓶装（Bouteille）800 毫升以及 2 瓶、4 瓶、6 瓶装等规格。

二、葡萄酒的储藏要求

葡萄酒是有生命的，想要很好地储藏葡萄酒，最重要的是建立一个酒窖。建立酒窖的基本要求：阴凉通风，恒温，无震动，无强光直接照射，保持适当温度。对于需要长期储藏的葡萄酒来说，通常储藏条件的基本要求如下：

（1）葡萄酒储藏时的温度应该保持恒温，并且必须在 10℃～15℃，12℃是最佳温度。厨房是最不适合长期储藏葡萄酒的，因为温度变化幅度非常大；长期放置在冰箱内也不是明智的选择。

（2）葡萄酒应该选择平放或是侧放，让酒液与橡木塞接触，防止橡木变硬后失去密封效果。

（3）储藏环境应该避免强光的照射和热辐射，因为光照会让葡萄酒的温度升高，导致葡萄酒风味改变，过快成熟。

（4）储藏过程中应该避免频繁震动，如果将葡萄酒放在冰箱中，会受到冰箱定期震动的影响，不适合长期储藏。

（5）储藏环境的空气应该纯净无异味，通风良好，湿度在70%左右。冰箱不适合储藏葡萄酒的另外一个原因就是冰箱内过于干燥，湿度不足，会导致橡木变硬而失去弹性，从而不能起到隔绝空气、防止氧化的作用。

复习与思考

一、填空题

1. 葡萄酒的成分包括_____、_____、_____和_____。
2. 酿造白葡萄酒的主要葡萄品种：_____、_____和_____等。
3. 酿造红葡萄酒的主要葡萄品种：_____、_____和_____等。
4. 葡萄酒服务程序大致包括以下几个步骤：_____、_____、_____、_____等。

二、简答题

1. 简述葡萄酒的酿造过程。
2. 简述如何品鉴葡萄酒。
3. 分别说出3种以上红、白葡萄酒的名称和特点。

世界葡萄酒产地PPT

世界葡萄酒产地

第三章

学习目的意义 通过学习各国葡萄酒的相关知识，掌握世界主要葡萄酒生产国葡萄酒的特性，使学生奠定扎实的知识基础，激发研究热情，拓宽国际视野，丰富知识结构和知识面。

本章内容概述 本章主要包括法国葡萄酒和其他国家葡萄酒，理论联系实际，直接面向未来实际服务和操作。

学习目标

方法能力目标

掌握各国葡萄酒的等级、标识、主要产地和品牌的相关基础知识。

专业能力目标

熟悉不同产地、不同等级和不同品牌葡萄酒的特点，能够辨别世界各国不同品牌、不同等级葡萄酒的包装。

社会能力目标

通过对本章的学习，要求学生能够基于自身所学的知识，理解或者读懂所工作酒吧或餐厅的酒单，并能够熟练、正确地向客人推荐酒品。

> **知识导入**
>
> **葡萄的种植**
>
> 在我们赖以生存的地球，可供人们食用的水果多达上万种，其中，称得上"水果之王"的是葡萄。目前，葡萄已成为世界性的水果品种，几乎遍布五大洲，总栽培面积已超过1.5亿亩。而当今世界上种植的葡萄有85%以上、上千个品种用来酿酒。
>
> 欧洲堪称葡萄酒的乐园，不仅葡萄种植面积居五大洲之首，葡萄酒产量也名列世界第一。欧洲著名的葡萄酒产地有法国、意大利、德国、西班牙、葡萄牙、匈牙利、奥地利、罗马尼亚等。此外，世界著名的葡萄酒产地还有美国、澳大利亚、中国、日本等。这些国家不仅葡萄种植面积广、葡萄酒产量大，而且很多葡萄酒品种也闻名于世。

第一节　法国葡萄酒

法国是世界上葡萄酒生产历史最早的国家之一，不仅葡萄种植园面积广大、葡萄酒产量大、葡萄酒消费量大，而且葡萄酒质量也是世界首屈一指的。法国变化万千的地质条件，得天独厚的温和气候，提供了葡萄优良品种成长所需的最佳条件；再加上传统与现代并陈的技术，以及严格的品质管制系统，共同打造了这个最令人向往的葡萄酒天堂。

一、法国葡萄酒的分级制度

法国葡萄酒的品质管制与分级系统非常完善，从1936年就已经开始运作，被许多葡萄酒生产国奉为品质管制及分级的典范。欧洲经济共同体（EEC）规定葡萄酒分两大类，即"日常葡萄酒"和"特定地区葡萄酒"。在法国，每类又可一分为二，因此，法国葡萄酒分四大类：法定产区葡萄酒、优良地区葡萄酒、地区葡萄酒、日常葡萄酒。为简单起见，可以将法国葡萄酒品种用金字塔形状表示，最底层是日常葡萄酒，顶部是法定产区葡萄酒（见图3-1）。

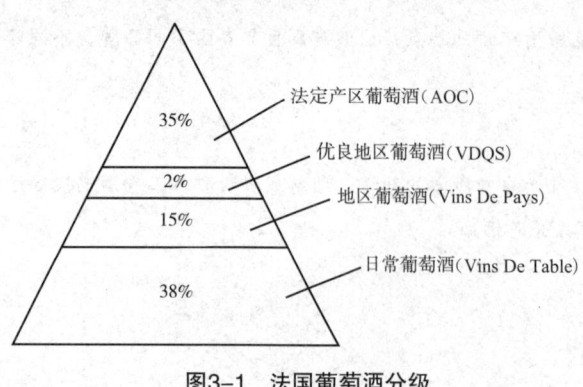

图3-1　法国葡萄酒分级

（一）法定产区葡萄酒（AOC）

"AOC"是 Appellation d'Origine Controlée 的缩写，称为法定产区葡萄酒，又被称为"原产地名称监制葡萄酒"。对该类葡萄酒进行控制的法规比对 VDQS 酒进行控制的法规还要严格得多。"法定产区葡萄酒"只有在符合了该酒的特定标准以后才有资格冠以"地名监制"的美称，否则无权使用"地名监制"。法定产区葡萄酒是法国葡萄酒最高级别。

（1）AOC 在法文中的意思为"原产地控制命名"。①原产地地区的葡萄品种、种植数量、酿造过程、酒精含量等都要得到专家认证。②只能用原产地种植的葡萄酿制，绝对不可和其他地方的葡萄汁勾兑。③ AOC 产量大约占法国葡萄酒总产量的 35%。④酒瓶标签标示为 Appellation+ 产区名 +Controlee。

（2）凡属于 AOC 的酒，必须符合以下规定：①标明原产地名。②标明葡萄品种的名称。③酒精浓度一般都在 10%～13%。④限定葡萄园每公顷的生产量，以防止过量生产而使质量降低。⑤规定它的栽培方式，含剪枝、去蕊、去叶及施肥的标准。⑥采收葡萄时，符合含糖分量的规定才能发酵。⑦发酵方式。⑧储藏的规定。⑨装瓶的时机。

在同一地区内的各 AOC 之间也可能有等级差别，通常产地范围越小，葡萄园位置越详细的 AOC 等级越高。

法国葡萄酒无论是佐餐葡萄酒还是 AOC 葡萄酒，从开始生产到被消费，都受到了全方位的严格控制，涉及生产、批发商、销售和消费等内容，这项工作由以下 4 个机构实施：国家原产地地名监制协会（Institut National des Appellations d'Origine，INAO）、国家佐餐葡萄酒行业办事处（Office National Interprofessionnel des Vins de Table，ONIVIT）、消费和制止假货委员会（Direction de la Consommation et de la Repression des Frauds，DCRF）、进口总公司（Direction Generale des Impots，DGI）。

（二）优良地区葡萄酒（VDQS）

"VDQS"是 Appellation d'Origine Vins Déimités de Qualitée Supéieur 的缩写，称为优良地区葡萄酒。

该类葡萄酒的生产必须经过"国家原产地地名监制协会"严格控制和管理，优良地区葡萄酒生产的条件都有明确规定，并以地方惯例为基础。这些条件包括生产地区、使用的葡萄品种、最低酒精含量、单位面积最高产量、葡萄种植方法、葡萄酒酿制方法等。

在顺利通过官方委员会进行的品尝试验之前，这类酒不能从地方企业联合会取得 VDQS 的标签。

（三）地区葡萄酒（Vins De Pays，又称当地产葡萄酒）

地区葡萄酒只能用经认可的葡萄品种进行酿造，且葡萄品种必须是酒标上所使用地名的当地产品。此外，还必须具备：在地中海地区自然酒精含量不得低于10°，在其他地区不得低于9°～9.5°；具有一定的分析和品味特性，控制方法为化学方式和品尝试验。

（四）日常葡萄酒（Vins De Table，又称佐餐葡萄酒）

日常葡萄酒的酒精度不得低于8.5°，也不得高于15°，可以是不同地区，甚至是不同国家葡萄酒的混合品。如果该混合酒全部由法国产品混合而成，那么将冠以"法国佐餐酒"（Vin de Table de France）。如果是欧共体市场国葡萄酒混合而成，将被称为"欧洲共同体国家葡萄酒的混合品"。如果是欧共体国家的葡萄汁在法国酿制，则命名为"某某国提供葡萄汁法国酿造葡萄酒"（写上葡萄汁出产国的名称）。严禁使用欧共体市场以外国家生产的葡萄酒配制该类酒[①]。

这类酒通常以商标名出售，因生产厂家不同而质量和特性各异，但有一点是肯定的，即生产厂家尽力通过混配各种产品来满足消费者的口味，而这些产品能保持该公司的质量和特点。

二、法国葡萄酒商标

酒标是一瓶酒质量与品质的标志，同时也是酒瓶的装饰。酒标的内容必须清晰明了，因此，一张设计出色的酒标必须包括以下内容：酒的名称、酒的质量等级、生产年份、经销商的名称与地址、产区或国家、容量、酒精含量等。

法国是世界著名的葡萄酒产地，按葡萄酒等级，其酒标的基本内容如下：

（1）法定产区葡萄酒酒标（见图3-2）。①年份。②酒的名称（即产地）。③法定产区名称。④产区等级。⑤酒精含量，为容积百分比。⑥"Produce of France"外销酒，"France"等字样是强制规定，但对境内销售的酒则非必要。⑦容量，以升、分升或毫升表示。⑧装瓶者的姓名或公司名称。

（2）优良地区葡萄酒酒标（见图3-3）。①外销酒，"France"等字样是强制规定，境内销售可不标。②酒精含量，以容积百分比表示。③酒的名称（即产地）。④ VDQS 等级标志，并有检查号码。⑤酒的等级。⑥容量，以升、分升或毫升表示。⑦装瓶者的姓名或公司名称。

（3）地区葡萄酒酒标（见图3-4）。①酒精含量，以容积百分比表示。②容量，以

---

① 虽然欧共体已发展为欧盟，但鉴于当时葡萄酒等级划分条例的有关规定，仍沿用旧称。

升、分升或毫升表示。③酒名、产区及等级。④装瓶者的姓名或公司名称。

（4）日常葡萄酒酒标（见图3-5）。①法国产葡萄酒、等级。②商标。③装瓶者姓名或公司。④酒精含量。⑤法国生产酿造的葡萄酒。⑥容量，以升、分升或毫升表示。

图3-2　法国法定产区葡萄酒酒瓶标签

图3-3　法国优良地区葡萄酒酒瓶标签

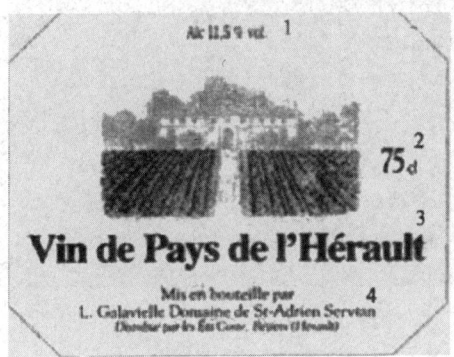

图3-4　法国地区葡萄酒酒瓶标签

图3-5　法国日常葡萄酒酒瓶标签

相关链接 🔍 搜索

法国葡萄酒酒标用语

在法国葡萄酒酒标上有一些常用术语，现收录于后，供识别酒标时参考。

Appellation×××Controlee，原产地名称监制，即AOC葡萄酒等级标志。

VDQS，特酿葡萄酒等级标志。

Vin de Pays，当地产葡萄酒等级标志。

Vin de Table，佐餐葡萄酒等级标志。

blanc，白葡萄酒。

blanc de blanc，指由白葡萄酿成的白葡萄酒。

Brut，香槟酒用语，意思是原始粗狂，未经加工制造，酒中含糖量每升低于15克，"extra brut"则低于6克。

extra dry，绝干型葡萄酒，含糖量为12～20克。

sec，干型葡萄酒，含糖量为17～35克。

demi-sec，半干型葡萄酒，含糖量为35～50克。

doux，甜型葡萄酒，含糖量在50克以上。

cave cooperative，制酒合作社，或称合作酒厂。

chateau，有时简写为"Ch."，城堡酒庄。

domaine，独立酒庄。

grand cru，特等葡萄园（最优良的葡萄园），或特等酒庄。

mies en bouteille au（du, de）…，在……装瓶。

millesime，年份。

negociant，葡萄酒商，指向葡萄农购买葡萄或已酿好的葡萄酒，经加工后再装瓶出售的商人。

premier（1er）cru，一等葡萄园，常见于勃艮第产葡萄酒标。

proprietaire recoltant，指自己生产和酿造的葡萄酒农。

rose，玫瑰红葡萄酒。

rouge，红葡萄酒。

Vin，葡萄酒。

Vin doux naturel，天然甜味葡萄酒，发酵过程中添加酒精，使其停止发酵的甜酒。

village，部分原产地监制中较优良的产地出产的葡萄酒，通常加于原产地监制名之后。

三、法国葡萄酒的主要产区

法国葡萄酒分为十大产区：香槟产区（Champagne）、阿尔萨斯产区（Alsace）、卢瓦尔河谷产区（Vallee de la Loire）、勃艮第产区（Bourgogne）、萨瓦产区（Jura et Savoir）、罗讷河谷产区（Rhone Valley）、波尔多产区（Bordeaux）、西南产区（Sud-Ouest）、朗格多克—鲁西雍产区（Languedoc-Roussillon）、普罗旺斯—科西嘉产区（Provence et Corse）。

（一）波尔多产区

波尔多是全法国最大的酒乡，也是全世界高等级葡萄酒最为集中及产量最多的地区，其区内的葡萄庄园多达近万座。如果说法国已成为葡萄酒的代名词，那么波尔多便是法国葡萄酒的象征。

波尔多位于法国的西南方，地处多尔多涅河和加龙河的交汇处，"波尔多"一词的原意即为"水边"。波尔多的年平均气温约12.5℃，年降水量约900毫米，气候十分稳定，相当适合酿酒葡萄的种植。波尔多葡萄酒现在的年产量高达6亿升，几乎占法国AOC等级葡萄酒产量的1/4。

波尔多产区内的葡萄园主要分布在吉伦特河（Girande）、加龙河（Garnne）、多尔多涅河（Dordogne）流域的河岸附近呈条状分布的小圆丘上。这些葡萄园主要是由从上游冲积下来的各类砾石堆积而成，具有贫瘠、容易向下扎根且排水性佳等多重优点，有利于生产浓厚、耐久存的优质葡萄。波尔多地区以生产红葡萄酒为主，白葡萄酒仅占总产量的15%，所以种植的葡萄以黑色品种居多，目前以梅洛葡萄种植最普遍。在波尔多，不论红葡萄酒或白葡萄酒，大部分都是由多种品种混合而成，彼此互补不足或互添风采，以酿造出最丰富的香味和最佳的均衡口感，各葡萄品种混合的比例因各产区土质和气候的不同而有差别。波尔多地区用于酿酒的主要葡萄品种有红葡萄品种，包括赤霞珠、梅洛、品丽珠、马尔贝克、小维多；白葡萄品种，包括长相思、赛美容、白维尼、可伦巴、蜜思卡岱勒。波尔多地区有以下五大著名葡萄酒产区：

1. 梅多克（Médoc）

梅多克的葡萄园位于吉伦特河左岸，种植面积约13800公顷。因受海洋的调节和松林的保护，梅多克的气候在波尔多地区最为温和，也最潮湿，该地区出产的优质红葡萄酒在波尔多各产区中知名度最高。梅多克依据地形的不同又被分为上梅多克（Haut-Médoc）和下梅多克（Bas-Médoc）两部分。梅多克产区内有几个村庄级的AOC，分别是：普衣莱克村（Pauillac）、圣·爱斯台夫村（St.Estèphe）、圣·于连村（St.Julien）、玛高村（Margaux）等（见图3-6）。

图3-6　玛高村葡萄酒标签

2. 格拉夫斯（Graves）

格拉夫斯地区位于加龙河左岸，北起波尔多城及周围地区，南到苏玳城，几乎遍布了整个河左岸地区。这里几个世纪以来都是波尔多葡萄酒最重要的产区之一，也是波尔多唯一同时生产高级红、白葡萄酒的产区，红葡萄酒约占60%，葡萄品种以赤霞珠为主。这里所产红葡萄酒比梅多克葡萄酒多一份圆润口感，成熟也较快一点，但仍相当耐久存。区内的奥·伯里翁保（Ch.Haut-Brion）酒庄在1855年的特等酒庄评选中，名列一级特等酒庄。格拉夫斯的干白葡萄酒主要以长相思和赛美容两种品种为主，偶尔添加一点蜜思卡岱勒增添香味。

3. 圣·艾美浓（St-Emilion）

圣·艾美浓和梅多克都以盛产波尔多红葡萄酒而著名，本产区内的葡萄品种主要以梅洛和卡本内·弗朗为主，色调呈淡宝石红色，口感圆润，成熟快，酒龄浅时不像梅多克葡萄酒的收敛性特强而难以入口。虽然比较早可以享用，但酒的结构同样厚实、平衡，也经得起时间的考验。区内比较著名的酒庄有白马庄（Ch.Cheval-Blanc）和欧颂堡（Ch.Ausone）。

4. 庞美罗（Pomerol）

在波尔多的红酒产区中，庞美罗的面积最小，仅为 764 公顷，小酒庄林立，只有 25 公顷的南尼酒庄（Ch.Nenin）已是区内两个最大的酒庄之一了。由于产区小、酒庄规模小，使得庞美罗的葡萄酒价格成为波尔多地区最贵的。彼德律酒庄（Ch.Petrus）是最著名的酒庄，值得一提的是彼德律酒庄使用的葡萄品种主要是梅洛，高达 95%。彼德律酒庄所产的葡萄酒没有加入一滴赤霞珠，打破了苏维翁一统天下的神话。另外，还有一个新秀乐宾（Le Pin），因面积太小，无法称为酒庄，其生产的葡萄酒价格最近几年已然超过彼德律酒庄。

5. 苏玳（Sauternes）

苏玳产区位于格拉夫南部并为之所包围，该产区土质是黏土和沙土的混合土质或黏土和石灰石土质，葡萄品种有赛美容和长相思。苏玳出产世界最著名的贵腐甜白葡萄酒，赛美容葡萄是酿制贵腐葡萄酒的最佳品种。贵腐葡萄酒香味浓郁丰富、口感圆厚甜润。陈年的贵腐葡萄酒酒香更是复杂多变，经常有蜂蜜、干果等特殊的香味。区内有 3 个贵腐葡萄酒 AOC 产区，最佳的产区是苏玳和巴萨克（Barsac）。苏玳的特等酒庄是 1855 年评选出来的，共有 25 家，最优等的"第一特级特等酒庄"为帝康酒庄（Ch. d'Yquem）。

（二）勃艮第产区

勃艮第产区由位于法国东部的一系列的小葡萄园组成，北起奥克斯勒（Auxerre），南至里昂市（Lyon），绵延 370 公里，横跨四大地区，即荣纳（Yonne）、科多尔（Côte d'or）、扎奥·卢瓦尔（Saône-et-loire）和玛孔（Mâcon）地区。

勃艮第产区是法国古老的葡萄酒产地之一，也是唯一可以与波尔多产区相抗衡的地区。人们曾经这样比喻这两地的葡萄酒，即勃艮第葡萄酒是葡萄酒之王，因为它具有男子汉粗犷的阳刚气概；波尔多葡萄酒是酒中之后，因为它具有女性的柔顺芳醇。

勃艮第产区的葡萄品种较少，主要有生产白葡萄酒的霞多丽和阿丽高特（Aligoté），生产红葡萄酒的黑品乐，以及专用于生产博酒莱的佳美葡萄。

与波尔多地区相比，勃艮第葡萄酒的生产有些不同之处。首先勃艮第使用的葡萄品种较少，此外，在波尔多地区，葡萄园如同财产一样属于某个人或某公司，而在勃艮第地区，葡萄园只是一个地籍注册单位，它可以由很多人共同所有，如香百丹葡萄园（Chanbertin）就属于 50 多个业主。

根据法国 AOC 法限制，勃艮第红葡萄酒必须用黑品乐葡萄作为原料，如果以别的葡萄品种为原料，或酿制时渗入了别的品种，则 AOC 法规定这些厂商有义务在商标中说明。同时，不能以勃艮第葡萄酒的名义出售，只能以葡萄品种名为其酒名。因此，在勃艮第产区会有这种情况出现，同一个葡萄园所出产的几瓶葡萄酒可能是由不同厂家制成，不同地方包装，所以口味绝不相同，连商标也不一样。

1. 勃艮第葡萄酒等级

勃艮第葡萄酒分为 4 个等级：第一等是特级葡萄酒（Grand Crus），酒标上有葡萄园的名称，如 Montrachet 酒庄等。第二等是一级葡萄酒（Premiers Crus），酒标上不但有产区的名称，而且也有葡萄产地的名称，如 Nuits-Saint-Georges-Les-Porets 等。第三等是村庄或产区地名监制酒，这类葡萄酒必须将产区的名称印在酒标上。第四等是勃艮第地名监制葡萄酒。

2. 勃艮第葡萄酒主要产区

（1）夏布利（Chablis）。夏布利位于奥克斯勒镇附近，用生长在白垩泥灰质土壤中的霞多丽葡萄为主要原料，该产地生产的葡萄酒十分著名，其特征是色泽金黄带绿，清亮晶莹，带有辛辣味，香气优雅而轻盈，精细而淡雅，口味细腻清爽，纯洁雅致而富有风度，尤其适宜佐食生蚝，故又有"生蚝葡萄酒"之美称。夏布利产区可以称得上特级葡萄园的有 7 个，还有 22 个一级葡萄酒庄。夏布利产区也生产酒体轻盈的香槟酒。

（2）科多尔（Côte d'or）。又称为"黄金色的丘陵"。从第戎（Dijon）到沙尼（Chagny），科多尔地区绵延约 50 公里，分布在向阳的丘陵山坡上，占地 6379 公顷，平均年产 2300 多万升红、白葡萄酒。该区分为两大部分，即科多尔·尼伊（Côte de Nuits）和科多尔·博纳（Côte de Beaune）。

①科多尔·尼伊。该地为白垩泥灰岩混合土质，主要葡萄品种是黑品乐，有少量霞多丽种植。该产区以生产红葡萄酒为主，且生产勃艮第最好的红葡萄酒。著名品种有吉夫海·香百丹（Gevrey-Chambertin），这是富于原味的强烈红葡萄酒；香波萝·玛西尼（Chambolle-Musigay）品质优雅，香味柔软，佛斯尼·罗曼尼（Vosne Romanée）葡萄酒在世界上声誉很高，罗曼尼·康帝被称为"葡萄酒之王"，此酒色泽深红优雅，酒体协

调完美，风格独特、细腻，迷人至极，常使饮者为之倾倒，此酒是目前世界上最贵的葡萄酒之一。

②科多尔·博纳地区主要生产勃艮第上好的白葡萄酒，红葡萄酒不如尼伊地区的有名。该区布利尼·蒙拉谢村（Puligny Montrachet）是世界最高级的干白葡萄酒产地，拥有4个特级葡萄园，其中最出名的蒙拉谢有着芳醇诱人的香味和钢铁般强劲的辣味，所以有"白葡萄酒之王"的尊称。科多尔·博纳产区著名的红葡萄酒有阿劳克斯·高彤、博纳（Beaune）、苞玛（Pommnard）、乌奶等。白葡萄酒有布利尼·蒙拉谢、夏沙尼·蒙拉谢、高彤·卡尔勒马格纳。

（3）南勃艮第。南勃艮第产区包括科·夏龙（Côte Chalonnaise）、玛孔（Mâconnais）和博酒莱（又称保祖利）三区，葡萄酒品丰富，风格多变，名酒很多。

①科·夏龙区主要生产勃艮第起泡酒，该区麦尔柯累出产的普衣府水酒（Pouilly Fuise）是勃艮第最杰出的白葡萄酒，此酒以霞多丽葡萄为原料，色泽浅绿，光泽丰润，辣味清淡可口，是十分爽口的干型白葡萄酒。主要品种有普衣府水、昔衣罗谐、普衣凡才尔等，这类葡萄酒通常适合酒龄浅时饮用，超过10年酒龄便会酒性全无。

②博酒莱是勃艮第最大的葡萄酒产地，面积达2万多公顷，年均产量超过910万升。博酒莱是以佳美葡萄为原料生产的红葡萄酒，清淡爽口，颇受世界各地饮酒者的好评。

（三）法国其他葡萄酒产区

1. 阿尔萨斯（Alsace）

阿尔萨斯产区位于法国东北部，隔着莱茵河与德国交界，历史上曾多次成为德国的领土，所以生产的葡萄酒也十分类似德国葡萄酒。该产区较好的葡萄园都分布在孚日山脉的山坡上，年均产酒1760万加仑。该地区土质为石灰质、沙石、花岗岩等，葡萄酒多以葡萄品种来命名。著名的葡萄酒品种有：

（1）西尔瓦纳（Sylvaner）：体轻富有果香，口味清爽的葡萄酒。

（2）雷司令（Riesling）：阿尔萨斯的葡萄酒王，保留着葡萄自身的果香，口味调和，是阿尔萨斯的极品。

（3）莫氏卡特（Muscat）：口味细腻的辣味葡萄酒。

（4）白必奴（Pinot Blanc）：酒体均匀的干白葡萄酒。

（5）卡塞勒斯（Chasselas）：普通葡萄酒，主要供当地人消费。

（6）黑必奴（Pinot Noir）：阿尔萨斯唯一的玫瑰红葡萄酒。

2. 隆河谷（Côte du Rhône）

隆河谷产区位于法国东南部，罗讷河流域，葡萄种植面积约9.7万公顷，年均产酒 16380 多万升。品种有红有白，有干有甜，甚至还有起泡葡萄酒，较为齐全。该区新教皇堡（Châteauneuf-du-Pape）所产的塔乌（Tavel）玫瑰红葡萄酒是法国最好的玫瑰葡萄酒。

3. 普罗旺斯（Provence）

普罗旺斯葡萄种植园是法国最早的种植园，该地生产著名的玫瑰红葡萄酒，将其冰冻 10℃时饮用香味最佳。产品多在 AOC 等级内，此外还出产红白葡萄酒，一般经 3~4 年的陈酿方可饮用。

4. 卢瓦尔（Loire）

位于法国西北部卢瓦尔河流域，主要出产各种玫瑰葡萄酒和红葡萄酒。其中最著名的葡萄酒是普衣府媚（Pouily Fume）、安若玫瑰红葡萄酒等。

5. 香槟区

香槟区是法国最北部的葡萄酒产区。绝大多数香槟酒庄都集中在兰斯（Reims）和埃佩尔奈市（Epernay）。这两个城市的周围布满了葡萄种植园，这里精心栽培着 3 种香槟酒用葡萄：黑品乐（Pinot Noir）、比诺曼尼（Pinot Meunier）和霞多丽（Chardonnay）。

香槟酒是以它的原产地法国香槟省的地名而命名的。香槟地区是采用传统的"香槟酿造法（Methode Champenoise）"来酿造香槟酒的。传统上香槟是由两种黑葡萄 Pinot Noir、Pinot Meunier 和白葡萄 Chardornnay 经独自发酵后进行调配混合，在酒瓶内经第二次发酵而成，并形成天然气泡。

依据法国葡萄酒等级划分法规规定：唯有在香槟区采用"香槟酿造法"来酿造的起泡酒才能称为"香槟"，其他地区和国家不符合这个规定的，一概只能称为"气泡酒"（Sparkling Wine）。例如，在西班牙气泡酒叫作"Cava"，在德国叫作"Sekt"，在意大利叫作"Spumante"。在法国香槟区以外地区所酿造的气泡酒只能叫作"Vin Mousseax"，而不能以香槟来命名。

香槟酒酒标包括：品牌名；酒商名；产地名，除了标明"法国生产"外，还会有酒商所在城镇的表示；生产年份；香槟酒干甜程度；葡萄品种，葡萄品种通常是不标的，但由特别品种酿成时会有些特别说明，如"Blanc de Blanca"；香槟（Champagne）级别标识；生产者代码；容量；酒精含量（见图 3-7）。

图3-7　香槟酒酒瓶标签

> **相关链接** 🔍 搜索
>
> ## 法国十大产区葡萄酒酒瓶形状图
>
> 　　法国葡萄酒酒瓶形状是各产区葡萄酒的标识，不同地区使用的葡萄酒酒瓶形状各异。酒瓶也成为法国葡萄酒产地的区分方法之一。
>
> ## 法国葡萄酒的真假鉴别知识
>
> 　　第一步，看酒瓶外观。
> - 看酒瓶标签印刷是否清楚？是否仿冒翻印？
> - 看酒瓶的封盖是否有异样？有没有被打开过的痕迹？
> - 看酒瓶背面标签上的国际条形码是否以3字打头：法国国际码是3。
>
>
>
> 法国知名葡萄酒酒瓶
>
> - 看酒瓶背面标签上是否有中文标识：根据中国法律，所有进口食品都要加中文背标，如果没有中文背标，则质量不能保证。
>
> 　　第二步，看葡萄酒液。
> - 看葡萄酒的颜色是否不自然。

> - 看葡萄酒上是否有不明悬浮物。
> - 酒质变坏时颜色有混浊感。
>
> 第三步，看酒塞标识。
> - 打开酒瓶，看酒塞上的文字是否与酒瓶标签上的文字一样。在法国，酒瓶与酒塞都是专用的。
>
> 第四步，闻葡萄酒的气味。
> - 如果葡萄酒有指甲油般呛人的气味，就是变质了。
>
> 第五步，品葡萄酒的口感。
> - 饮第一口酒，酒液经过喉头时，正常的葡萄酒是平顺的，问题酒则有刺激感。
> - 咽酒后，残留在口中的气味有化学气味或臭气味，则不正常。
> - 好葡萄酒饮用时应该令人神清气爽。

第二节　其他国家葡萄酒

一、德国葡萄酒

德国是世界著名的葡萄酒生产国之一，从罗讷河谷的马塞勒到莱茵河谷、摩泽尔等地，其葡萄种植面积约10万公顷，葡萄酒年产量约1亿升，以白葡萄酒为主，类型非常丰富，从一般清淡半甜型的甜白酒到浓厚圆润的贵腐甜酒都有。另外，还有制法独特的冰酒。

德国主要生产世界著名的白葡萄酒，葡萄酒产量中80%左右是白葡萄酒，其他20%是玫瑰红葡萄酒和红葡萄酒。德国的白葡萄酒因为糖酸度控制得很好，故品质极佳，堪称世界一流，与法国勃艮第白葡萄酒相比，甜味稍重，酸味稍强，但口味很新鲜、清爽，带有一种苹果的清香，酒精度比法国的白葡萄酒低8%~11%，因而德国白葡萄酒适合在新鲜时饮用。

此外，德国有一种白葡萄酒与一般白葡萄酒制法不同，它不是在葡萄成熟时采摘，而是让葡萄在葡萄藤上枯萎，并任由微生物侵袭，最后成为"贵腐"的葡萄干。因为这种葡萄所能供给的葡萄汁很少，而且糖分很高，故酿出来的葡萄酒有着蜂蜜般的风味，特别圆润香浓，而且酒精含量很高。因此，这类酒越陈越香，可谓白葡萄酒中的上品。这种葡萄酒在德国被称为"干浆果葡萄酒"，类似法国的贵腐葡萄酒。

德国红葡萄酒和玫瑰红葡萄酒产量所占比例较少，而且颜色和酒体欠佳，品质并不很好；白葡萄酒也是以干型为主，同时，德国也生产起泡葡萄酒，并称为"sekt"，即为"起泡"的意思。

（一）德国的葡萄品种

德国用于生产葡萄酒的葡萄品种以白葡萄为主，占全部葡萄总量的86%左右，其主要品种有墨勒·图尔高（Muller-Thurgau）、雷司令（Riesling）、西万尼（Silvaner）等，红葡萄只占14%，主要品种有黑品乐（在德国被称为Spaburgunder）。

（二）德国葡萄酒的等级制度

德国政府和酒商、葡萄酒生产者1971年共同制定了葡萄酒质量法规，把德国葡萄酒分为三个等级。

（1）佐餐葡萄酒（Deutscher Tafel Wein，DTW）。这类葡萄酒必须由指定的批准的或暂时批准的葡萄品种制成，而且这些葡萄必须完全在德国生长，因此，产量比较小。

（2）优质地区葡萄酒（Qualitätswein Bestimmter Anbaaugebiete，QBA）。这一等级的葡萄酒是德国葡萄酒的骨干酒类，必须产自德国13个产区中的一个区，各项规定严格，所采用的葡萄也必须有较高的成熟度，葡萄酒的酒精含量不低于7%。所有酒品必须经官方控制中心的分析检测和品尝鉴定后才能销售。

（3）高级优质佳酿葡萄酒（Qualitätswein Mit Prädikat，QMP）。这是德国最高级的葡萄酒，除了有极高的品质外，添加糖分是绝对禁止的。这类葡萄酒酒精含量较低，而且是以地域和收采情况进行分类，装瓶时必须在酒标上注明属于哪个等级。其6个等级分别是：

① Kabinett。正常采摘葡萄酿制的葡萄酒，酒度在7%以上。

② Spätlese。晚摘葡萄酿制的葡萄酒。一般比正常采摘晚7天以上。

③ Auselese。精选采摘或选串晚摘葡萄酿制的葡萄酒。

④ Beerenauslese。特别选粒晚摘的葡萄酿制的葡萄酒。大部分葡萄感染贵腐霉，糖分更高。

⑤ Trockenbeerenauslese。干浆果葡萄酿制的葡萄酒。这一等级的葡萄酒完全采用感染贵腐霉后，水分蒸发，萎缩成干的葡萄酿成，甜度非常高。

⑥ Eiswein。冰葡萄酒，直接从葡萄藤上采摘已经结冰的葡萄，并在冰冻状态下送酒厂榨汁酿制的葡萄酒。

(三)德国葡萄酒产区

德国的葡萄酒产区分布在北纬47°~52°，是全世界葡萄酒产区的最北限，虽然种植环境不佳，但凭着当地特有的风土和日耳曼人卓越的酿造技术，也酿造出媲美法国的顶级葡萄酒，成为寒冷地区葡萄酒的典范。主要产区为莱茵河流域和摩泽尔河流域，此外还有纳赫、巴登、符腾堡等地。

（1）莱茵河流域（Rhein）。莱茵河流域是德国著名的葡萄酒产地，生产葡萄酒历史悠久，分为莱茵高、莱茵法兹、莱茵黑森3个产区。

①莱茵高（Rheingan）。种植面积3000多公顷，著名的葡萄园位处南向斜坡，白天可获得充分的日照，夜晚则为来自莱茵河面的雾气所笼罩，十分适合葡萄种植。这里的葡萄酒有"红发仙女"的美称，风味浓郁，品质丰润甘美。雷司令是该地区主要的葡萄品种，著名的葡萄酒有约翰内斯堡（Johannisberg）葡萄酒系列产品，主要品种有恩卡布林格·卡不乃特（Erntebringer Kabinett）、斯奇劳士·约翰内斯堡（Schloss Johannisberg），这类葡萄酒色泽黄绿，香味清醇，口味圆正，绵柔醇厚。此外，该地区出产著名的贵腐葡萄，以及以贵腐葡萄酿制而成的超甜贵腐葡萄酒，拥有独特晶莹的金黄色泽，风味绝佳。

②莱茵法兹（Rheinfalz）。这是德国所有葡萄酒产区中气候最佳、土壤最肥沃的地区，也是德国葡萄酒产量最高的地区。本区葡萄品种以雷司令为主，红葡萄酒、白葡萄酒均有生产，白葡萄酒的种类又特别丰富，从风味朴实、特性优越到被评为顶级的葡萄酒都有。该地区有大量的"晚摘""选串晚摘"和"选粒特别晚摘"的葡萄酿制的葡萄酒，这些酒酒体丰满，通常在餐后饮用。

③莱茵黑森（Rheinhessen）。这是德国最大的葡萄酒产区，德国最受欢迎的葡萄酒"圣母之乳"就来自该区。像乳汁一般甜美的"圣母之乳"，口味清淡，芳香醇厚，喝过者皆赞不绝口。此外，该区所产的雷司令白酒不仅口感平衡细致，而且有浓郁的蜜桃和柑橘等香味。

（2）摩泽尔（Moselles）河流域。摩泽尔河位于莱茵河西部，拥有"德国葡萄酒之都"的美誉。主要的葡萄酒产地为位于中游的伯恩卡斯特、萨尔河地区及鲁尔河地区等。该区土壤由黑色板岩、砾沙石及贝壳钙构成，土质肥沃，所栽种的葡萄以雷司令品种为主，占有55%的种植面积，但因产量低，葡萄酒产量只占33%。以该区雷司令葡萄所酿制的葡萄酒拥有一种独特的烟熏味，相较于莱茵高葡萄酒，有着较爽朗的口感和清新的酸味，同时还有非常独特的新鲜花香，大多属于存放不久即饮用的酒。

（3）纳赫（NaHe）。纳赫因位于莱茵黑森与摩塞尔区之间，所以出产的酒也兼具这两区的特色。不过，由于该区土质多变，富含各种矿物，使得这里生产的葡萄酒拥有不同的风味。

（4）巴登（Baden）。巴登是德国最南端的葡萄酒产区，该区的气候条件相当优越，葡萄种植面积在全德国排名第三，白葡萄酒和红葡萄酒都有生产，葡萄品种以具有地方特色的比诺葡萄为主，其中又以灰比诺葡萄最为重要，非常适合用来酿造晚摘或贵腐型的甜酒。该区所产葡萄酒在口感上较为丰润饱满，更具南方特色。

（5）符腾堡（Württemberg）。符腾堡是德国最大的红酒产地。这里的葡萄园大半种植红葡萄，品种多达 50 种，其中又以林格葡萄、黑雷司令葡萄及林柏格葡萄最为重要。此外，本地的红葡萄酒颜色都相当清淡，很少有单宁的涩味。

二、意大利葡萄酒

位于地中海的意大利，天然条件非常适合葡萄生长，葡萄酒产量位居世界榜首，出产全球近 1/5 的葡萄酒。意大利葡萄酒生产历史也相当悠久，而且酿酒葡萄的种类非常多元，各产区都有深具浓厚地方特色的葡萄酒，种类之繁多，大概只有法国能与之相比。

（一）意大利葡萄酒的等级制度

意大利葡萄酒的等级制度从 1963 年开始实施，一共分为 4 个等级。其中 DOCG 和 DOC 属于特定产地出产的优质葡萄酒，IGT 和 VdT 两类是普通葡萄酒（合称为 DOS）。

（1）DOCG（Denominazione di Origine Controllata e Garantita）。这是意大利等级系统中的最高等级，目前只有十几个葡萄酒产区获此殊荣。这一等级的葡萄酒不论在土地的选择、品种的采用、单位公顷产量等各方面都有非常严格的规定，而且必须具备相当的历史条件。政府认定的 DOCG 标志为粉色，一侧有 DOCG 字样，另一侧是 DOCG 认定的产地名进行一次品尝感受的检测。

（2）DOC（Denominazion di Origine Controllata）。目前意大利有数百个葡萄酒产区属于 DOC 等级，大部分都是传统产区，依据当地的传统特色制定生产的条件，约略等同于法国 AOC 等级的葡萄酒。

（3）IGT（Indicazione Geografiche Tipci）。这一等级的葡萄酒相当于法国的 Vin De Pay，可以标示产区以及品种等细节，相关的生产规定比 DOC 以上等级宽松，弹性较大。这一等级的葡萄酒在意大利并不普遍，可以说相当少见。

（4）VdT（Vino da Tavola）。这是意大利最普通等级的葡萄酒，限制和规定最不严格，目前此等级的酒依旧是意大利葡萄酒的主力。

虽然近几年意大利新增了许多 DOCG 或 DOC 产区，但是这两个等级的葡萄酒在意大利葡萄酒总产量中所占比例还是很低,产量大的普通佐餐酒依旧是最主要的。值得一提的是,意大利有不少产区也出产品质相当卓越的 VdT,不过,特级的 VdT 虽然有绝佳表现,但因为品种或其他生产条件不符合 DOC 的规定,而只能以 VdT 等级出售。

(二)意大利葡萄酒的主要产区

(1)皮埃蒙特(Piedmont)。皮埃蒙特是意大利最大的葡萄酒产区,历史悠久,主要生产干型红葡萄酒、起泡酒和静态甜、干型白葡萄酒。内比欧露(Nebbiolo)是区内历史最久、适应性最好,同时也最负盛名的品种,著名的红酒产区如巴罗洛(Barolo)、巴巴瑞斯克(Barbaresco)以及加替那拉(Gattinara)等 DOCG 等级的产区都采用内比欧露作为主要或唯一的生产品种。此外,多切托(Dolcetto)和巴贝拉(Barbera)也是该区的重要红酒品种。白葡萄酒虽然产量很小,却有风味迷人的嘉维(Gavi)干白葡萄酒、阿斯蒂(Asti Spumante)气泡酒。

(2)托斯卡纳(Tuscany)。位于意大利中部,西面临海。该区主要生产红、白葡萄酒。著名的红葡萄酒基安蒂(Chianti)是意大利具有代表性的酒品之一(见图 3-8),享誉国内外。基安蒂酒以稻草所编织的套子包装在圆锥形酒瓶中,这种独特的包装器皿称为"菲亚斯"(Fiashi)。基安蒂葡萄酒呈红宝石色,清亮晶莹,富有光泽。优质基安蒂葡萄酒通常使用波尔多形状的酒瓶包装。

(3)伦巴第(Lombardy)。伦巴第位于意大利北部,与瑞士交界。该区崎岖不平但十分美丽,葡萄园一般位于

图3-8 经典基安蒂标志

海拔 400 米的山区,9 月中旬到 10 月开始收获葡萄。生产的主要葡萄酒品种有红、白、玫瑰红和白起泡葡萄酒。该区被冠以 DOC 的葡萄酒较多,但一般都在酒龄浅时饮用,著名的红葡萄酒有波提西奴、沙赛拉、英菲奴、格鲁米罗。白葡萄酒有鲁加那、巴巴卡罗(Barbacarlo)、客拉斯笛迪奥(Clastidium)等。

(4)威尼托(Veneto)。位于意大利东北部,该区有著名城市威尼斯(Venice)和维罗纳。生产的葡萄酒品种有优质干型红、白葡萄酒、甜型红葡萄酒等,其中以优质干型红、白葡萄酒较为著名,如瓦尔波利赛拉(Val Policella)、巴多里奴(Bardolino)、索阿威(Soave)等。索阿威是意大利著名的干白葡萄酒,色泽金黄,酸味和香味较淡,但口味十分爽快。

三、澳大利亚葡萄酒

18世纪末，欧洲移民将葡萄引进炎热干燥的澳大利亚大陆，并在悉尼北面的猎人谷（Hunter Valley）种植成功，19世纪后逐步向西部的西澳大利亚州（Western Australia）、南部的维多利亚州（Victoria）发展，目前葡萄种植最广的南澳大利亚州（South Australia）反而是最晚开发的产区。由于受气候的影响，澳大利亚葡萄酒产区主要位于澳大利亚大陆的东南角，从新南威尔士州的猎人谷产区，往南经过维多利亚到南澳大利亚州东南隅的阿得雷德市（Adelaide）。这一小角内的葡萄园就占了澳大利亚葡萄产区90%以上的面积。其中南澳大利亚州占50%以上，新南威尔士州占25%，维多利亚州占21%，其他几个地区都显得微不足道。

澳大利亚常见的葡萄品种是来自法国的西拉，在这里称为Shiraz。此外还有赤霞珠和酿造气泡酒的黑品乐等。白葡萄品种以霞多丽为主，雷司令和赛美容也较为常见。主要产酒区基本集中在南部沿海地区，著名的有：

（1）新南威尔士州（New South Wales）。这里是澳大利亚发展最早的葡萄酒产区，气候相当炎热，特别是猎人谷（Hunter Valley）产区。猎人谷以出产耐久存的赛美容白酒和浓厚的西拉红酒而受到全球瞩目。这里的赛美容白酒通常发酵后就直接装瓶，经过数年的瓶中陈酿，经常会有非常独特的口感。

（2）维多利亚州。维多利亚州是澳大利亚葡萄酒的第三大产地，位于墨尔本东北的叶拉谷（Yarra Valley）是近年来颇受瞩目的葡萄酒产区，霞多丽和黑品乐是这里的主要葡萄品种。

（3）南澳大利亚州。虽然这里的葡萄种植较晚，但却以得天独厚的环境成为澳大利亚最重要的葡萄酒产区，比较著名的产地有克雷谷、芭罗莎谷、寇那瓦纳等。这里出产的葡萄酒品种比较齐全。

四、美国葡萄酒

美国有44个州生产葡萄酒，但较具规模的只有加利福尼亚州、纽约州、新泽西州和俄亥俄州等。其中加利福尼亚州的葡萄酒产量占全美总产量的80%，因此被称为"美国葡萄酒的故乡"。

加利福尼亚州由于气候因素，可种植的葡萄品种很多，生产红葡萄酒的主要葡萄品种有赤霞珠、金芬黛、灰比诺等；生产白葡萄酒的葡萄品种有霞多丽、雷司令、长相思、白诗南等。加利福尼亚州优质葡萄酒通常是以酿酒的葡萄名命名的，最好的葡萄酒是赤霞珠,产自那帕谷。在加利福尼亚州的许多葡萄酒产区中,那帕谷(Napa Valley)和索诺玛(Sonoma)是最受瞩目的两个重要产区。那帕谷生产的葡萄酒具有浓郁的波尔多的味道,所产的赤霞珠葡萄酒秉持了波尔多红酒浓厚、强劲和单宁强等特性,近年来越来越受到酒评家们的好评。至于这里的霞多丽,则几乎一律采用橡木桶发酵培养的酿制法,奶油和香草香搭配而呈现出的圆润丰厚的口感,是那帕谷与索诺玛最常见的类型。

五、中国葡萄酒

中国葡萄酒的酿造历史悠久,品种繁多,干、甜、红、白、起泡葡萄酒应有尽有,各地产品品质不一,质量各异,形成了一个庞大的葡萄酒生产系统。中国地域辽阔,葡萄酒生产量大,品种繁多,优质的葡萄酒遍布全国各地,著名的葡萄酒有:

(1)王朝白葡萄酒。王朝白葡萄酒由天津中法合营葡萄酿酒有限公司生产,它是我国第一个外资合营的葡萄酒公司。王朝白葡萄酒属半干型,用玫瑰香葡萄酿制而成,果香浓郁,醇和润口,酸甜协调,酒体完整,回味舒适,多次在国内外获奖,是深受海内外消费者欢迎的葡萄酒品。

(2)沙城干白葡萄酒。河北沙城酒厂酿制,酒色淡黄微绿,清亮有光,酒香浓郁,口味柔和细致,爽而不涩,味香和谐,恰到好处,酒度12°,在第三届全国评酒会上被评为全国名酒。

(3)长城白葡萄酒。由中国长城葡萄酒有限公司生产。长城葡萄酒公司位于河北沙城,这里昼夜温差大,日照时间长,土层深厚,沙质,很适合葡萄生长,生产的龙眼葡萄果皮紫红,果汁无色,含糖量高达20%,酿出的长城干白葡萄酒微黄带绿,果香悦人。生产的半干白葡萄酒果香突出,酒味充足,口味娇嫩,柔和细腻,优雅爽口,回味悠长(见图3-9)。

图3-9 长城白葡萄酒

六、西班牙葡萄酒

西班牙不但生产风格独特的红、白葡萄酒,还生产雪利酒和玛拉加酒。西班牙葡萄酒产地分3部分:气候温和、雨量充足的北方地区;气候干燥、阳光充足的中部地区;雨量较少、烈日酷暑的南方地区。主要产地有里奥哈(Rioja)、巴那德(Panada)、阿拉贡(Aragon)、拉·曼卡(La Mancaa)等。

七、南美洲

绝大多数南美洲国家生产葡萄酒。

（1）阿根廷。阿根廷是美洲栽种葡萄面积最大、葡萄酒产量最多、葡萄酒消费最多的国家。阿根廷葡萄酒酒体粗糙，凶烈少味，所以大部分用于国内消费，很少出口。

（2）智利。智利是南美洲最好的葡萄酒产地，虽然产量不如阿根廷，但质量优于阿根廷。生产的白葡萄酒酒精含量和含酸量都偏高，红葡萄酒比较柔顺，但缺单宁酸。智利也生产干型佐餐酒、气泡酒和强化葡萄酒等。

（3）巴西。巴西是南美最大的国家，葡萄酒生产受意大利和葡萄牙移民的影响，能生产红、白佐餐酒，以及气泡和强化葡萄酒。生产的酒全部用于国内消费，此外也会从国外进口一些。

（4）秘鲁。葡萄种植区集中在首都利马周围地区，主要用于国内消费，极少量供出口。

葡萄酒是一种以葡萄为原料酿制而成的酿造酒，不同的葡萄酒由不同的葡萄采用不同的方法酿制而成。法国、德国、意大利、美国、中国等主要的葡萄酒生产国都生产各类等级和品质不同的葡萄酒。葡萄酒服务十分讲究，既有温度要求，也有杯具要求，还讲究与菜肴的搭配，尤其在西餐服务中，熟练的葡萄酒服务技巧能给人一种美的享受。

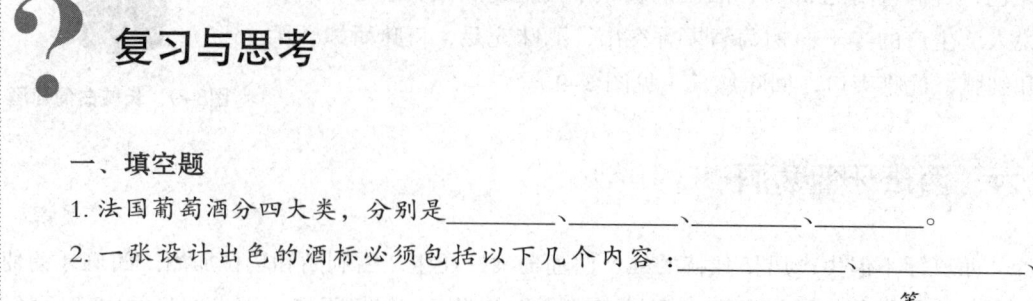

复习与思考

一、填空题

1. 法国葡萄酒分四大类，分别是_____、_____、_____、_____。
2. 一张设计出色的酒标必须包括以下几个内容：_____、_____、_____、_____、_____、_____、_____、_____等。

二、简答题
1. 说出法国葡萄酒的等级及特点。
2. 说出法国葡萄酒的主要产地及产品特点。
3. 说出德国和意大利葡萄酒的等级。
4. 说出德国和意大利葡萄酒的主要产地和名品。

谷物酿造酒PPT

第四章 谷物酿造酒

学习目的意义 通过普及黄酒、啤酒及清酒的相关知识,激发学生的学习和探索热情,完善知识结构,提高服务水平,培养鉴赏能力和综合人文素养。

本章内容概述 本章从黄酒、啤酒和清酒的历史、种类、特点及生产工艺入手,同时介绍不同品牌黄酒、啤酒和清酒的相关知识,重点介绍了饮用和相关服务方法。

学习目标

方法能力目标

掌握黄酒、啤酒和清酒的历史、特点和产地的相关基础知识,熟悉其生产和酿造工艺,了解不同品牌和种类的啤酒、黄酒以及清酒的特性。

专业能力目标

在掌握黄酒、啤酒和清酒基础知识的同时,掌握其储存、服务和饮用的方式,并具备一定的鉴赏能力。

社会能力目标

能够胜任酒吧和餐厅的日常工作,熟练地向客人介绍酒单中的酒品,根据客人的喜好和菜肴搭配,向客人推荐酒品,并以正确的方式提供服务。

> **知识导入**
>
> **酿造酒概述**
>
> 　　酿造酒（Fermented Wine），又称为原汁酒，是在含有糖分的液体中加上酵母进行发酵而产生的含酒精饮料。其生产过程包括糖化、发酵、过滤、陈酿和杀菌等。
>
> 　　酿造酒的主要酿酒原料是谷物和水果，其特点是含酒精量低，属于低度酒，例如用谷物酿造的啤酒一般酒精含量为3%～8%，果类的葡萄酒酒精含量为8%～14%。
>
> 　　从酿造酒的原料分可分为谷物酿造酒、果类酿造酒和其他类。本章主要介绍谷物酿造酒：黄酒、啤酒和清酒。

第一节　黄　酒

　　黄酒是中国古老的酒精饮料之一，是我国的民族特产，也是世界三大酿造酒（黄酒、啤酒、葡萄酒）之一。我国酿制黄酒的技术独树一帜，据载已有6000年的历史了。

一、黄酒的成分

　　黄酒是以粮食（大米和黍米）为原料，经过蒸料，通过酒药、曲和浆水中不同种类的真菌、酵母和细菌的共同作用酿成的一种低度压榨酒。黄酒酒液中主要成分有糖、糊精、醇类、甘油、有机酸、氨基酸、酯类和维生素等，是具有一定营养价值的饮料。这些成分及其变化，形成了黄酒的浓郁香气、鲜美口味和醇厚酒体等特点。大多数中国黄酒具有黄亮的色泽，因而习惯上被人们称为"黄酒"。

　　黄酒的主要原料有糯米、粳米、黏黄米等，江南地区主要使用糯米和粳米，东北地区主要使用黏黄米。

二、黄酒的种类

　　黄酒具有悠久的历史，分布区域很广，品种繁多，品质优良，风味独特，分类方法各不相同。

（一）按黄酒的原料划分

（1）南方糯米（粳米）黄酒。南方糯米（粳米）黄酒是长江以南地区，以糯米、粳米为原料，以酒药和麦曲为糖化发酵剂酿成的黄酒，是中国黄酒的主要类别。主要品种有绍兴加饭酒、元红酒、花雕酒、无锡老廒黄酒以及各种喂饭酒和仿绍酒等。

（2）红曲黄酒。红曲黄酒是以糯米为原料，以大米和红曲霉制的红曲为糖化发酵剂酿成的。闽、台、苏、浙一带气候炎热，适宜用耐高温的红曲霉制米曲，用此曲制成的酒被称为红曲黄酒。由于在制酒过程中糖化发酵缓慢，故常加白曲。红曲黄酒的主要产地是福建和江浙一带。主要品种有福州红曲黄酒、闽北红曲黄酒、福建粳米红曲黄酒、温州乌衣红曲黄酒等。

（3）北方黍米黄酒。华北和东北广大地区生产的黄酒基本上以黍米为原料，用麦曲为糖化发酵剂酿造而成，故统称为北方黍米黄酒。在酿酒过程中，麦曲在投产前先经烘焙，除去邪味并杀灭杂菌，将米煮成干粥状是其制酒特点。主要产品有山东即墨黄酒、兰陵美酒、山西黄酒、京津及东北各地产的黄酒。

（4）大米清酒。大米清酒是一种改良的大米黄酒，酒色淡黄，清亮而富有光泽，具有清酒特有的香味，在风格上不同于其他黄酒。以大米为原料所酿造的清酒出现较晚，发展较慢，较著名的有吉林清酒和即墨特级清酒等。

（二）按黄酒的酿造方法划分

（1）淋饭法。淋饭酒是指将蒸熟的米饭用冷水淋凉，拌入酒药粉末，搭棚，糖化，最后加水发酵成酒，口味较为淡薄。有的工厂用这样的淋饭酒作为酒母，即所谓的"淋饭酒母"。

（2）摊饭法。摊饭酒是指将蒸熟的米饭摊在竹簟上，使米饭在空气中冷却，然后加上麦曲、酒母、浸米浆水等，混合后直接进行发酵。该种方法多用于干型、半干型黄酒，如绍兴的加饭酒、元红黄酒。

（3）喂饭法。按这种方法酿酒时，米饭不是一次性加入，而是分批加入，经过多次发酵酿造的黄酒。一般为3次喂饭（投料），也有4次喂饭。该方法的特点是分批多次喂饭，发酵持续保持旺盛状态，酿成的酒苦味减少，酒质醇厚，而且出酒率比较高。浙江嘉兴和福建红曲黄酒多采用此办法。

（4）摊喂结合法。摊喂结合法即在同一种酒品中，采用摊饭和喂饭结合的方法进行生产，如浙江的寿生酒、乌衣红曲酒等。

（5）新工艺黄酒生产法。在传统工艺的基础上，经过改进和创新，从浸米、蒸饭、摊凉、发酵、压榨、包装到物料输送等整个系统采用机械化、管道化生产，在糖化发酵上采用纯菌种或纯混菌种相结合的方法，工艺上摊、淋、喂相结合，调控方面有的还采用计算机技术，用这种方法生产出来的酒成为新工艺黄酒，质量稳定，批量较大。这种机械化、自动化大生产，是黄酒工业发展的方向。

（三）按黄酒的含糖量划分

（1）干黄酒。干黄酒的含糖量小于 1 克/100 毫升（以葡萄糖计），如元红酒。

（2）半干黄酒。半干黄酒的含糖量在 1%～3%。我国大多数出口黄酒均属于此种类型。

（3）半甜型黄酒。半甜型黄酒含糖量在 3%～10%，是黄酒中的珍品。

（4）甜黄酒。甜黄酒含糖量在 10～20 克/100 毫升，由于加入了米白酒，酒度也比较高。

（5）浓甜黄酒。浓甜黄酒含糖量大于或等于 20 克/100 毫升。

三、黄酒的特点

黄酒的种类虽然很多，但具有共同的特点：

（1）黄酒皆是以粮食为原料酿成的发酵原酒。

（2）黄酒酒药中常配加中草药，使之具有独特的风味。

（3）具有浓郁的曲味和曲香。

（4）黄酒酿造过程中，淀粉糖化、酒精发酵、成酸、成酯作用等生化反应同时交互进行，低温发酵酿造，酒精发酵的全部生成物构成了黄酒特有的色、香、味、体，酒度较低，一般在 15°～20°。

（5）成品黄酒都用煎煮法灭菌，用陶坛盛装，既可直接饮用，也便于久藏。另外，酒坛用无菌荷叶和笋壳封口，并用糠和黏土等混合加封泥头，封口既严，又便于开启，酒液在陶坛中进行后熟，越陈越香。

（6）黄酒是原汁酒类，有少量沉淀。

四、主要黄酒品种

（一）绍兴酒

1. 历史

绍兴酒是我国黄酒中最古老的品种，因产于浙江绍兴而得名。由于久存而芳香，故又名"老酒"，取古越鉴湖之水酿制，别号"鉴湖名酒"。

根据《吕氏春秋》记载："越王之栖于会稽也，有酒投江，民饮其流而战气百倍。"记载说明在 2400 多年前的绍兴地方已能造酒，也证明我国是黄酒鼻祖。南朝《金缕子》

中说："银瓯一枚，贮山阴甜酒，时复进之。"宋代的《北山酒经》中也认为："东浦（绍兴市西北10余里的村名）酒最良。"到了清代，有关黄酒的记载就更多了。20世纪30年代，绍兴市内有酒坊2000余家，年产酒6万多吨，产品畅销国内外，在国际上享有盛誉。新中国成立以来，在历届全国评比中，绍兴酒一直位于名酒之列。

2. 特点

绍兴酒色泽橙黄清亮，滋味醇厚甘鲜，香气馥郁芬芳，是中国酒中的佼佼者。据科学分析：绍兴酒每升含热量在1299～2546卡路里，酒中含有21种氨基酸、多种维生素和糖类等，尤其是有助于人体发育的赖氨基酸含量每升高达1.25毫克，总含量比啤酒、葡萄酒等高一倍至数倍，以葡萄糖为主的各种糖类有八九种，以琥珀酸为主的有机酸9～10种，还有维生素等，这便组成了绍兴酒独有的风味和丰富营养。酒精含量为15°～20°，刺激性小，适量常饮有促进食欲、舒筋活血、生津补血、解除疲劳之功效。黄酒用于制药，能使药性移行于酒内而增加疗效，补身养颜。

3. 生产

酿造绍兴酒的糯米为硬糯，米色洁白，颗粒饱满，气味良好，不含杂米粒。酿酒采用鉴湖之水。鉴湖之水来自群山深谷，经过砂面岩土的净化作用，并含有一定适于酿造微生物繁殖的矿物质，从而使酿造出的黄酒鲜甜醇厚。酒药为糖化发酵菌制剂，并配有蓼草及多种药料，除能供菌类以生长素外，对酿酒风味有明显的影响。酿造绍兴酒的糖化剂是麦曲，用曲量高达原料糯米的15.5%。

生产绍兴酒的方法是先生产淋饭酒，再用淋饭酒作为生产摊饭酒的酒母。

淋饭酒的生产过程是经过筛选的糯米，用鉴湖水浸泡后蒸煮，再用冷水淋凉米饭，落缸用酒药糖化、发酵生产而成（见图4-1）。

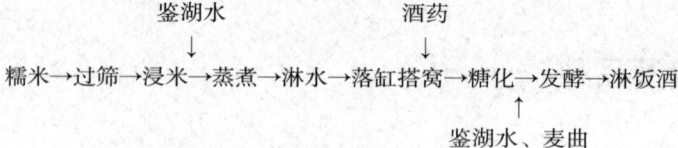

图4-1 淋饭酒的生产过程

摊饭酒是绍兴酒的成品酒，是以摊凉米饭的方法生产而得名，品种很多，以元红酒产量最大、销量最广。其生产过程是将精白糯米用鉴湖水浸泡16～20天，取出米浆，将米蒸成饭，冷却后配加定量的鉴湖水、浆水、麦曲和酒母落缸，进行糖化、发酵，约60天成酒，再经压榨、澄清、杀菌和装坛而成。为了保证绍兴酒的质量，装坛前必须进行 80℃ ～ 92℃ 的高温蒸汽杀菌处理，装酒的酒坛用荷叶、竹壳和黏土严密封口。

4. 主要品种

（1）元红酒：俗称状元红酒，酒液呈琥珀色，或橙黄而透明，香气是绍兴酒特有的酯香，口味甘润鲜美而爽口，酒度为 15°，含糖量为 0.2% ～ 0.5%，无辛辣酸涩等异味。

（2）加饭酒：加饭酒是加料的摊饭酒，即在酿造时用糯米的数量较多，一般加入糯米的数量比元红酒增加 10% 以上，因而取名加饭酒。加饭酒的酿造发酵期长达 80 ～ 90 天，酒质优美，风味醇厚，酒度为 16.5° 左右，糖度为 1%，宜于久存，是绍兴酒中的上等品。

（3）善酿酒：善酿酒是用已储存 1 ～ 3 年的陈元红酒代水落缸酿成的双套酒。这种酒色呈深黄色，香气浓郁，酒质醇厚，饮时满口芳馥，鲜甜味突出，酒度为 13.5° ～ 16.5°，含糖量 8% 左右，总酸为 0.5 ～ 0.55 克/100 毫升。此酒为绍兴黄酒的高档品种。善酿酒是半甜型黄酒的典型代表。

（4）香雪酒：香雪酒也被称为"封缸酒"，因酒糟色如雪，故称香雪酒。以陈年酒糟烧代水用淋饭法酿制而成，也是一种双套酒。酒液淡黄清亮，芳香优雅，味醇浓香。酒度为 17.5° ～ 19.5°，含糖量为 10 ～ 23 克/100 毫升，总酸在 0.4 克/100 毫升以下。此酒是甜型黄酒的典型代表。

（5）花雕酒：加饭酒经陈年储存即为花雕酒。因酒坛外雕绘有我国民族风格的彩图，故取名为"花雕酒"或"元年花雕"。按浙江当地风俗，民间生女之年要酿酒数坛，泥封窖藏，待女儿长大出嫁之日取出饮用，即是花雕中著名的"女儿红"（见图 4-2）。

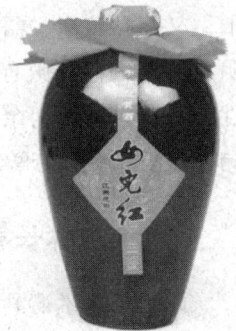

图4-2　女儿红

除上述几种名品以外，绍兴酒中还有花雕酒、鲜酿酒、竹叶青和各种花色酒品。

（二）无锡老廒黄酒

无锡老廒黄酒以糯米为原料，用摊饭法酿造，制造过程与绍兴酒不同，采取分批培育酵母和前发酵。由于所用的浆水要经过充分煎熬杀菌后再投入生产，故称为"老廒黄酒"，成品酒通常要储存 1 ～ 3 年，酒液橙黄而透明，酒度在 15° 以上。

（三）福州红曲黄酒

福州红曲黄酒是用红曲酿造的黄酒，在东南沿海地区十分著名，它使用精度为 90%

的糯米，要求严格，米粒不得混有青、红、黑等杂色，所用红曲呈红褐色，有特殊香气。著名的福建老酒呈褐黄色，酒度为14.5°~17°，含糖量为4.5%~7%，这是福建的传统产品，是福建红曲黄酒中有名的"老酒"。红曲酒呈黄褐色，清亮透明，具有红曲酒的芳香，入口醇和、纯正、无苦涩味，酒度为15°以上，糖分在3%以上。

（四）浙江红曲黄酒

浙江红曲黄酒与福州红曲黄酒不同，它的酒曲主要是乌衣红曲和黄衣红曲。乌衣红曲呈黑褐色，出酒率高于黄衣红曲，但黄衣红曲成品酒风味较好，酿酒时有时单独使用，有时混合使用。乌衣、黄衣红曲酒的成酒酒度较高，是温州地区有名的高级黄酒。

（五）山东即墨黄酒

山东即墨黄酒，又称即墨老酒，是北方黍米黄酒的典型代表，采用崂山泉水为酿造水，水质优异，酒质良好，是北方产销量最大的黄酒。相传即墨老酒在1074年以前就奠定了酿造基础，运用"古遗六法"的传统操作方法为工艺基础。主要生产原料是黍米，又称黏黄米、糯小米，所用麦曲的糖化菌为黑曲霉和黄曲霉。即墨老酒酒液清亮透明，呈黑褐色，微有沉淀，久放不混浊，酒香浓郁，具有焦糜的特殊香气，入口醇香，甘爽适口，微苦而余香不绝，回味悠长。酒度为12°左右，含糖量为8%左右，经长期储存后酒味更加芳醇。此酒富含营养，与中药配合使用，可以增强疗效。

（六）吉林长春清酒

此酒是大米清酒，酒色呈淡黄色，澄清透明，有光泽，口味清秀纯净，具有清酒独特的风味，酒度为16°左右。

五、黄酒的饮用

（1）冬饮。黄酒饮用时一般要温酒。古代人饮用黄酒时通常用燋斗，燋斗呈三足带柄状，温酒时在燋斗下用火加热，便可使酒温好，然后斟入杯中饮用。温酒还有一种方法，即注碗烫酒。明朝以后，人们习惯于用锡制的小酒壶放在盛热水的器皿里烫酒，这种方法一直沿用至今。现在由于宾馆酒店的设施原因，加上黄酒大多改用玻璃瓶装，温酒过程相对简单多了，一般只需要将酒瓶直接放入盛热水的酒桶里温烫即可。

（2）夏饮。在中国香港和日本，流行加冰后饮用。夏天在甜黄酒中加冰块或冰冻苏打水，不仅可以降低酒度，而且清凉爽口。方法：在玻璃杯中加一些冰块，再注入少量的黄酒，最后加水稀释饮用。也可以放一片柠檬在杯内。

（3）佐餐。饮用黄酒时如果菜肴搭配得当，则更可领略黄酒的独特风味，以绍兴酒为例：干型的元红酒宜配蔬菜类、海蜇皮等冷盘；半干型的加饭酒宜配肉类、大闸蟹；半甜型的善酿酒宜配鸡鸭类；甜型的香雪酒宜配甜菜类。

六、黄酒的保管

黄酒属于原汁酒类，一般酒精含量较低，越陈越香是黄酒最显著的特点，但如果储藏与保管不当，将会导致黄酒腐败变质。因此，储藏保存黄酒既要防止损耗变质，又要尽可能创造促进其质量提高的有利条件。黄酒的储存有以下几方面的要求。

图4-3 黄酒酒窖

（1）酒宜储藏在地下酒窖（见图4-3）。

（2）黄酒最适宜的储藏条件是环境凉爽，温度变化不大，一般在20℃以下，相对湿度为60%~70%。但是，黄酒储存并不是温度越低越好，如果低于-5℃，黄酒就会有受冻、变质和结冻破坛的可能，所以黄酒不宜露天存放，尤其在北方地区。

（3）堆放平稳，酒坛、酒箱堆放高度一般不得超过4层。每年夏天应倒坛1次，以使上下酒坛内的酒质保持一致。

（4）酒不宜与其他异味物品或食品同库存储。坛头破碎或瓶口漏气的酒坛酒瓶必须立即出库，不宜继续放在库中储存。

（5）黄酒储存不宜经常受到震动，不能有强烈光线照射。

（6）不可用金属器皿储存黄酒。

第二节 啤 酒

啤酒营养丰富，含有17种人体所需的氨基酸和12种维生素。它不但含有原料谷物中的营养成分，而且经过糖化、发酵以后，营养价值还有所增加。据测算，一升普通的啤酒能产生大约425千卡的热量，相当于5~6个鸡蛋、500克瘦肉、250克面包或800毫升牛奶所产生的热量，因此，啤酒又有"液体面包"的美称。

一、啤酒的历史

啤酒是世界上最古老的含酒精饮料之一,大约五六千年前人类就可能已经开始酿造啤酒了。古巴比伦(前4200～前3500年)已经懂谷物的栽培,而用燕麦(小麦的祖先)和大麦极可能生产啤酒,不过目前还没找到任何证据予以证实。

和葡萄酒一样,啤酒也是大自然留给人类的物质遗产。据说那时候用麦芽煮粥,吃不完的倒在外面,经过自然发酵,结果产生芳香的液体,喝起来有一种形容不出的感觉和好心情,也许这就是人类与啤酒接触的开始。

公元前3000年,现伊朗附近的闪米人把啤酒的制作方法刻在黏土板上,奉献给农耕女神,这一纪录至今还保留着。根据记载考证,当时以麦芽粉发酵制酒的过程是十分明显的。

古巴比伦是文明的发祥地之一,啤酒盛行时,除了做饮料食品外,也用它当药,甚至还作为货币流通。古埃及人也喝啤酒,他们在莎草纸上留下了关于啤酒生产的记录,金字塔背面制作啤酒的浮雕流传至今。当时的麦芽完全依靠进口,可能是从小亚细亚甚至遥远的美索不达米亚地区进口,麦芽的重要性得到了很好的认识。当时,除了饮用的啤酒外,还出现了作为药用和美容的特种啤酒。

啤酒的酿造方法首先在南部欧洲流传,罗马人大举入侵欧洲之前,啤酒的酿造方法就可能通过德国、法国流传到英国。到中世纪,欧洲领主或修道院已经拥有大规模的酿造场,利用燕麦、大麦、小麦,借助各自独特的酿造方法生产啤酒。

12世纪,正式采用啤酒花(蛇麻草)的德国啤酒诞生了,这种啤酒喝起来清凉爽口,有一种芬芳的苦味。有啤酒花之后才有啤酒的诞生,世界各地的啤酒几乎都不能缺少它,所以,有人称啤酒花是啤酒的灵魂。

蛇麻草啤酒是用谷物经发酵并加啤酒花调香的饮料,其中以大麦为原料所生产的啤酒效果最佳。20世纪70年代以前,捷克斯洛伐克、德国和比利时等国家在啤酒酿造方面居于世界领先地位。20世纪70年代,许多国家对啤酒的兴趣开始改变,啤酒的生产和消费也随着交通的发展、市场的变化而创新工艺,如荷兰、丹麦、英国、美国等国家,都不愿墨守成规,开始对传统的啤酒生产加以改进。

二、啤酒的主要成分

啤酒包括所有的啤酒类饮料,如爱尔(Ale)、司都特(Stout)和拉戈(Lager)。现在啤酒正确的定义是指任何用啤酒花调香的酿制饮料,其生产原料是谷物,包括大麦、小麦、玉米、黑麦、稻谷等作物。除了谷物外,啤酒的成分还有水、酒花、酵母、糖、澄清剂等。啤酒成分十分复杂,主要是水,在酒精含量为4%的啤酒中,水占90%左右。具体成分与比例如下:水89%~91%;酒精4%~8.5%;碳水化合物4%~5%;蛋白质0.2%~0.4%;二氧化碳0.3%~0.45%;矿物质0.2%左右。

三、啤酒的原料与生产

(一)啤酒的主要原材料

啤酒的主要原材料有四大类,即可发酵谷物、酵母、水和啤酒花。酿酒原料以大麦为主,麦芽是啤酒的核心,啤酒花是啤酒的灵魂,它形成了啤酒特有的清新的苦味。

大麦是酿造啤酒的主要材料。大麦的选用很有讲究,一般要求颗粒肥大、淀粉丰富、发芽力越强越好,通常选用2棱或6棱大麦。大麦淀粉含量越多越好,但蛋白质含量不宜太高,一般在8%~12%为宜,蛋白质过高会降低啤酒的稳定性,过低则会引起发酵不良。

啤酒花是啤酒生产中不可缺少的重要原料,它是一种多年生缠绕草本植物(见图4-4)。植物分类属桑科,葎属,该植物型小,雌雄异株,

图4-4 啤酒花

酿造啤酒是用雌花。原产于欧洲及亚洲西部,我国新疆北部有野生的,东北、华北和山东等地有栽培。啤酒花能给予啤酒以特殊的香气和爽口的苦味,增加啤酒泡沫的持久性,抑制杂菌的繁殖,同时使啤酒具有健胃、利尿、镇静等医药效果。啤酒花具有这些功能,主要是因为啤酒花脂腺含有苦味质、单宁及酒花油。苦味质可防止啤酒酒液中腐败菌的繁殖,还能杀死啤酒制作发酵过程中产生的乳酸菌和酪酸菌。

啤酒发酵时使用专用啤酒酵母,分上发酵和下发酵两种发酵方法。上发酵时产生的二氧化碳和泡沫将酵母浮漂于酒液表面,最适宜的发酵温度为10℃~25℃,发酵期为5~7天;下发酵时酵母悬浮于发酵液中,发酵终了凝聚而沉于酒液底部,发酵温度是5℃~10℃,发酵期为6~12天。

啤酒用水相对于其他酿造酒类来说要求高很多，特别是用于制麦芽和糖化的水与啤酒质量密切相关。酿造啤酒用水量很大，对水的要求是不含有妨碍糖化、发酵以及有害于色、香、味的物质，为此，很多酒厂通常采用100米以下的深井水，如无深井，则用离子交换剂和电渗析方法对用水进行处理。

（二）啤酒的生产过程

啤酒的生产过程如图4-5所示。

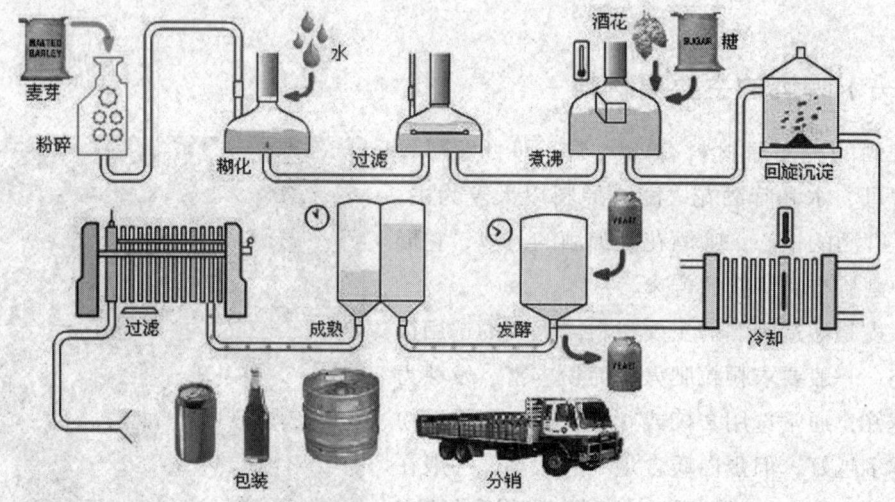

图4-5　啤酒的生产过程

（1）选麦。精选优质大麦，按颗粒大小分别清洗干净，然后在槽中浸泡3天，送发芽室，低温潮湿的空气中发芽1周，再将嫩芽风干24小时。这样大麦芽就具备了啤酒所必备的颜色和风味。

（2）制浆。将风干的麦芽磨碎，加入适当温度的水，制成麦芽浆。

（3）煮浆。将麦芽浆送进糖化槽，加入米淀粉煮成的糊，加温，这时麦芽酵素充分发挥作用，把淀粉转化为糖，产生麦芽糖般的汁液，过滤后，加入啤酒花煮沸，提炼出芳香和苦味。

（4）冷却。经过煮沸的麦芽浆冷却至5℃，然后加入酵母进行发酵。

（5）发酵。麦芽浆在发酵槽经过8天左右的发酵，大部分的糖和酒精被二氧化碳分解，生涩的啤酒诞生。

（6）陈酿。经过发酵的生涩啤酒被送进调节罐中低温陈酿两个月，陈酿期间，啤酒慢慢成熟，二氧化碳逐渐溶解成调和的味道和芳香，渣滓沉淀，酒色开始变得透明。

（7）过滤。成熟后的啤酒经过离心器去除杂质，使酒色呈透明琥珀色，这就是生啤酒。然后，在酒液中注入二氧化碳或少量的浓糖进行二次发酵。

（8）杀菌。酒液装入消毒、杀菌的瓶中，进行高温杀菌，使酵母停止作用，这样瓶中酒液便能耐久储存。

（9）包装销售。装瓶或装桶的啤酒经过最后的检查，便可贴上标签，包装销售。一般使用听装、瓶装和桶装三种。

四、啤酒的分类

（一）按照颜色分类

（1）淡色啤酒。淡色啤酒（Pale Beers）的色度在 5～14 EBC 单位，酒花香味突出，是啤酒中产量最大的一种。淡色啤酒又分为淡黄色啤酒、金黄色啤酒。淡黄色啤酒口味清爽，金黄色啤酒口味清爽而醇和。

（2）浓色啤酒。浓色啤酒（Brown Beers）的色度在 15～40 EBC 单位，麦芽香味突出，口味醇厚，啤酒花苦味较轻。

（3）黑啤酒。黑啤酒（Dark Beers）的色度大于 40 EBC 单位，色泽呈深红褐色乃至黑褐色，是产量较低的一种啤酒。度数一般在 8.5°。麦芽香味突出，口味醇厚，泡沫细腻，其苦味根据产品类型而有较大差异。

（二）根据传统发酵工艺和酵母性质分类

啤酒的种类很多，口味也不一样，一方面是因为所使用的酿酒原料和酵母有所不同；另一方面还因为酿造方法不一样，如前所述，啤酒的酿造方法有上发酵和下发酵两种。

1. 上发酵

上发酵是指在发酵过程中酵母上浮，发酵温度较高，同时因发酵过程中掺进了烧焦的麦芽，所产啤酒色泽较深，酒精含量也较高。这一类产品主要有以下几种。

（1）爱尔（Ale）。这是英式上发酵啤酒的总称，一般用焙烤过的麦芽和其他麦芽类的原料制成，酒体完满充实，品质浓厚，口味较苦，二氧化碳含量较低。酒精含量为 4.5%。

（2）淡爱尔（Mild Ale）。这是一种典型的英式生啤酒，流行于英国中部和西南部地区。淡爱尔啤酒通常呈深棕色，带有焦糖味。根据英国的酿制标准，淡爱尔啤酒中只加入少量的啤酒花，酒精含量为 2.5%～3.5%，宜在室温或窖温状态下饮用。

（3）苦爱尔（Bitter Ale）。这是英国十分流行的生啤酒，酒液呈明显的黄铜色，在酿制过程中使用大量的啤酒花调香，因此酒液中苦味有时很浓，酒体完美并带有麦芽味，二氧化碳的含量很低。苦爱尔酒精含量在3%~5.5%，饮用温度与淡爱尔一样。

（4）司都特（Stout）。属于深色麦酒，是麦芽味较重的黑啤酒，但比较甜，啤酒花十分丰富，酒体较重。苦司都特（Bitter Stout）是爱尔兰生产的一种非常著名的啤酒，它的主要生产者是世界著名的吉尼斯酿酒公司（Guinness Brewery），目前"吉尼斯"已被用作苦司都特啤酒的酒名，并像商标一样受到保护。这种啤酒味感鲜明，与同类啤酒相比苦味更重，酒精含量在4%~7%，在室温下饮用能充分体现其品位，夏季可以冰镇后饮用，也可以兑入香槟饮用。此外，还有奶味甜司都特和酒精含量很高的老式司都特啤酒。

2. 下发酵

下发酵是目前世界各国广泛采用的一种啤酒酿制法。啤酒酿造过程中温度较低，发酵后期酵母沉淀，因而生产出的啤酒呈金色，口味较重，富有啤酒花香味。主要品种有以下几种。

（1）拉戈（Lager）。又称淡啤酒，是所有下发酵啤酒的总称，酒质清淡，富有气泡，其生产原料为麦芽，有时会加上玉米和稻米，再加上啤酒花和水，发酵结束后经过陈酿和沉淀，再经过碳化就完成了，其酒精含量为4%。日本啤酒、美国的淡色啤酒和德国的卢云堡啤酒，苦味较淡，酒色浓郁，麦芽味重，都是采用下发酵法酿造的。

（2）包克（Bock Beer）。这是一种特殊酿制的浓质啤酒，许多国家生产的包克啤酒呈深棕色，而德国生产的包克啤酒色泽却较淡。这类啤酒酒体较重，比一般的啤酒甜，其生产季节性很强，通常于每年5月至秋季生产，一旦产出便很快上市消费，不能长久保存。包克啤酒的酒精含量一般低于6%，通常在室温下饮用或根据消费者的需要略加冰镇后饮用。

五、世界著名啤酒品牌与产地

（1）德国。德国是世界啤酒生产与消费的主要国家之一，拥有1500家啤酒厂，其中2/3集中在巴伐利亚地区，因此该地有"德国啤酒库"之誉。德国啤酒有5000多个品种，依照酒液中麦汁浓度的含量分为2%~5%、8%、11%~14%、16%4种。其中浓度为11%~14%的产量最多，约占总产量的98%。德国多生产下发酵的淡型啤酒，酒精含量为5%左右，最著名的产品有卢云堡。另外，冬季和夏季还生产包克啤酒，酒精含量高达13%，但寿命很短。慕尼黑（Munchen）啤酒是德国慕尼黑地区生产的优质啤酒，该啤酒轻快爽适，有浓郁的焦麦芽香味，口味微苦。

（2）捷克和斯洛伐克。捷克和斯洛伐克以生产比尔森那（Pilsener）啤酒而闻名于世。该酒圆润柔和，口味清淡，酒精含量为5%，产品一般要在橡木桶中成熟。

（3）丹麦。丹麦啤酒生产始于15世纪，历史虽短，但对世界啤酒界的影响很大。嘉士伯（Carlsberg）和特波（Tuborg）是丹麦著名的啤酒。

（4）荷兰。荷兰是世界著名啤酒喜力（Heiniken）的产地，喜力啤酒公司自15世纪以来就拥有传统的啤酒，产量居世界第四位，该酒出口外销量很大，并在50多个国家设有分厂，同时在荷兰占有全国啤酒销量的60%。

（5）美国。美国是北美著名的啤酒产地，有百威（Budweiser）、安德克（Andeker）、奥林匹亚（Olympia）和库斯（Coors）啤酒等。

（6）中国。中国是世界啤酒生产和消费大国，啤酒品种很多，著名的有青岛啤酒、上海啤酒、丰收牌北京啤酒、五星啤酒和白云啤酒等。青岛啤酒采用大麦为原料，用自制酒花调香，并取崂山矿泉水两次糖化，低温发酵而成。青岛啤酒酒味醇正，酒液清澈明亮，泡沫洁白细腻，酒精含量为3.5%左右。另外，中国各地区城市都有自己的地产啤酒，品种繁多，很多著名国际品牌的啤酒在中国也有生产基地。

六、啤酒的储存与服务

（一）啤酒储藏要求

啤酒是酿造酒品，稳定性较差，如果储存和保管方法不当，质量将会受到影响。啤酒的储藏有以下几个方面的要求。

（1）酒库清洁卫生，干燥，无杂物。

（2）保持阴凉，无阳光直射，否则会刺激其加速降低稳定性而产生氧化混浊现象。

（3）严格控制储藏温度，鲜啤酒在10℃以下，熟啤酒在10℃~25℃，最好在16℃左右。

（4）鲜啤酒保质期为5~7天，熟啤酒为60~120天，储存日期从生产之日算起。

（5）保证啤酒先进先出和合理堆放。

（二）服务要求

啤酒因酒液中含有大量的二氧化碳气体，口味卓绝，泡沫丰富，对服务要求较高。

（1）杯具要求。用于啤酒饮用的杯具种类较多，但自啤酒酿制销售起至今仍被十分推崇的啤酒杯是0.5~1升的带把大玻璃直筒杯，英语称其为"Beer Mug"（大啤酒杯）。现在很多酒吧也使用各种无把平底大容量啤酒杯，有多种形状，容量为8~16盎司。啤酒杯一般情况下要求清洁卫生，用专用玻璃清洁剂洗涤，不洁的杯具会使啤酒平淡寡味，气泡黏杯。此外，使用前最好轻度冷冻一下，以保持啤酒的饮用温度。

（2）温度要求。啤酒适宜低温饮用，一般饮用前要进行冷藏，温度3℃~5℃，正常饮用温度4℃~7℃，特别是鲜啤酒，温度过高就会失去独特的风味。但啤酒的温度不宜过低，温度过低会使啤酒平淡无味失去泡沫，饮用温度过高则会产生过多的泡沫，甚至苦味太浓。

（3）斟酒技巧。斟倒前不能晃动瓶身，避免产生泡沫。沿杯壁缓缓斟倒至杯中，通常啤酒泡沫在杯沿下1.5~2厘米。应注意使用新杯具为客人添酒，以保证啤酒应有的口味。

七、啤酒的饮用

啤酒不宜细饮慢酌，否则酒在口中升温会加重苦味。因此，饮啤酒的方法有别于饮烈性酒，宜大口饮用，这样可以使酒液与口腔充分接触，以便品尝啤酒的独特味道。而且，不要在尚有喝剩啤酒的杯内倒入新开瓶的啤酒，这样会破坏新啤酒的味道，最好的办法是喝干之后再倒。

第三节 清 酒

清酒是用大米酿制的一种粮食酒，它与我国黄酒是同一类型的低度米酒，制作方法也相似，先用熟米饭制曲，加米饭和水发酵，制出原酒，然后经过滤、杀菌、储存、勾兑等一系列工序酿制而成。不过日本清酒比中国的糯米酒度数高，最高可达到18°。

一、日本清酒

日本清酒是借鉴中国黄酒的酿造法而发展起来的日本国酒。1000多年来，清酒一直是日本人最常喝的饮料酒。据中国史料记载，古时候日本只有浊酒没有清酒，后来有人在浊酒中加入石炭使混浊物质沉淀，取其清澈的酒液饮用，于是便有了清酒之名。14世纪，日本的酿酒技术已成熟。现今的日本社会受西化影响，啤酒、葡萄酒、白兰地等洋酒逐渐占领市场，清酒的市场份额已逐渐缩小。

（一）日本清酒的特点

日本清酒的制作工艺十分考究。精选的大米要经过磨皮，使大米精白，浸渍时吸收水分快，而且容易蒸熟；发酵时分成前后发酵两个阶段；杀菌处理在装瓶前后各进行一次，以确保酒的保质期；勾兑酒液时注重规格和标准。日本全国有大小清酒酿造厂 2000 余家，其中著名的清酒厂多集中在关东的神户和京都附近。

清酒色泽呈淡黄色或无色，清亮透明，具有独特的清酒香，口味酸度小，微苦，绵柔爽口，其酸、甜、苦、辣、涩味协调，酒度在 16° 左右，含多种氨基酸、维生素，是营养丰富的饮料酒。清酒的味道有甘、辛之分，甘口清酒酒味清爽甘冽、淡香怡人；辛口清酒酒香浓郁、余味绵长。

若以水的性质区分，日本清酒有两种代表，一种是用"硬水"制成的滩酒，俗称"男人的酒"，如日本盛、白雪、白鹤等；另一种是用"软水"酿造的京都伏见酒，称为"女人的酒"，如月桂冠。

（二）日本清酒的分类

（1）按制作方法分类

①纯米酿造酒：纯米酿造酒即为纯米酒，仅以米、米曲和水为原料，不外加食用酒精。此类产品多数供外销。

②普通酿造酒：普通酿造酒属低档的大众清酒，是在原酒液中兑入较多的食用酒精，即 1 吨原料米的醪液添加 100％的酒精 120 升。

③增酿造酒：增酿造酒是一种浓而甜的清酒。在勾兑时添加了食用酒精、糖类、酸类、氨基酸、盐类等原料调制而成。

④本酿造酒：本酿造酒属中档清酒，食用酒精加入量低于普通酿造酒。

⑤吟酿造酒：吟酿造酒要求所用原料的精米率在 60％以下。日本酿造清酒很讲究糙米的精白程度，以精米率来衡量精白度，精白度越高，精米率就越低。精白后的米吸水快，容易蒸熟、糊化，有利于提高酒的质量。吟酿造酒被誉为"清酒之王"。

（2）按口味分类

①甜口酒：甜口酒为含糖分较多、酸度较低的酒。

②辣口酒：辣口酒为含糖分少、酸度较高的酒。

③浓醇酒：浓醇酒为含浸出物及糖分多、口味浓厚的酒。

④淡丽酒：淡丽酒为含浸出物及糖分少而爽口的酒。

⑤高酸味酒：高酸味酒是以酸度高、酸味大为特征的酒。

⑥原酒：原酒是制成后不加水稀释的清酒。

⑦市售酒：市售酒指原酒加水稀释后装瓶出售的酒。

（3）按储存期分类

①新酒：新酒是指压滤后未过夏的清酒。

②老酒：老酒是指储存过一个夏季的清酒。

③老陈酒：老陈酒是指储存过两个夏季的清酒。

④秘藏酒：秘藏酒是指酒龄为5年以上的清酒。

（4）按酒税法规定的级别分类

①特级清酒：品质优良，酒精含量16%以上，原浸出物浓度在30%以上。

②一级清酒：品质较优，酒精含量16%以上，原浸出物浓度在29%以上。

③二级清酒：品质一般，酒精含量15%以上，原浸出物浓度在26.5%以上。

（三）日本清酒的品牌

清酒的品牌很多，命名方法各异，一般是以人名、动物、植物、名胜及酿造方法取名。质量最优秀的是大关、日本盛、月桂冠、白雪、白鹿及白鹤清酒等（见图4-6）。

（1）大关。大关清酒在日本已有将近300年的历史，是日本清酒颇具历史的领导品牌。"大关"的名称源自日本传统的相扑运动：日本各地最勇猛的力士，每年都会聚集在一起进行摔跤比赛，优胜的选手会被赋予"大关"的头衔。大关的品名在1939年第一次被采用，作为特殊的清酒等级名称。

（2）日本盛。酿造日本盛清酒的西宫酒造株式会社在明治二十二年（1889年）创立于日本兵库县，是著名的神户滩五乡中的西宫乡，为使品牌名称与酿造厂一致，于2000年更名为日本盛株式会社。日本盛清酒的口味介于月桂冠（甜）与大关（辛）之间。日本盛的原料米采用日本最著名的山田锦，使用的水为宫水（硬水），其酒品特质为不易变色，口味淡雅甘醇。

图4-6 日本清酒

（3）月桂冠。月桂冠的最初商号名称为笠置屋，成立于宽永十四年（1637年），至今已有380年的历史，当时的酒品名称为玉之泉，其所选用的原料米也是山田锦，水质属软水的"伏水"，酿出的酒香醇淡雅。明治三十八年（1905年），在日本的竞酒比赛中，优胜者可以获得象征最高荣誉的桂冠，为了冀望能赢得象征清酒的最高荣誉——桂冠，该酒的酒商采用了"月桂冠"这个品牌名称。月桂冠在许多评鉴会中获得了荣誉，成就了其日本清酒的龙头地位。

（4）白雪。白雪清酒可以说是日本清酒最古老的品牌。白雪清酒的发源可溯至1550年，那时小西家族的祖先新佑卫门宗吾就开始酿酒。在1600年，小西家族第二代宗宅运酒至江户途中，仰望富士山时，被山顶覆盖着白雪的富士山的气势所感动，因而将酒命名为"白雪"。1963年，白雪在伊丹设立第一座四季酿造厂"富士山二号"，打破了季节的限制，使造酒不再限于冬季。白雪清酒采用兵库县心白不透明的山田锦米，酿造用的水则采用所谓硬水的宫水，其所酿出来的酒属酸性辛口酒，即使经过稀释，酒性仍然刚烈，因此被称为"男酒"。

二、韩国清酒

（一）韩国清酒的分类

韩国清酒一般可以分为"本酿造"和"纯米"两大类，酒度皆为15°～17°。"本酿造"在酿制时另外加入了酒精，而"纯米"的酒精则在发酵时产生，故分外清香。此外会以米粒的打磨程度再分等级，基本的"本酿造"和"纯米"，米粒被磨去30%后，剩余的70%用来酿酒。高一等的吟酿，是磨去米粒外层40%后才造酒。至于最高等级的大吟酿，差不多50%的米粒外层都会被磨去，加上在冬天才酿制，所采用的米也比较亮，水质较清纯，酿制时间也较长，故会散发一种自然的清香，入口分外醇美。

（二）韩国清酒的主要品牌

千年之约桑黄菇发酵酒和百岁酒这两大品牌为韩国清酒之首。目前最好的韩国清酒是千年之约桑黄菇发酵酒，口感十分纯正，饮后不会头痛和深醉。真澄本酿造生酒，入口很干，但清醇，适宜冷藏到7℃～12℃才饮用。开华吟酿生酒则较温和易入口，味道较清新。越誉吟酿生酒和千代寿纯米吟酿，清新且带有淡淡果香，可以用来配烧烤的海产。一纯米生酒、贺茂泉纯米吟酿及七笑吟酿，都属于浓郁醇厚一类。

三、清酒的饮用与服务要求

（1）作为佐餐酒或餐后酒。

（2）使用褐色或紫色玻璃杯，也可以用浅平碗或小陶瓷杯。

（3）可常温饮用，以16℃左右为宜，也可以加温至40℃～50℃温热饮用。

（4）清酒是一种多用途的饮料，可以冷藏后饮用或加冰块和柠檬饮用。

（5）在调制马提尼酒时，清酒可以作为干味美思的替代品，被称为 Sakeni。

（6）清酒在开瓶后应存放在低温黑暗的地方，可以放在冰箱里，并于6周内饮用完。

 **复习与思考**

一、填空题

1. 黄酒是以_____为原料，经过_____，通过酒药、曲和浆水中不同种类的_____、_____和_____的共同作用，酿成的一种低度压榨酒。

2. 生产啤酒的主要原材料有四大类，即_____、_____、_____和_____。

二、简答题

1. 以谷物为原料生产的酿造酒有哪几类？
2. 黄酒的保管与服务应注意的事项有哪些？
3. 请分别介绍5种受消费者欢迎的外国著名啤酒和5种中国著名啤酒。
4. 简述清酒的饮用与服务要求。

三、实践题

利用周末组织学生参观当地啤酒厂，实地考察啤酒生产，请厂家介绍啤酒的生产工艺和特点。

蒸馏酒PPT

第五章 蒸馏酒

学习目的意义　　了解中国白酒、白兰地、威士忌、伏特加等蒸馏酒的历史、酿造原理、种类及其特点，着重介绍世界著名品牌，从而有助于拓宽学生知识面，激发学生研究蒸馏酒的热情和兴趣，提高学生的鉴赏能力和人文素养。

本章内容概述　　本章内容涵盖了蒸馏酒概述、中国白酒、白兰地、威士忌及其他蒸馏酒的历史、产地、生产、特点等。着重介绍了世界著名品牌及蒸馏酒饮用、服务、鉴赏和储藏的相关知识，贴近实际。

学习目标

方法能力目标

掌握蒸馏酒的基本原理，掌握中国白酒、白兰地、威士忌、朗姆、特基拉、威士忌和金酒的主要品种、产地、历史及品牌。

专业能力目标

通过本章的学习，能够以更专业的眼光投入到知识和技能的提升中去，熟悉不同种类蒸馏酒使用的不同杯具，以及不同的饮用、品鉴和服务方式。

社会能力目标

在所学专业知识的基础上，理论联系实际，学以致用，不断提高专业技能，服务企业和社会，能够胜任酒吧和餐厅的侍酒工作。

> **知识导入**
>
> **汾酒的传说**
>
> 　　汾酒是我国名酒的鼻祖，距今已有 1500 年的历史了。相传，杏花村很久以前叫杏花坞，每年初春，村里村外到处开着一树又一树的杏花，远远望去像天上的彩霞飘落人间，甚是好看。
>
> 　　农谚道："麦黄一时，杏黄一宿。"正当满树满枝的青杏透出玉黄色，即将成熟时，忽然老天爷一连下了几十天的阴雨。雨过天晴，毒花花的日头晒得本来被雨淋得胀胀的裂了水口子的黄杏"吧嗒、吧嗒"都落在地上，没出一天工夫，装筐的黄杏发热发酵，眼看就要烂掉。乡亲们急得没有法子，脸上布满了愁云。夜幕降临，忽然有一股异香在村中悠悠飘散，既非花香，又不似果香。一位农夫闻着异香推开家门，只见妻子舀了一碗水送到跟前，农夫正渴，猛喝一口，顿觉一股甘美的汁液直透心脾。这时妻子说："这是酒，不是水，是用发酵的杏子酿出来的，快请乡亲们尝尝。"众人一尝，纷纷叫好，争相效仿。从此，杏花坞有了酒坊。

第一节　蒸馏酒概述

　　蒸馏酒是通过对含酒精液体进行蒸馏而获得的可以饮用的酒精饮料，又称为烈性酒。它是利用了酒精和水之间的沸点差异生产出的高酒精含量的酒品，其种类繁多，在酒店酒水销售中占有一定比例。本章将系统地阐述蒸馏酒的生产原理和工艺，重点介绍世界五大著名蒸馏酒——白兰地、威士忌、金酒、朗姆酒、伏特加，以及中国白酒、特基拉酒等的主要生产原料、生产方法、主要产地，并对各类酒品的特点、相关品牌和饮用方法进行详细阐述。

一、蒸馏酒的发展

　　公元前 15 世纪，古希腊医师希波克拉底（Hippocrates）曾经从事过蒸馏工艺和草药与调香植物混配工艺的实践活动，古亚历山大、埃及和罗马等国在公元前也都有蒸馏活动，但不是用来蒸馏酒，而是用蒸馏的方法从植物中提取药物或香料。

　　蒸馏术是中世纪早期由阿拉伯人发明的，"酒精"（Alcohol）一词也是从阿拉伯语中演变而来的。他们将一种黑色粉末液化，变成蒸气，然后再凝固，生产出被大家闺秀用于化妆描眉的化妆品，这种被称为"阿尔科"（Alkohl）的粉末如今仍在阿拉伯国家广泛使用。阿拉伯国家信奉伊斯兰教，不准酿酒，蒸馏术逐渐传到欧洲后，得以广为使用于蒸馏烈性酒。

14世纪，蒙特利埃大学教授阿诺德·维拉努瓦（Arnaudde Vilanova）重新发现了蒸馏，并在自己的论文中首先提到了"酒精"一词。他还发明了一种新的酒品，这种酒用葡萄酒蒸馏而成，并掺入了玫瑰花叶、柠檬香精和其他香料，他的学生在论文中记录下了这一由葡萄酒蒸馏提炼烈性酒的首创。与此同时，德国、意大利等地都出现了类似的烈性酒，各种各样的烈性酒开始层出不穷。1411年，法国阿玛涅克地区开始了白兰地酒的生产。随后，意大利北部和阿尔萨斯地区也有了烈性酒的生产。中世纪以后，几乎所有的国家都开始从事蒸馏产品的生产。如今，在西方工业化国家，蒸馏产品的生产和消费都达到了前所未有的程度。

蒸馏酒在中国的历史也比较悠久，史书记载所谓"溜酒"（即蒸馏酒），唐诗也有"自到成都烧酒熟，不思身更入长安"之句，可见唐代已有蒸馏酒。法国《世界风俗·酒》载："中国酿酒，远在基督纪元前已知之。""魏曹操禁酒，人窃饮之。称清酒为圣人，浊酒为贤人，其非蒸馏酒无疑。"李时珍《本草纲目》卷二十二《谷部》云："烧（溜）酒非古法也。自元时始创其法，用浓酒和糟入甑，蒸令气上，用器承取滴露。凡酸坏之酒，皆可蒸烧。"宋代的文献记载中，"烧酒"一词出现得更为频繁，烧酒即是蒸馏烧酒。如宋代宋慈在《洗冤录》卷四记载："虺蝮伤人，……，令人口含米醋或烧酒，吮伤以吸拔其毒。""蒸酒"一词，也有人认为是指酒的蒸馏过程。如宋代洪迈《夷坚丁志》卷四《镇江酒库》记有"一酒匠因蒸酒堕入火中"。《宋史食货志》中关于"蒸酒"的记载较多。采用"蒸酒"操作而得到"大酒"，有人认为就是烧酒。北宋和南宋都实行酒的专卖，酒库大都由官府有关机构所控制。

二、蒸馏酒生产原理

蒸馏取酒是通过加热，使酒精和葡萄酒或其他含酒精液体分开，酒精的沸点比水的沸点低，蒸馏过程就是利用了两者挥发性的差别完成的。

在正常大气压条件下，水的沸点是100℃，酒精的沸点是78.3℃，当酒水混合物加热至两种温度之间时，酒精便转变成蒸气，将这种蒸气收入管道并进行冷却凝固，就会与原液体分开，如从葡萄酒中提取白兰地，从谷物酿造酒中提取威士忌等。蒸馏酒是可以通过对含酒精液体进行蒸馏取得的，蒸馏前原酒的酒精强度对蒸馏后产品的酒度影响不大，同时蒸馏原汁中的味素物质将会使蒸馏产品产生不同的味道，如梨味白兰地，就具有明显的梨子香味。

（一）烧锅式间歇蒸馏法

烧锅式间歇蒸馏法是较为传统的蒸馏方法。蒸馏液体的设备称为蒸馏器（见图

图5-1 蒸馏器

图5-2 柱馏器

5-1），其最简单的形式是蒸馏罐，包括一个罐子，盛装待加热的液汁；一个吸管，或叫蒸馏器，蒸气由管中经过进入凝结器，在此冷却转变成液体。蒸馏罐可以用火直接加热，或用蒸气加热，如要取得较纯清的蒸馏物，这种蒸馏过程必须进行两三次，直到取得理想的纯度和强度的酒精为止。使用蒸馏罐蒸馏的优点是能保持较好的酒味，但比较麻烦，第一次蒸馏时，可以取得含酒精25%的酒液；第二次蒸馏时，酒头、酒尾都去掉，只留取酒心部分，酒度在60%～70%。

目前，这种蒸馏法仍然在法国干邑和苏格兰、爱尔兰等地区的一些产地使用。

（二）连续蒸馏法

连续蒸馏法又称为"考菲蒸馏法"（Coffey），是1830年一个叫考菲的人发明的。这种蒸馏法的主要用具包括两个柱馏器（见图5-2），即长长的直线运动式精馏器和分析器。其工作原理是预先加热的酒液从顶部喷入一个圆柱形的管道分析器，在下降时，酒液与由柱馏器底部管道输入的水蒸气相遇，接触过程中水蒸气的高温使酒液中的酒精开始蒸发，通过分析器进入另一座精馏器，剩下的酒液从分析蒸馏器底部流出，气体酒精在精馏器中与输送蒸馏原汁的冷管道相遇并冷却，管中原汁也同时预热。冷却凝固的蒸馏酒酒头部分被送回蒸馏器再次蒸馏，酒心部分较为醇正，被提出装入蒸馏酒收集器里，这些酒液酒体较轻，并缺乏泛脂类、酸类和乙醛等物质，因而不像罐馏产品那样具有较好的酒香气味。

酒品蒸馏时，如果使用烧锅式间歇蒸馏，所蒸馏出来的液体酒精浓度较低，而且含有酒精以外的成分。相对而言，如果使用连续式蒸馏器，由于具备蒸馏塔，所蒸馏出的液体酒精浓度高、杂质少。若酒液本身所含有的成分较多，其风味就会变得复杂。因而必须使用木桶陈酿，以平衡其复杂风味。如果酒液中杂质含量较少，陈酿就没有必要，只需经过蒸馏就可以获得非常美味可口的酒品了。

无论是烧锅式间歇蒸馏法还是连续蒸馏法，生产烈性酒都是依据加热提出酒精原理来进行的,也可以用冷冻的方法从含酒精的液体中提取酒精,从而生产出含酒精度较高的烈性酒。其原理是这样的:水的冰点是0℃,而酒精的冰点是 –114℃,将含酒精的液体进行冷冻,其中的水会先结成冰块,取出冰块,剩下的便是高浓度的酒精。然而,这种方法貌似简单,实际生产成本却较高,因此,生产厂家基本不采用此法生产烈性酒。

三、蒸馏酒的种类

用于蒸馏烈性酒的基酒很多,因而生产出的蒸馏酒品也各不相同,主要可以分三大类,即果类蒸馏酒、谷类蒸馏酒和果杂类蒸馏酒。果类蒸馏酒通常是以葡萄酒为酒基,主要产品来自欧洲一些葡萄酒大国,如法国、意大利、德国等。谷类蒸馏酒的酒基来源广泛,蒸馏酒品种也较多,如威士忌产于苏格兰、爱尔兰、美国、加拿大等国家和地区;金酒产于荷兰、英国;伏特加产自俄罗斯、乌克兰、波兰等。果杂类蒸馏酒的酒基比较复杂,世界上有很多国家生产。

除中国白酒外,目前世界上著名的蒸馏酒有六大产品,即白兰地、威士忌、金酒、伏特加、朗姆酒和特基拉酒。

第二节 中国白酒

中国白酒的生产历史悠久,关于其起源,有多种说法,但都尚未定论。从龙山文化遗址和山东大汶口文化遗址中发现的许多酒具,如樽、高脚杯、小壶等,以及大量的文字记载,可以表明中国白酒已有4000~5000年的历史了。

中国白酒是世界著名蒸馏酒之一。与其他国家的烈性酒相比,中国白酒大多具有无色透明、洁白晶莹、馥郁纯净、余香不尽、醇厚柔绵、甘润清冽、味感丰富、酒体协调、变化无穷的特点,能够给人带来极大的欢愉和享受。

一、中国白酒的生产原料

中国白酒产地辽阔,原料多样,生产工艺有所不同。不过总体看来,中国白酒从原料到生产有以下几个特点:首先,中国白酒是以含有淀粉或糖分的物质为主要原料制成的;其次,以曲为糖化剂,糖化和发酵同时进行,即采用复式发酵法生产;最后,中国白酒是固态发酵,使用独特的蒸馏器,采用间歇蒸馏法固态蒸馏而成的。

中国白酒的主要生产原料是高粱、玉米、大米、糯米、大麦等，这些原料特点不同，酿成的酒品风味也各不相同，正如酿酒工人说的"高粱香、玉米甜、大米净、大麦冲"。

高粱是中国酿造白酒历史悠久的原料，特别是用高粱生产的大曲酒，深受中国消费者的喜爱。高粱经蒸煮后，疏松适度，熟而不黏，有利于固体发酵。高粱的皮壳含有少量单宁，经过蒸煮和发酵后，能给酒带来十分独特的风味，但如果含单宁量过多就会妨碍糖化和发酵，并给成品酒带来苦涩味。

玉米是极好的酿酒材料，因为它所含各种成分比较适宜，用玉米酿造的白酒口味醇和甜绵，我国广大地区都使用玉米作为酿酒原料。玉米蒸煮后疏松而不黏，有利于固体发酵，但是玉米的胚芽中含有较多的脂肪，发酵过程中其氧化物会使酒产生异味，使酒尾不纯净。因此，用玉米酿酒时最好将胚芽去掉。

我国南方地区常用大米来生产小曲米酒，大米质地纯净，无皮壳，蛋白质、脂肪含量也较少，有利于缓慢地进行低温发酵，用大米生产的酒也较为纯净，并带有特殊的米香。

大麦因淀粉含量低，蛋白质和脂肪含量较高，不利于酿造口味纯正的白酒，所以，酿酒工人通常用大麦作为制曲原料，而很少直接用大麦生产白酒。

甘薯酿成的酒有十分明显的薯干味。但薯干含有较多的果胶质，容易生成甲醇，因此，在使用薯干酿酒时必须对原料严格筛选，讲究工艺，以保证成品酒的纯净。

二、中国白酒的分类

中国白酒按照香型可以分为清香型、浓香型、酱香型、米香型和兼香型5种。

（1）清香型：又称汾香型，以山西杏花村汾酒为主要代表。清香型白酒酒气清香纯正，口味甘爽协调，酒味芬芳，醇厚绵软。

（2）浓香型：又称泸香型，以四川泸州老窖、五粮液、洋河大曲为代表。浓香干爽是浓香型白酒的主要特点。构成浓香型酒典型风格的主体是乙酸乙酯，这种成分含香量较高且香气突出。浓香型的酒芳香浓郁，绵柔甘洌，香味协调，入口甜，落口绵，尾净余长，这也是判断浓香型白酒酒质优劣的主要依据。在名优酒中，浓香型白酒的产量最大，四川、江苏等地酒厂所产的酒基本都是浓香型白酒。

（3）酱香型：又称茅香型，以贵州茅台酒为代表。柔润是酱香型白酒的主要特点。酱香型的白酒气香不艳，低而不淡，醇香幽雅，不浓不猛，回味悠长，倒入杯中过夜香气久留不散，且空杯比实杯还香，令人回味无穷。

（4）米香型：指以桂林三花酒为代表的一类小曲米酒，是中国历史悠久的传统酒种。米香型的酒米香清柔纯正，幽雅纯净，入口柔绵，回味怡畅，给人以朴实淳厚的感觉。

（5）兼香型：又称复香型或混合型，是指具有两种以上主体香的白酒，具有一酒多香的风格，一般均有自己独特的生产工艺。兼香型白酒之间风格相差较大，有的甚至截然不同。兼香型白酒的酿造会各采用浓香型、酱香型或汾香型白酒中的一些酿造工艺，因此兼香型白酒的闻香、口香和回味香各有不同，具有一酒多香的风格。兼香型酒以董酒、西凤酒、白沙液等为代表。

三、中国白酒主要品牌

（1）茅台酒。茅台酒被尊为"国酒"。它具有色清透明、醇香馥郁、入口柔绵、清洌甘爽、回香持久的特点，人们把茅台酒独有的香味称为"茅香"，是我国酱香型风格最完美的典型（见图5-3）。1915年，茅台酒荣获巴拿马万国博览会金奖，享誉全球；先后14次荣获国际金奖，蝉联历届国家名酒评比金奖，畅销世界各地。茅台酒产于贵州省仁怀县茅台镇茅台酒厂，采用当地优质高粱为原料，以小麦制曲，用当地矿泉水，前后经8次蒸馏、7次下窖、7次取酒，

图5-3 茅台酒

酒成后又储存3年才装瓶出厂。茅台酒具有清亮透明、醇香馥郁、入口醇厚、余香悠长的特色，酒香属酱香型。茅台酒是中国第一名酒，国际上常以茅台酒来代表我国酒类的水平。茅台公司已开发了80年、50年、30年和15年，以及53°、43°、38°、33°的系列茅台，并推出了茅台王子酒、茅台迎宾酒等中高价位的酱香型酒。最新推出了神舟酒及为中国军队特制的名将酒，形成了多品种、全方位的发展格局。

（2）五粮液。五粮液产于四川省宜宾五粮液酒厂，酒度为60°左右。五粮液以高粱、大米、糯米、玉米、小麦5种粮食为原料，使用岷江江心水，采用小麦大曲糖化发酵，精心酿制而成（见图5-4）。其酒香属浓香型，具有酒液清澈透明、香气浓郁悠久、味醇甘甜净爽的特点。五粮液酒厂的新品牌有"五粮春"。

图5-4 五粮液

（3）汾酒。汾酒产于山西省汾阳市杏花村酒厂，酒度为60°左右。相传始酿于550年，是我国白酒的始祖。它以优质高粱为主

料，使用古井之水，采用传统的技术酿造而成，为我国清香型白酒的代表。汾酒具有酒液清澈透明、气味芳香、入口纯绵、落口甘甜的特点，素有色、香、味"三绝"之美称。

（4）剑南春。剑南春产于四川省绵竹酒厂，酒度为50°和60°两种。剑南春以高粱、大米、玉米、小麦、糯米5种粮食为原料，用小麦制曲，经精心酿制而成。剑南春属浓香型白酒，具有芳香浓郁、醇和回甜、清洌净爽、余香悠长的特点。

（5）古井贡。古井贡产于安徽省亳县古井酒厂，酒度60°~62°。古井贡因取古井之水酿制，明清两代均列为贡品，故得此名。古井贡以高粱为主要原料，以小麦、大麦、豌豆制曲，在传统工艺基础上，吸取泸州老窖大曲的优点，独成一家。古井贡属浓香型白酒，具有酒液清澈透明、香醇幽兰、甘美醇和、余香悠久的特点。

（6）洋河大曲。洋河大曲产于江苏省泗阳县洋河酒厂，酒度分别为55°、60°、64°三种。洋河大曲采用洋河镇著名的"美人泉"优质软水，以优质黏高粱为原料，用老窖发酵酿制而成。酒质醇香浓郁、柔绵甘洌、回香悠久、余味净爽，属浓香型白酒（见图5-5）。

图5-5 洋河大曲

（7）董酒。董酒产于贵州省遵义市董酒厂，酒度为60°。因厂址坐落于北郊的董公寺而得名。它采用黏高粱为原料，用小曲和大曲混合制成，属混合香型酒。特点是酒液晶莹透明、醇香浓郁、甘甜清爽。

（8）泸州特曲。泸州特曲产于四川省泸州酒厂，酒度为60°。它以黏高粱为原料，用小麦制曲，采用龙泉井水和沱江水，以传统的老窖发酵制成。素有"千年老窖万年糟"的说法。泸州特曲酒液无色透明、醇香浓郁、清洌甘爽、回味无穷，属浓香型白酒。

四、中国白酒的饮用

（1）闻香。置酒杯于鼻下6厘米处，头略低，轻嗅其气味。最初不要摇杯，闻酒的香气挥发情况，然后摇杯闻香气。凡是香气协调，主体香突出，无其他邪杂味，一经倒出就香气四溢，芳香扑鼻，说明酒中的香气物质较多，喷香性好；入口后，香气就充满口腔，大有冲喷之势，说明酒中含低沸点的香气物质较多，属于留香性好；咽下后，口中仍留有余香，酒后作嗝儿时，还有一种令人舒适的特殊香气喷出，说明酒的沸点酯类较多。

（2）尝味。用舌头品尝酒的滋味时，要分析酒的各种味道变化情况，最初甜味，次后酸味和咸味，再后是苦味、涩味。舌面要在口腔中移动，以领略涩味程度。酒液进口应柔和清爽，带甜、酸，无异味，饮后要有余香。要注意余味时间的长短，尾味是否干净，是回甜还是后苦，有无刺激喉咙等不愉快的感觉。

第三节　白兰地

白兰地是果汁经发酵后蒸馏而成的烈性酒，该名源自荷兰语"Brandwijn"（燃烧的酒），英语称为"Brandy"。通常"白兰地"是专指用葡萄酒蒸馏而成的酒，而用其他果汁类原料蒸馏的烈性酒则被称为"烧酒"（eaux-de-vie）。

白兰地的度数为30°～40°，因其被装在橡木桶中陈酿，成品酒颜色为琥珀色，金黄发亮。白兰地口味甘洌、香味纯正、醇美无瑕，拥有葡萄果香和橡木桶香，饮用后给人以优雅舒畅的感受，因而又被称为"生命之水"。

白兰地起源于何时，至今仍是个谜。据说11世纪时，就有意大利人用蒸馏葡萄酒取得酒精来作药用。到13世纪，西班牙炼丹士把葡萄酒蒸馏成了"生命之水"，由此而诞生了白兰地。文艺复兴时期，白兰地的生产方法在意大利和法国等葡萄酒产地流传开来。据记载，法国雅文邑（Armagnac）地区在1411年就开始蒸馏白兰地酒，到16世纪，法国各地都开始了白兰地酒的生产。

以葡萄酒为酒基蒸馏而成的白兰地酒出产于几乎所有的葡萄酒生产国，如法国、意大利、希腊、西班牙、澳大利亚、美国等，德国白兰地由于使用了其他欧洲国家的葡萄酒蒸馏而成，因而不很贵重。

一、白兰地的酿造

白兰地的生产方法是将葡萄酒作为原料，经过破碎、发酵等程序，得到酒精含量较低的葡萄原酒，蒸馏后得到无色烈酒，再放入木桶储存、陈酿后，勾兑达到理想颜色、芳香味道和酒度，从而得到优质白兰地，最后将勾兑好的白兰地装瓶。

白兰地蒸馏前的生产工序和发酵与白葡萄酒生产相同，但需要注意的是，在葡萄破碎时应防止果仁破裂，一般大粒葡萄破碎率为90%，小粒葡萄破碎率为85%以上。之后再及时去掉枝梗，立即进入压榨程序。取分离汁入罐（池）发酵，将皮渣统一堆积发酵或有低端白兰地生产时并入低档葡萄酒原料一并发酵。

生产白兰地酒首先是将葡萄汁通过酿造生产出含酒精的液体，然后蒸馏成无色透明

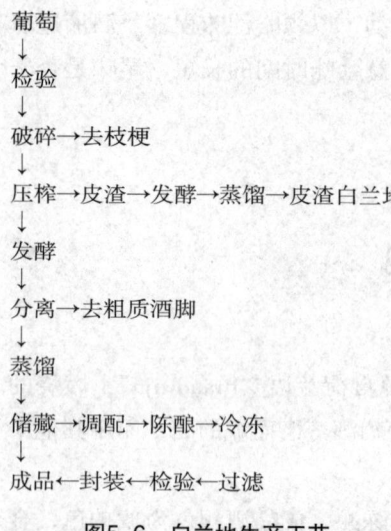

图5-6　白兰地生产工艺

的酒，用橡木桶盛装进行陈酿。这样，橡木独特的气味和颜色在陈酿过程中渗透到酒液里，使酒液具有独特的芳香，并变成琥珀色，最后进行勾兑和装瓶。

白兰地被木桶的木质吸收，同时，通过木桶的毛孔吸进氧气，对酒的质量提升很有益，然而这毫无疑问地会有所损失，事实上白兰地陈酿是允许每年有5%的纯酒精损耗的，通常平均损耗是2%～3%。这种损耗受到潮湿和干燥的空气的影响，如果仓库很干燥，酒就会不断挥发，但其强度仍保持不变，这就是要非常仔细地照料白兰地酒的原因。

大约10加仑（45.5升）的葡萄酒可生产1加仑（4.54升）的白兰地酒。白兰地生产工艺可谓独到精湛，特别讲究陈酿的时间和勾兑的技艺。具体生产工艺如图5-6所示。

二、白兰地产地及名品

（一）干邑（Cognac，又称科涅克）

法国是世界最著名的白兰地产地，无论是产量还是数量都居世界领先地位，而在法国所有的白兰地产地中，以干邑和雅文邑（Armgnac）白兰地最负盛名，法国人基本上不用白兰地来称这两个产地的酒，而是直接称为"干邑"和"雅文邑"。"干邑"和"雅文邑"也代表了世界高品质的白兰地酒。

干邑是闻名世界的优质白兰地产品，出产于法国的夏朗德（Charente）省，位于著名的葡萄酒产地波尔多的东南方，该地区早先生产称不上好的淡白葡萄酒，大量产品出口到斯堪的纳维亚地区，16世纪时，一位荷兰船长为了将更多的葡萄酒运往荷兰，便将葡萄酒进行蒸馏，取其精华，等运到荷兰后再兑水稀释成葡萄酒销售。令人意外的是，在他兑水之前，荷兰人就已尝到了这种蒸馏酒，觉得口味很好，从此，干邑白兰地就诞生了。

1. 干邑地区白兰地产地

按照法国政府1928年法律规定，干邑地区白兰地产地分7个地区。

（1）大香槟区（Grand Champagne）。该区环绕干邑镇，土壤中含有松碎的白垩，并且具有精美烈性酒的主要因素。

（2）小香槟区（Petite Champagne）。该区在土壤成分以及微观气候上与其他地区都有细微的差异，生产的烈性酒在风格上酷似大香槟区的烈性酒，但成熟较快。

（3）波尔德里（Borderies）。又称为边林区，位于干邑镇西北部规模相当小的酒区，土壤中有深厚的黏土，但是气候和香槟区一样。由于生产的酒性趋向稳定，所以主要用于调兑。

（4）凡兹园（Fins Bois）。这个大规模的酒区有许多农田和森林，土壤中布满砾石，烈性酒成熟较早。

（5）邦兹园（Bons Bois）：该区毗邻海洋，土壤中含有黏土，生产味道广泛的烈酒。该区只有少部分的土地用于种植干邑葡萄，大多数葡萄用于生产廉价的干邑。

（6）奥尔迪南雷园（Bois Ordinaires）。

（7）松门园（Bois Communs）。

这7个地区葡萄种植园地的土壤都为白垩土质，土壤中的白垩含量越高，生产出的干邑质量也就越高。

用于生产干邑的葡萄品种有白福勒（Folle Blanche）、圣·艾米利翁（St. Emillion）、白于格尼（Ugni Blanc）和科隆巴尔（Colombar）等白葡萄，完全发酵后产生8%～10%的酒精，采用夏朗德铜制烧锅进行间歇式蒸馏，"去头掐尾"，只留取酒心部分，再用夏朗德省利摩赞山的橡木制的酒桶进行陈酿。一般用于出口的干邑，至少要陈酿3年以后才由专门的调酒师勾兑装瓶上市。

2. 干邑酒质量等级

目前，干邑酒质量分如下几个等级：陈年老酒VSO（Very Superior Old），一般陈酿3年左右。长年陈酿老酒VSOP（Very Superior Old Pale），酒色透亮，陈酿6年。XO（Extremely Old），是干邑极品，由陈酿20～30年的干邑勾兑而成。有些厂家把生产出的白兰地用星级划分，从一星到五星，每星表示陈酿一年；还有些厂家用"拿破仑"（Napoleon）表示质量，一般拿破仑白兰地都是陈酿5年以上的优质酒品。

3. 著名的干邑品牌

（1）马爹利（Martell）。马爹利酿酒公司创建于1715年，至今已有300多年的历史。拥有多家蒸馏厂和协约蒸馏厂及葡萄园。马爹利的口味清淡，稍带点辣味，且葡萄香味绵延长久，入口难忘。三星马爹利是这种口味特征的典型代表；VSOP马爹利含有桶香，也含有充分的浓度；蓝带马爹利（Cordon Bleu）是高雅浓度的华丽白兰地；而拿破仑马爹利是平衡风味的极品。超级马爹利（Extra）是已有60多年历史的高级品，芳醇绝佳，一年只生产1400瓶。

（2）轩尼诗（Hennessy）。轩尼诗公司是专门调配勾兑优质干邑的公司，该公司的特点是把成熟的白兰地装入新制的利摩赞橡木桶，充分吸收新桶木材的味道，然后再装入旧桶陈酿。酒标上印着手持武器的手臂图案是品质稳定的普及品；VSOP含有很强的酒桶香味，味道美妙；拿破仑是轩尼诗中最高雅的酒品；XO是经过酒桶成熟后，把酒的浓度充分表现出来的豪华品，通常用水晶瓶装（见图5-7）。

（3）人头马（Remy Martin）。人头马公司创立于1724年，该公司都是用7年以上的原酒来调配，而且装在白色橡木桶内，储存近1年，等产生碳磷酸的香味后再每年调配1次，仍然放入旧木桶中，等到第五年再装瓶，这就是人头马VSOP；拿破仑人头马是精品，有高贵品质；"路易十三"是以20年以上的原酒来调配，酒液以巴卡拉公司模仿皇家御用的酒器盛放，其华丽的设计颇受收藏者青睐（见图5-8）。

（4）库瓦西埃（Courvoisier）。库瓦西埃公司与马爹利、人头马并称干邑三大白兰地生产企业，创立于1790年。由于创始人与拿破仑的亲密关系，故该公司产品皆以拿破仑立像为象征。三星库瓦西埃略带甜味，占总产量的80%；VSOP是豪华型产品；拿破仑和特级库瓦西埃（Imperial）是浓度稳定的限定品；超级（Extra）库瓦西埃是储存20年以上的高级品，风味高雅（见图5-9）。

（5）百事吉（Bisquit）。百事吉酒厂创建于1819年，是现今欧洲最大的蒸馏酒厂，该公司在大香槟地区拥有自己的葡萄园、橡木桶制造工厂、庞大的酒窖。百事吉系列产品具有不同的陈藏年期，如普受欢迎的VSOP和皇牌（Prestige）分别陈酿超过6年和10年，XO为陈酿25年，Extra为陈酿40年的高级品。此外，该酒在包装方面配以钻石装潢，华贵独特。

图5-7 轩尼诗

图5-8 人头马

图5-9 库瓦西埃

（6）奥吉（Augier）。是由创立于1643年的奥吉·夫雷尔公司生产的干邑产品，该公司是历史最悠久的名门世家。三星奥吉橡木桶的香味浓郁，VSOP是由使用12年以上的陈酒制成，口味平滑顺畅。

（7）金花（Camus）。该公司创立于1863年，第二次世界大战后，该公司产品开始走向国际市场，VSOP口味圆润香醇，拿破仑Extra是由混合了100种以上酒龄高达30年的原酒调制而成，XO则是混合了170种酒龄达55年的原酒制成的高级品。

此外，还有德拉曼（Delamain）、费奥维（F.O.V.）等。

饮用干邑应使用白兰地吸杯或干邑锥形杯，以保持酒的香味。用手掌托杯，温热杯身，使酒香充分发挥出来。此外，还有预热酒杯的方法，但注意不要太烫，以免烫伤饮酒者嘴唇。

（二）雅文邑（Armagnac，又称"阿玛涅克"）

干邑是世界公认的最佳白兰地，而具有"加斯科涅液体黄金"美誉的雅文邑白兰地的生产比干邑整整早了两个世纪，它和干邑都是世界优秀的白兰地酒品，风格独特。

雅文邑位于法国加斯科涅（Gascony）地区，只有在这一地区生产的葡萄酒蒸馏成的白兰地才能冠名"雅文邑"。其蒸馏工作必须在严格控制的条件下进行。雅文邑基本和干邑的生产方式相同，即用蒸馏罐间歇式的蒸馏方法，陈酿期间，酒桶堆放在阴冷黑暗的酒窖中，窖主根据市场销售的需要勾兑出各种等级的酒品，酒度40°左右，根据法律规定，雅文邑至少陈酿2年以上才可以冠以VO和VSOP的等级标志，Extra表示陈酿5年，拿破仑则表示陈酿6年。

雅文邑三大产区是下雅文邑（Bas Armagnac）、上雅文邑（Haut Armagnac）和泰纳雷泽（Tenareze）地区。葡萄品种主要有圣·艾米利翁、白福勒和科隆巴尔等。雅文邑大多呈琥珀色，色泽深暗，酒香浓郁，回味悠长。著名品牌有夏博特（Chabot）。夏博特是雅文邑最好的白兰地酒品，从16世纪就由夏博特家族开始生产，至今经久不衰，产品畅销世界各地，其中"金色徽章"（Blason Dor）是常用的普及品；拿破仑夏博特是圆满芳醇风味的高级品；超级夏博特（Extra Old）更成熟，是最高级品。

（三）法国白兰地（French Brandy）和玛克（Marc）

法国白兰地当推干邑和雅文邑最著名，除了以上两种白兰地外，法国其他地方也能生产优质白兰地酒，它们统称为"法国白兰地"。一般无须经过长时间成熟，储存很短时间即可装瓶上市销售。

玛克是指在葡萄酒产地，将经过压榨的葡萄残渣用来制造白兰地，它必须用较高酒精含量的酒来蒸馏，然后储存在橡木桶中等待成熟。著名的有勃艮第玛克、普罗旺斯玛克等。酒色透明，果香明显，刺激大，后劲足。

（四）水果白兰地

白兰地不但可以用葡萄制成，其他水果如苹果、梨、桃子、草莓、杏、李子、野草莓和樱桃等都可以制造白兰地酒，且风格独特。

（1）苹果白兰地。法国诺曼底地区生产的苹果白兰地可称为 Calvados，而其他地方不能用此称呼。在美国只能称"Apple Jack"，加拿大称"Pomal"，德国称"Apfelschnapps"。

（2）樱桃白兰地（Kirch）。在法国，水果白兰地还被称为烧酒（Eau-de-Vie），主要代表是樱桃白兰地，德国、瑞士都生产樱桃白兰地。

图5-10　威廉梨酒

（3）瑞士生产的威廉梨酒（William）具有浓郁的梨子香味，瓶中装有一只完整的梨，价格较贵（见图5-10）。

（五）其他白兰地产地

（1）西班牙。西班牙白兰地的风格是柔和而芳香，喜爱者甚多，名品有芬达岛（Fundador）、卡洛斯（Carlos Ⅲ）。

（2）意大利。意大利白兰地的生产历史也较早，最初主要是生产玛克，且以内销为主，1915年实行品质管理后，白兰地才正式出现。意大利白兰地风味比较浓重，饮用时最好加冰或加水冲调。著名的酒品有布顿（Buton）、斯道克（Stock 84）、贝卡罗（Beccaro）等。

（3）希腊。希腊生产的白兰地口味如同甜酒，具有独特的甜味和香味，梅塔莎（Metaxa）是希腊最著名的陈年白兰地，有"古希腊猛将精力的源泉"之誉。

（4）美国。美国白兰地主要产自加利福尼亚地区，以连续蒸馏法制成，口味清淡，颇具现代风味，著名的酒品有克里斯汀兄弟（Christian Brothers）。

（5）日本。日本白兰地生产近代发展较快，主要采用单罐蒸馏器生产，著名的品种有大黑天白兰地（Daikoku）、三得利 VSOP 和三得利 XO 等优良品种。

（6）中国。中国也生产白兰地，著名的品牌是金奖白兰地。

三、白兰地的服务与饮用

白兰地一般作为餐后酒饮用，也可以在休闲时饮用。如果在酒吧，则按份饮用，每份的标准用量为30毫升（或1盎司）。一般来说，饮用白兰地使用大肚球形杯，饮用时将1盎司白兰地倒入大肚球形杯中，用手心将白兰地稍微温一下，让其香味挥发；也可以将冰块放入白兰地杯中，再放入1盎司的白兰地；还可以在白兰地中加冰水和汽水一块儿饮用。

第四节 威士忌

一、威士忌概述

威士忌（Whisky，Whiskey）源于古代居住在爱尔兰和苏格兰高地的塞尔特人的语言。威士忌酒的由来是个意外。中世纪人们偶然发现炼金用的坩埚中放入了某种发酵液会产生酒精度强烈的液体，这便是人类初次获得蒸馏酒的经验。炼金师把这种酒称作"Aquavitae"（拉丁语，意为"生命之水"）。之后"生命之水"的制作方法经爱尔兰传到了苏格兰。此后，威士忌的酿酒技术在苏格兰得到发扬光大。

威士忌酒是以大麦、黑麦、燕麦、小麦、玉米等谷物为原料，经发酵、蒸馏后放入旧的橡木桶中陈酿，再经过勾兑而制成的烈性酒精饮料，是谷物蒸馏酒中最具代表性的酒品。由于威士忌在生产过程中使用的原料品种和数量比例不同，以及麦芽生长的程序、烘烤麦芽的方法、蒸馏的方式、储存用的橡木桶、储存年限及勾兑技巧有别，威士忌酒的特点和风味也不相同。

威士忌的度数通常在40°以上，酒体呈浅棕红色，气味焦香。通常苏格兰威士忌具有传统的麦芽和泥炭烘烤的香气，而其他地方生产的威士忌味道较柔和，各有特色。

威士忌的生产国大多是英语国家。世界著名的威士忌按生产国别（地区）命名，有苏格兰威士忌、爱尔兰威士忌、美国威士忌和加拿大威士忌，其中，苏格兰威士忌最为著名。

二、威士忌主要产地及名品

（一）苏格兰威士忌（Scotch Whisky）

苏格兰威士忌的生产历史有500多年。根据史料记载，苏格兰威士忌起源于1494年，当时威士忌酒只在苏格兰人之间饮用，因为没有储存陈酿，口味并不是很好。18～19世纪，许多威士忌蒸馏者为了逃避政府税收，躲到深山老林密造私酒，由于燃料不足，就用泥炭来代替，容器不够就用西班牙雪利酒的空桶来装，一时卖不出去就储藏在山间小屋里，这反倒因祸得福，产生了风味卓绝的威士忌，形成了苏格兰威士忌如今独特的制作方法，即用泥炭烘烤麦芽和用木桶进行陈酿。

苏格兰威士忌的生产原料以大麦为主。大麦含有丰富的淀粉，生产过程包括大麦发芽、泥炭烘烤、制浆、发酵、蒸馏和勾兑等。

1. 苏格兰威士忌的产地

（1）苏格兰高地。苏格兰高地（Highland）是公认的最高级的麦芽威士忌产地，生产的威士忌的特点是口味淡雅，酒体完美，具有很清爽的木炭香味。

（2）苏格兰低地。苏格兰低地（Lowland）生产的威士忌酒性温和，酒香清淡。

（3）坎贝尔镇。坎贝尔镇（Campheltowns）生产酒体十分完美的焦香威士忌。

（4）艾莱地区。艾莱地区（Islay）生产的威士忌酒体完美，焦香浓郁，有时十分强烈，酒液给人一种油状的感觉。

2. 苏格兰威士忌的分类

（1）麦芽威士忌。以大麦为主要原料，将发芽的大麦用泥炭烘烤，麦芽烘干后将其压碎并不断加入不同温度的水，使麦芽中的淀粉分离出来。含有大量淀粉的液体被泵入发酵罐，待冷却后加入酵母进行发酵，由淀粉转化成的糖经过发酵变成酒精和二氧化碳，发酵结束后进行蒸馏。蒸馏过程中剔去酒头部分重新蒸馏，掐去酒尾部分，最后只留下酒心部分装入陈酿桶进行陈酿。经过陈酿的威士忌再由调酒师勾兑上市，这是苏格兰麦芽威士忌的主要生产方法。

（2）谷物威士忌。以玉米为主要原料，即80%的玉米和20%的麦芽，使其糖化发酵，连续蒸馏出高浓度的酒精，再用水冲淡，放在木槽中待其成熟。这种威士忌没有木炭的焦香，酒精度数不高，缺乏普通威士忌的酒力，因而一般市场上没有销售，主要为了与麦芽威士忌调配成另一种新型的风格独特的威士忌，称为调配威士忌。

（3）调配威士忌。威士忌的调配比率各厂家均保密，大致以麦芽威士忌比例较大。目前，调配威士忌已成为苏格兰威士忌的主流，因为麦芽威士忌的酒性较强，不适合一般人的口味，需要加入风味清淡、味道平衡且顺口的谷物威士忌。

3. 苏格兰威士忌名品

（1）格兰菲迪。格兰菲迪（Glenfiddich）是苏格兰高地的单种麦芽威士忌，因蒸馏所位于苏格兰菲迪河畔而得名。这种酒具有辣味和野草的香味，同时以高瓶为其公司产品的特征，是苏格兰高地麦芽威士忌最畅销的名品牌（见图5-11）。

（2）百龄坛。百龄坛（Ballantine）是以百龄坛生产的8种麦芽威士忌为主，再掺杂42种威士忌调配而成的产品，其香味及口感圆润可口，香醇浓郁。有标准品、12年、17年、30年4种陈酒，在调配威士忌中评价很高。

（3）金铃。金铃（Bell's）是苏格兰本地销量最好的调配威士忌，其标准品有Extra Special的字样，且瓶颈都贴有《圣经》中的一句话："Afore ye go。"意思是"你前进吧"。最高品是陶瓷瓶装的20年陈酒。

（4）顺风牌。顺风牌（Cutty Sark）是具有现代风味的清淡型威士忌酒，酒性比较柔和。它是使用苏格兰低地的麦芽威士忌为基酒，挑选沉稳的高地麦芽威士忌相互混合调配而成。黄牌顺风是普及型酒，Berry's Best是陈酿10年的豪华品，顺风12年是用12年以上的原酒调配成的高级品。此外，还有最高级的圣·詹姆斯（St. Jame's）顺风牌威士忌老酒。

图5-11　格兰菲迪

（5）芝华士。芝华士（Chivas Regal）具有200年的生产历史。1843年，该酒曾受到维多利亚女王御用，是一种豪华的12年陈酒（见图5-12）。

（6）约翰·渥克。约翰·渥克（Johnnie Walker）销量第一，年销量达到1000万箱。红方（Red Label）和黑方（Black Label）是最早的两种产品，也是最主要的产品。红方稍有辣味，但很顺口；黑方则是含麦芽威士忌较高的酒品，质量高于红方，它是采用经过12年以上陈酿的麦芽威士忌加以混合而成的高级品，具有圆润可口的风味。约翰·渥克的其他产品还有绿方（Green Label）、蓝方（Blue Label）、金方（Gold Label）、尊豪（Swing Superior）、尊爵（Premier）。

图5-12　芝华士

（二）爱尔兰威士忌（Irish Whiskey）

爱尔兰是举世公认的威士忌的发祥地，早在1171年，英国亨利二世的军队征服爱尔兰时曾喝过威士忌，这是关于威士忌最早的文字记录。爱尔兰威士忌的生产也是受到了炼金术及蒸馏术的影响。炼金术首先传到了爱尔兰，产生了爱尔兰威士忌，然后才传到苏格兰，从而形成了威士忌早期的酿造历史。

爱尔兰威士忌酒液浓厚、油腻，具有辣味，无泥炭的烟熏味。

爱尔兰威士忌的生产方法大致与苏格兰威士忌相同，主要的区别是使用的生产原料和蒸馏次数不同，生产出的威士忌酒精强度也不一样，通常爱尔兰威士忌酒只用当地原料来生产，主要原料是大麦，有发芽和不发芽两种。此外，过去通常添加少量的小麦和黑麦，现在则添加燕麦，用罐式蒸馏器蒸馏而成。

爱尔兰威士忌著名的品牌有三燕牌（Three Swallows）、约翰·詹姆森（John Jamson）和老布什米尔（Old Bushmills）等。

爱尔兰威士忌酒可以单饮，但更多用于制作爱尔兰咖啡。

（三）美国威士忌（American Whiskey）

美国是世界上最大的威士忌生产国和消费国，据统计，每个美国成年人平均每年要消费16瓶威士忌。

美国威士忌又称波旁威士忌（Bourbon Whiskey）。哥伦布发现新大陆后，大量的欧洲移民移居北美，他们带去了蒸馏威士忌的技术。起初在肯塔基试种大麦，但后来发现这里的土壤和气候更适合种植玉米，于是，在使用大麦酿制蒸馏酒的同时，也把玉米掺和到酿制原料中，从此便开始了玉米威士忌的蒸馏。

据记载，1789年，叶里加·莱格（Elija Craig）神父首先发现玉米、黑麦、大麦、麦芽和其他谷物可以很好地组合，并生产十分完美的威士忌酒，由于当时他所处的位置在肯塔基波旁镇，故把这种威士忌命名为"波旁"，以区别于宾夕法尼亚黑麦威士忌。波旁威士忌用沙洲中奔流的一股清新的泉水做酒，因为这种泉水完全不含铁和其他危害威士忌口味的矿物质，直至今天仍然如此。

波旁威士忌的品种较多，大都呈棕红色，清澈透亮，清香优雅，口感醇厚绵柔，回味悠长，酒体强健壮实。

美国波旁威士忌的生产有两个重要规定，一是生产原料中必须有51%以上的玉米，二是蒸馏后的酒精含量要在40°以上、62.5°以下，这样生产出的波旁原酒，再与其他威士忌或中性威士忌调配成波旁威士忌。美国威士忌种类很多，主要包括以下几种。

（1）波旁威士忌（Bourbon Whiskey）：波旁威士忌以玉米为原料（占51%~80%），

配以大麦和稞麦，经蒸馏后在黑橡木桶中熟化2年以上。酒液呈褐色，有明显焦黑木桶香味。传统上，波旁威士忌必须在肯塔基州生产。

（2）玉米威士忌（Corn Whiskey）：玉米威士忌以玉米为原料（80%以上），配以少量大麦芽和稞麦，蒸馏后存入橡木桶，熟化期可根据需要而定。

（3）纯麦威士忌（Malt Whiskey）：纯麦威士忌以大麦为主要原料（大麦芽占原料的51%以上），配以其他谷物，蒸馏后在焦黑橡木桶里熟化2年以上。

（4）黑麦威士忌（Rye Whiskey）：黑麦威士忌以黑麦为主要原料（51%），配以大麦芽和玉米，经蒸馏后在焦黑橡木桶中熟化2年以上。

（5）混合威士忌（Blended Whiskey）：混合威士忌以玉米威士忌加少量大麦威士忌勾兑而成。

图5-13　四玫瑰

美国威士忌著名的品牌有四玫瑰（Four Roses，见图5-13）、吉姆·比姆（Jim Beam）、西格兰姆7（Seagram's 7）、杰克·丹尼尔斯（Jack Daniel's）等。

（四）加拿大威士忌（Canadian Whisky）

（1）加拿大威士忌的特点。加拿大威士忌的主要生产原料是黑麦，因此，它通常又称为"黑麦威士忌"。加拿大威士忌酒色棕黄，酒香清新、芬芳，口感轻快爽适，以淡雅著称，是典型的清淡型威士忌酒品。形成加拿大威士忌独特风格的原因有三：一是加拿大寒冷的气候影响了谷物的质地；二是水质的与众不同；三是蒸馏出酒后马上可以加以混合。

（2）加拿大威士忌的原料和生产。加拿大威士忌是由多种谷物酒精混合起来的混合品，其中黑麦占90%左右，大麦麦芽占10%左右，虽然配方多种多样，但黑麦的比例绝对不低于51%。加拿大威士忌生产方法与爱尔兰威士忌相同，经过圆柱形蒸馏器蒸馏完毕后，酒液被装入50加仑的小木桶在13℃和65%的湿度下储存。加拿大威士忌基本上使用美国威士忌酒桶进行陈酿，因为大多数美国威士忌生产厂商的橡木桶只使用一次便不再使用了。加拿大威士忌必须至少陈酿4年才能进行勾兑和装瓶销售，陈酿时间越长酒液越显得芳醇。加拿大威士忌按质量分陈酿4~5年、8年、10年和12年4类。

（3）加拿大威士忌的产地。加拿大威士忌的主要产地是翁塔里奥（Ontario），其他还有魁北克（Quebec）、英属哥伦比亚（British Columbia）和阿尔伯塔（Alberta）。

（4）加拿大威士忌名品。著名的品牌有风味清淡爽快的加拿大俱乐部（Canadian

Club），简称"CC"，该产品经 6 年酿制而成，受到许多酒迷的喜爱，是加拿大威士忌酒的代表。施格兰 VO（Seagram VO）是清淡顺口的 6 年陈酒，此外还有古董牌（Antique）、加拿大会所（Canada House）和阿尔伯塔（Alberta）等。

（5）加拿大威士忌的服务与饮用。加拿大威士忌以口味清淡、芳香柔顺而闻名遐迩，是很适合现代人口味的现代派酒品，可以单饮，也可以加淡水饮用，这样更能显示其精细的品质。加冰或其他软饮料饮用，酒液的风味也不一样。

三、威士忌的服务与饮用

由于不习惯威士忌本身的味道，所以大多数人都喜欢兑着其他东西一起喝。

（1）纯饮（Straight）。纯饮是指饮用 100% 的酒液，不添加任何其他东西。这样可恣意让威士忌的强劲个性直接冲击感官，可以说是最能体会威士忌原色原味的传统品饮方式。

（2）加水（With water）。加适量的水并不会让威士忌失去原味，相反，此举可以让酒精味变淡，引出威士忌潜藏的香气。依据学理而论，将威士忌加水稀释到 20% 的酒精度，最能表现出威士忌所有香气的最佳状态。加水的主要目的是降低酒精对嗅觉的过度刺激，当然，酒精对嗅觉的刺激度并非单单取决于酒精浓度。就威士忌而言，同样的酒精浓度，低年份比较高年份有更强的刺激性，因此，要达到最佳释放香气的状态，低年份威士忌所需稀释用水的量便会高于高年份威士忌。一般而言，威士忌与水 1∶1 的比例最适用于 12 年威士忌，低于 12 年，水量要增加；高于 12 年，水量要减少。如果是高于 25 年的威士忌，建议只加一点水，或者不要加水。

（3）加冰块（With rocks）。此种饮法又称"on the rock"，是想降低酒精刺激，又不想稀释威士忌的酒客们的最佳选择。然而，威士忌加冰块虽能抑制酒精味，但也因降温而让部分香气闭锁，难以品尝出威士忌原有的风味特色。

（4）加汽水（With soda）。以烈酒为基酒，再加上汽水调制成的酒称为 Highball，以 Whisky Highball 来说，加可乐是最受欢迎的喝法（Whisky Coke），不过综合比较下来，以加上可乐所呈现的口感而言，美国的玉米威士忌普遍优于麦芽威士忌及谷类威士忌，因此 Highball 喝法中，加可乐普遍用于美国威士忌，至于其他种类威士忌，大多是用姜汁汽水等其他的苏打水来调制。

（5）苏格兰传统热饮法（Hot Toddy）。在寒冷的苏格兰，有一款名为 Hot Toddy 的传统威士忌酒谱，它不但可以祛寒，还可以治愈小感冒。Hot Toddy 的调制法相当多样，主流调配法多以苏格兰威士忌为基酒，调入柠檬汁、蜂蜜，再依个人需求与喜好加入红糖、肉桂，最后兑上热水，即成为御寒又好喝的鸡尾酒。

第五节 其他蒸馏酒

在世界著名的蒸馏酒中,除了白兰地、威士忌外,还有金酒(Gin)、伏特加(Vodka)、朗姆(Rum)和特基拉(Tequila)等。

一、金酒(Gin)

金酒,又被称为琴酒、毡酒、杜松子酒,是一种以谷物为主要生产原料的蒸馏酒。

(一)金酒的历史

金酒生产起源于1660年,当时荷兰莱顿(Leyden)大学医学院一位名叫西尔维亚斯(Sylvius)的教授发现杜松子有利尿作用,于是将杜松子浸泡在酒精中,然后蒸馏出一种含有杜松子成分的药用酒。经临床发现,这种酒还同时具有健胃、解热等功效,很受消费者欢迎。

金酒在荷兰面世,却在英国发扬光大。17世纪,杜松子酒由英国海军带回伦敦,很快打开了市场,很多制造商到伦敦大规模生产金酒,并改为"Gin"以便发音,随着生产的不断发展和蒸馏技术的进一步普及和提高,英国金酒逐渐演变成一种与荷兰杜松子酒口味截然不同的清淡型烈性酒。

(二)金酒的分类及名品

1. 伦敦干金酒(London Dry Gin)

伦敦干金酒最初在伦敦周边地区生产,现在则无任何地理意义,而是用来泛指清淡型的金酒品种,不仅英国生产,美国等世界其他地方都有生产。

伦敦干金酒是以玉米为主要原料(约占75%),配以大麦芽和其他谷物、杜松子、橘皮等,通过连续蒸馏方式制成的烈性酒。生产过程包括发芽、制浆、发酵、蒸馏,然后稀释至40°左右装瓶销售。伦敦干金酒口味干爽,无色透明,没有香味,易于被人们接受,被广泛用于鸡尾酒的配制。著名的品牌有以下几种。

比菲特(Beefeater):产于英国杰姆斯巴沃公司,以锐利爽快、入口顺畅著称,酒精度47°,大多用来调制马提尼鸡尾酒,有人称之为"御林军金酒",是典型的伦敦干金酒。

图5-14 比菲特和哥顿斯

布斯（Booth's）：又称红狮牌，口味清爽、明快，让人入口难忘。

哥顿斯（Gordon's）：又称狗头牌金酒，酒精度47°，不仅在英国，在全世界也十分有名和畅销，是目前销量最好的金酒（见图5-14）。

2. 荷兰金酒（Holland's Genever）

荷兰金酒（Genever）是以大麦芽为主要原料，加入其他谷物、杜松子、香菜子和橘皮等制成的无色透明的烈性酒，酒味清香，辣中带甜，酒精度36°～40°，主要适用于直接饮用或冷藏后饮用。

荷兰金酒口味上与伦敦金酒不一样，它一般经过3次蒸馏，产品具有完美和成熟的香味，酒精含量较低，生产的产品主要用于荷兰本地市场，很少外销。著名的品牌有波尔斯（Bols）和波克马（Bokma）等。波尔斯牌金酒由荷兰波尔斯洛伊尔、迪斯河拉利兹公司生产。波尔斯金酒是典型的荷兰金酒，有35°和37°等品种。

3. 金酒的服务与饮用

在酒吧中，金酒的标准用量为每份30毫升。

（1）伦敦干金酒的饮用与服务。伦敦干金酒既可以冰镇后单独饮用，也可以与其他酒混合饮用，还可以作为鸡尾酒的基酒使用，有"鸡尾酒心脏"的称号。如兑汤力水（Tonic Water）再加上柠檬片，即成为著名的"金汤力"。服务时，要用水杯或直身平底杯。

（2）荷兰金酒的饮用与服务。荷兰金酒的香味与香料过于突出，因此不适宜作为混合酒的基酒来使用。荷兰金酒适合净饮，可适当冰镇，作为餐前酒或餐后酒饮用。荷兰金酒在东印度群岛还有一个比较流行的饮法：在饮用前用苦精洗杯，然后倒入荷兰金酒大口快饮，饮后再喝上一杯冰水，据说这样饮用有开胃的功效。荷兰金酒加冰块后再配上一片柠檬，就是著名的"干马天尼"（Dry Martini）的最好代用品。服务时用利口酒杯或古典杯盛酒。

二、伏特加（Vodka）

（一）伏特加的历史

俄罗斯伏特加酒起源于14世纪，其原始酿造工艺是由意大利的热那亚人传入的，但当时莫斯科大公瓦西里三世为了保护本国传统名酒——蜜酒的生产销售，禁止民间饮用伏特加酒，当时的伏特加酒只是上流社会贵族的宠儿。1533年，伊凡雷帝开设了一个"皇家酒苑"，只允许自己的近卫军饮用伏特加酒。直到1654年乌克兰并入俄罗斯，伏特加酒才在民间流传开来。帝国时期俄罗斯传统的优质伏特加酒是用纯大麦酿造的，随着需求量的逐步增加，开始以玉米、小麦、马铃薯等农作物作为酿造原料，经过发酵、蒸馏、过滤和活性炭脱臭处理等工艺，酿成了高纯度的烈性酒——伏特加，数十年后，这种清洌醇香、纯净透明的烈性酒"点燃"了整个俄罗斯。

伏特加之名源自俄语"Voda"，是"水"或"可爱的水"的意思。据记载，俄罗斯最早在12世纪就开始蒸馏伏特加酒，当时主要用于治疗疾病，生产原料是一些便宜的农产品，如小麦、大麦、玉米、马铃薯和甜菜等。除俄罗斯外，很多权威人士认为伏特加的产生和波兰人有着千丝万缕的联系，波兰人也认为他们才是伏特加的创始人。

很长一段时间，伏特加只在东欧、北欧一些国家流行。俄国革命后，大量的俄国贵族逃到欧洲，西欧国家才有了伏特加的生产，伏特加逐渐成为西欧流行的饮品。第二次世界大战后，伏特加制作技术被带到美国，并随着在鸡尾酒中的广泛应用而逐渐盛行。

（二）伏特加的分类

（1）中性伏特加。中性伏特加为无色液体，除酒精外，无任何其他气味，是伏特加酒中最主要的产品。俄罗斯的伏特加多属于此类。

（2）加味伏特加。加味伏特加是指在橡木桶中储藏或浸泡过药草、水果（如柠檬、辣椒）等，以增加芳香和颜色的伏特加。波兰的伏特加多属于此类。

（三）伏特加的生产

伏特加的传统酿造法是首先以马铃薯或玉米、大麦、黑麦为原料，用精馏法蒸馏出酒度高达96%的酒精液，再使酒精液流经盛有大量木炭的容器，以吸附酒液中的杂质（每10升蒸馏液用1.5千克木炭连续过滤不得少于8小时，40小时后至少要换掉10%的木炭），最后用蒸馏水稀释至酒度40°～50°，除去酒精中所含毒素和其他异物的一种纯净的高酒精浓度的饮料。伏特加酒不用陈酿即可出售、饮用，也有少量的如香型伏特加在稀释后还要经串香程序，使其具有芳香味道。伏特加甘洌，无色无杂味，没有明显的特性，但很提神。由于酒中所含杂质极少，口感纯净，并且可以任何浓度与其他饮料混合饮用，所以经常用于做鸡尾酒的基酒，酒度一般在40°～50°。

（四）伏特加酒的特点

大多数伏特加酒液透明，晶莹而清亮，无香味，口味凶烈，劲大而冲鼻。

（五）伏特加酒名品

（1）莫斯科夫斯卡亚（Moskovskaya）：该酒又称绿伏，是俄罗斯三大著名优质伏特加之一，在莫斯科酿造生产。该酒以100%谷物为原料，具有刺激性辣味，酒精度40°，是经活性炭过滤的精馏伏特加。

（2）斯道力西那亚（Stolichnaya）：口味十分柔软细腻，俄罗斯人喜欢把它连瓶冰镇后再佐以鱼子酱，号称世界上最高的享受。

（3）斯道洛法亚（Stolovaya）：酒色澄净透明，口味清爽，很适合于在餐桌上饮用。

（4）斯米尔诺夫（Smirnoff）：该酒1815年开始生产，是俄国皇室专用酒，目前由美国休布仑公司生产，成为世界知名伏特加名品。酒精度45°，口味清爽，以100%玉米为原料。

（六）伏特加酒的服务与饮用

伏特加酒服务标准用量为每份30毫升或45毫升，用利口杯或古典杯饮用，可作佐餐酒或餐后酒。

（1）净饮。净饮时，备一杯凉水，以常温服侍，快饮（干杯）是其主要饮用方式。许多人喜欢冰镇后干饮，仿佛冰溶化于口中，进而转化成一股火焰般的热度。

（2）兑饮。可加苏打水、果汁饮料或番茄汁，或用于调制丰富的鸡尾酒。由于伏特加的纯正、没有杂味，使它具有容易和各种饮料混合的特性，故很适宜作为调制鸡尾酒的基酒，比较著名的有黑俄罗斯（Black Russian）、螺丝钻（Screw Driver）、血玛丽（Bloody Mary）等。在各种调制鸡尾酒的基酒中，伏特加是最具有灵活性、适应性和变通性的一种酒。

三、朗姆酒（Rum）

朗姆酒也叫糖酒，是制糖业的一种副产品，它以蔗糖为原料，先制成糖蜜，然后再经发酵、蒸馏，在橡木桶中储存3年以上而成。朗姆酒是世界上消费量最大的酒品之一。

（一）历史

17世纪初，西印度群岛的欧洲移民开始以甘蔗为原料制造一种廉价的烈性酒，作为兴奋剂和万能药饮用。这种酒是现今朗姆酒的雏形。"朗姆"一词来自最早称呼这种酒的名称"Rumbullion"，表示兴奋之意。到了18世纪，随着世界航海技术的进步以及欧洲各国殖民地政府的推进，朗姆酒的生产开始在世界各地兴起。由于朗姆酒具有提高水果类饮品味道的功能，因而成为调制混合酒的重要基酒。

（二）产地

朗姆酒的主要生产国有牙买加、古巴、马提尼克岛、特立尼达和多巴哥、海地、多米尼加、波多黎各、圭亚那等加勒比海国家和地区。

（三）生产工艺

朗姆酒是以甘蔗汁、甘蔗糖浆（更多的是以糖渣、泡渣或其他蔗糖副产品）为原料，经发酵、蒸馏，在橡木桶陈酿而成的酒。

（四）特点

朗姆酒的酒精度为43°左右，少数酒品超过45°。朗姆酒是蒸馏酒中最具香味的酒，在制作过程中，可以对酒液进行调香，制成系列香味的成品酒。朗姆酒的颜色多种多样，可放在旧橡木桶陈酿，无须用新橡木桶陈酿。

（五）分类

根据不同的甘蔗原料酿造方法，朗姆酒可以分为：

（1）朗姆白酒（White Rum）。朗姆白酒是一种新鲜酒，无色透明，蔗糖香味清馨，口味甘润、醇厚，酒体细腻，酒精度在55°左右。

（2）朗姆老酒（Old Rum）。朗姆老酒是经过3年以上陈酿的陈酒，酒液呈橡木色，美丽而晶莹，酒香醇浓优雅，口味精细圆正，回味甘润。酒精度在40°～43°。

（3）淡朗姆酒（Light Rum）。酿制过程中尽可能提取非酒精物质，酒体呈淡白色，香气淡雅，适用于做鸡尾酒的基酒。

（4）朗姆常酒（Traditional Rum）。朗姆常酒是传统朗姆酒，呈琥珀色，光泽美丽，结晶度好，甘蔗香味浓郁，口味醇厚圆正，回味甘润。由于色泽富有个性，又称为"琥珀朗姆酒"。

（5）强香朗姆酒（Great Aroma Rum）。香气浓烈馥郁，甘蔗风味和西印度群岛的风土人情寓于其中。

（六）朗姆酒的饮用与服务

（1）纯饮。陈年浓香型朗姆酒可作为餐后酒纯饮。

（2）加冰。朗姆酒加入冰块饮用。

（3）兑饮。作为酒基兑果汁饮料、碳酸饮料或其他酒品混合饮用。

（七）名品

图5-15 百加地

（1）百加地（Bacardi）。百加地牌朗姆酒以牙买加百加地酿酒公司名命名（见图5-15）。1862年，都·弗汉都·百加地（Don Facundo Bacardi）在古巴建立百加地酿酒公司，使用古巴丰富优质的蜜糖来制造口味清淡、柔和、纯净的低度朗姆酒。1892年，由于西班牙王盛赞百加地朗姆酒，从此百加地牌朗姆酒标签加上了西班牙皇家的徽章。根据统计，百加地朗姆酒在世界朗姆酒销量排名第一。目前该公司一改传统浓烈型产品为清淡型产品。其中，芳香型朗姆酒酒液呈金黄色，酒精度40°，带有浓郁的芳香，口感柔和。百加地公司新开发的品种开拓者选择酒（Fornder Select），无色、清爽、适口，酒精度40°，深受亚洲市场的青睐。

（2）摩根船长（Captain Morgan）。摩根船长牌朗姆酒取名于海盗队长"亨利摩根"，在该品牌的各种产品中，有无色清淡型、金黄色芳香型、深褐色浓烈型，酒精度40°。摩根船长牌朗姆酒融合了热带地区乡土风味和各种芳香味，是牙买加的名酒。

（3）克雷曼特（Clement）。克雷曼特牌朗姆酒以公司名命名，该酿酒公司位于朗姆酒生产的黄金地带——马提尼克岛。该品牌代表优质朗姆酒。克雷曼特朗姆酒有数个著名品种，如40°与45°无色朗姆酒、42°与44°金黄色芳香型酒等。

（4）美雅士（Myer's）。美雅士朗姆酒以公司名命名，是牙买加著名的朗姆酒。因该公司创业人——佛列德·L.美雅士而得名。美雅士牌朗姆酒需熟化5年并与浓果汁混合，酒液呈深褐色，口味浓烈，芳香甘醇，酒精度40°。它不仅可饮用，还广泛用于糕点和糖果中，是著名的浓烈型朗姆酒。

四、特基拉（Tequila）

特基拉是墨西哥特有的烈性酒，是用玛圭（Maguey）龙舌兰酿造蒸馏而成的。玛圭龙舌兰是墨西哥特有的植物，生长在墨西哥中央高原北部的哈斯克州，由于它的产地主要集中在特基拉村一带，故生产出的酒被称为"特基拉"。

玛圭龙舌兰从栽培到收割要8～10年时间，收割后的龙舌兰首先要摘掉叶子，然后将其根部70～80厘米处切割成块，用蒸汽锅加热，使其淀粉质变成糖分，经过榨汁后就可以得到一种甜味的汁液，这种汁液经过发酵，并采用连续蒸馏法进行蒸馏，即生产出酒精度达到45°左右，具有龙舌兰天然风味的特基拉酒。特基拉酒原酒香气突出，口味凶烈。

根据酒的颜色以及储存年份可将特基拉分为以下几类：

（1）白色特基拉（Blanco or White Tequila）。白色特基拉，是把经两次蒸馏后制成的特基拉储存在瓷制的酒缸中，一直保持无色，是完全未经陈酿的透明新酒，通常蒸馏后就直接装瓶。不过，大部分酒厂都会在装瓶前，以软化的纯水将产品稀释到所需的酒度（大部分是37°～40°，少数超过50°），并且经过最后的活性炭或植物性纤维过滤，将杂质完全去除。其酒液外观清亮透明，显得非常纯净，具有龙舌兰酒原有的芳香。

（2）淡色特基拉（Reposado Tequila）。淡色特基拉酒至少要在橡木桶中储存2个月以上，带有一定的橡木桶的味道以及橡木桶的颜色，口感比白色特基拉柔和顺滑，是销量最大的特基拉酒。

（3）金色特基拉（Gold Tequila）。金色特基拉，也被称为安乔特基拉（Anejo Tequila），属陈年特基拉酒，此酒至少要在橡木桶中储存1年，但多数达3年甚至更长时间。金色特基拉很多时候使用的是储存过威士忌的橡木桶，因而有来自橡木桶的金黄琥珀色，它的颜色比淡色特基拉深，橡木味道更突出。酒质柔顺醇厚，酒香较浓，口感较圆润。

（4）香醇特基拉（Aroma Tequila）。香醇特基拉在橡木桶中的储存期为2～4年，具有独特的色泽和香气。

特基拉酒的口味凶烈，香气很独特。特基拉酒是墨西哥的国酒，墨西哥人对此酒情有独钟，饮用方式也很独特。每当饮酒时，墨西哥人总要先在手背虎口上倒些海盐细末来吸食，然后再将一小杯的特基拉酒一饮而尽，并用腌渍过的辣椒干、柠檬干佐酒，配合特基拉酒如火般的浓烈酒性，恰似火上浇油，美不胜言。也可以用新鲜的柠檬片果肉佐酒。

特基拉酒也常作为鸡尾酒的基酒。比较有名的有玛格丽特和特基拉日出。流行的有Shotgun式饮用方法：将汽水混入酒中，然后用手掌盖住酒杯，再在吧台上用力扣一下，此时会有大量气泡冲出来，趁势一饮而尽。

五、阿夸维特（Aquavit）

阿夸维特是北欧和德国北部地区的特产酒，有"Aquavit"和"Akvavit"两种写法。这种被称为"烧酒"的烈性酒是丹麦、德国、挪威和冰岛等国的国酒，一般在德国、挪威称为"Aquavit"，丹麦则称为"Akvavit"。

阿夸维特的主要原料是马铃薯，将马铃薯煮熟后，再以裸麦或大麦芽糖化、发酵，然后使用连续蒸馏法制出纯度高达95%的蒸馏液，这种蒸馏液用蒸馏水稀释后，加上各种草根、木皮等加香加味材料。就其制法来说类似于金酒，酒度一般在40°~45°之间。

著名的品牌有瑞典产的安德森（O.P.Anderson）、斯凯尼（Skane）；丹麦产的阿尔博格（Aarlborg）、克里斯琴·哈伍那（Christians Havner）和船长（Skipper）；挪威产的利尼（Linie）和德国产的银狮（Silberlowe）等。

除了已经介绍的蒸馏酒外，还有很多国家利用本土资源，灵活地运用蒸馏技术，蒸馏出了难以计数的烈性酒。如东南亚米酒、西亚棕榈子酒、中东椰枣酒和各种水果白兰地等，但这些酒大多自产自销，各有各的特点和口味特征。

? 复习与思考

一、填空题

1. 世界著名的蒸馏酒品种有_____。
2. 介绍五种著名的中国白酒品牌：_____、_____、_____、_____和_____。
3. "白兰地"是专指用葡萄酒蒸馏而成的酒，而用其他果汁类原料蒸馏的烈性酒则被称为"_____"。
4. 世界著名的威士忌，按生产国别（地区）命名，有_____、_____、_____和_____。

二、简答题

请说出金酒、朗姆酒、伏特加酒、特基拉酒各自的原料、著名产地、品牌、特点和习惯饮用方法。

三、实践题

请品尝、鉴别和讲述不同蒸馏酒的特点。

配制酒PPT

第六章 配制酒

学习目的意义 通过学习配制酒的相关知识，掌握配制酒的主要种类及特色，熟悉配制酒的主要品种及特性，使学生在具备基本知识的基础上，激发学习激情，丰富酒水知识体系。

本章内容概述 本章主要包括配制酒的三大种类，即开胃酒、甜食酒和利口酒，介绍各类酒品的主要品种、特点及饮用和服务方式。

学习目标

方法能力目标

熟悉开胃酒、甜食酒的主要种类及特点，掌握利口酒的主要种类和特点。

专业能力目标

熟悉开胃酒、甜食酒的主要种类及服务方式，掌握利口酒的主要种类及品牌，能辨别其特点和使用方法。

社会能力目标

通过对本章的学习，要求学生结合所学知识，在对客服务和酒水调制过程中能够正确运用。

> **知识导入**
>
> ### 配制酒
>
> 配制酒，又称为混配酒、混合酒、调制酒，通常以酿造酒、蒸馏酒为酒基加入各种酒精或非酒精物质生产而成。配制酒是酒类里面一个特殊的品种，它不属于哪个酒的类别，是混合的酒品。配制酒是一个比较复杂的酒品系列，它的诞生晚于其他单一酒品，但发展却是很快的。
>
> 配制酒的生产主要有两种配制工艺，一种是在酒和酒之间进行勾兑配制，另一种是以酒与非酒精物质（包括液体、固体和气体）进行勾调配制。
>
> 配制酒，品种繁多，风格迥异，主要可以归纳为开胃酒、甜食酒和利口酒三大类。配制酒较有名的产品主要出自欧洲主要产酒国，其中法国、意大利、匈牙利、希腊、瑞士、英国、德国、荷兰等国的产品最为有名。

第一节　开胃酒

一、开胃酒的主要种类

开胃酒，也称餐前酒，是餐前饮用的酒品。具有生津开胃、增进食欲之功效，通常以葡萄酒或蒸馏酒为酒基，加上调香材料制成。

开胃酒大约在公元前400年就流行了，当时酿造这些酒的不是酒商，而是药剂师。相传这些药剂师都是王公大臣们出高价请来，专门为他们制造长生不老药的。其实，餐前开胃酒完全是用草本植物酿造的，经过药剂师的手就变成所谓的"长生不老药"了。不过餐前开胃酒的确具有神奇的妙用，用来酿酒的草本植物（即现在的中药）大约有40多种，大都无毒副作用，是酿制开胃酒的上好材料，世界著名的餐前开胃酒都是用这40多种材料酿制而成的，非常受欢迎。

法国和意大利是世界两大著名的开胃酒产地，所产品种上千种，著名的有味美思（Vermouth）、茴香酒（Anisette）、苦味酒（Bitter）等。

（一）味美思（Vermouth）

1. 产地

味美思的产地以法国、意大利最为著名，此外，还有瑞士、委内瑞拉等国。

2. 历史

希腊名医希波克拉底是第一个将芳香植物在葡萄酒中浸渍的人。到了17世纪，法国人和意大利人将味美思的生产工序进行了改良，并将它推向了世界。"味美思"一词起源于德语，是苦艾酒的意思。

3. 味美思的生产

味美思有强烈的草本植物味道。它通常是以白葡萄酒，特别是中性干白葡萄酒为基酒，调配各种香料，经过浸泡、浸渍或蒸馏的方法从香料中提出香味，生产成酒。常用的香料物质有苦艾、奎宁、芫荽、丁香、橘子皮、菖蒲根、龙胆根、檀香木、豆蔻、肉桂、香草等。味美思的生产过程比较复杂，每一个生产者对其配方都严格保密，但基本的生产过程包括搅拌、浸泡、冷却澄清、装瓶等工序。味美思的基本制作方法有四种：

（1）在葡萄酒中直接加入调香材料浸泡而成。

（2）在葡萄酒发酵期间，将配好的香料、药材投入葡萄汁一同发酵。

（3）预先制作好调香材料，再按比例兑入葡萄酒中。

（4）在味美思中加入二氧化碳，使其成为味美思起泡酒。

4. 分类与特点

（1）红味美思（Vermouth Rouge 或 Rosso）。又称甜味美思，它是在生产过程中加入焦糖和糖生产而成的一种甜型味美思，色泽呈琥珀黄色，香气浓郁，口味独特，酒度为18°，含糖量为15%。

（2）干味美思（Vermenth Dry）。由于产地不同，颜色也不一样，法国干味美思呈草黄、棕黄色；意大利干味美思是淡白、淡黄色，含糖量均不超过4%，酒度为18°。

（3）白味美思（Vermouth Blanc 或 Bianco）。白味美思色泽金黄，香气柔美，口味鲜嫩。含糖量在10%~15%，酒度18°。

此外，还有玫瑰味美思、果香味美思等。意大利以生产甜型味美思著称，该地生产的味美思香味大、葡萄味浓、刺激性较强，饮用后有甜苦的余味，略带橘香，含葡萄原酒75%。法国以生产干味美思著称，含葡萄原酒80%以上，既可以用于纯饮，也可以用作鸡尾酒辅料。

5. 名品

意大利著名的酒牌有马提尼（Martini，见图6-1）、仙山露（Cinzano）等。法国著名的品牌有诺丽（Noilly Prat）、杜法尔（Duval）等。

图6-1 马提尼

（二）茴香酒（Anisette）

1. 产地

茴香酒著名的产地是法国波尔多地区。

2. 茴香酒的生产

茴香酒以食用酒精或烈性酒作为酒基，加入茴香油或甜型大茴香子制成。茴香油是从青茴香和八角茴香中提取出来的，一般含有苦艾素。

3. 特点

茴香酒有无色和染色两种，酒液视品种而呈不同颜色，一般都有较好的光泽，茴香味甚浓，馥郁迷人，酒度为25°左右。

4. 名品

较著名的有培诺（Pernod）、巴斯提斯（Pastis，见图6-2）等。培诺酒一直是人们喜爱的开胃酒，在饮用时一般要加入五倍的水稀释。

图6-2　巴斯提斯

（三）苦味酒（Bitter）

1. 历史

苦味酒是从古药酒演变而来的，至今仍保留着药用和滋补的效用。

2. 苦味酒的生产

苦味酒是用葡萄酒和食用酒精作为酒基，调配多种带苦味的花草及植物的根、茎、皮等制成的。现在苦味酒的生产越来越多地采用酒精直接与草药精勾兑而成的工艺。酒精含量一般在16%~24%，有助消化、滋补和兴奋作用。

3. 名品

（1）安哥斯特拉苦酒（Angostura Bitters）产于特立尼达，是世界最著名的苦味酒之一，以朗姆酒作为酒基，以龙胆草为主要调配料，配制秘方至今分为四部分存放在纽约银行的保险箱中。此酒呈褐红色，药香悦人，常用来调配鸡尾酒，酒精含量为44%。

（2）金巴利（Campari）是意大利生产的著名开胃酒（见图6-3），

图6-3　金巴利

通常以烈性酒为酒基，用橘皮、奎宁及多种香草配上独特的秘方酿制而成。酒液呈棕红色，药味浓郁，口感微苦而舒适，酒度为26°。比较流行的饮用方法是加苏打水和柠檬皮，此外还可以加橙汁、西柚汁、汤尼水等饮用。

（3）杜本内（Dubonnet）由法国生产，是法国著名的开胃酒之一，是用金鸡纳树皮及其他草药浸制在葡萄酒中制成的。酒液呈深红色，苦味中带甜味，风格独特。杜本内有红、白两种，以红杜本内干最著名，酒度16°。

（4）佛耐·布兰卡（Fernet Branca）产于意大利米兰，是著名的苦味酒之一，此酒号称"苦酒之王"，酒度为40°，具有健胃等功效。

此外，较著名的开胃酒还有含野莓香味的香百提（Chamberty）、艾玛·皮孔（Amer Picon）等。

二、开胃酒的饮用与保存

（一）饮用

1. 净饮

（1）使用工具：调酒杯、鸡尾酒杯、量杯、酒杯匙和滤冰器。

（2）方法：先把3粒冰块放进调酒杯中，量42毫升开胃酒倒入调酒杯中，再用酒吧匙搅拌30秒，用滤冰器过滤冰块，把酒滤入鸡尾酒杯中，加入一片柠檬。

2. 加冰饮用

（1）使用工具：平底杯、量杯、酒吧匙。

（2）方法：先在平底杯加进半杯冰块，量1.5盎司开胃酒倒入平底杯中，再用酒吧匙搅拌10秒，加入一片柠檬。

3. 混合饮用

开胃酒可以与汽水、果汁等混合饮用，也可以作为餐前饮料。以下以金巴利酒为例进行说明。

（1）金巴利加苏打水。方法：先在柯林杯中加进半杯冰块、一块柠檬，再量42毫升金巴利酒倒入柯林杯中，加入68毫升苏打水，最后用酒吧匙搅拌5秒。

（2）金巴利加橙汁。方法：先在平底杯中加进半杯冰块，再量42毫升金巴利酒倒入平底杯中，加入112毫升橙汁，用酒吧匙搅拌5秒。

（二）保存

开胃酒需低温保存，保存过程中会产生一定的浑浊和沉淀，属于正常现象。

第二节　甜食酒

一、甜食酒的主要种类

甜食酒又称餐后甜酒，是佐助餐后甜点时饮用的酒品。

甜食酒通常以葡萄酒作为酒基，加入食用酒精或白兰地以增加其酒精含量，并保护酒中糖分不再发酵。因此，甜食酒又称为强化葡萄酒，口味一般较甜。

常见甜食酒有雪利酒、波特酒、玛德拉和玛萨拉等。

（一）雪利酒（Sherry）

1. 产地

雪利酒产于西班牙的加迪斯（Cadiz），英国人称其为 Sherry。英国嗜好雪利酒胜过西班牙人，人们遂以英文名称为雪利酒。

2. 历史

雪利是最普通的强化葡萄酒，上等雪利酒是一种十分独特而又无与伦比的饮料。

雪利是由生长在西班牙加的斯省北部一三角地带的葡萄园种植的葡萄酿制而成的，这个三角地带由彼此相邻的三个小镇组成：桑卢卡（Sanlucar）、波图（Puerto）和赫雷斯（Jerez）。目前，只有用这个"金三角"地区的葡萄酿成的酒才能成为雪利酒，用其他任何地方的葡萄酿成的酒都不可以自封为雪利酒，正因为如此，雪利酒被称为是西班牙的国宝。

"雪利"得名于"Jerez"镇名。绝大多数雪利酒在西班牙酿造成熟后被装到英国的伦敦、利物浦和布里斯托等地装瓶销售，而不在西班牙本土装瓶。

3. 分类

雪利酒以干型为主，主要分菲奴（Fino）和奥鲁罗索（Oloroso）两大类。

4. 特点

（1）菲奴。菲奴类雪利酒以清淡著称（见图6-4）。酒液淡黄而明亮，是雪利酒中色泽最淡的酒品，酒度17°~18°，属干型。口感甘洌、爽快、清淡、新鲜。菲奴类常见的酒品有：

图6-4 菲奴类雪利酒

曼赞尼拉（Manzanilla）属干型，色泽淡雅，是西班牙人最喜爱的酒品。该酒酒液微红、清亮，香气温馨醇美，口感甘洌清爽，微苦，酒劲较大，酒度在15°~17°。

阿莫提拉多（Amontillado）色泽淡雅，呈金黄色，气味干烈，有很浓的坚果味。有绝干、半干型之分，酒度在16°~18°。

（2）奥鲁罗索。奥鲁罗索雪利酒色深，透明度好，香气浓郁，而且越陈越香，口味柔绵甘洌，但有甘甜之感。酒度一般在18°~20°。奥鲁罗索类的雪利酒有：

阿莫罗索（Amorosa）色泽金黄，酒体丰满，有坚果味，口味凶烈，酒劲很足。

巴罗·古塔多（Palo Cortado）巴罗·古塔多是雪利酒中的珍品，市场上很少有供应。它的风格很像菲奴，但却属于奥鲁罗索类，人称"具有菲奴酒香的奥鲁罗索"。该酒甘洌醇浓，一般陈酿20年才上市。

5. 雪利酒的生产

由于雪利酒的生产过程十分复杂，因而一直使人觉得很神秘。通常葡萄经过破碎和压榨后，葡萄汁便被送入酒窖发酵，发酵时间为三个月左右，比较长。由于葡萄汁中糖分较高，发酵十分激烈，三个月后，强度减小，一旦发酵停止便立即倒入新桶，但不装满，只装酒桶的7/8左右，这时的雪利酒清澈透亮，但每桶酒的成熟情况都不一样，必须将它们进行分类，然后兑入白兰地进行强化，使菲奴酒精度达到18%左右，奥鲁罗索达到16%左右。

雪利酒发酵完成后装入桶中储藏，但一般不装满，留出一定的空隙，让酒的表面和空气接触，一段时间后酒的表面层会形成一层白色薄膜，这层薄膜便是酵母，这种好气性的酵母在空气下能继续存在。雪利酒就是利用这种生物老熟法酿出了其特有的酒香。

雪利酒经过品评分类后便在桶中陈酿1~18年，然后再进行烧乐腊法（Solera System）陈酿混合，以保持雪利酒永久的优良品质。烧乐腊法是把葡萄丰收酿成的极品雪利酒留一半在酒桶里，每次等新酒酿成后再倒进去加满，如此循环不断，使雪利酒保持一定的水准。

由于雪利酒采用此法多次混合，这就使雪利酒无法确定其年份，因此雪利酒是一种无年份强化葡萄酒，有些标有年代的雪利酒只是表示该酒是这一年开始生产的而已。

（二）波特酒（Port）

1. 产地

波特酒的原名叫（Porto）波尔图酒，产于葡萄牙杜罗河一带。杜罗河流经山区，河谷陡峻，因而沿岸的葡萄园都建立在梯田上，以防雨水冲毁。河流的出口处有一著名的港口码头波尔图，码头对面即为著名的新亚加城，这里云集了波特酒运输商的许多酒窖，囤积了大量的波特酒。

2. 历史

波特酒是由英国人创造的。据说有位英国酒商的两个儿子在波尔图度假时将白兰地兑到当地产的葡萄酒中饮用，觉得味道不错。1703年12月，这是波特酒历史上一个难忘的日子，《梅休因条约》（Methuen Treaty）正式签订，该条约在牺牲法国利益的前提下，允许波特酒出口英国。

波特酒一般为红色强化甜型葡萄酒，但也有少量干白波特酒，只有在葡萄牙杜罗河流域生产的强化葡萄酒才能称为波特酒。

3. 品种

波特酒主要有以下几种：

（1）陈酿波特（Vintage Port）是最好、最受欢迎的波特酒，它由不同年份生产的葡萄酒混合而成，并在第二年装瓶。此酒有沉淀物，饮用时必须滗酒，它不像普通波特酒在桶中成熟，而是在瓶中得到成熟完善，有的需在瓶中陈酿20～30年才能出售。陈酿波特酒色泽深红，味道浓厚，一般只在年份好时才能生产出这种酒。有些陈酿酒在桶中陈酿3年左右才装瓶，质量更高，这种酒在酒标上注明年份和装瓶日期。

（2）酒垢波特（Crusted Port）大多数是用不同年份生产的葡萄酒混配的，有时也用同一年生产的酒混合，一般在桶中陈酿三四年后才装瓶，并在瓶中产生酒垢，但没有沉淀物，因此滗酒时必须小心谨慎，酒垢波特通常质量上乘，比陈酿波特酒的价格也便宜得多。

（3）黄褐色波特（Tawny Port）又称茶色波特，是用不同年份的葡萄酒混合而成的，这类酒一般要经过 12 年左右的木桶陈酿才能形成这种黄褐色或茶色，装瓶后就没有任何变化了。一般装瓶 6 个月内必须饮用，茶色波特通常用作甜食酒，不宜作为开胃酒。

（4）宝石红波特（Ruby Port）属于短期成熟的酒，成熟期一般为 5 年。优质宝石红波特酒一般需在桶中陈酿 8 年左右，颜色深红，具有果香，口味较甜，它是用不同年份葡萄酒混合而成的，装瓶后也不会发生变化（见图 6-5）。

（5）白波特酒（White Port），一般用白葡萄酿成，比红波特酒干，通常用作开胃酒。

4. 名品

葡萄牙著名的波特酒公司和波特酒有：

科克本（Cockburn's）——由科克本创办的公司生产，该公司创立于 1815 年，目前属于美国最大酒类企业。其贩卖量为世界第一，有著名的科克本优质宝石红波特和茶色波特酒。

克罗夫特（Croft）——该公司拥有葡萄牙最大的葡萄园，生产高级陈酿波特酒，如优质克罗夫特宝石红葡萄酒和三钻石牌茶色波特酒等。

图6-5　宝石红波特

泰勒（Taylor's）——1692 年成立的泰勒公司拥有世界最优秀的葡萄园和众多小葡萄园，是信誉良好的波特酒商，商务十分活跃。泰勒波特酒在世界上也十分畅销。

5. 波特酒的生产

每年 8 月底开始收获葡萄，一直延续到 10 月初，采摘下的葡萄送到杜罗河沿岸的酒窖破碎压榨，葡萄破碎工作由工人在拉嘎桶中赤脚完成，接着开始发酵，并由窖主不断检测，在发酵停止之前加入白兰地，其投入比例为 1∶5，并使酒精含量达到 61%，这时发酵完全停止，葡萄酒十分稳定。第二年春天，这些不成熟的波特酒被装入 524 毫升的波特酒罐，用船、汽车或火车运到新亚加城，它们在酒商们的酒窖里最后定型。

（三）玛德拉（Madeira）

1. 产地

玛德拉酒出产于大西洋上的葡属玛德拉岛。玛德拉葡萄酒多为棕红色，但也生产干白葡萄酒。该酒陈酿很好，并且寿命也很长，在英国伦敦和玛德拉岛上要找一瓶 100 年酒龄的玛德拉酒并不是件难事。

2. 历史

根据历史记载，1419 年，葡萄牙水手吉奥·康克午·扎考发现玛德拉岛。15 世纪，玛德拉岛广泛种植甘蔗和葡萄。17 世纪，玛德拉酒开始销往国外。1913 年，玛德拉葡萄酒公司成立，由威尔士与山华公司（Welsh & Cunha）和亨利克斯与凯马拉公司（Henriques & Camara）组建。经过数年的发展，又有数家酿酒公司加入。后来规模不断扩大，成立了玛德拉酒酿酒协会。28 年后，该协会更名为玛德拉酿酒公司（Madeira Wine Company Lda，MWC）。1989 年，该公司采取了控股联营经营策略，投入大量资金，改进葡萄酒包装和扩大销售网络，使玛德拉葡萄酒成为著名品牌。玛德拉公司多年来进行了大量的投资，提高葡萄酒的质量标准，并在 2000 年完成了制酒设施的革新，从而为优质玛德拉酒的生产和熟化提供了先进的设施。

3. 玛德拉酒的生产

玛德拉酒的生产方式也很独特，每年 8 月的第二个星期开始收获葡萄，葡萄同样放在拉嘎桶中赤脚踩破，然后将葡萄汁用羊皮制的容器运到酒商的地窖进行发酵，发酵停止后即用白兰地强化，接着装入酒坛堆放到院子或高温的房间里，室温提高到 40℃～46℃，然后渐渐降低，这一烘烤过程使酒液中所含糖分转变成焦糖，给葡萄酒带来十分奇特的香味。玛德拉葡萄酒静止 18 个月后进行倒桶并再次用白兰地强化，使酒精度提高到 20%～21%，然后采用类似烧乐腊的方法混兑和澄清，但是陈酿玛德拉酒不采用此法，而是直接标明陈酿年份和葡萄品种。

4. 名品

玛德拉酒分四种：舍赛尔（Sercial）、韦尔德罗（Verdelho）、布阿尔（Bual）和玛尔姆赛（Malmsey）。舍赛尔和韦尔德罗体轻味干，多用作开胃酒和佐汤；布阿尔和玛尔姆赛酒体重而丰满，是很好的甜食酒。

专家们认为布阿尔在这四类玛德拉酒中酒体最均称协调，玛尔姆赛酒体最重，因为酿酒葡萄采摘较晚，并位于朝南的海滩，酿酒时间长，比较麻烦，因此价格相对来说比另外两种要高一些。大多数玛德拉酒的酒标上有酒商和葡萄的名字，唯一使用的地名是洛沃斯（Lobos），是以玛尔姆赛和其他葡萄混合酿制的甜葡萄酒闻名的。

（四）玛萨拉（Marsala）

1. 产地

玛萨拉酒产于意大利西西里岛（Sicilia）西北部的玛萨拉一带。

2. 特点

玛萨拉酒色金黄带棕褐光泽，美丽多彩，香气芬芳、醇美，口味清冽、爽适、甘润。它是葡萄酒和葡萄蒸馏酒勾兑而成的配制酒，最适于作为甜食之酒和开胃饮料（见图6-6）。玛萨拉酒是由英国的伍德豪斯兄弟（Woodhouse）制造并推广开来的，它与波特酒、雪利酒等齐名。

3. 分类

玛萨拉酒由于陈酿时间不同，风格也各有区别。

玛萨拉佳酿（Fine），最低酒精度17%，其味甜润。

玛萨拉优酿（Superior），陈酿两年，最低酒精度18%，酒味甜润醇美。

玛萨拉精酿（Verfine），陈酿五年，最低酒精度为18%，使用烧乐腊法酿制。

图6-6 玛萨拉

玛萨拉特酿（Special）的酒精含量也是18%，但是可能会使用香蕉、草莓和鸡蛋进行调香。

二、甜食酒的饮用与服务

（一）雪利酒的饮用与服务

雪利酒是葡萄酒，适合葡萄酒的储存条件都适用于雪利酒。许多雪利酒来自顶端带螺丝的桶或可以拧紧盖口的桶，这样能竖直储存，有利于延长雪利酒的保存时间。装于瓶中的雪利酒适合随时饮用。Fino 或 Amontillado 雪利酒开瓶后应冷藏，并应在三周内饮完。Oloroso 和 Cream 应在温室下饮用，按照传统，它们适合于餐后饮用。

西班牙人饮用雪利酒采用独特的"郁金香"玻璃杯。可装6盎司的玻璃杯叫 Copa，而能装4盎司的玻璃杯叫 Copita，这两种玻璃杯给雪利酒提供了足够的空间去散发葡萄酒的芳香。

（二）波特酒的饮用与服务

波特酒的酒精含量和含糖量高，最好是在天气比较凉爽或比较冷的时候饮用。

在打开一瓶陈酿的波特酒之前，应让瓶子直立3~5天，以使葡萄酒的沉淀物沉到瓶底。开瓶后至少要放置1~2个小时才可以饮用，以释放任何变质的气味或在塞子下可能产生的气体。波特酒无须冷藏，最好是在地窖温度下饮用。

与普通的认识相反，波特酒开瓶后寿命很短，必须尽快饮用完，陈酿波特酒在开瓶后 8 ~ 24 小时之内就会变质。

（三）玛德拉酒的饮用与服务

玛德拉酒是一种强化葡萄酒，比一般餐酒的可保存时间长。在饮用之前将玛德拉酒瓶直立起来放置几天，直到所有沉淀物沉到瓶底再慢慢倒出。开瓶之后，玛德拉酒有 6 周保存时间，但不可保存于高温或潮湿的地方。饮用玛德拉酒不加冰，应在冰箱中冷藏之后饮用。Verdello 和 Rainwater 应在冷藏之后作为开胃酒饮用。

（四）玛萨拉酒的饮用与服务

玛萨拉酒为甜食酒，一般用作佐助甜品、无盐坚果、水果，在西西里常常用于烹饪和烧烤。作为一种加强酒，玛萨拉酒在保存时间方面很有优势。开瓶后的玛萨拉酒只要不放置在高温、阳光充足的地方，就能保存 3 ~ 4 个月仍风味不减。当然，开瓶后能够尽快喝完更好。

第三节　利口酒

一、利口酒概述

利口酒（Liqueurs 或 Cordial）又称为香甜酒，是一种含酒精的饮料，由中性酒（Neutral Spirits）如白兰地、威士忌、朗姆、金酒、伏特加或葡萄酒加入一定的加味材料（如树根、果皮、香料等），经过蒸馏、浸泡、熬煮等过程生产而成，且至少含有 2.5% 的甜浆。甜浆可以是糖或蜂蜜，大部分的利口酒含甜浆量都超过 2.5%。利口酒不但含糖量高，酒精含量也比较高，颜色娇美，气味芳香独特。

（一）利口酒的加味材料

利口酒所采用的加味材料千奇百怪，最常见的分三大类：
（1）植物，包括可利用植物的根（如姜、白芷根、鸢尾草、龙胆根）、茎、叶（如茶叶、薄荷、莳萝）、花（如橘子花、玫瑰、紫罗兰、菊花）、果（如橘子、柑橘、杏子、杏仁、咖啡豆、可可豆、豆蔻、香蕉）、皮（如肉桂）等。

（2）矿物，主要是黄金、琥珀、矿泉水等。

（3）动物分泌物，主要是麝香。

（二）利口酒的生产

利口酒味道香醇，色彩艳丽柔软，生产方法独特，但各自的配方都相对保密从不外泄。利口酒基本酿造方法有以下几种：

（1）蒸馏法。即将酒基和香料同置于锅中蒸馏而成，香草类利口酒多用此法制成。蒸馏过的液体妥为储藏，便是高级利口酒。经过蒸馏出来的利口酒多半是无色透明的，为了使其色彩斑斓，经常加入由蔬菜或植物提炼成的食用色素或无毒人工色素，使它们更加吸引人。

（2）浸渍法。有许多新鲜的草药、花瓣、果实经由加热蒸馏会使原味尽失，因此必须采用浸渍法，或称浸泡法酿制。其方法是将配料浸入基酒中，使酒液从配料中充分吸收其味道和颜色，然后将配料滤出，此法目前使用最广。

（3）渗透过滤法。适用于大部分的草药、香料酒。此方法有点类似煮咖啡，用一个像煮咖啡一样的玻璃容器，上面的玻璃圆球放草药、香料等，下面的玻璃球放基酒，加热后，酒往上升，带着香料、草药的气味下降，再上升，再下降，如此循环往复，直至酿酒者认为草药已无利用价值或酒已摄取了足够的香甜或者苦辣为止。

（4）混合法。这是一种偷懒的方法，只要将酒、糖浆或蜂蜜、食用香精混合在一起即成。法国禁止使用这种合成法，但仍有一些国家使用此方法，不过生产出的酒质量很差。

二、利口酒的主要种类

（一）柑橘类利口酒

水果中以柑橘属最好酿酒，无论和白兰地、威士忌等任何一种酒匹配都能产生极佳的效果。柑橘类包括各种橙子、橘子（桶柑、小金橘、橘子等），柑橘不论其酸、甜、苦，其皮晒干后自然有一种极和谐的酸甜度，酿酒后可口且易消化。所有柑橘酒中，以古拉索类（Curacao）最杰出。它是用青橘子干皮、肉桂、丁香和糖等配合浸泡而成，原是用荷属古拉索岛的苦橙皮浸泡在白兰地中取得的，用地名取酒名。荷兰的酿酒公司通常会同时推出几种古拉索酒，有无色的，有绿色的，也有蓝色的，用来调配各种色彩鲜艳的鸡尾酒。

柑橘类利口酒中还有其他一些著名品种，如君度（Cointreau），它的原型是"Triple Sec"，用橙皮泡在酒里一段时间，再蒸馏，然后加入糖浆及其他物质，酿好后装瓶销售。君度是很多人喜欢的酒，在许多酒谱中加那么几滴会使原有的味道更具韵味。

金万利（Grand Marnier）是用法国白兰地泡苦橙皮酿制而成的香橙利口酒（见图6-7），有黄色和红色两种，红色更为世人熟悉，它一定要用干邑白兰地作为酒基来酿制。

图6-7　柑橘类利口酒

（二）樱桃利口酒

樱桃酒由于酿造方法不同又可分为两大类：一类称为"Kirsch"，将樱桃压碎，经发酵、蒸馏成樱桃酒（Cherry Wine），再蒸馏成樱桃白兰地（Cherry Brandy），并用丁香、肉桂、砂糖等调成暗红色产品，酒精含量在21%～24%，含糖量为20%～22%，选择时以酒精度高而糖分低者为佳；另外还有一类是樱桃利口酒（Cherry Liqueur），是以樱桃泡浸白兰地一段时间再蒸馏而成，美国人称之为樱桃味的白兰地。樱桃利口酒主要品种有：

彼得·亨瑞（Peter Heering）是世界上最佳的樱桃利口酒，取名于创始人彼得·亨瑞，该酒是由丹麦的戴尔比（Dalby）酒厂生产，色泽暗红，口味极为柔顺，带有水果香味。

玛若希诺（Maraschino）是用产于亚得里亚海滨的达尔美提亚的玛若斯卡（Marasca）酸樱桃酿成的利口酒，此酒18世纪以来即闻名于世，口味略甜，酒液透明，由于是由酸樱桃制成，发酵前要加糖，然后再进行蒸馏。

（三）桃子利口酒

桃子利口酒的著名品牌是南方的安逸（Southern Comfort）。南方的安逸源于美国新奥尔良，它的生产方法是将新鲜的桃子（占大多数）、橙子及若干热带水果去皮去核后，加进草药香料，浸泡在波旁威士忌里，并在大木桶里储藏6～8个月才装瓶上市。该酒含有近44%的酒精，但并不辣口，芳醇爽口，为各阶层人士普遍喜爱。

（四）奶油利口酒

奶油利口酒含糖分40%～50%，制作原料有果实、茶花、植物、咖啡等，不胜枚举，无论使用什么材料，它们的共同特点就是像奶油一般甜腻。奶油类利口酒品牌较多，著名的有：

阿摩拉多·第·撒柔娜（Amaretto di Saranno）出产自意大利。该酒带有淡淡的杏仁的清香及核仁香，极讨人喜欢，和许多种果汁混合均可调出可口的鸡尾酒来。

可可奶油利口酒（Crème de Cacao）又称为可可利口酒或巧克力利口酒，是将可可豆浸泡在基酒中或直接用可可豆加入其他植物蒸馏而成的利口酒，其种类繁多，口味极甜，酒精含量30%，有白色和褐色两种，在调鸡尾酒时使用较广。

此外，奶油利口酒还有用香蕉酿制的香蕉利口酒（Crème Banana）、草莓利口酒（Crème Frais）、法国高级杏仁利口酒（Crème d'Abricot）等。

（五）香草类利口酒

香草类利口酒的酿制材料是由各种各种草本植物构成的（见图6-8），酿酒工艺复杂，并具有一定的神秘感。代表产品是沙特勒兹（Chartreuse）和班尼狄克汀（Benedictine DOM）。

沙特勒兹（Chartreuse）利口酒于1762年开始由沙特勒兹修道院生产，据推测是以白兰地为酒基，采用阿尔卑斯山中的130多种草药调配后经过5次浸渍和10次重复蒸馏，再历经2年的储藏并埋在120米深的洞窟之中。该酒的酒精浓度高达55%，具有镇定精神、恢复疲劳之功效。

班尼狄克汀（Benedictine DOM）又称为当酒。以白兰地为酒基，再用山艾草、生姜、丁香、肉桂等27种材料调配，两次蒸馏，两年储藏而成，酒液呈黄绿色，酒精含量为43%，入口的甜味后有一种圆润的风味。

此外，出产于意大利的加里昂诺（Galliano）也是著名的香草类利口酒。其生产配方一样秘而不宣，据说是"以高级的酒混进青草的叶、根、花等，储存在玻璃桶里使酒与植物的味道彻底融合（约6个月），再经不断的过滤，去掉杂质，装瓶上市"。加里昂诺酒瓶细长呈锥形，形似一根球棒，金澄澄的酒液光彩照人，口味较冲，带有一股茴香、胡荽的混合香气，深受美国人欢迎。

图6-8 香草类利口酒

（六）咖啡利口酒

咖啡利口酒以添万利（Tia Maria）、卡鲁瓦（Kahlua）和咖啡奶油利口酒（Crème de Café）最著名。

添万利是所有咖啡利口酒的鼻祖，起源于18世纪，主要产地是牙买加，它以朗姆酒为酒基，加入当地产的蓝山咖啡和香料酿成，除了浓郁的咖啡香味外，还有细微的香草味，酒精含量为31.5%。

卡鲁瓦是墨西哥产的咖啡甜酒。该酒以烈性酒为酒基，墨西哥咖啡为辅料，再加可可、香草制成，酒精含量26.5%。卡鲁瓦不但口味浓重、风味独特，其包装也与众不同，酒瓶为带有浓厚乡土气息的容器。卡鲁瓦可以用来调配鸡尾酒。若将它浇在冰激凌上或调在牛奶中会使这些食物味道更鲜美。

（七）其他

利口酒品种众多，除上述几大类酒品外，还有其他很多种独具特色的利口酒。

杜林标（Drambuie）是世界上最有名的以威士忌为酒基的利口酒，加入蜂蜜、草药调香，无任何"异味"，可以和威士忌兑着喝，也可以作为餐后酒用。

很多植物的果实都能用来酿酒，如以银杏蒸馏酒或白兰地为酒基，浸入银杏、香料、糖等酿成的色泽浅薄的银杏利口酒（Apricot）；以梨为原料酿制的梨利口酒（Poire Liqueur）；用草莓酿制的黑色草莓利口酒（Black Berry）；以肉桂为原料的肉桂利口酒（Anisette）；用蛋黄酿制的蛋黄酒（Advocaat）；野梅酿制的野梅金酒（Sloe Gin）；薄荷酒；等等。

三、利口酒的饮用与服务

利口酒发明之初主要是用于医药，主治肠胃不适、气胀、气闷、消化不良、腹泻、伤风感冒及轻微疼痛。特别是法国人喜欢饭后来点甜利口酒助消化。由于利口酒含糖分极高，各种杂七杂八的草药、香料掺加到酒中，至少有几味是助消化的，据说它确能帮助饭后肠胃的蠕动。

利口酒是鸡尾酒调制的主要材料，它既可以调色，还可以调味。许多鸡尾酒中加一两味利口酒可以使酒品的味道更芳醇、更有韵味。

利口酒除了作为助消化之餐后酒外，仍有许多其他的饮用法，如加汽水、加碎冰饮用等。此外，利口酒在欧美厨房里也扮演重要角色，它不但可以用于烹饪、烧烤，甚至还可用于做冰激凌、布丁的淋汁及水果盅附味等。

纯饮利口酒可用利口酒杯，加冰块可用古典杯或葡萄酒杯，加苏打水或果汁饮料时，用果汁杯或高身杯。

利口酒的标准用量为 30 毫升。开瓶后仍可继续存放，但长时间储存有损品质，应竖立放置，常温或低温下避光保存。

开胃酒、甜食酒、利口酒都是以酿造酒、蒸馏酒等为酒基，通过各种加味和调香材料制成，分别起到生津开胃和餐后助消化作用。由于各自的生产方法和加香、加味材料不同，因而特点各异，服务和饮用的方法也各不相同。

 复习与思考

一、填空题

1. 开胃酒的主要种类有_____、_____和_____。
2. 甜食酒的主要种类有_____、_____、_____和_____。
3. 利口酒基本酿造方法有_____、_____、_____和_____。

二、简答题

1. 简述开胃酒的服务和饮用方法。
2. 简述利口酒的主要种类和特点。

鸡尾酒调制
基础PPT

第七章 鸡尾酒调制基础

学习目的意义 掌握鸡尾酒的定义和基本结构，了解鸡尾酒的种类，熟悉酒度换算方法，正确识别调酒所使用的各类杯具和器具，激发学生进一步学习调酒技艺的热情。

本章内容概述 本章内容包括鸡尾酒文化渊源、鸡尾酒的定义与基本结构，并以图文并茂的方式展现了载杯与调酒用具，内容丰富完整，是学习鸡尾酒调制必须掌握的基础内容。

学习目标 »

方法能力目标

掌握鸡尾酒的定义和鸡尾酒的主要构成要素，了解鸡尾酒的分类，熟悉鸡尾酒常用调制器具，努力培养学生的专业眼光和专业鉴别能力。

专业能力目标

通过本章知识的学习，掌握鸡尾酒的定义和鸡尾酒的基本结构，正确识别鸡尾酒调制的各种器具和用品，并运用酒度知识进行鸡尾酒酒度的换算。

社会能力目标

运用所掌握的调酒专业知识，在专业学习和社会实践中不断提高专业水平，更好地将掌握的知识服务于企业、服务于社会。

> **知识导入**
>
> **鸡尾酒与鸡尾酒文化**
>
> 　　现代鸡尾酒起源于19世纪末20世纪初的美国，在短短的100多年的时间里，鸡尾酒经历了不同时代的流行和变迁，形成了一种独具艺术化风格的混合饮品。鸡尾酒发展至今，款式、品种和风味类型多样，变化多端，并成为风靡全世界的饮料。玲珑雅致、晶莹别透的杯盏；挥洒自如、亦真亦幻的酒色；情趣盎然、鲜活生动的杯饰。酒液经过细致的调和，杯盏之中、点滴之间闪耀并跳动着感性的气质。
>
> 　　鸡尾酒文化自出现之日起，便引领着一种时尚和潮流，成为一种风靡世界的饮料，这不仅是因为其神秘的色彩和离奇的传说，而且鸡尾酒文化的背后显示出了不同国家、种族的文化和精神的融合和包容，打破传统，彰显个性在鸡尾酒的世界里发挥得淋漓尽致。
>
> 　　调酒不仅是一门技术，而且更是一段艺术的创造和再现过程，如今鸡尾酒被比喻成现代时尚一族的装饰品和都市人舒缓精神疲惫、休闲娱乐的掌中伴侣，对于调酒师而言，每杯鸡尾酒的调制都是生活场景的再现和特定情感的流露，并穿梭游走于不同时代和意境的转换之间，一名优秀的调酒师被誉为"心情的营养师"。20世纪末，全球又掀起了一股饮用鸡尾酒的浪潮，细心品味一杯鸡尾酒就是追忆一段纯真的年代，追求一种特殊经历，抑或是寄予一种梦想。

第一节　鸡尾酒文化渊源

一、鸡尾酒的起源

　　鸡尾酒的起源已经无从考证，但有一点是可以肯定的，它诞生于美国。最初的鸡尾酒是一种量很少的烈性冰镇混合饮料，后来经过不断发展变化，其定义变成：将两种或者两种以上的饮料通过一定的方式，混合成为一种新口味的含酒精饮品，称为鸡尾酒（见图7-1、图7-2）。

　　关于"鸡尾酒"一词的由来，众说纷纭，有着许多不同的传说。有人说由于构成鸡尾酒的原料种类很多，而且颜色绚丽、丰富多彩，如同公鸡尾部的羽毛一样美丽，因此人们将这种不知名的饮品称为鸡尾酒；有人说"鸡尾酒"（Cocktail）一词源于法语单词"Coquetel"，据说这是一种产于法国波尔多地区过去经常被用来调制混合饮料的蒸馏酒；有人说这个词是悄悄出现在20世纪的斗鸡比赛中的，因为当时每逢斗鸡比赛一定是盛况空前，获得最后胜利的公鸡的主人会被组织者授予奖品或者更确切地说是战利品——

被打败的公鸡的尾毛。当人们向胜利者敬酒时，贺词往往会说："On the Cock's Tail！"

关于"鸡尾酒"源出何时何地，至今尚无定论，只是留有许多传说。

（1）第一种说法。一天，一次宴会过后，席上剩下各种不同的酒，有的杯里剩下1/4，有的杯里剩下1/2。有个清理桌子的伙计，将各种剩下的酒，三五个杯子混在一起，一尝味儿却比原来各种单一的酒好。伙计按不同组合一连试了几种，种种如此。过后，他将这些混合酒分给大家喝，结果评价都很高。于是，这种混合饮酒的方法便出了名，并流传开来。至于为何称为"鸡尾酒"而不叫伙计酒，便不得而知了。

（2）第二种说法。1775年，移居于美国纽约阿连治的彼列斯哥在闹市中心开了一家药店，制造各种精制酒卖给顾客。一天他把鸡蛋调到药酒中出售，获得一片赞许之声。从此顾客盈门，生意鼎盛。当时纽约阿连治的人多说法语，他们用法国口音称之为"科克车"，后来演变成英语"鸡尾"。从此，鸡尾酒便成为人们喜爱饮用的混合酒，花式也越来越多。

（3）第三种说法。19世纪，美国人克里福德在哈德逊河边经营一间酒店。克里福德有三件引以为豪的事，人称克氏三绝。第一，他有一只膘肥体壮、气宇轩昂的大雄鸡，是斗鸡场上的名手；第二，他的酒库据称拥有世界上最杰出的美酒；第三，他夸耀自己的女儿艾恩米莉是全市第一名绝色佳人，似乎全世界也独一无二。市镇上有一个名叫阿金鲁思的年轻男子，每晚到这家酒店悠闲一阵，他是往来哈德逊河货船的船员。年深月久，他和艾恩米莉坠入了爱河。这小伙子性情好，工作踏实，老克里打心里喜欢他，但又时常作弄他说："小伙子，你想吃天鹅肉？给你个条件吧，你赶快努力当个船长。"小伙子很有恒心，努力学习、工作，几年后终于当上了船长，艾恩米莉自然也就成了他的太太。婚礼上，老克里很高兴，他把酒窖

图7-1　经典鸡尾酒示例（1）

图7-2　经典鸡尾酒示例（2）

里最好的陈年佳酿全部拿出来，调和成"绝代美酒"，并在酒杯边饰以雄鸡尾羽，美丽至极。然后为女儿和顶呱呱的女婿干杯，并且高呼"鸡尾万岁！"自此，鸡尾酒便大行其道。

（4）第四种说法。相传美国独立战争时期，有一个名叫拜托斯的爱尔兰籍姑娘，在纽约附近开了一家酒店。1779年，华盛顿军队中的一些美国官员和法国官员经常到这家酒店，饮用一种叫作"布来索"的混合兴奋饮料。但是，这些人不是平静地饮酒消闲，而是经常拿店主小姐开玩笑，把拜托斯比作一只小母鸡取乐。一天，拜托斯气愤极了，便想出一个主意教训他们。她从农民的鸡窝里找出一雄鸡尾羽，插在"布来索"杯子中，送给军官们饮用，以诅咒这些公鸡尾巴似的男人。客人见状虽很惊讶，但无法理解，只觉得分外漂亮，因此有个法国军官随口高声喊道："鸡尾万岁！"从此，加以雄鸡尾羽的"布来索"就变成了"鸡尾酒"，并且一直流传至今。

（5）第五种说法。传说许多年前，有一艘英国船停泊在犹加敦半岛的坎尔杰镇，船员们都到镇上的酒吧饮酒。酒吧楼台内有一个少年用树枝为海员搅拌混合酒。一位海员饮后，感到此酒香醇非同一般，是有生以来从未喝过的美酒。于是，便走到少年身旁问道："这种酒叫什么名字？"少年以为他问的是树枝的名称，便回答说："可拉捷·卡杰。"这是一句西班牙语，即"鸡尾巴"的意思。少年原以树枝类似公鸡尾羽的形状戏谑作答，而船员却误以为是"鸡尾巴酒"。从此，"鸡尾酒"便成了混合酒的别名。

其实，鸡尾酒的起源并无实际意义，只是让饮用者在快乐轻松的鸡尾酒会上，在欣赏一杯完美的鸡尾酒的同时，多一个寒暄的话题而已。不过，人们也不难想象，既然鸡尾酒的起源有如此多种美丽的传说，鸡尾酒恐怕的确有其独到的魅力。

二、鸡尾酒的文化渊源

享受鸡尾酒，享受的就是一种文化，如果没有鸡尾酒文化作为重要支撑的话，那鸡尾酒最多也就是一种混合酒饮料罢了，不会有现在的意义，更不会成为社交名流、绅士名媛崇尚的一种生活方式。正如每款传世的鸡尾酒都有一个动人的历史传说一样，鸡尾酒会从色泽、口感、香气上以酒精所特有的表达方式去还原历史真相，它不仅是一款酒精饮料，更是能喝得着的"历史"。以下是几款经典鸡尾酒的文化渊源。

（1）蓝色珊瑚礁。鹿野彦司的蓝色珊瑚礁，这款特色鲜明的鸡尾酒，为1950年日本第二届饮料比赛中选出的冠军作品，是以色彩取胜的精致设计。该鸡尾酒名为蓝色，实际上作为海水的部分是呈鲜艳的绿色，薄荷的刺激性很强，给人以冰凉舒适的感受。

这款鸡尾酒"美得令人心动，美得让人舍不得喝"。

（2）新加坡司令。此酒于1915年前后诞生在新加坡拉普鲁饭店，华丽，洋溢着热带风情，非常著名，影响也广泛，是深受称赞的流行鸡尾酒之一，特别为女士所喜爱。在拉普鲁饭店调制这款鸡尾酒时，使用了10种以上的水果作为装饰，使之更散发出诱人魅力（见图7-3）。

图7-3　新加坡司令

（3）玛格丽特。1949年，美国举行全国鸡尾酒大赛。一位洛杉矶的酒吧调酒师Jean Durasa参赛。这款鸡尾酒正是他的冠军之作。之所以命名为玛格丽特（Margarita Cocktail），是想纪念他的已故恋人玛格丽特。1926年，Jean Durasa去墨西哥，与玛格丽特相恋，墨西哥成了他们的浪漫之地。然而，有一次当两人去野外打猎时，玛格丽特中了流弹，最后倒在恋人的怀中，永远离开了。于是，Jean Durasa就用墨西哥的国酒特吉拉酒（Tequila）为鸡尾酒的基酒，用柠檬汁的酸味代表心中的酸楚，用盐霜意喻怀念的泪水。如今，玛格丽特在世界酒吧流行的同时，也成为特吉拉酒的代表鸡尾酒。

（4）螺丝钉。这个名字的来历却并不如酒本身那么浪漫，据说是20世纪早期的一些美国建筑工人，在闲暇之余调制的鸡尾酒，由于没有专用的搅拌棒，因此工人们就用螺丝钉做搅拌器来调和鸡尾酒，"螺丝钉"一词由此而来。

（5）曼哈顿。据说美国第十九届总统选举时，丘吉尔的母亲在纽约的曼哈顿俱乐部举行酒会，这种鸡尾酒就是在那个时候诞生的。另一种说法是，马里兰州的一个酒保为负伤的甘曼所调制的一种提神酒。

（6）血玛丽。Bloody有血腥之意，鲜红的番茄汁看起来很像鲜血，故而以此命名。以带叶的芹菜根代替吸管，像极了一般的健康饮料。据说血玛丽的名字是源自英格兰女王玛丽都铎这个人。她是一个可怕的女王，因为迫害新教徒，所以被冠以"血玛丽"的称号。在美国实施禁酒法期间，这种鸡尾酒在地下酒吧非常流行，称为"喝不醉的番茄汁"。

（7）龙舌兰日出。正如鸡尾酒的名字一样，它的特色是色泽绝美，犹如朝阳映照于酒杯当中。1972年"滚石合唱团"的团员米克·杰格在全美演唱期间，一定要点此酒饮用，因而闻名于世。

（8）红粉佳人。在伦敦上演的舞台剧《红粉佳人》非常卖座，这是女主角赫洁尔朵恩小姐捧在手里的鸡尾酒，由于名称富有吸引力，而且色彩漂亮，所以深受女性欢迎。

三、鸡尾酒的诞生阶段

经过近两个世纪的演变,"鸡尾酒"一词已经渗透到了世界的每个角落,它之所以长盛不衰,主要在于其本身的魅力。100多年来,由于人们对它的不断改良和发展,使其成为一个拥有数千个品种的庞大家族。它的变化万千的色彩和口味,使人耳目一新的饮法,绚丽的装饰,各异的载杯,无不吸引着人们在这个神秘的世界里猎奇、流连和探索。

(一)热饮阶段

如果"鸡尾酒=酒+某物"这一说法成立的话,那么,鸡尾酒的历史则可以上溯到古罗马帝国时代。库赛杰文库的《味的美学》,讲述了古代罗马人将一些混合物掺到葡萄酒中来饮用的故事。书中写道:"这种混合物对葡萄酒只有坏的影响。最好的葡萄酒是酒精很强并且是很浓的。从酒壶中倒进酒杯时,要将这种沉淀物过滤出来,并要当场掺水饮用。即使是酒量最强的人,也要掺水喝。那些喝不掺水葡萄酒的人,都是一些不正常的人。这些人就像现在那些常喝酒精的人一样,是要受到谴责的……"在当时的罗马,掺水喝葡萄酒似乎是市民习以为常的饮用方法,除此之外,似乎还要添加石膏、黏灰、石灰、大理石粉、海水、松香等来饮用。

据传,在640年前后,中国唐朝就已经在葡萄酒中加入马奶制成乳酸饮料来饮用,这肯定是类似于现在的用酸奶制成的鸡尾酒。而且,在中世纪的欧洲,由于冬季极其寒冷,所以,冬季就有将饮料加热后饮用的方式。从14世纪起,在中部欧洲,也是由于葡萄酒生产量太多的原因,冬季用番薯制成的烈性酒——"生命之水"也被广泛饮用,将药草和葡萄酒放在很大的锅里,将用火烧热的剑插到锅里,将酒加热后饮用。在中世纪,蒸馏酒产生了,葡萄酒和啤酒的混合饮料世界也渐渐扩大起来了。1630年时,由印度人发明的所谓的宾治(punch)酒却由英国人传给了后世。这是用印度的蒸馏酒阿拉克为基酒,加入砂糖、莱姆(即青柠,是原产于印度的一种柑橘类果树)、香料和水这五种材料,在大容器中混合,然后分别倒入酒器中饮用的一种酒。

(二)冷饮阶段

如果考虑到鸡尾酒是"使用冰和器具制造出来的冷的混合饮料"的话,那么,鸡尾酒的出现只能等到19世纪后半期人工制冰机的出现之后了。19世纪70年代初期,慕尼黑工业大学的卡尔·冯·林德(C.D.Von Linde,1842~1934年)教授,在氨高压制冷机的研究方面取得进展。他就任林德制冰机制造公司的总经理,并制造出人工制冰机。在此之前,大多是住在江河湖畔的部分超富裕家庭,将冬季的天然冰放在冰室保存从而能四季享用之外,其他的人是无缘享受的,但制冰机的出现使人们四季用冰的梦想得以实现。

另外,当时那个年代,果汁生产还没有实现企业化,威尔奇公司的葡萄汁是最早商品化的产品,所以只用酒调制的马提尼被称为鸡尾酒之王,而曼哈顿则被称为鸡尾酒王后。接着,又出现了透过摇动和搅拌来制取鸡尾酒的技术,现在,我们熟知的曼哈顿等冰镇鸡尾酒已经能够调制出来了,从这点也可知道,我们熟知的鸡尾酒从诞生以来,最多也只有100多年的历史。

四、鸡尾酒的传播阶段

美国禁酒法(1920～1933年)的实施对欧洲鸡尾酒热潮的出现起了加速的作用。这一禁酒法在鸡尾酒的世界中创造出两种流派:其一是自由奔放的美式鸡尾酒;其二则是一边吸收美国的饮酒文化,一边又保持欧洲传统的欧式鸡尾酒。

在这一期间,美国的城市中出现了很多地下非法营业的酒馆,出现了一股避开宫廷耳目品尝鸡尾酒的风潮。为了在家里偷偷地饮酒,制造出和书架很相似的鸡尾酒台架(家庭酒吧)艺术装饰型的酒吧用具(冰桶、摇酒壶、苏打水虹吸瓶、搅拌棒等)以及酒杯的收藏都是当时人们极其热衷的事情,这一切也是当时的时代特征。另外,对禁酒法心怀不满并具有正义感的酒吧服务员离开了美国而到欧洲来寻求发展,这也使美式的饮酒文化得以广泛流传。

19世纪20年代的欧洲,在伦敦已出现了夜总会,年轻人欣赏爵士音乐和饮酒一直到深夜。在1889年开业的萨波依饭店也引进了美式酒吧。从中午开始,酒吧便开始营业,人们在这里可以品尝到鸡尾酒。后来出版了被称为鸡尾酒书籍之经典的《萨波依鸡尾酒全书》。

除此之外,在饮酒文化中发生的更为突出的变化是女性走进了酒吧。在此之前,酒吧是男人们独占的天地,但此时已是男女势力范围的空间开始发生变化的时代。当时的鸡尾酒主要是以威士忌、白兰地、金酒为基酒的。鸡尾酒的调制方法也是以搅拌或摇动为主。从味道上来说,也不是把材料本身的味道放在首位,几乎都是浑然一体的、完全被调制成另外一种味道的鸡尾酒。

五、鸡尾酒的热潮阶段

真正的鸡尾酒热潮的到来,是在第二次世界大战结束之后。酒吧重新开业,与此同时，"蓝色的珊瑚礁"在竞赛中获得第一名。进而，在战后开放的风潮中，逢时而生的托里斯酒吧，创造了一种以较低的价格就能随意品尝洋酒的气氛，因此，与"蓝色的珊瑚礁"一起，急速地扩大了鸡尾酒爱好者的范围。

第二次世界大战结束后，欧洲（尤其是法国和意大利）又再次在鸡尾酒的世界中开始发挥力量。最先登场的是1945年创作出来的吉尔鸡尾酒，在20世纪60年代曾流行一时。1950年前后，在美国也出现了很多口感清爽、酒精度数较低的鸡尾酒，如使用搅拌器调制的鸡尾酒或以波本和龙舌兰为基酒的鸡尾酒，还有迎合清淡口味嗜好的伏特加补酒和冷饮葡萄酒等。

进入1965年之后，女性的饮酒倾向明显增强，并且成为扩大鸡尾酒影响的一股巨大力量。接着，1975年之后，受旅行热的影响，出现了热带鸡尾酒的热潮。进入1985年之后，咖啡酒吧或真正的酒吧又开拓出标准鸡尾酒的饮用群体。而且，在以往的掺水饮用威士忌的一边倒的饮酒模式中又刮起了新风，将鸡尾酒引向阳光明媚的新天地。鸡尾酒也从自我陶醉的一种饮品发展成为能使自己的生活空间变得丰富多彩的助手，能使自己尽享生活乐趣的工具。

六、鸡尾酒的未来发展

（一）从中国来看

随着社会的发展、人们经济收入的增长和生活水平的提高，人们的生活方式逐渐向多元化发展，生活闲暇时间逐渐增多，可以预见，未来调酒业的发展将是以传统的和现代的鸡尾酒的调制工艺和方法为基础并伴随人类社会物质文明和精神文明的发展而建立起来的新的体系，将主要表现在以下五个方面。

其一，在物质市场开始丰富的同时，人们在口味上的要求也会发生改变，这将是影响鸡尾酒调制口味及发展的因素之一。

其二，由于长时间在都市中工作、学习和生活，人们对饮品的纯天然性质的要求更高，对纯野生的第三代植物果实的果汁和绿色饮品的需求会增加，调制鸡尾酒也势必向此方向发展。

其三，未来的科学发展以及人类新的健康问题对鸡尾酒的影响。比如糖尿病、高血压、肥胖病等都将给鸡尾酒的调制配方带来影响，那时人们将对含糖和脂肪较高的酒类予以淘汰，随之而来的是低糖、低脂、低酒精的鸡尾酒。而鸡尾酒的创新则将更加注重饮食疗养和保健的功用。

其四，葡萄酒的流行体现了人们对纯天然的绿色保健饮品的需求，葡萄酒内含的单宁酸和其他营养物质能给人们的健康带来很多好处，以葡萄酒为基酒的鸡尾酒也将成为流行趋势。

其五，调酒的技术将向更加普及化和产业化的方向发展。随着人们生活节奏的加快，简捷方便的成品鸡尾酒将进入人们的日常生活。

（二）从世界来看

现在鸡尾酒的主流，无论是在哪个国家，都已集中到可以被称为"回归传统"的质朴至上的路线上来了。无论是在伦敦，还是在纽约、东京，干马提尼、琴酒、伏特加、意大利红葡萄酒加苏打水、血玛丽、橘子汁伏特加混合饮料之类的鸡尾酒仍保持其稳定的生命力。

第二节　鸡尾酒的定义与基本结构

一、鸡尾酒的定义

美国的《韦氏辞典》对鸡尾酒的定义：鸡尾酒是一种量少而冰镇的饮料，它以朗姆酒、威士忌或其他烈酒为基酒，或以葡萄酒为基酒，再配以其他材料，如果汁、鸡蛋、比特酒、糖等，以搅拌或摇荡法调制而成；最后再以柠檬片或薄荷叶装饰。

从上面的定义可以将鸡尾酒的特点理解如下：

（1）鸡尾酒是混合酒。鸡尾酒由两种或两种以上的酒水、饮料调和而成，可无酒精。

（2）花样繁多，调法各异。用于调酒的原料有很多类型，各酒所用的配料种数也不相同，如2种、3种甚至5种以上。就算以流行的配料种类确定的鸡尾酒，各配料在分量上也会因地域不同、人的口味各异而有较大变化，从而冠以新的名称。

（3）具有刺激性气味。鸡尾酒具有明显的刺激性，具有一定的酒精浓度，因此能使饮用者兴奋。适当的酒精浓度使饮用者紧张的神经和缓、肌肉放松等。

（4）能够增进食欲。鸡尾酒应是增进食欲的滋润剂。饮用后，由于酒中含有的微量调味饮料如酸味、苦味等的作用，饮用者的口味会有所改善，绝不会因此而倒胃口、厌食。

（5）口味优于单体酒品。鸡尾酒必须有卓越的口味，而且这种口味应该优于单体酒品。在品尝鸡尾酒时，味蕾应该充分扩张，才能尝到刺激的味道。如果过甜、过苦或过香，就会影响品尝风味的能力，降低酒的品质，是调酒时不允许的。

（6）冷饮性质。鸡尾酒严格上来讲需要足够冷冻。像朗姆类混合酒，以沸水调配，自然不属典型的鸡尾酒。当然，也有些酒种既不用热水调配，也不强调加冰冷冻，但某些配料是温的，或处于室温状态的，这类混合酒也应属于广义的鸡尾酒的范畴。

（7）色泽优美。鸡尾酒应具有细致、优雅、匀称、均一的色调。常规的鸡尾酒有澄清透明的和浑浊的两种类型。澄清型鸡尾酒应该是色泽透明，除极少量因鲜果带入固形物外，没有其他任何沉淀物。

（8）盛载考究。鸡尾酒应由式样新颖大方、颜色协调得体、容积大小适当的载杯盛载。装饰品虽非必需，但却是常有的。它们对于酒，犹如锦上添花，使之更有魅力。况且，某些装饰品本身也是调味料。

二、鸡尾酒的基本结构

鸡尾酒的种类款式繁多，调制方法各异，但任何一款鸡尾酒的基本结构都有共同之处，即由基酒、辅料和装饰物三部分组成。鸡尾酒的基本结构可以用公式来表示：鸡尾酒 = 基酒 + 辅料 + 装饰物。

（一）基酒

基酒，又称为鸡尾酒的酒底，是构成鸡尾酒的主体，决定了鸡尾酒的酒品风格和特色，常用作鸡尾酒的基酒主要包括各类烈性酒，如金酒、白兰地、伏特加、威士忌、朗姆酒、特吉拉酒、中国白酒等，葡萄酒、葡萄汽酒、配制酒等也可作为鸡尾酒的基酒，无酒精的鸡尾酒则以软饮料调制而成。

基酒在配方中的分量比例有各种表示方法，国际调酒师协会统一以份（Part）为单位，一份为40毫升。在鸡尾酒的出版物及实际操作中通常以毫升、量杯（盎司）为单位。

（二）辅料

辅料是鸡尾酒调缓料和调味、调香、调色料的总称，它们能与基酒充分混合，降低基酒的酒精含量，缓冲基酒强烈的刺激感，其中调香、调色材料使鸡尾酒含有了色、香、味等俱佳的艺术化特征，从而使鸡尾酒的世界色彩斑斓、风情万种。

1. 辅料的种类

可作鸡尾酒辅料的主要有以下几大类。

（1）碳酸类饮料：包括雪碧、可乐、七喜、苏打水、汤力水、干姜水、苹果西打等。

（2）果蔬汁：包括各种罐装、瓶装和现榨的各类果蔬汁，如橙汁、柠檬汁、青柠汁、苹果汁、西柚汁、杧果汁、西瓜汁、椰汁、菠萝汁、番茄汁、西芹汁、胡萝卜汁、综合果蔬汁等。

（3）水：包括凉开水、矿泉水、蒸馏水、纯净水等。

（4）提香增味材料：以各类利口酒为主，如蓝色的柑香酒、绿色的薄荷酒、黄色的香草利口酒、白色的奶油酒、咖啡色的甘露酒等。

（5）其他调配料：糖浆、砂糖、鸡蛋、盐、胡椒粉、美国辣椒汁、英国辣酱油、安哥斯特拉苦精、丁香、肉桂、豆蔻等、巧克力粉、鲜奶油、牛奶、淡奶、椰浆等。

（6）冰：根据鸡尾酒的成品标准，调制时常见冰的形态有方冰（Cubes）、棱方冰（Counter Cubes）、圆冰（Round Cubes）、薄片冰（Flake Ice）、碎冰（Crushed）、细冰（幼冰，Cracked）。

2. 辅料的选择

（1）含酒精辅料。含酒精辅料与基酒搭配调酒在鸡尾酒中经常应用。开胃酒、利口酒、部分中国配制酒都是受欢迎的选择对象。

开胃酒中的味茴香酒是酒精含量高、风味浓重的酒，用作辅料时用量要少一些，也可以加冰、加水冲调后再用。

苦酒口感很苦，在鸡尾酒中使用频率高但是用量少，主要起调整口感和点缀作用。

开胃酒中的味美思是酒精含量最高、香气浓重的加强型葡萄酒，它能和各种烈酒搭配，调制出的酒酒度较高，被誉为"男子汉的饮料"，常用的是马提尼。

利口酒是基酒的最佳搭档。最受欢迎的是君度香橙利口酒，它能和所有的酒搭配调制各色鸡尾酒。椰子利口酒用朗姆酒作基酒，相互的配合能调制出具有热带风情的鸡尾酒。薄荷利口酒能和各种酒混合，调制出清凉爽口的鸡尾酒。利口酒有时也自己做主，利用自身丰富多彩的色泽，依据含糖量高低调制出多姿多彩的彩虹类鸡尾酒。

（2）不含酒精辅料。果汁营养丰富，有自然的色泽和爽快的口感，能和所有的酒搭配，柠檬汁、橙子汁、青柠汁最受青睐。另外，番茄汁、椰子汁、菠萝汁能和酒搭配调制出口感新奇、风味独特的鸡尾酒。

汽水是容量较大的长饮鸡尾酒的辅料，无色无味的苏打水只是会降低整杯鸡尾酒的酒精含量，绝对不会改变体现鸡尾酒主体风格的色、香、味。汽水类辅料使用得较多，雪碧、七喜、可口可乐、百事可乐很受青睐。汽水冰镇后调制鸡尾酒效果更好。

调制长饮类鸡尾酒不要一味地兑满，要给装饰物留有空间，吸管和搅棒是长饮类鸡尾酒必不可少的配饰。

水作为辅料可以和酒直接搭配，水指的是用水制成的冰块。大多数鸡尾酒加冰会有更好的口感。

加有奶类饮料和鸡蛋的鸡尾酒，营养丰富、芳香可口，深受女性偏爱。新鲜的牛奶、奶酒都是上佳的鸡尾酒辅料。

糖浆作为辅料不仅仅是为了增甜，还会调整口味、丰富色彩。常用的品种有白糖浆、红石榴糖浆、绿薄荷糖浆以及各种水果糖浆。

咖啡和茶用作辅料调制鸡尾酒，热饮时一定要注意加热的温度不可超过酒精的蒸发点。咖啡和茶也能和酒混合配制冷饮类鸡尾酒，以茶为辅料的鸡尾酒是未来鸡尾酒发展的趋势。

辣椒油、胡椒粉、细盐属于另类辅料，能调制出极为特殊的鸡尾酒，但数量极少。

选择调酒辅料，在品质和成本上都要考虑。首要的是品质，品质低劣的辅料会毁掉一杯鸡尾酒。也不必去追求成本过高的辅料，因其也不见得能调出精品来。在辅料的选择上既要考虑让人满意的品质，也要考虑它适中的价格。

（三）装饰物

装饰物、杯饰等是鸡尾酒的重要组成部分。装饰物的巧妙运用，可有画龙点睛般的效果，使一杯平淡单调的鸡尾酒旋即鲜活生动起来，充满着生活的情趣和艺术，一杯经过精心装饰的鸡尾酒不仅能捕捉自然生机于杯盏之间，而且也可成为鸡尾酒典型的标志与象征。对于经典的鸡尾酒，其装饰物的构成和制作方法是约定俗成的，应保持原貌，不得随意改变，而对创新的鸡尾酒，装饰物的修饰和雕琢则不受限制，调酒师可充分发挥想象力和创造力。对于不需装饰的鸡尾酒品加以赘饰，则是画蛇添足，只会破坏了酒品的意境。

鸡尾酒常用的装饰果品材料有：

（1）樱桃（红、绿、黄等色）。

（2）咸橄榄（青、黑色等），酿水橄榄。

（3）珍珠洋葱（细小如指尖、圆形透明）。

（4）水果类。水果类是鸡尾酒装饰最常用的原料，如柠檬、青柠、菠萝、苹果、香蕉、香桃、阳桃等，根据鸡尾酒装饰的要求可将水果切配成片状、皮状、角状、块状等进行装饰，有些水果掏空果肉后，是天然的盛载鸡尾酒的器皿，常见于一些热带鸡尾酒，如椰壳、菠萝壳等。

（5）蔬果类。蔬果类装饰材料常见的有西芹条、酸黄瓜、新鲜黄瓜条、红萝卜条等。

（6）花草绿叶。花草绿叶的装饰使鸡尾酒充满自然和生机、令人备感活力，花草绿叶的选择以小型花序、小圆叶为主，常见的有新鲜薄荷叶、洋兰等，花草绿叶的选择应清洁卫生，无毒无害，不能有强烈的香味和刺激味。

（7）人工装饰物。人工装饰物包括各类吸管（彩色、加旋形等）、搅棒、象形鸡尾酒签、小花伞、小旗帜等，载杯的形状和杯垫的图案花纹也起到了装饰和衬托作用。

三、鸡尾酒的命名

鸡尾酒的命名五花八门，同一结构与成分的鸡尾酒之间，稍作微调或装饰改动，又可衍生出多种不同名称的鸡尾酒，同一名称的鸡尾酒，在世界各地的调酒师中，有着各自不同的诠释。鸡尾酒的命名虽然带有许多难以捉摸的随意性和文化性，但也有一些可遵循的规律，从鸡尾酒的名称入手，也可粗略地认识鸡尾酒的基本结构和酒品风格。

（一）根据鸡尾酒的基本结构、调制原料命名

（1）金汤力（Gin Tonic）：金酒加汤力水兑饮。

（2）B & B：是由白兰地和香草利口酒（Benedictine DOM）混合而成，其命名采用两种原料酒名称的缩写而合成。

（3）香槟鸡尾酒（Champagne Cocktail）：该类鸡尾酒主要以香槟、葡萄汽酒为基酒，添加苦精、果汁、糖等调制而成，其命名较为直观地体现了酒品的风格。

（4）宾治（Punch）：宾治类鸡尾酒，起源于印度，"Punch"一词来自印度语中的"Panji"，有"5种"原料混配调制而成之意。

据鸡尾酒的基本结构与调制原料命名鸡尾酒范围广泛，直观鲜明，能够增加饮者对鸡尾酒风格的认识，除上述列举的外，诸如特吉拉日出（Tequila Sunrise）、葡萄酒冷饮（Wine Cooler）、爱尔兰咖啡（Irish Coffee）等均采用这种命名方法。

（二）以人名、地名、公司名等命名

以人名、地名、公司名命名鸡尾酒等混合饮料，是一种传统的命名法，它反映了一些经典鸡尾酒产生的渊源，让人产生一种归属感。

（1）以人名命名。人名一般指创制某种经典鸡尾酒调酒师的姓名和与鸡尾酒结下不解之缘的历史人物。基尔（Kir，又译为吉尔），该酒是1945年，由法国勃艮第地区第戎市（Dijon）市长卡诺·菲利克斯·基尔先生创制，是以勃艮第阿利高（Aligote，白葡萄品种）白葡萄酒和黑醋栗利口酒调制而成。血玛丽（Bloody Mary），是对16世纪中叶英格兰都铎王朝为复兴天主教而迫害新教徒玛丽女王的蔑称，该酒诞生于20世纪20年代美国禁酒法时期。汤姆·柯林斯（Tom Collins），是19世纪在伦敦担任调酒师的约翰·柯林斯（John Collins）首创。此外，较为著名的以人名命名的鸡尾酒还有贝里尼

（Bellini）、玛格丽特（Margarita）、秀兰·邓波儿（Shirley Temple）、巴黎人（Parisian）、红粉佳人（Pink Lady）、亚历山大（Alexander）、教父（Godfather）等。

（2）以地名命名。鸡尾酒是世界性的饮料，以地名命名鸡尾酒，饮用各具地域和民族风情的鸡尾酒，犹如环游世界。马提尼（Martini），是1867年，美国旧金山一家酒吧的领班汤马士为一名酒醉将去马提尼兹（Martinez）的客人解醉而即兴调制的鸡尾酒，并以"马提尼兹"这一地名命名。曼哈顿（Manhattan），这款经典的鸡尾酒据说是英国前首相丘吉尔的母亲杰妮创制，她在曼哈顿俱乐部为自己支持的总统候选人举办宴会，并用此酒招待来宾，以地名"曼哈顿"命名。自由古巴（Cuba Libre），即朗姆酒可乐，1902年，可口可乐在美国诞生，而在此时古巴人民在美国的援助下，从西班牙统治下取得了独立，古巴特酿朗姆酒的英雄主义色彩和美国可口可乐式的自由精神融合在一起便产生了这一"自由古巴"（Viva Cuba Libre，自由古巴万岁），成为鸡尾酒之经典。以地名命名鸡尾酒的典型还有：蓝色夏威夷（Blue Hawaii）、环游世界（Around the World）、布朗克斯（Bronx）、横滨（Yokohama）、长岛冰茶（Long Island Iced Tea）、新加坡司令（Singapore Sling）、代其利（Daiquiri）、阿拉斯加（Alaska）、再见！东方之珠（Bye-bye My Love）等。

（3）以公司名命名。以公司名及其所属酒牌名命名鸡尾酒，体现了鸡尾酒原汁原味、典型地道的酒品风格。为了倡导酒品最佳的饮用调配方式，生产商通常将鸡尾酒等混合饮料的配方印于酒瓶副标签口或单独印制手册，以飨饮者。百家地鸡尾酒（Bacardi Cocktail），必须使用百家地公司生产的朗姆酒调制该鸡尾酒，1933年美国取消禁酒法，当时设在古巴的百家地公司为促进朗姆酒的销售设计了该酒品。此外，还有飘仙一号（Pimm No.1 Cup）、阿梅尔·皮孔（Amer Picon Cocktail）等。

（三）根据鸡尾酒典型的酒品风格命名

根据鸡尾酒色、香、味、装饰效果等自然属性命名，并由此借助鸡尾酒调制后所形成的艺术化风格，产生无限的联想，试图在酒品和人类复杂的情感、客观事物之间寻找某种联系，使鸡尾酒的命名产生耐人寻味的意境。

（1）以鸡尾酒的色泽命名。除了一些陈酿的蒸馏酒外，鸡尾酒悦人的色泽绝大多数来自丰富多彩的配制酒、葡萄酒、糖浆和果汁等，色彩在不同场合的运用，表达着某种特定的符号和语言，从而创造出特别的心理感染和环境气氛。以色泽命名的鸡尾酒如以红色命名的红粉佳人、红羽毛、红狮、特吉拉日出、红色北欧海盗等。以蓝色命名的有蓝色夏威夷、蓝色珊瑚礁、蓝月亮、蓝魔等。绿色在鸡尾酒中有的也称为青色，如青草蜢、绿帽、绿眼睛、青龙等。此类命名常见的还有黑色、金色、黄色等。色彩的迷幻和组合也是鸡尾酒命名的要素之一，例如彩虹鸡尾酒、万紫千红等。

（2）以鸡尾酒典型的口感、口味命名。以酸味命名的较多，如威士忌酸酒、杜松子酸酒、白兰地酸酒等。

（3）以鸡尾酒的典型香型命名。鸡尾酒的综合香气效果主要是来自基酒和提香辅料中的香气成分，这种命名方法常见于中华鸡尾酒，如桂花飘香（桂花陈酒）、翠竹飘香（竹叶青酒）、稻香（米香型小曲白酒）等。

（四）以鸡尾酒为载体的人文特性命名

调酒技术和多元文化的亲和，使鸡尾酒充满了生命力，而鲜明的人文特性，包括情感、联想、象征、典故，一切时间、空间、事物、人物等都成了鸡尾酒形象设计、命名取之不竭的源泉。

（1）以时间命名。以时间命名的鸡尾酒并不是专指在某一特定时间段内饮用的鸡尾酒，这类鸡尾酒的产生往往是为了纪念某一特别的日子及其印象深刻的人物、事件和心情等。如美国独立日、狂欢日、20世纪、初夜、静静的星期天、蓝色星期一、六月新娘、圣诞快乐、未来等。

（2）以空间命名。以空间命名的鸡尾酒，将大千世界中的天地之气、日月星辰、风雨雾雪、名山秀水、繁华都市、乡野村落等一一捕捉于杯中，融入酒液，从而使人的精神超越时间、空间的界限，产生神游之感。包括上文所提及的以地名命名的著名鸡尾酒，再如永恒的威尼斯、卡萨布兰卡、伦敦之雾、跨越北极、万里长城、雪国、海上微风、地震、天堂、飓风等。

（3）以博物命名。大自然中万事万物，姿态万千，充满勃勃生机。花鸟鱼虫，显露出生活的闲情逸致；草长莺飞，激发起内心的萌动，所有这些为鸡尾酒的创作和命名提供了广博的素材。鸡尾酒的命名以及所产生的联想和情境，愈加提升了生活的艺术。如：百慕大玫瑰、三叶草、枫叶、含羞草、小羚羊、勇敢的公牛、蚱蜢、狗鼻子、梭子鱼、老虎尾巴、金色拖鞋、唐三彩、雪球、螺丝钻、猫眼石、翡翠等。

（4）以人物命名。以人物命名鸡尾酒，在杯光酒影中倒映着一个个鲜活的面容和形象，使鸡尾酒与人之间更增添了某种亲和力，以人物命名包括历史人物、神话人物以及某类生存状态的人群等。如拿破仑、伊丽莎白女皇、罗宾汉、亚历山大姐妹、亚当与夏娃、甜心玛丽亚等。

（5）以人类情感命名。以人类情感命名，喜怒哀乐跃然于酒中，载情助兴。如少女的祈祷、天使之吻、恼人的春心、灵感、金色梦想等。

（6）以外来语的谐音命名。以外来语谐音命名鸡尾酒，大都为异族语汇中对某一事物或状态的俚语、昵称等，从而使鸡尾酒风行更具民族化。如琪琪（Chi-Chi）、依依（Zaza）、老爸爸（Papa）等。

（7）以典故命名。典故性较强、流传较为广泛的鸡尾酒品有：马提尼、曼哈顿、红粉佳人、自由古巴、莫斯科骡子、迈泰、旁车、马颈、螺丝钻、血玛丽等。

鸡尾酒命名的直观形象性、联想寓意性和典故文化性是任何单一酒品的命名所无法比拟和涉及的，鸡尾酒命名所产生的情境是鸡尾酒文化的重要组成部分，也是其艺术化酒品特征的显现。

四、鸡尾酒的分类

鸡尾酒是无限种调制的混合饮料，因此世界上究竟有多少种鸡尾酒的配方和名目无法统计。根据鸡尾酒的酒品风格特征、饮用方式、调制方法等因素，鸡尾酒呈现出不同的分类体系。

（一）根据鸡尾酒成品的状态分类

（1）调制鸡尾酒。根据一定的配方调制而成的鸡尾酒。

（2）预调鸡尾酒。如同单一酒品，生产商精选一些典型、性状稳定的鸡尾酒配方调制装瓶（罐）而成，预调鸡尾酒开瓶（罐）后即可饮用。

（3）冲调鸡尾酒（速溶鸡尾酒）。生产商将鸡尾酒的成分浓缩成可溶性的固体粉末呈晶状，一小袋为一杯的分量，在杯中或摇酒壶中加入冰块、粉末、基酒以及其他软饮料冲调而成，速溶鸡尾酒以水果风味的热带鸡尾酒较多。

（二）根据鸡尾酒的酒精含量和鸡尾酒分量分类

（1）长饮类鸡尾酒（Long Drink）。长饮类鸡尾酒以蒸馏酒、配制酒等为基酒，加水、果汁、碳酸类汽水、矿泉水等兑和稀释而成。长饮类鸡尾酒等混合饮料中，基酒用量较少，通常为1盎司，软饮料等辅料用量多，因此形成了混合饮品酒精含量少、饮品分量大、口味清爽平和、性状稳定的特点。长饮类鸡尾酒采用高杯盛载，并配以柠檬片等装饰调味，配以吸管、搅棒供搅匀和吸饮。酒精含量在10%以下，放置30分钟也不会影响其风味。

（2）短饮类鸡尾酒（Short Drink）。相对于长饮类鸡尾酒，短饮类鸡尾酒酒精含量高，分量较少，饮用时通常一饮而尽，马提尼、曼哈顿等均属于短饮类鸡尾酒。短饮类鸡尾酒的基酒分量比例通常在50%以上，高者可达70%～80%，酒精含量在30%左右。

（三）根据饮用温度分类

（1）冰镇鸡尾酒。加冰调制或饮用。

（2）常温鸡尾酒。无须加冰调制或在常温下饮用。

（3）热饮鸡尾酒。调制时按照配方加入热的咖啡、牛奶或热水等或酒品采用燃烧、烧煮、温烫等加热升温方法。热饮鸡尾酒饮用温度不宜超过 70℃，以免酒精挥发。

（四）根据饮用的时间、地点、场合分类

（1）餐前鸡尾酒。餐前鸡尾酒，又名餐前开胃鸡尾酒，具有生津开胃，增进食欲之功效。餐前鸡尾酒的风格为含糖量少，口味稍酸、甘洌，如马提尼、曼哈顿、血玛丽、基尔以及各类酸酒等。

（2）餐后鸡尾酒。餐后鸡尾酒是餐后饮用，是佐食甜品、帮助消化的鸡尾酒。餐后鸡尾酒口味甘甜，在调制的过程中惯用各式色彩鲜艳的利口酒，尤其是具有清新口气、增进消化的香草类利口酒和果叶利口酒。常见的餐后鸡尾酒有彩虹鸡尾酒、B＆B、亚历山大、斯汀格、天使之吻等。

（3）佐餐鸡尾酒。佐餐鸡尾酒色泽鲜艳、口味干爽，较辛辣，具有佐餐功能，注重酒品与菜肴口味的搭配。在西餐中可作为开胃品、汤类菜的替代品，但在正式的餐饮场合，葡萄酒多为佐餐酒。

（4）全天饮用鸡尾酒。这类鸡尾酒形式和数量最多，酒品风格各具特色，并不拘泥于固定的形式。

除上述 4 种常见的鸡尾酒类型外，还有：清晨鸡尾酒、睡前（午夜）鸡尾酒、俱乐部鸡尾酒、季节（夏日、热带、冬日）鸡尾酒等。

（五）根据鸡尾酒的基酒分类

按照鸡尾酒的基酒分类是一种常见的分类方法，它体现了鸡尾酒酒质的主体风格。

（1）以金酒为基酒。红粉佳人、金汤力、马提尼、金菲士、新加坡、司令、阿拉斯加、蓝色珊瑚礁、探戈等。

（2）以威士忌基酒。曼哈顿、古典鸡尾酒、爱尔兰咖啡、纽约、威士忌酸酒、罗伯罗伊等。

（3）以白兰地为基酒。亚历山大、B＆B、旁车、斯汀格、白兰地蛋诺、白兰地酸酒等。

（4）以伏特加为基酒。黑俄罗斯、血玛丽、螺丝钉、莫斯科骡子、琪琪、咸狗等。

（5）以朗姆酒为基酒。百家地鸡尾酒、自由古巴、迈泰、蓝色、夏威夷、代其利等。

（6）以特吉拉为基酒。玛格丽特、特吉拉日出、斗牛士、特吉拉日落等。

（7）以中国白酒为基酒。梦幻洋河、翠霞、干汾马提尼等。

（8）以配制酒为基酒。金色凯迪拉克、彩虹鸡尾酒、万紫千红、蚱蜢、金巴利苏打、瓦伦西亚等。

（9）以葡萄酒为基酒。香槟鸡尾酒、美国人、红葡萄酒宾治、基尔、含羞草、贝里尼、提香等。

（六）根据综合因素分类

根据混合饮料的基本成分、调制方法、总体风格及其传统沿革等综合因素，将鸡尾酒进行分类。比如亚历山大类（Alexander）、开胃酒类（Aperitifs）、霸克类（Bucks）、考伯乐类（Cobblers）、柯林斯类（Collins）、库勒类（Coolers）、考地亚类（Cordials）、克拉斯特类（Crustas）、杯饮类（Cups）、奶油类（Creams）、代其利类（Daiquiris）、黛西类（Daisies）、蛋诺类（Egg Nogs）、菲克斯类（Fixes）、菲斯类（Fizzs）、菲利普类（Flips）、漂浮类（Floats）、弗来培类（Frappes）、占列类（GimLets）、高杯类（High Balls）、热饮类（Hot Drinks）、朱力普类（Juleps）、马提尼类（Martinis）、曼哈顿类（Manhattans）、香甜热葡萄酒类（Mulled Wines）、格罗格类（Grogs）、密斯特类（Mists）、尼格斯类（Neguses）、古典类（Old-fashioneds）、宾治类（Punches）、普斯咖啡类（Pousse Cafes）、兴奋饮料类（Pick-me-ups）、帕弗类（Puffs）、瑞克类（Rickeys）、珊格瑞类（Sangarees）、席拉布类（Shrubs）、斯加发类（Scaffas）、思曼希类（Smaches）、司令类（Slings）、酸酒类（Sours）、斯威泽类（Swizzles）、双料酒类（Two-Liquor Drinks）、托地类（Toddies）、赞比类（Zoombies）、赞明类（Zooms）等。

五、调酒时酒度的准确计算

例：一种蒸馏酒的酒度为A，一种果酒的酒度为B，两者调和后，混合酒的酒度为C；则A-C即为E，C-B即为D，D/E为所需的蒸馏酒与果酒的比例。如图7-4所示。

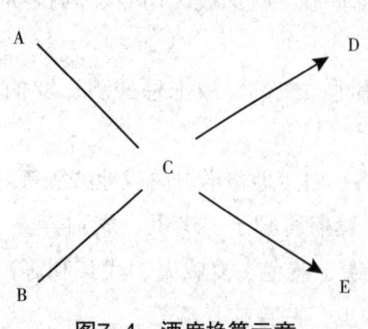

图7-4 酒度换算示意

如A=40，B=12，混合后C=28，则D=C-B=16，E=A-C=12，D/E=1.33；即如果蒸馏酒取30毫升，则果酒需要量取30/1.33=22.6毫升。

调酒师可在自己的工作笔记上采用上述方法写出许多配方来，并记在脑子里，以利于得心应手地操作。

也可以采用这样的计算法：例如用10升酒精体积分数为15%的果酒与1升酒精体积分数为40%的白兰地混合成12升酒，则其酒精体积百分数为：[（10×15）

$+(40×1)]÷12≈15.8\%$

但在实际操作中,在两种酒混合或加水时,由于物理作用,其最终的体积并不是准确的两者或三者之和;何况在调制鸡尾酒时,往往还需加冰或苏打水等材料。所以,如何准确计算和确定鸡尾酒的酒度,以及是否应因各款鸡尾酒而异,尚须讨论。但无论如何,对于一名高级调酒师来说,在调制自己所熟知的几十款鸡尾酒的时候,应该知道其大体的酒度。

调酒材料的量度换算:

(1)1盎司=30毫升。

(2)1滴或1酹(Dash)为1/32盎司(酒的微量单位)。在苦酒(Bitters)的瓶盖上有一小孔,若将此瓶在酒杯内酒液上方轻摇一圈,孔大者流出约10滴,孔小者流出3~4滴,为1/6茶匙左右。

(3)1茶匙(Teaspoon)=1/2盎司=1/2食匙(Dessertspoon),也可称1茶匙为1/8盎司。

(4)1汤匙(Tablespoon)=3茶匙,汤匙又称桌匙。

(5)1小杯(Pony)=1盎司。

(6)1量杯(Jigger)=1.5盎司。

(7)1酒杯(Wineglass)=4盎司。

(8)1品脱(Pint)=1/2夸脱=1/8加仑=16盎司。

(9)1瓶=24盎司。

(10)1夸脱(Quart)=1/4加仑=32盎司=1.14升。

(11)1标准酒瓶=262/3盎司。

(12)1英加仑(Gallon)=128盎司=4.55升。

(13)1耳杯(Cup)=8盎司。

(14)1个指幅=1盎司。

(15)Single——单份。

(16)Double——双份。

第三节 载杯与调酒用具

一、鸡尾酒载杯

(1)鸡尾酒杯。传统的鸡尾酒杯(Classical Cocktail Glass)通常呈倒三角形或倒梯形，容量为4.5盎司左右，专门用来盛放各种短饮料。鸡尾酒杯还可以是各种形状的异形杯，但所有的鸡尾酒杯都必须具备以下条件：不带任何花纹和色彩，色彩会混淆酒的颜色；不可用塑料杯，塑料会使酒走味；以高脚杯为主，便于手握。因为鸡尾酒要保持其冰冷度，手的触摸会使其变暖。

（2）高杯和柯林杯。高杯（Highball Glass）又称高球杯或直筒杯，一般为8~10盎司，常用于各种简单的高球饮料，如金汤尼克等。柯林杯（Colins Glass）是比高杯细而长，像烟囱一样的大酒杯，其容量为10~12盎司，适用于如"汤姆柯林"一类的饮料，通常要加两支吸管。

（3）老式杯。老式杯（Old Fashioned Glass）又称为岩石杯，饮用威士忌加冰块等酒时用此杯。以前饮用老式鸡尾酒时也用此杯，该杯身材矮小，杯口较宽，容量为8盎司左右。

（4）威士忌杯。纯饮威士忌时使用威士忌杯（Whisky Glass），通常容量为1盎司。用这种杯子饮用威士忌可以充分享受威士忌的色彩。此外，有时它还可以用作量杯来使用。

（5）白兰地杯。白兰地杯（Brandy Snifter）这是一种酷似郁金香形状的酒杯，酒杯腰部丰满，杯口缩窄，又称为白兰地吸杯。使用时以手掌托着杯身，让手温传入杯中使酒温暖，并轻轻摇晃杯子。这样可以充分享受杯中的酒香。这种杯子容量很大，通常为8盎司左右，但饮用白兰地时一般只倒1盎司左右，酒太多不易很快温热，就难以充分品尝到它的酒味。

（6）香槟杯。香槟杯（Champagne Glass）很多，常用的有浅碟香槟杯和郁金香形香槟杯两种。浅碟香槟杯常用于庆典场合，也可用来盛鸡尾酒，如百万全元、宾治等，容量为3~6盎司，以4盎司的香槟杯用途最广。

（7）酸酒杯。通常把带有柠檬味的酒称为酸酒，饮用这类酒的杯子为酸酒杯（Sour Glass）。酸酒杯为高脚杯，容量为4~6盎司。

（8）利口杯。利口杯（Liqueur Glass）是一种容量为1盎司的小型有脚杯，杯身为管状，可以用来饮用五光十色的利口酒，大型利口杯还可以用来盛彩虹酒等。

（9）雪利杯。饮用雪利酒时使用的杯子为雪利杯（Sherry Glass），容量为2盎司左右。

（10）啤酒杯。啤酒杯（Berr Glass）有带把和无把两种，无把的啤酒杯品种很多，形状更是不一样，容量为10~12盎司。

此外，还有红、白葡萄酒杯，高脚杯，宾治杯，等等。

常用杯具根据行业习惯分类，还可分成以下系列。

（1）平底杯系列。平底杯系列有量杯或净饮杯、高杯、冷饮杯、柯林杯、赞比杯等（见图7-5）。

a. 量杯或净饮杯（2oz） b. 老式杯（7.25oz） c. 高杯（9oz） d. 柯林杯（12oz）
e. 冷饮杯（16.5oz） f. 赞比杯（13.5oz） g. 皮尔森杯（10oz）

图7-5 平底杯系列

（2）矮脚杯系列。矮脚杯系列有老式杯、白兰地杯、啤酒杯、飓风杯（见图7-6）。

a. 传统老式杯（7oz） b. 啤酒杯（10.5oz） c. 白兰地杯（12oz） d. 飓风杯（22oz）

图7-6 矮脚杯系列

（3）高脚杯系列。高脚杯系列有鸡尾酒杯、玛格丽特杯、浅碟香槟杯、利口酒杯、酸酒杯、郁金香形香槟杯、多功能葡萄酒杯（见图7-7）。

（4）啤酒杯。啤酒杯种类较多，形状各异，有平底皮尔森杯、异形啤酒杯和传统的啤酒杯（Beer Mug）（见图7-8）。

a. 鸡尾酒杯（4.5oz）　b. 酸酒杯（4.5oz）　c. 玛格丽特杯（5oz）　d. 郁金香形香槟杯（6oz）
e. 浅碟香槟杯（6.5oz）　f. 多功能葡萄酒杯（8.5oz）　g. 利口酒杯（2oz）

图7-7　高脚杯系列

图7-8　传统啤酒杯（10oz）

二、鸡尾酒调酒用具

（1）摇酒壶。摇酒壶（Shaker）：专业人士的标志，又名调酒壶、雪克壶。它是用来将各种调酒材料摇匀的，有大号、中号、小号三种，容量从250毫升到550毫升不等，以不锈钢制品最为普遍。此外，还有合金、镀银等高档产品。调酒壶通常为三段式，即壶身、滤冰器和壶盖三部分，波士顿调酒壶为两段式，只有壶身和壶盖两部分（见图7-9）。

（2）调酒杯。调酒杯（Mixing Glass）是一种体高、底平、壁厚的玻璃器皿（见图7-10），有的标有刻度，用来量酒水，也可以用来盛放冰块及各种饮料。典型的调酒杯容量为16～17盎司。

   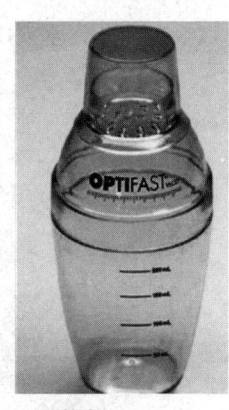

图7-9　传统调酒壶和波士顿调酒壶　　　　　　图7-10　调酒杯

（3）酒吧匙。酒吧匙（Barspoon）是最有用的调酒用具之一，有很多不同的用途，包括搅拌饮料，当测量勺、调制鸡尾酒、平衡你的手感（见图7-11）。作为精细测量，你可以用它来控制各个混合成分的数量。

（4）螺丝开瓶器。螺丝开瓶器（Corkscrew）通常带有锋利的小刀，以便顺利割开酒的铅封；螺旋起的部分，则长短粗细适中。这是酒吧最常用的一种多功能开瓶钻，又称为"调酒员之友"（图7-12中左侧图示）。开瓶钻上除了普通扳头外，还有一螺旋式钻头，可以用来开启软木塞包装的葡萄酒。此外，还有各种各样的开瓶器、开罐器等（图7-12中右侧图示）。

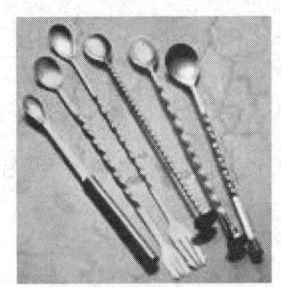 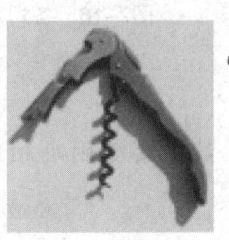 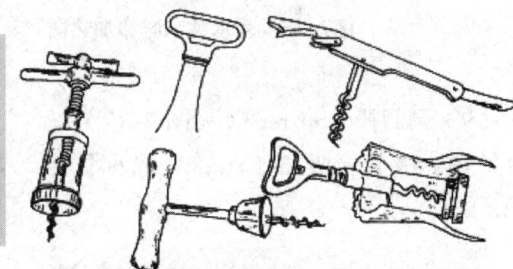

图7-11　酒吧匙　　　　　　　　图7-12　各式开瓶器

（5）滤冰器。调酒时用于过滤冰块的工具（见图7-13）。

（6）量酒器。量酒器是由两个大小不一对尖的圆锥形组成的不锈钢器皿，两头容量为1盎司 + 1.5盎司、1.5盎司 + 2盎司或者1盎司 + 2盎司组合，这种容器用于精确计量酒品使用，一般称为Measurer或者Jigger（见图7-14）。

（7）爱尔兰咖啡和加热器（Irish Coffee and Brandy Warmer）（见图7-15）。

（8）冰夹。冰夹由（Ice Tongs）不锈钢制，用来夹冰块（见图7-16）。

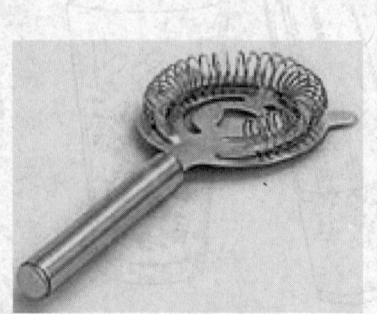

图7-13　滤冰器

图7-14　量酒器

图7-15　爱尔兰咖啡和加热器

图7-16　各式冰夹

（9）调酒棒（Stirrer）（见图7-17）。

（10）吸管。吸管（Straw）或称饮管，其主要功用是用来饮用杯中饮料（见图7-18）。

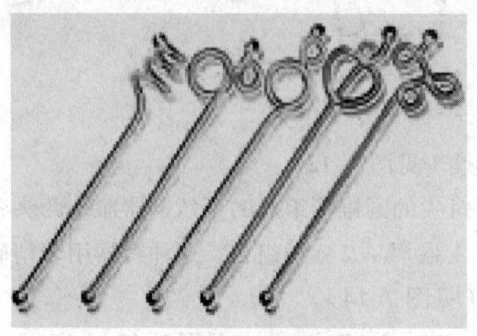

图7-17　调酒棒

图7-18　吸管

(11)冰铲(见图7-19)或冰勺。

(12)鸡尾酒签。用来穿刺鸡尾酒装饰物。除与水果搭配制作成各式装饰外,目前市场上也供应大量花式酒签(见图7-20)。

(13)打蛋器。用来将鸡蛋的蛋清和蛋黄打散充分融合成蛋液,或单独将蛋清和蛋黄打到起泡的工具(见图7-21)。

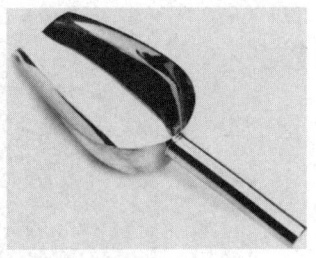

图7-19　冰铲

(14)冰桶。冰桶就是用来冷却那些需要在冰爽状态下品尝的酒的服务工具,同时也是调酒中盛放冰块的盛器,一般有不锈钢制品、塑料制品等(见图7-22)。

(15)砧板和水果刀(见图7-23)。

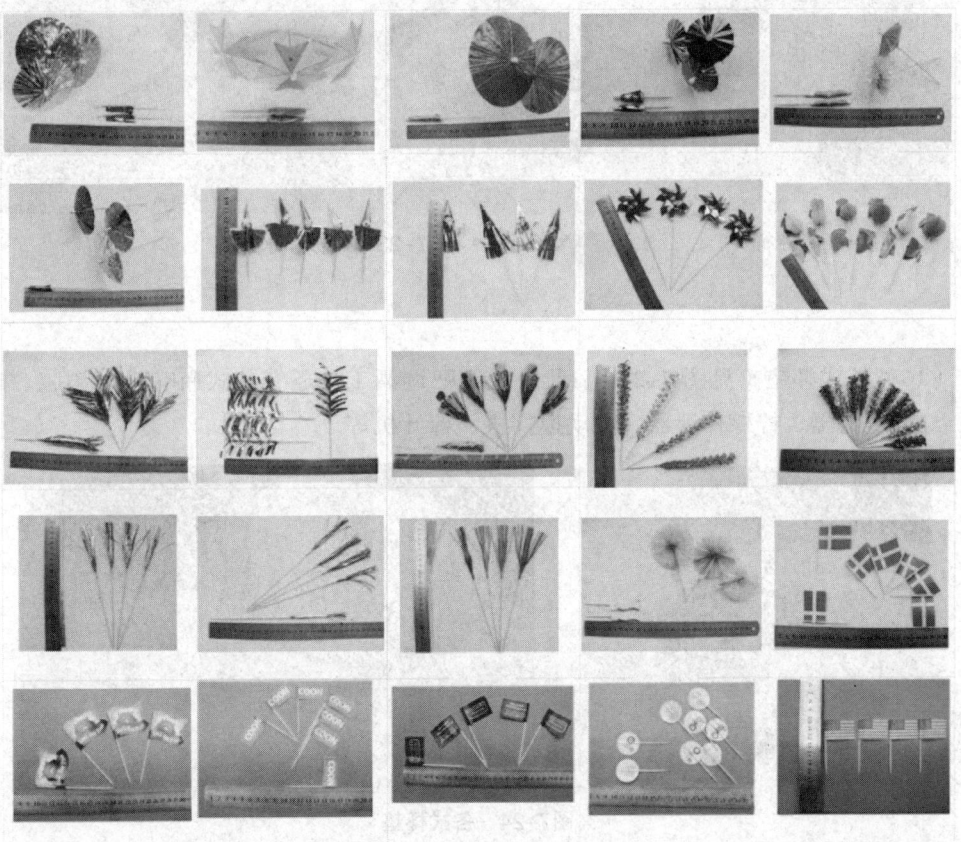

图7-20　各式鸡尾酒花式酒签

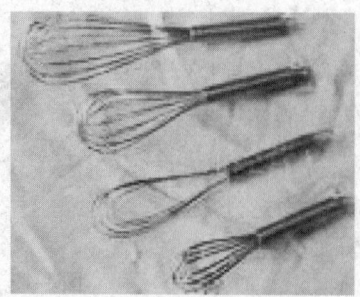
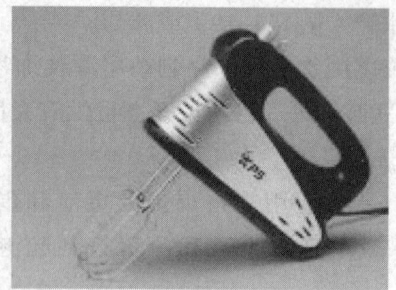

图7-21 打蛋器

图7-22 冰桶　　　　　图7-23 砧板和水果刀

（16）各式杯垫（见图7-24）。此外，酒吧调酒工具还有各式瓶嘴、调料瓶、碎冰锥、红酒过滤器、柠檬榨汁器、电动搅拌机、榨汁机等。

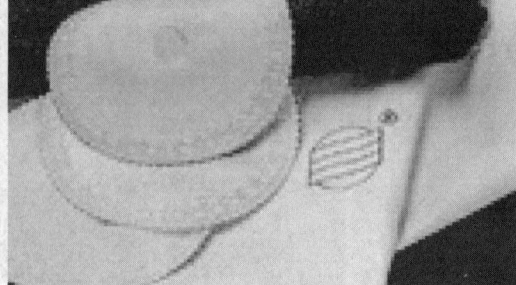

图7-24 各式杯垫

 复习与思考

一、名词解释
鸡尾酒　基酒

二、填空题
1. 基酒在配方中的分量比例有各种表示方法，国际调酒师协会统一以份为单位，一份为____毫升。而在实际操作中通常以_____、_____为单位。
2. 辅料是鸡尾酒调缓料和_____、_____、调色料的总称。
3. 含酒精辅料与基酒搭配调酒在鸡尾酒中经常应用，常用的含酒精辅料包括_____、_____、_____、_____等。
4. 根据饮用时间、地点、场合等可以将鸡尾酒分为_____、_____和_____几类。
5. 酒精在酒品中的含量用酒度来表示，国际通用的酒度表示法包括_____、_____和_____三种。

三、简答题
1. 简述鸡尾酒的特点。
2. 简述鸡尾酒的分类方法。

第八章 现代鸡尾酒调制技术

现代鸡尾酒调制技术PPT

学习目的意义 通过学习本章可以了解鸡尾酒调制的基础知识,重点学习鸡尾酒调制的方法,从培养"调酒师"尤其是高级调酒师的高度,强调激发创意、丰富联想、充满激情的重要性。

本章内容概述 本章从介绍鸡尾酒调制术语入手,重点介绍了传统鸡尾酒调制技术、花式调酒技术、鸡尾酒创作技巧、经典鸡尾酒调制。

学习目标

方法能力目标

熟悉和掌握调制鸡尾酒的传统技术和花式调酒技术,努力培养学生观察、发现、创新的实践能力。

专业能力目标

通过本章知识学习,快速进入鸡尾酒调酒师角色,能以调酒师的专业眼光,观察鸡尾酒、调酒行业、酒吧、调酒的基本技术等,并能熟练运用调酒基本技术和方法解决实际问题。

社会能力目标

进行酒吧的实际观察和学习,能够参加和举办一些社会性和校园性的各类调酒技能比赛,充分运用所学知识。

> **知识导入**

鸡尾酒：调制诱惑与神秘

被称作"艺术之酒"的鸡尾酒让全世界为之倾倒，特别是一些重要节日，鸡尾酒更加不能缺席。鸡尾酒是夜场深沉不露的"高危者"，有着漂亮优雅的外表，特别容易令女孩一见钟情，从而掉进鸡尾酒的漂亮陷阱。

美国是鸡尾酒艺术的发源地，这里有鸡尾酒艺术的浪漫情调和时尚流行，尤其是在20世纪20年代，美国人发明了很多经典鸡尾酒，给鸡尾酒文化贴上了一个美国标签。

到了1870年，酒吧业已经是个很大的行业了，社会上流行着很多关于鸡尾酒的图书和手册。不论是街区酒吧还是高档饭店里的豪华酒吧，各种形式的鸡尾酒酒吧遍布美国各大城市。当时纽约最著名的酒吧当属Hoffman House。这家酒吧有着美丽的穹顶、50英尺长的豪华花冠型桃木酒吧吧台、大理石的地面、专门的雪茄和牡蛎吧台。这里的调酒师穿着笔挺的白色夹克，熟练地掌握着各种流行的鸡尾酒和服务礼仪。随着冰箱、苏打水、啤酒机、制冰系统的发明，令人眼花缭乱的各种进口蒸馏酒、训练有素的劳动大军还有经济强劲发展带来的消费群体，所有这些把鸡尾酒和酒吧带入了一个黄金般的季节。在这个时期美国人发明、完善了很多经典的鸡尾酒，比如Martini、Manhattan或Pousse Café等，其中的很多鸡尾酒到今天依然流行。

这是一个属于调酒大师的完美季节，酒吧礼仪和鸡尾酒一样受到推崇。几乎在每个街区都有酒吧或沙龙的存在，竞争是非常激烈的。这时候，唯一决定经营成败的就是调酒技艺和服务。1888年，Harry Johnson撰写了一本《怎样照料一家酒吧》的书。在书中他要求调酒新手为顾客服务的时候一定要给顾客一杯冰水，一定要在吧台台面上调酒，从而让顾客看得到。他对调酒技艺的要求是：干净、利落、规范、合理；他提出了专业调酒是一种注意力吸引的行为原则；他主张每个调酒师做顾客的朋友：如果你的顾客需要一些零钱他用，你应该给他提供解决建议而不是让他喝杯酒找零。

虽然20世纪60年代电影《007》中詹姆斯·邦德经常喝一杯伏特加马提尼鸡尾酒，但只有到了80年代末期，随着各种调味蒸馏酒的推出和美国人推崇精品消费成为时尚以后，鸡尾酒才重新焕发了青春。对于现代的美国人来说，鸡尾酒200年的历史早已包含了太多的文化底蕴。当然，对于那些Party Animal来说，他们所追求的只有一个，就是要喝到各种各样的新奇鸡尾酒。所有这些鸡尾酒正如它们的名字一样代表了某种Cool或Fashion。一杯Gin Martini鸡尾酒甚至可以演变出Chocolate Martini等100多种鸡尾酒；传统的热带鸡尾酒（比如Pina Colada或Daiquiri）也被放进电动搅拌机里制成了冰冻鸡尾酒（Frozen Cocktail）。

如果你是一名调酒师，假如有一个2500人的鸡尾酒会等着你，你该怎么办呢？社会化大生产对于鸡尾酒行业的影响之一就是各种成品鸡尾酒辅料的推出，借助这些成品辅料和调酒设备，我们的效率不知提高了多少倍，而且还保证了鸡尾酒成分的和谐与丰富。正如我们看到的，在全世界范围内，调酒师这个职业又重新受到了青睐。一个好的调酒师就好像是餐厅的厨师长那样重要，他是顾客永远的朋友，带给了人们美妙的鸡尾酒艺术和浪漫文化。

——本文摘选自中国葡萄酒信息网

第一节　调制术语

一、鸡尾酒调制术语

（1）基酒（Base）。基酒是调配鸡尾酒必不可少的基本原料酒。作为基酒的酒一般是蒸馏酒、酿造酒、混配酒中的一种或几种，用作基酒最多的是蒸馏酒和酿造酒。

（2）烈酒（Spirits）。烈酒是指酒精含量较高的酒，广义上讲，包括了所有蒸馏酒。如金酒、伏特加、朗姆酒、特基拉以及中国的茅台、五粮液等无色透明的蒸馏酒。烈酒在我国又被称为白酒。

（3）纯饮（Straight）。指不加入任何东西，单纯饮用某种酒品。

（4）涩味酒（Dry）。指调好的略带辛辣味的鸡尾酒。

（5）干、半干（Dry 和 Semi-dry）。干、半干是指酒混合后的味为辣味而不是甜味的酒，而在葡萄酒中，干和半干则表示葡萄酒中含糖量较低，含酸量较高。

（6）酒后水（Chaser）。一是喝过较烈的酒之后，在杯中加入冰水品饮，可与烈酒中和并保持味觉的新鲜，可以根据个人喜好加入苏打水、啤酒、矿泉水等代替。二是指饮料中加入某些材料使其浮于酒中，如鲜奶油等，比重较轻的酒可浮于苏打水上。

（7）酒精饮料（Alcohol drinks）。任何含有食用酒精（乙醇）的饮品都称为酒精饮料。

（8）混合饮料（Mixing drinks）。混合饮料包括含酒精和不含酒精，经过加工、调制的饮料。

（9）短饮（short drink）和长饮（long drink）。短饮一般指酒品用冰镇法冷却后注入带脚的杯子，短时间内饮用的饮料；长饮又分为冷饮和热饮两种。一般用水杯、柯林杯或高脚水杯等大型酒具做容器。冷饮多为消暑佳品，杯中放入冰块后，将会使饮者长时间地感到凉爽。热饮为冬季必需，杯中加入热水或热牛奶等。

（10）清尝（Neat）。清尝是指只喝一种纯粹的、不经任何加工的饮料。如在美国酒吧，点威士忌时，侍者会问 On the Rocks（加冰饮用）还是 Straight（纯净的），一般回答 Up（纯净的）或 Over（加冰饮用），也可说 Neat（清尝）。

（11）注入调和器（Dash）。一种附于苦味酒瓶的计量器。

（12）滴（Drop）。通俗的计量单位。

（13）盎司（Ounce）。一种专业计量单位，简写为 oz。鸡尾酒配方中 1 盎司约为 30 毫升（英制盎司 =28.35 毫升，美制盎司 =29.57 毫升）。

（14）茶匙（Spoon）。一种计量单位，1Spoon=10Drop。

（15）单份（Single）。30毫升。

（16）双份（Double）。60毫升。

（17）份酒（Share）。份酒是一种简便的量酒方法。即将酒倒入普通玻璃杯（容量约240毫升）后用手指来量度，一手指量约为30毫升，又称单份；二手指量约为60毫升，又称双份。

（18）品味、风格（Style）。品味、风格是指品酒时使用的专门术语，有品位、味道等意思。

（19）精华（Cream）。精华指将酒加热时，水分、酒精等蒸发后残存的糖分、灰分和不挥发的有机酸，是形成酒香和酒味的关键，专业上称为精华。其含量越高，酒的比重越大，是调制彩虹酒的重要因素。

（20）过滤（Sieve）。把摇壶内或调酒杯内的鸡尾酒摇匀后，用滤冰器滤去冰块，并将酒倒入鸡尾酒杯或其他杯内，称为过滤。

（21）混合（Mixing）。混合是调制鸡尾酒的方法之一，使用混合器使饮料混合。

（22）兑和（Building）。即将材料直接放入鸡尾酒杯中调制而成的意思。

（23）搅拌（Blending）。搅拌是调制鸡尾酒的方法之一，指用调酒勺迅速调搅酒杯中的材料和冰块。

（24）摇晃（Shaking）。摇晃是调制鸡尾酒的重要方法之一，它与搅拌、兑和、调和方法并称为四大调酒法。

（25）漂浮（Floating）。漂浮是指一种利用酒的比重，使同一杯中的几种酒不相混合的调酒方法。如将一种酒漂浮于另一种酒上，使酒漂浮在水或软饮料上。彩虹酒即是采用此法调成的。

（26）配方（Recipe）。是调和分量和调剂方法的说明。

（27）薄片（Slice）。把柠檬、橙等切成薄片，厚薄要适当。

（28）果皮（Peel）。切剥果皮，将柠檬皮和橙皮中的油挤入酒面上，以增加香味。切皮要切成薄片，不能带着果品肉质，否则难以挤出汁水。

（29）榨汁（Squeeze）。调制鸡尾酒最好用新鲜果汁作材料，可用榨汁机榨出新鲜果汁。

（30）糖浆（Syrup）。鸡尾酒大多带有甜味，需要糖分，但酒是冷的，加砂糖不易溶解，而加糖浆容易溶解于酒中，糖浆是按照一定比例用砂糖熬制而成的。

二、鸡尾酒调制的要点

（1）任何一款鸡尾酒都必须严格按其配方调制。

（2）在调酒过程中必须使用量酒器，正确量度各种调酒材料，以保证鸡尾酒纯正的口味，切忌随手乱倒。

（3）调制鸡尾酒的各种材料应以选择价廉物美的酒品为原则，选择昂贵的高级品是一种浪费。

（4）调酒所用辅料需新鲜优质，尤其是各类果汁、鸡蛋、奶油等，使用劣质品只会损坏酒品的口味，使其失去应有的风味。

（5）调酒用冰块需新鲜坚硬、不宜融化，碎冰只能在采用搅和法时使用。

（6）配方中如有"滴"（Dash）、"匙"（Barspoon）等量度单位时，必须严格控制，特别是使用苦精等材料时，应防止用量过多而破坏酒品的味道。

（7）调酒时常使用鸡蛋清，其目的只是增加酒的泡沫，调节酒的颜色，对酒的味道不会产生影响，但鸡蛋必须新鲜，蛋清与蛋黄分开，蛋清中不可混有蛋黄。此外，蛋清一般可在调酒前预先准备好，并用杯子装好，略加搅匀后备用。

（8）调酒中若使用糖粉，应先用苏打水将其融化，然后再加入其他材料进行调制，尽量使用糖浆、少用糖粉。

（9）调酒时常使用清糖浆（Simple Syrup），清糖浆可预先准备，其制法是将糖与水按3∶1的比例熬煮冷却后备用。

（10）鸡尾酒宜现调现喝，调制好的鸡尾酒时间放久了会丧失酒品的韵味。

（11）该摇和的酒摇晃时动作要快，要铿锵有声，这样才能使酒充分混合。

（12）该搅拌的酒需迅速，并使酒充分冰镇，但搅拌时间不宜太长，否则冰块融化会冲淡酒的口味。

（13）调酒时放料顺序应遵循先辅料后主料的原则，这不但可因投料差错时降低损失，而且也会使冰块的融化降至最低点。

（14）鸡尾酒调完后应迅速滤入杯中，酒壶中若有剩余的酒也应尽快滤出，将酒壶洗净以备再用。

（15）量杯使用过必须尽快清洗干净，避免影响下一杯酒的口味。

（16）调酒前必须将所有用料准备好，瓶盖打开，避免用一样取一样，浪费制作时间。

（17）酒用完后立即盖紧瓶盖，归复原位。

（18）往杯中倒酒时，需控制好每份酒的酒量，不宜倒太满，一般需留出离杯口1/8的空间用于装饰。

（19）调酒时，最好先将载杯置于吧台上，尽量让客人看到你的调酒动作。

（20）调制一杯以上同类酒品，由调酒壶或调酒杯往杯中倒时，可将杯子排成一行，杯缘相接，然后平均分配调制好的酒品，即从左往右，再从右往左，反复分倒，直至倒完为止。

（21）用于装饰的水果必须新鲜，且当天用当天准备，隔天的水果装饰物不宜再用。

（22）用于装饰的水果片如柠檬片、橙片等切片不宜太薄，一般厚度为0.5厘米左右，水果皮为0.5厘米宽，2～3厘米长，且必须切除其内层的白囊。

（23）罐装、瓶装的樱桃、橄榄等一般根据使用量提前取出适量并用清水冲洗干净后用保鲜膜封好放入冰箱备用。

（24）柠檬、橙等水果在榨汁前最好先用热水泡过，这样可多产生1/4以上的果汁。

（25）糖霜或盐霜杯口需在调酒前先做好备用，而不应在鸡尾酒调好了再做，这样会使酒中冰块融化，冲淡酒味。

（26）鸡尾酒的装饰要严格遵循配方的要求，宁缺毋滥，自创鸡尾酒的装饰物也应以简洁、协调为原则，切忌喧宾夺主。

（27）鸡尾酒的装饰物一般置于杯口，但如果酒液清澈透明时，水果装饰物也可以放入酒中，但需注意卫生。

（28）调酒师必须时刻保持吧台和自己的清洁卫生，各种用具随用随洗，并保持双手干净。

（29）调酒操作过程中要注意轻拿轻放，避免操作叮叮当当，影响客人，破坏酒吧气氛。

（30）酒吧用酒杯必须清洁干净，使用前需检查有无破损。

（31）取拿杯具时，有脚的握杯脚，无脚的应拿杯子1/2以下部分，养成良好的职业习惯，切忌用手抓住杯口或将手指伸进杯内。

（32）苏打水、汤力水等含汽的饮料不可放入调酒壶中摇晃，以免发生危险，造成损失。

（33）若配方中有"加满苏打水"等内容时，必须注意掌握好这类稀释液的用量，避免用量过大使酒液口味变淡。

（34）热饮类鸡尾酒调制时，温度不宜超过78.3℃，因为酒精的沸点为78.3℃，超过此温度就会使酒精蒸发掉。

（35）酒瓶快空时应开启一瓶新酒，不要在客人面前显示出一只空瓶，更不应用两个瓶里的同一酒品来为客人调制同一份鸡尾酒。

第二节　传统鸡尾酒调制技术

传统鸡尾酒的调制方法主要有四种，即摇和法、调和法、兑和法和搅和法。

一、摇和法

摇和法（Shaking）又称摇晃法、摇荡法。当鸡尾酒中含有柠檬汁、糖、鲜牛奶或鸡蛋时，必须采用摇和法将酒摇匀。摇和法采用的调酒用具是调酒壶（Shaker）。调酒壶由壶身、滤冰器和壶盖三部分组成。调酒壶的摇法有单手摇和双手摇两种。

（一）摇和法的分类和操作

（1）单手摇。用右手食指卡住壶盖，其他四指抓紧滤冰器和壶身，依靠手腕的力量用力左右摇晃，同时，小臂轻松地在胸前斜向上下摆动，多方位使酒液在调酒壶中得以混合。单手摇法一般只适用于小号调酒壶，如使用中号或大号调酒壶就必须用双手摇。

（2）双手摇。双手摇酒的方法是：左手中指托住壶底、食指、无名指及小指夹住壶身，拇指压住滤冰器；右手的拇指压住壶盖，其他手指扶住壶身，双手协调用力将调酒壶抱起，通常手掌不能接触调酒壶；否则会增加调酒壶的温度，改变鸡尾酒的味道。双手摇酒的方法是沿胸前左斜上方—胸前—左斜下方—胸前—右斜上方—胸前—右斜下方—胸前的线路往返摇晃。一般的鸡尾酒来回摇晃五六次，手指感到冰凉，且调酒壶表面出现雾气或霜状物即可，若有鸡蛋或奶油则必须多摇几次，使蛋清等能与酒液充分混合（见图8-1）。

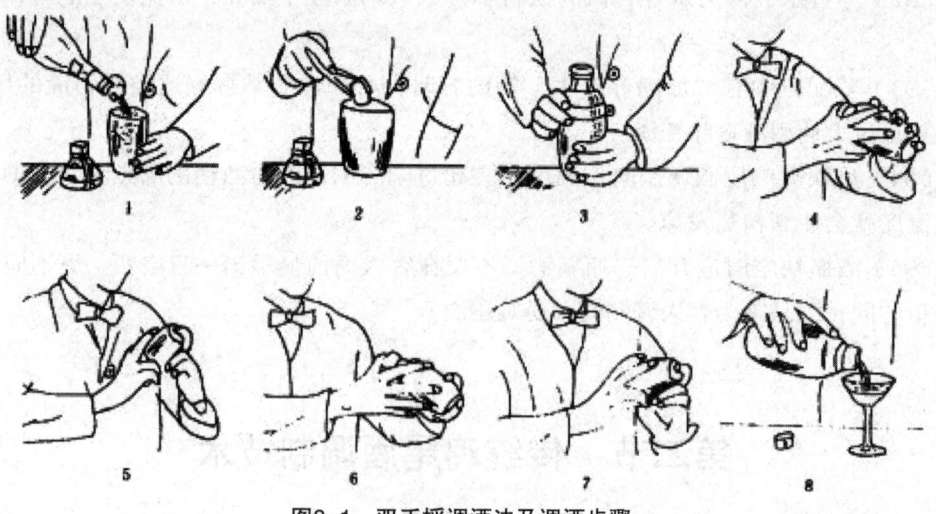

图8-1 双手摇调酒法及调酒步骤

（二）波士顿调酒壶的使用方法

波士顿调酒壶是国外和港澳地区常用的一种调酒用具，它由调酒杯和不锈钢壶盖组成。以酸酒类鸡尾酒为例，用波士顿调酒壶调酒的方法与步骤如图8-2所示。

第一步 取一只鸡尾酒杯

第二步 在调酒杯中放入冰块

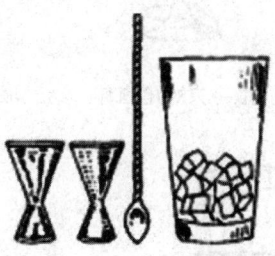
第三步 按顺序量入各种调酒材料

第四步 盖上壶盖充分摇匀

第五步 将酒滤入酒杯中

第六步 进行必要的装饰

图8-2 波士顿调酒壶调酒的方法与步骤

二、调和法

调和法（Stirring）又称为搅拌法，搅拌时要使用调酒杯（Mixing Glass）、吧匙（Bar Spoon）、滤冰器（Strainer）等器具。搅拌的方法是在调酒杯中放入数块冰块并加入调酒材料。用左手的拇指和食指抓住调酒杯底部，右手拿着吧匙的背部贴着杯壁，以拇指和食指为中心，用中指和无名指控制吧匙，按顺时针方向旋转搅拌。旋转五六圈后，左手指感觉冰凉，调酒杯外有水汽析出，搅拌就结束了。这时，用滤冰器卡在调酒杯口，将酒滤入杯中即可。

以"曼哈顿"鸡尾酒为例，其制作方法如图8-3所示。

第一步　取一只鸡尾酒杯　　第二步　在调酒杯中加入冰块　　第三步　在杯中量入味美思和威士忌

第四步　用吧匙按同一方向旋转　　第五步　将酒滤入鸡尾酒杯中　　第六步　在酒中放入樱桃装饰

图8-3　调和法调酒的方法与步骤

滤冰器的使用方法如图8-4所示。

图8-4　滤冰器的使用

三、兑和法

兑和法（Building）是直接在饮用杯中依次放入各类酒品，轻轻搅拌几次即可，常见的如高杯类饮品、果汁类饮品和热饮都采用此法（见图 8-5）。

第一步　在高杯中加入冰块　　　第二步　依次量入调配材料
第三步　兑入苏打水等饮料搅匀　第四步　进行适当装饰

图8-5　兑和法调酒的方法和步骤

彩虹酒也是采用兑和法，一层一层调制而成，调制方法如图 8-6 所示。

图8-6　彩虹酒调制方法

四、搅和法

搅和法（Blending）主要使用电动搅拌机进行，当调制的酒品中含有水果块或固体食物时必须使用搅和法调制，搅和法操作时先将调制材料和碎冰按配方放入搅拌机中启动搅拌机迅速搅 10 秒左右，然后将酒品连同冰块一并倒入杯中。目前在酒吧内，一些摇和的酒也可以用搅和法来调制，但两法相比，摇和法更能够较好地把握所调酒品的质量和口味（见图8-7）。

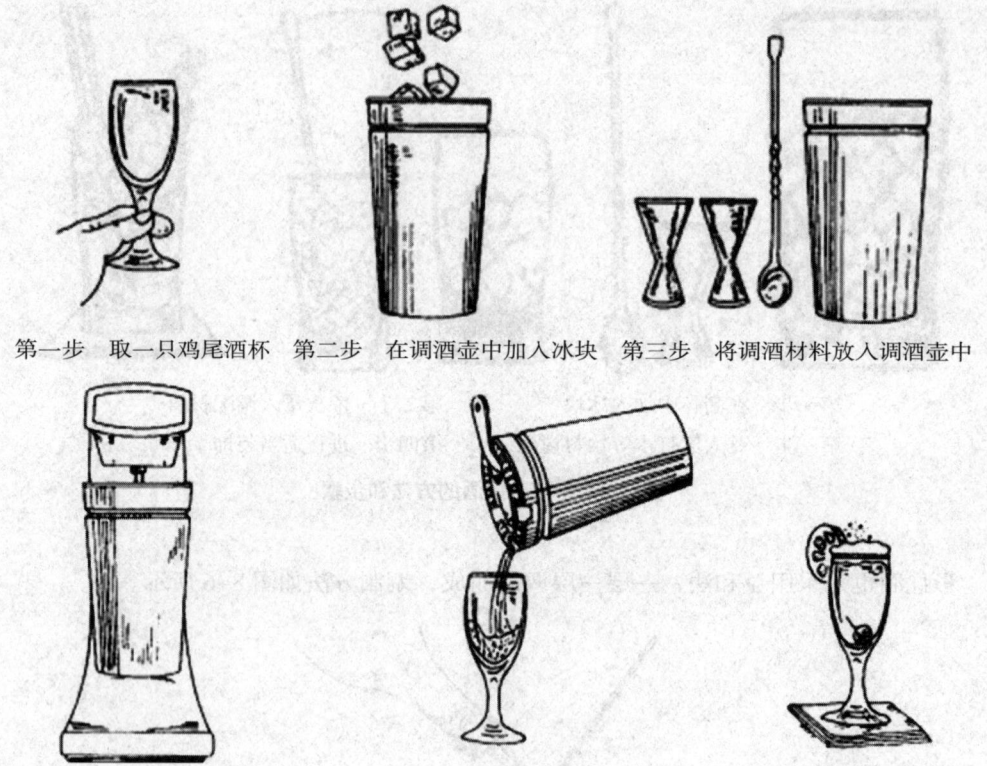

图8-7 搅和法调酒的方法和步骤

第三节 花式调酒技术

花式调酒起源于美国，现风靡于世界各地，其特点是在调酒过程中加入一些花样的调酒动作以及魔幻般的互动游戏，起到活跃酒吧气氛、提高娱乐性、与客人拉近关系的作用。随着酒吧的兴起，花式调酒被融入酒吧的表演中，且影响日益扩大。

一、花式调酒的基本技术动作

花式调酒的各种动作如图 8-8 ~ 图 8-12 所示。

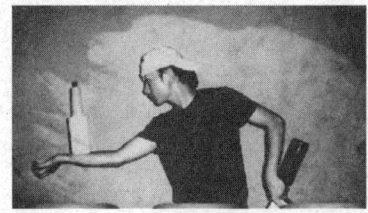

图8-8 花式调酒动作（1）

图8-9 花式调酒动作（2）

图8-10 花式调酒动作（3）

图8-11 花式调酒动作（4）

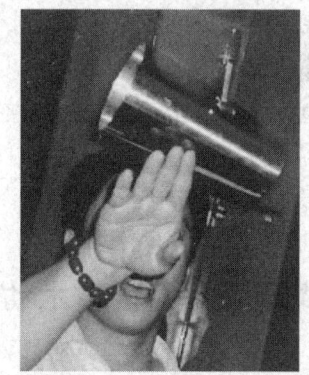

图8-12 花式调酒动作（5）

（1）翻瓶（翻瓶是花式调酒的基础动作，左、右手要熟练掌握）。
（2）手心横向旋转酒瓶。
（3）手心纵向旋转酒瓶（手心横向，纵向旋转酒瓶是锻炼用手腕控制酒瓶时手腕的力度）。
（4）抛掷酒瓶一周半倒酒。
（5）卡酒、回瓶（抛掷酒瓶一周半倒酒，卡酒、回瓶是花式调酒最常用的倒酒技巧，要左、右手都能熟练掌握）。
（6）直立起瓶。
（7）直立起瓶手背立。
（8）一周拖瓶（手背拖瓶锻炼酒瓶立于手背上时手的平衡技巧，要左、右手熟练掌握）。

（9）正面两周翻起瓶。

（10）正面两周倒手（正倒手是花式调酒最常用的倒手技巧）。

（11）抢抓瓶（抢抓瓶要求左、右手熟练掌握）。

（12）手腕翻转瓶。

（13）背后直立起瓶。

（14）背后翻转酒瓶两周起瓶。

（15）反倒手。

（16）抛瓶一周手背立瓶。

（17）背后抛掷酒瓶（背后抛掷酒瓶是花式调酒中非常重要的）。

（18）衔接动作要熟练掌握。

（19）绕腰部抛掷酒瓶。

（20）绕腰部抛掷酒瓶手背立。

（21）外向反抓。

（22）抛掷酒瓶一击手拍瓶背后接。

（23）头后方接瓶。

（24）滚瓶。

二、花式调酒的组合技术动作

（1）翻瓶：1+2 翻瓶、2+3 翻瓶、3+4 翻瓶、1+2+3+4 翻瓶。

（2）抛掷酒瓶一周半倒酒 + 卡酒 + 回瓶。

（3）直立起瓶手背立 + 拖瓶（60 秒）+ 两周撤瓶。

（4）正面翻转两周起瓶 + 正面两周倒手 + 一周半倒酒、卡酒、回瓶 + 手腕翻转酒瓶 + 抢抓瓶。

（5）背后直立起瓶 + 反倒手 + 翻转酒瓶两周背接。

（6）手抛瓶一周立瓶 + 两周撤瓶 + 背后抛掷酒瓶手背立。

（7）抛掷酒瓶外向反抓 + 腰部抛掷 + 转身拍瓶背后接。

（8）头后方接瓶 + 滚瓶 + 反倒手 + 外向反抓 + 腰部抛掷酒瓶 + 转身拍瓶背后接。

第四节 鸡尾酒创作技巧概述

一、鸡尾酒的创作要素

（1）鸡尾酒创作的目的。通常，在人们创作设计鸡尾酒时一般都包含着两种目的：一种是自我感情的宣泄，另一种是刺激消费。对待自我感情的宣泄，只要不违背鸡尾酒的调制规律，能借助于各种酒在混合过程中产生前所未有的精神力量，在调好的创新鸡尾酒中，看到自我的存在，得到快感的诱发和移情，就算达到了目的。而刺激消费，是要把这款新设计的鸡尾酒首先看成是商品，那就要求设计者更好地认识与把握消费者的心理需求，进而善于发现人们潜在的需求因素，从而有效地达到促销的目的。

（2）鸡尾酒的创意。创意，是人们根据需要而形成的设计理念。理念是一款鸡尾酒新型设计的思想内涵和灵魂。能否创作出具有非凡的艺术感染力的作品，绝好的鸡尾酒创意是关键。在鸡尾酒创作过程中，创意一定要新颖，创作者的思路一定要清晰，要善于思考和挖掘，善于想象，不断形成新的理念。

（3）鸡尾酒创作的个性与特点。鸡尾酒创作要突出个性、突出特点。一杯好鸡尾酒的特点是由多方面相互联系、相互作用的个性成分所组成的。由于每个人的个性具有无限的丰富性和巨大的差异性。因此，在设计新款鸡尾酒时，所面对的材料，都是有限的，即不管酒的种类再繁多，载杯再不断翻新多元化，装饰物再层出不穷、取之不尽，但终究是有极限的。而一旦将其通过人的设计，在调制过程中分类组合，设计出款款不同的鸡尾酒，便成为无限的了。所以，在设计新款鸡尾酒时，尽管是设计者对客观的审美意识的反映，除他们对客观事物显示的同一属性外，又不可能不表现出他们主观的个性。只有设计者对表现对象的个性适应，才能产生有特色的新颖设计、有特色的作品，为鸡尾酒世界增添异彩。然而个性也可以适应，并能在不断适应中有所升华或削弱。为此，从设计者的个性考虑，首先应充分发挥其主观能动性，展现他个性所形成的风格，促其标新立异；但又不排除在不断加深对客观认识的过程中，因个性适应而形成的异化，这又能使之开拓新的设计天地。

（4）创造的联想。联想，是内在凝聚力的爆破、情感的释放，是激发感染力的动力。鸡尾酒所以能超出酒的自然属性，以其艺术魅力扩大消费者范围，很重要的原因是鸡尾酒的联想效果，可以在人的灵魂中探险。由于一款鸡尾酒的设计，要通过色彩、形体、嗅觉、口感为媒介，来表现深藏在设计者内心中的各种情感，如果失去联想力，也就丧失了鸡尾酒的价值，又回复到它的原始属性。饮一杯"彩虹鸡尾酒"，便会联想到色彩绚丽的舞衣，舞台上旋转的舞步，这就是设计"彩虹鸡尾酒"时预期的目的。如果不去考虑创造的联想，又有谁会不厌其烦地将各种色彩不同的酒费尽心机去按比重一层又一层兑入小小的酒杯之中。美之所以使人的全部价值得到升华，就是因为人们可以从联想中让情感得以任意奔放。如果鸡尾酒的设计，排除联想的可能性、必然性，也就失去了美的诱惑力。在设计鸡尾酒时，安排一切契机去增强创造的联想效果，是绝对不容忽视的。一个美好的幻想、一个美丽的梦都可以成为一种创新鸡尾酒的最佳创意。

二、鸡尾酒创作技巧

创作设计一款新型鸡尾酒，对有经验的调酒师来说是一件很容易的事情。因为鸡尾酒是一种随机性很强的混合饮料，调酒师只要把选用的原料，按照鸡尾酒调制的基本规律和程序，借助自己的审美意识和饮食习惯，便完全可以自由发挥地设计出一款独特的鸡尾酒。

设计鸡尾酒时，可以从多方位、多层次、多侧面去体现创造的需要，反映创造的意念，渲染创造的个性，扩散创造的联想。

（1）时间侧面。时间伴着人生，丰富人生，充实季节，编织年轮。时间与生命紧紧地交织在一起，与人类生存息息相关。透过这个侧面，任何人都会有所思、有所想，也就为新款鸡尾酒的设计带来取之不尽的素材与灵感。

（2）空间侧面。空间给我们无限的遐想，结构、材料构成空间，色彩体现空间，人的心灵只有在空间中飞翔，才可能真正体会空间中的天、地、日、月、朝、暮、风、云、雨、露，从而设计出体现空间美的鸡尾酒。

（3）博物侧面。世界万物都有其美丽、神奇的方面，无论是日、月、水、土，还是风、霜、雨、雪；无论是绿草，还是鲜花，对万千事物的各种理解，都可以赋予鸡尾酒设计者以美丽、神奇的联想，从而创造出独具魅力的新款鸡尾酒。

（4）典故侧面。精彩的典故，仅凭片言只语，就能形象地点明历史事件，揭示出耐人寻味的人生哲理。巧妙运用典故，会形成鸡尾酒内涵丰富的意念，在外国也多运用这种手法。如"自由古巴"这款鸡尾酒，就是源于古巴挣脱西班牙统治，争取独立时的口号——"自由古巴万岁"这样一个典故：美国有一艘名叫"缅因"号的战舰因故沉没，美军便趁此机会登陆古巴，于是美、古战争爆发了。在8月一个炎热的午后，一位美军少尉走进哈瓦那一家由美国人经营的酒店，向服务员点了一杯罗姆酒。此时，刚好有位同僚在喝可乐，于是少尉灵机一动，将可乐掺在罗姆酒中并举杯说："自由古巴"，就这样一款新型鸡尾酒就产生了。

另外，在设计鸡尾酒时，设计者还可以从诸如人物、文字、历史、军事、伦理等一系列角度展开联想，创作鸡尾酒。

三、鸡尾酒创作方法

鸡尾酒调制的目的就是要混合两种以上的材料，而产生令人愉快的美味，它好比一首曲调，每个音符都有它特殊的性能和地位。

学会调酒并不是一件很难的事，但要学会创作一款色、香、味俱佳，又易推广的鸡尾酒却不是一件容易的事，对任何一个调酒师来说，扎实的酒品知识和过硬的调酒技巧是创作鸡尾酒的基础。同时，富于想象和具备一定的艺术功底又是创作鸡尾酒必不可少的条件，只要勤于思考，肯钻研，多动脑，多学习，创作鸡尾酒并非高不可攀。

鸡尾酒的创作一般包括立意、选料、制定配方、择杯、调制、装饰等几个步骤。

（一）立意

一款好的鸡尾酒带给人的不仅仅是感官的刺激，更多的是视觉艺术的享受、精神的享受。鸡尾酒这种完美境界的实现归根结底在于酒品创作的立意。

立意，也就是要明确创作思想，这是鸡尾酒创作的第一步。立意，又称为创意，即确立鸡尾酒的创作意图。人们借助自身的奇思妙想创造出了鸡尾酒，并且不断在生活中产生灵感，形成新的构思，创造出一款款新的鸡尾酒品种。

1. 创新意识的内涵

好的创意来自良好的创新意识。良好的创新意识包括以下四个方面的内容：

（1）炽热的求知欲望。鸡尾酒的创作涉及酒品知识、酿造学、色彩学、美学等诸多学科的知识，只有不断学习、不断钻研，掌握越来越多的相关知识，才能为创作新品打下坚实的基础。

（2）好奇心。好奇心是创意、创造的萌芽，强烈的好奇心可以帮助人们选择创意方向，捕捉创新信息，激发创作思路，驱策创造行动。

（3）创造欲。有强烈创造欲的人，绝不安于现成的答案，总想自己独立探索，发现新东西，这种素质可能比智力更重要。有强烈创造欲的人富于进取心和进攻性，因而最富于创新意识，并能及早地化为实际行动。

（4）大胆质疑。质疑是创新之始，没有疑问，就不会有创意，人世间的一切事物总是在不断地演变，人类的认识和实践总要不断地发展，要跟上时空的发展，不断有新的创意。

鸡尾酒的创作立意是关键，有了好的创意才有可能形成有特色的产品，立意是创作好一款鸡尾酒的重要环节。

鸡尾酒创作的立意是多方位、多层次的，既可以源于一件事、一个人，也可以源于一景一物，触景生情，因事抒意，通过创作鸡尾酒来表达对美好事物的憧憬和向往。

2. 如何寻找鸡尾酒创意

寻找鸡尾酒的创意可以从以下几个方面考虑：

（1）因事得意，就是根据一些重大事件或有历史意义的事件产生联想，形成创意。

（2）触景生情，大自然的美好景色历来是各类艺术创作的极佳素材。

（3）闻乐起意，通过音乐欣赏，深刻体会音乐的含义，领悟音乐所表达的思想情感，同样对鸡尾酒的创作有很大启发。

（4）其他，能够产生鸡尾酒创意的方面还有很多，如爱情题材、影视题材、典故题材。此外，时间、空间、人物、文化、艺术等方面都可能会使我们产生创作灵感，形成创作意念。

（二）选料

任何一款鸡尾酒，有了好的创意还需通过酒品来进行具体形象的表达。因此，确定了创意后，认真、准确地选择调配材料就显得十分重要。

1. 基酒的选择

鸡尾酒是由基酒、辅料和装饰物等部分构成的。可以用作基酒的材料很多，如金酒、朗姆酒、伏特加、威士忌、白兰地、特基拉、葡萄酒、香槟酒等，中国白酒也越来越多地被用作基酒调制鸡尾酒。

2. 辅料的选择

鸡尾酒调制的辅料品种很多，酒性各异；这是在选料中最需要技术的工作。能否通过这些调酒辅料正确表现酒品的色、香、味，以及表达创作者所要表示的创作意图，很大程度上都在于这些调酒辅料的取舍。调酒辅料的选样是围绕着鸡尾酒的创意进行的，无论是酒的颜色，还是口味都要能非常贴切地表达作者的创作思想，否则，就失去了创作的意义。在选择辅料时要着重注意的有两个方面的问题：一是颜色，二是口味。

（三）制定配方

确定标准配方，也称制定标准酒谱，是保证酒品色、香、味等诸因素达到并符合规定标准和要求的基础，因此，不论创作什么样的鸡尾酒，都必须制定相应的配方，规定酒品主辅料的构成，描述基本的调制方法和步骤。一旦标准配方形成后，就不再轻易进行变动和更改，这对确保所调制出的鸡尾酒的品质的统一也是十分有益的。

（四）择杯

鸡尾酒载杯的选择取决于酒量的大小和创作的需要，所谓酒是体、杯是衣，人靠衣装、酒靠杯装，酒杯是酒品色、香、味、形中"形"的重要组成部分，传统的鸡尾酒杯是三角形或倒梯形的高脚杯，在创作鸡尾酒时选择传统酒杯是一种常见的做法，但为了能更好地表现创作者的创作思想，构造鸡尾酒与众不同的"形"，往往在杯具的选择上需动一番脑筋。选择自创酒载杯时，一方面可以利用酒吧现有杯具，如常见的鸡尾酒杯、高杯、柯林杯、酸酒杯等；另一方面也可以选择一些与酒品主题相吻合的特型杯。此外，选择杯具时还应考虑载杯的容量，杯具的大小必须符合配方的需要。

（五）调制

创新鸡尾酒在调制过程中，必须注意的有两点：一是调制方法的选择；二是根据创作意图进行配方的修改。

调制方法的选择也能反映出创作者的创作思路和意图，为了使创作的鸡尾酒与众不同，更具吸引力，很多创作者在选择调酒方法时往往根据酒品或主题的需要，选择两种或两种以上的方法，其目的一是增加制作难度，二是增加调制过程中的表演性。

调制过程实际上就是把构想转变为成品的过程，经过调制而成的鸡尾酒品在色、香、味等诸方面是否与创意相吻合，能否完全表达创作者的意图，需要对酒品再次进行检验，并通过检验对已形成的配方进行调整和修改，但此时的调整是微调，即对配方中各种材料的用量适当调整，使酒品的色、香、味等因素更和谐、更协调，更能充分表达创作意图。这种调整就如同做化学物理实验一样，有时需要经过无数次的失败才能取得成功，一旦调整结束，最终的配方就形成了，此时可根据经营的需要，将它制作成标准酒谱，列入酒单进行销售。

（六）装饰

艺术装饰是鸡尾酒调制的最后一道工序，创新鸡尾酒也不例外。装饰有两个目的：一是调味，二是点缀。鸡尾酒的装饰并无固定模式可循，完全取决于创作者的审美眼光，特别是用于点缀的装饰，创作者完全可以根据自己的喜好，结合创作要求任意发挥。

四、自创酒品赏析

（一）口味突出

鸡尾酒的神秘魅力源于其由两种或两种以上的酒水、饮料混合调制而成，不同的调酒原料会给鸡尾酒带来不同的味觉体验。鸡尾酒必须有卓越的口味，口味优于单体酒品。鸡尾酒应注重口味的平衡、口感应层次丰富、口味凸显创意主题，忌过酸、过甜、过苦或过香。

1. 翡冷翠

图8-13 翡冷翠

主题创意说明：本款鸡尾酒的灵感来源于徐志摩旅居意大利翡冷翠（又译：佛罗伦萨）时所作诗歌《翡冷翠的一夜》。该诗表达了一位幽怨娇嗔的女子对爱人错综复杂、变幻不定的炽热情愫。

作为一款意大利风格的开胃鸡尾酒（见图8-13），本作品一改以往同类鸡尾酒单一的酸甜口感，以伏特加作为基酒，奠定炽热强烈的基本格调。微甜的红味美思象征着爱情的甜蜜。金巴利和柠檬汁、蔓越莓汁的搭配，带来相思的痛苦与酸楚。丰富的味觉体验，更能充分刺激食欲，给人带来好胃口。

配方：皇冠伏特加0.75盎司；金巴利0.5盎司；马提尼红味美思0.5盎司；蔓越莓汁2盎司；柠檬汁1盎司。

载杯：库博杯。

装饰物：菠萝叶、樱桃、鸡尾酒签。

调制方法：摇和法。

（1）使用摇和法，在摇壶中依次加入冰块、伏特加、金巴利、红味美思、蔓越莓汁和柠檬汁。

（2）将以上原料摇匀，将摇匀后的酒液倒入经过冰杯的库博杯中。

（3）装上由樱桃、菠萝叶和鸡尾酒签制作而成的装饰物。

【**参赛选手**】南京旅游职业学院孟凡翔。

【**指导老师**】徐斌。

2. 情定爱琴海

主题创意说明：如果你爱她，就带她去圣托里尼，在湛蓝的爱琴海边坐下，什么都不说，什么都不想，闭上眼睛，仿佛海里那两道延伸的航线，一个你，一个她，手捧着心搭起追寻的爱情。

优雅的鸡尾酒杯，耸立在淡色的船形玻璃盘中，驶向那片海。一对可爱的小海豚在海面追逐戏耍，充满欢乐与幸福（见图8-14）。

图8-14 情定爱琴海

蓝色的海，壮观、美丽、深远。色泽纯净的哥顿金酒，口感醇美爽适，散发着杜松子的气息，令人迷恋。马天尼干威末特有的花香和鲜烈的辛辣味刺激食欲大开。蓝橙力娇酒的深邃蓝色，散发着清新柑橘香味。而酒杯里散发的菠萝果汁甜味犹如爱琴海的微风细语，让人心旷神怡。青柠汁的微酸爽口，品之清爽，犹如初恋的感觉。

你和她，一红一绿，紧紧相依相偎，任凭疾风暴雨，屹立不倒，因为有爱的力量！

爱琴海，流淌着一湾情思，因为有爱的存在。

爱，原来就是一杯开胃酒！

配方：哥顿金酒30毫升；马天尼干威末酒24毫升；波士蓝橙力娇酒24毫升；菠萝汁10毫升；青柠汁10毫升。

载杯：鸡尾酒杯。

装饰物：浅蓝色玻璃盘、一对水晶海豚、红绿樱桃、水果签。

口感：甘、香、微辣开胃。

调制方法：摇和法。

（1）鸡尾酒杯冰杯。

（2）将马天尼、蓝橙酒、菠萝汁、青柠汁、金酒分别按配方量入雪克杯中，加入冰块摇和。

（3）将鸡尾酒杯中的冰块倒掉。将摇和好的酒液倒入，用水果签叉取红绿樱桃斜置杯中即可。

【参赛选手】无锡商业职业技术学院李旋旋。

【指导老师】苗淑萍。

3. 黄鹂

图8-15 黄鹂

主题创意说明：这款酒名叫"黄鹂"（见图8-15），酒名灵感来源于唐代大诗人杜甫的佳作"两个黄鹂鸣翠柳"。酒液的黄色明亮、纯净，如同春日的阳光照过翠柳的轻烟，给人以舒适惬意。闭上眼睛，细嗅酒杯中散发的阵阵幽香，宛如黄鹂婉转清丽的歌声伴着春天的轻风拂上面容，吹入心房。轻啜一口，鲜榨青柠的酸爽清新、灰雁伏特加的浓郁细腻、百果香的香甜热情、苦精的香苦宜人在加冰摇和后完美融合，又层层叠叠地在味蕾上铺开，酸爽缓缓绽放，余味清苦甘香，令人口齿生津，胃口大开，是一款非常适合餐前饮用的开胃鸡尾酒！

装饰说明：鸡尾酒杯晶莹剔透，杯沿用青柠片和柠檬条作为装饰，既似柳树枝条风中飘舞，又似黄鹂的尾尖，灵动而飘逸，呈现一派生机勃勃的景象，其间一对依偎的黄鹂窃窃私语，好像在新绿的柳条间迎接着春天，明亮的镜子如同光洁的水面，倒映着这幅美景——"两个黄鹂鸣翠柳"的中国诗词意境！

配方：灰雁伏特加 1/2；鲜榨青柠汁 1/4；自制百香果汁 1/4；苦精 2 滴。

载杯：鸡尾酒杯。

装饰物：柠檬、红樱桃。

调制方法：

（1）将鲜榨青柠汁、自制百香果汁、灰雁伏特加和苦精按配方依次加入放冰的雪克壶。

（2）摇和后滤冰倒入冰冻过的鸡尾酒杯。

（3）削取一片柠檬皮，并将柠檬皮油挤入酒中。

（4）用柠檬和红樱桃做杯口装饰。

【**参赛选手**】太原旅游职业学院阴棠棠。

【**指导老师**】成玮。

4. 青涩

主题创意说明：关于青春的记忆，永远都充满着纯粹、懵懂、活力与淡淡的忧愁。本款鸡尾酒作为一款开胃鸡尾酒，以青绿色为主要色彩，象征着青年蓬勃的朝气。同时以柠檬味伏特加为基酒，奠定热烈与活泼的基本格调。而蜜桃利口酒、马提尼干味美思、菠萝汁和青柠汁的组合，给人带来清新、微甜与酸爽的口感，在增进食欲的同时，让人感受到成长路上的美好与忧愁，唤醒人们关于青春韶华的回忆（见图8-16）。

配方：绝对牌柠檬味伏特加 0.75 盎司；蜜桃利口酒 0.5 盎司；马提尼干味美思 1 盎司；菠萝汁 1.5 盎司；青柠汁 0.5 盎司。

载杯：库博杯。

装饰物：青柠片、百里香、樱桃、鸡尾酒签。

调制方法：摇和法。

（1）将冰块、柠檬味伏特加、蜜桃利口酒、马提尼干味美思、菠萝汁和青柠汁依次加入调酒壶中。

图8-16　青涩

（2）将以上原料在调酒壶中摇匀，将摇匀后的酒液倒入冰过杯的库博杯中。

（3）用青柠片、百里香、樱桃和鸡尾酒签做成的装饰物进行装饰。

【参赛选手】南京旅游职业学院邱振超。

【指导老师】徐斌。

（二）主题独特

鸡尾酒创作的主题立意是多方位、多层次的，既可以源于一件事、一个人，也可以源于一景一物，触景生情，因事抒意。独特的主题需要充分发挥联想力，找寻好的立意，酒水选料与主题吻合，口感丰富，色泽优美，装饰物的设计与主题相互呼应，主题设计不要牵强附会。

1. 醉霓裳

主题创意说明：这款鸡尾酒颜色典雅，具有中国水墨特色的朦胧美，口感柔和兼有西柚的清爽、荔枝和薄荷的芬芳（见图8-17）。

创作灵感来源于我国唐代的经典乐舞"霓裳羽衣舞"，其舞、其乐、其服饰都着力描绘虚无缥缈的仙境和舞姿婆娑的仙女形象。该乐舞传说是唐玄宗李隆基所作，由他宠爱的贵妃杨玉环作舞表演。原舞已失传，现今的表演是根据文字记载和诗歌描写意象再创作的，充满了古典的朦胧美，给人以美的艺

图8-17　醉霓裳

术享受。结合此款鸡尾酒,创作了小诗一首:

醉霓裳

青蓝美酒梦回唐,醉酒贵妃舞霓裳。

万里丝路长安始,开元盛世墨飞香。

古城西安是唐朝国都,又是丝绸之路的起始,希望人们在品饮这杯美酒的同时,能够对纸墨飞香的古城长安充满向往。

配方:深蓝伏特加 1 盎司;荔枝甜酒 1/3 盎司;西柚汁满杯;蓝橙酒 1/2 盎司。

载杯:郁金香型香槟杯。

装饰物:薄荷叶、折扇。

调制方法:兑和法及搅合法。

【参赛选手】陕西工商职业学院杨廷岚。

【指导老师】刘晓花。

2. 炙热如芒

主题创意说明:我们知道,开胃的意思是帮助消化和增进食欲,作为一款开胃鸡尾酒需要做到的就是——帮助你在餐前将食欲打开,为了做到这点,适当的苦味和酸味必不可少,这款鸡尾酒创作灵感来源于经典年代的鸡尾酒配方,经典年代的特征是酒里的各种口感达到极致的平衡。为此特选用黑刺李金酒作为基酒,并配以伦敦干金酒与之相互呼应,它们之间的搭配不仅提供了开胃鸡尾酒应有的酸度,还能给予一定的酒精感觉。之后加入极少量的菲奈特·布兰卡比特酒(这是一款对健康非常有好处的草药类的开胃酒),同时加入阿佩罗让整个鸡尾酒的甜苦平衡,这两款酒为鸡尾酒带来恰如其分的苦与甜。最后使用紫罗兰力娇香提升酒的味道与口感。加入配料后,为了使酒呈现出柔和的口感,在调酒方法上选用搅和法,并以樱桃装饰(见图8-18)。

在品尝这款酒时,黑刺李的酸甜感与杜松子味就会在舌尖上瞬间释放,刹那间味蕾打开,脑海中仿佛浮现出19世纪的意大利私人庄园中的夏日,手持一杯美国佬鸡尾酒,看着老式放映机慢慢播放的黑白电影的闲适,而阿佩罗跟菲奈特·布兰卡提供这种爽快的苦感,会一直萦绕在你的味蕾上。这款鸡尾酒的余韵里,紫罗兰力娇带来优雅的花香,仿佛自己置身于满植紫罗兰的庄园中,与朋友们在晚饭前举杯畅饮。

图8-18 炙热如芒

配方：黑刺李金酒 30 毫升；干金酒 25 毫升；菲奈特·布兰卡 5 毫升；紫罗兰力娇酒 15 毫升；阿佩罗 10 毫升。

载杯：葡萄酒杯。

装饰物：樱桃。

调制方法：搅拌法。

【参赛选手】广东机电职业技术学院马佳纯。

【指导老师】李挺山。

3. 黄蕊馨香

主题创意说明：本品名为黄蕊馨香。初见花间蕊，那衔在杯口的清纯的康乃馨，恬净高雅，漫溢的清香，让心情变得宁静而舒畅。观其色泽，淡黄尔雅，令人垂涎欲滴；执杯摇曳，白冰舞动，带起些许黄蕊馨香；近闻其味，酒香溢，沁心脾，悸动久久不能释怀；细品其香，若隐若现地夹带着酸甜的酒汁，不仅齿颊生香，而且令人神清气爽（见图8-19）。

图8-19　黄蕊馨香

杯中的伏特加甘洌而不失黄柠的酸爽，慢慢萦绕在味蕾之间；马天尼那醇厚的味道中带着些许苦艾的清新，温润的感觉顺着舌根滑落到心扉；加力安奴的天然草本中有着沁人心脾的茴香，加之百香果流动着的淡淡的香意，漫过咽喉，沁入肺腑，让人心旷神怡；最后加入自制的芬芳回甘的陈皮鸡蛋酒，怡人的气味可行气宽中、醒胃暖身，既中和了酒的清冽，又香郁扑鼻，在舌尖萦绕着，让人迷恋。此刻让人心驰神往，自在奔放。

配方：绝对伏特加（柠檬味）1/3 盎司；马天尼干威末酒 1 盎司；加利安奴草本力娇酒 1/2 盎司；陈皮鸡蛋酒（自制）1/2 盎司；莫林百香果风味糖浆 1/4 盎司。

载杯：香槟杯。

装饰物：康乃馨。

调制方法：摇和法。

【参赛选手】珠海城市职业技术学院马玫妍。

【指导老师】王楠楠。

4. 午夜色调

图8-20　午夜色调

主题创意说明：本款鸡尾酒的创意灵感来自万圣节的神秘气氛。此酒以特基拉为基酒，添加菲诺雪莉酒、金巴利、椰浆利口酒、比特储斯橘味苦味酒摇和而成。五款口味鲜明的酒搭配，给此酒带来了苦中微甜的丰富口感。粉红色的酒体凸显出神秘而快乐的午夜时光（见图8-20）。此酒口感丰富平衡、香味协调、刺激食欲，适合餐前饮用，相信会给人带来一份欢乐愉悦的心境。

配方：特基拉1盎司；菲诺雪莉酒0.3盎司；金巴利0.3盎司；椰浆利口酒0.8盎司；比特储斯橘味苦味酒2～3滴。

载杯：马天尼杯。

装饰物：柠檬片。

调制方法：

（1）使用摇和法，在摇壶中依次加入特基拉、菲诺雪莉酒、金巴利、椰浆利口酒和比特储斯橘味苦味酒。

（2）将以上原料摇匀，将摇匀后的酒液倒入经过冰杯的马天尼杯中。

（3）以柠檬片作为装饰物。

【参赛选手】郑州旅游职业学院曹振东。

【指导老师】钱丽娟。

（三）材料创新

鸡尾酒的种类款式繁多，调制方法各异，但任何一款鸡尾酒的基本结构都有共同之处，即由基酒、辅料和装饰物三部分组成。辅料的创新是自创鸡尾酒呈现万千变化的基础，应根据主题创意来选择辅料，恰当的辅料会让自创鸡尾酒在色、香、味等方面有质的飞跃，反之则有可能画蛇添足，降低酒的品质。

1. 背影

主题创意说明：创作这杯鸡尾酒的灵感来自朱自清先生《背影》一文，父亲浓浓的爱意融化在朦胧的背影中。"司岗里"意为人类历史的源头，选择司岗里木瓜发酵酒作为基酒就是隐寓为一种亲情的传承，木瓜的清香、干酒的酸涩就像父爱的存在形式，令人回味无穷。玫瑰老卤则塑造了父亲那质朴、直接的父爱表达方式，莲心水的味道则更像我们体会的父爱，入口苦但回味甘甜；杏仁利口酒的独特香味，代表父亲独特的温暖；用橄榄点题，寓意坚强和爱。作为开胃酒，这杯鸡尾酒主要的味道呈现为酸、涩、苦味。细品之下，该酒口感浓厚，木瓜的清香和酸涩，杏仁独特的香气，融合淡淡的玫瑰味，醇厚深沉（见图8-21）。

创作这杯鸡尾酒是希望在父亲节这个特殊的日子里，我们应细细品味父爱的隐忍和温暖，感谢在我们成长的日子里，父亲所给予我们的爱和他们独特的表达方式。

图8-21 背影

配方：司岗里木瓜酒 1 盎司；玫瑰老卤 0.5 盎司；杏仁利口酒 0.5 盎司；莲心水 0.5 盎司。

载杯：马天尼杯。

装饰物：橄榄。

使用器具：量酒器、摇酒壶。

制作方法：摇和法、兑和法。

【参赛选手】云南林业职业技术学院刘瀚洲。

【指导老师】王丽娟。

2. 红美人

主题创意说明：土楼红美人，年轻的面容红润娇艳，体态丰盈而美丽。无疑，她们是当之无愧的当红美人。品酌，清香在口，旋律在耳，一时情感如春水在胸怀萌动。倾诉着萦绕在心头的回忆，我要用美酒来赞美土楼红美人、祝福土楼红美人。

创作鸡尾酒时，基酒的选择是至关重要的，基酒决定鸡尾酒的酒味。所以选用可塑性高的金酒来作为基酒，口感醇美爽适。此外，辅酒的确定更有点睛之妙，同时也为了更加贴近主题设计，在口味和颜色的选择中也十分慎重。选用味美思、树莓起泡酒为辅酒，所呈现的芳香与回味代表女性的大方、艳丽与神秘之感，甚有胭脂之美。青柠汁与红茶的组合，使得清新中微酸的口感更爽口，符合女性雅致的气质。远观而立的玫红色鸡尾酒，如同远在天边、近在眼前的披着红色薄纱的美人。选用的装饰物是在杯脚的一朵红玫瑰，与

图8-22 红美人

"红美人"开胃鸡尾酒相得益彰（见图8-22）。整体看上去，给人的感觉虽简约但不失美感，更加突出主题和这款鸡尾酒背后的故事。

配方：金酒 1 盎司；味美思 2 盎司；树莓起泡酒 2 盎司；青柠汁 1/2 盎司；红茶。

载杯：特饮杯。

装饰物：玫瑰。

调制方法：摇和法。

【参赛选手】漳州职业技术学院黄嘉娜。

【指导老师】邢宁宁。

3. 蝶

主题创意说明：本酒名为"蝶"，酒精度适中，酒液呈现高贵清透的蓝紫色调，轻缀一枚飘浮的黄花，仿佛丛中飞跃的蝴蝶般翩然灵动（见图8-23）。清新柠檬与草本植物相结合，能给人一种心旷神怡的感觉，特别适合夏季餐前开胃饮用。这款创意酒是随家人赴云南旅行时，在一片蝴蝶园中有所感悟后创作而成的。

为得到这无法效仿的高贵蓝紫腔调，调酒师并未直接加入紫罗兰力娇酒调制，而是选取采自云南的蓝蝴蝶豆浸泡的伏特加为基酒，再先后加入同样具有开胃作用的干味美思、利莱酒和青柠汁，让饮酒者可以亲眼见证酒体颜色在调酒师的手中如化学反应般几经变幻，最终定色于高贵脱俗的梦幻蓝紫，就像蝴蝶的一生，几经蜕变。

这神奇莫测的变色过程，正是由于蝴蝶豆中富含花青素，与柠檬酸等酸性液体接触后发生变色反应所致，神奇且对人体无害。蝴蝶豆花本身具有丰富的维生素 A、C 和 E，有助提高免疫力，同时还具有补脑、养胃、缓解压力的天然保健功效。它与柠檬酸结合后，更有助于保护心脏、清热解暑。酒液入口味酸，干苦中有微甜，开胃怡情，令人食欲大增。载杯内以黄色三色堇装饰，清雅中不失可爱。

由于蝴蝶豆的变色能力如蝴蝶一般脆弱，易受温度、湿度和调制速度影响，设计过程几经失败，但调酒师都未放弃，最终创作出这款鸡尾酒。希望通过该款鸡尾酒的创作，赞美蝴蝶的蜕变历程，同时展现出新生代调酒师为梦想而钻研奋斗的匠人情怀。

配方：蝴蝶豆浸过的伏特加 1 盎司；干味美 0.5 盎司；利莱酒 0.5 盎司；青柠汁 0.5 盎司；蓝橙酒 0.5 盎司。

载杯：异形鸡尾酒杯。

装饰物：黄色三色堇花。

图8-23 蝶

制作方法：调和法。

（1）载杯加冰块进行冰镇。

（2）将蝴蝶豆浸过的伏特加、干味美思、利莱酒、青柠汁、蓝橙酒依次倒入调酒杯中，加冰后用吧勺快速搅匀。

（3）倒出载杯中的冰块，用滤冰器将酒液滤入。

（4）黄色三色堇花作为装饰，将载杯放入青花瓷托盘。

【**参赛选手**】天津青年职业学院张陈白璐。

【**指导老师**】王楠。

4. 拾忆

主题创意说明："拾忆"的创作是基于对东方饮食文化和西方开胃酒文化的研究，使其相互融合后所得出的一款新型鸡尾酒（见图8-24）。很多国家都有在餐前吃些开胃小菜的习惯，这些小菜酸甜爽口，有一个共同点就是都使用了醋，这款创新鸡尾酒就是以自制桑葚醋为核心风味制成的。

桑葚多汁且酸甜适口，在中国有广泛种植，《本草纲目》记载其具有生津润燥、利尿消暑、刺激肠胃蠕动的功效，是夏季的保健水果。

图8-24 拾忆

食醋由蒸馏过的酒发酵制成，有一种特殊而强烈的酸味和冲鼻味，能迅速刺激人的唾液分泌，激发食欲，然而纯醋太强的酸性会使得酒体口感过于刺激，果醋中的果汁和糖分恰能中和其酸性，并赋予其更具个性的风味。

小时候的夏天，学校门口的小卖部会售卖一种自制的桑葚醋兑冰水的饮料，放学后和几个小伙伴边喝边走回家，那酸酸甜甜的味道就是童年生活中夏天的味道。所以用桑葚醋来制作这款鸡尾酒，既是看中它的口味和功效，也是对童年生活的怀念。

"拾忆"以桑葚醋为主角，配上鲜榨的青瓜汁、洛神花糖浆、金巴利力娇酒和白姆酒，达到酸、甜、苦、烈的平衡。青瓜赋予了酒体清爽的气息，与甜醋的搭配使之更接近南方开胃小菜的风味，特别适合炎炎夏日。洛神花糖浆可调节酒体的颜色和酸度。加入金巴利，旨在丰富鸡尾酒的层次，既为整杯酒增添来自意大利的草本气息，同时带来苦味的平衡，而苦味则能回甘生津，是开胃的元素之一。基酒白朗姆既能激发青瓜的天然香气，又赋予了"拾忆"酒精的烈性。

配方：自制桑葚醋25毫升；青瓜汁30毫升；洛神花糖浆5毫升；金巴利力娇酒10

毫升；百加得白朗姆酒 40 毫升。

载杯：异形鸡尾酒杯。

装饰物：花形青瓜皮。

制作方法：调和法。

（1）载杯加冰进行冰杯。

（2）将白朗姆酒、金巴利力娇酒、桑葚醋、青瓜汁、洛神花糖浆等依次加入调酒杯，加冰块充分摇匀后，滤入鸡尾酒杯。

（3）用花形青瓜皮等进行装饰。

（4）置于特定的杯托上。

【参赛选手】广州工程技术职业学院邱祥君。

【指导老师】傅云雁。

（四）装饰创新

装饰物、杯饰等是鸡尾酒的重要组成部分。装饰物的巧妙运用，可起到画龙点睛般的效果，使一杯平淡单调的鸡尾酒旋即鲜活生动起来，充满着生活的情趣和艺术的魅力。装饰物的选择要与主题契合，有观赏性，但应注意大小适当，不可喧宾夺主，华而不实。

1. 三生三世十里桃花

主题创意说明："三生三世十里桃花"鸡尾酒的创作灵感来自于电视剧《三生三世十里桃花》。该剧根据唐七公子同名小说改编，讲述了青丘帝姬白浅和九重天太子夜华经历三段爱恨纠葛终成眷属的绝美仙恋故事。十里桃花实际指的是十里桃花林，是白浅（剧中女主角）第一次以"神女"的身份遇见夜华（剧中男主角）的地方。

围绕着"三生三世十里桃花"这个主题，鸡尾酒整体颜色以桃色为主题，采用摇和法和兑合法（分层法）相结合的方式将鸡尾酒分为三层，寓意三生三世；三层酒中，虽然每一层颜色深浅不一，但是不变的是桃色，寓意三生三世都不变的爱；装饰物心形桃片（没有桃子时可以用其他水果代替）寓意对恋人永远不变的心，桃花枝（没有桃花枝时可以用其他桃色花枝代替）让人仿佛置身于十里桃林；搅拌后的酒液仍呈桃色，寓意恋人初识的浪漫情境（见图 8-25）。

桃花灼灼、枝叶蓁蓁，十里桃林三世情缘，皆缘起一杯"三生三世十里桃花"桃花鸡尾酒。"三生三世十里桃花"口味丰富，既有西柚和桃子的果香味，又有金酒野生杜松和芫荽的

图 8-25　三生三世十里桃花

草香味，还有金巴利苦柑、茴香、龙胆草根等的药香味，入口偏苦，余韵无穷，是一款以女性为主要消费人群的开胃鸡尾酒，适合女性在餐前饮用，有着爱情萌芽的美好寓意。

配方：西柚汁 2 盎司；红石榴糖浆 1/12 盎司（第一层用）；金酒 1 盎司；桃花醉酒 1/6 盎司；金巴利 1/6 盎司；红石榴糖浆 1/12 盎司（第三层用）。

载杯：倒三角形特饮杯。

装饰物：心形桃片穿桃花枝（没有桃子和桃花枝时可以用其他水果和其他桃色花枝代替）。

制作方法：摇和法和兑合法。

（1）量取 2 盎司西柚汁直接倒入倒三角形特饮杯中，从杯子正中快速淋入 1/12 盎司的红石榴糖浆。

（2）将 1 盎司金酒、1/6 盎司桃花醉酒、1/6 盎司金巴利、1/12 盎司红石榴糖浆和适量冰块倒入摇酒壶用力摇匀。

（3）在装有西柚汁和红石榴糖浆的倒三角形特饮杯中加入冰块，将摇好的酒兑入杯中至 8 分满。

（4）放入搅拌棒和吸管，用心形桃片穿桃花枝（没有桃子和桃花枝时可以用其他水果和其他桃色花枝代替）。

【参赛选手】沈阳职业技术学院赵颖。

【指导老师】宋园园。

2. 家园

主题创意说明：无论是远处的丛林，还是近处的山谷；无论是爱琴海的风，还是雅鲁藏布江的水；无论是多瑙河的哺育，还是稻花香的传承……千百年来，自然恩赐了我们，大地孕育了我们，一方水土养育一方人，一份情感汇集成一个共同的家园。

主题情境以传统的中式庭院风格为主调，配以辘轳、水井、水桶、水缸、谷物等元素，勾勒出典型的传统生活场景，同时，也展示了"酒"在酿造过程的重要材料——谷物和水（见图 8-26）。在这一点上，中西方文化是有共同之处的。只是在西式的酿造工艺里多了些来自花朵、根茎等植物的辅助。中国有句俗话，"酒是粮食精"，这种来自自然的恩赐，不由得让我们品味出那种回归自然的喜悦。我们欢迎来自各方的客人，在这样一个完全中式的

图8-26 家园

氛围里，用纯正的配方来调制出家乡的味道，品味生活，回归家园……

配方：特基拉3/4盎司；金巴利1/4盎司；味美思3/4盎司；苦精2~3滴；百香果1个。

载杯：异形鸡尾酒杯。

装饰物：辘轳、水井、水桶、水缸、谷物等。

制作方法：

（1）酒杯加冰冻杯。

（2）用摇和法调制鸡尾酒。

（3）冻杯后倒去冰块加入新冰块，在新冰上点上几滴苦精并顺势摇晃酒杯几下。

（4）将调制好的鸡尾酒滤入（百香果事先切开滤去果肉、籽，留果汁加入适量的糖水放在容器里备用，调制时直接加入摇酒壶与其他原料混合）。

【参赛选手】北京经济管理职业学院蒿雪晴。

【指导老师】丁杰。

3. 关爱

主题创意说明：此款鸡尾酒命名为"care"。创意来源于每年10月8日的世界"防乳癌关爱日"主题，寓意关爱女性、关注女性健康。

考虑到主题特征及宾客类型，此款鸡尾酒整体色调为枚红色，黑色柄高脚三角杯及粉红丝带装饰物的使用，使颜色过渡自然，搭配相得益彰（见图8-27）。

此款鸡尾酒选用伏特加酒为基酒，辅料取用蜜桃利口酒、黑加仑利口酒、橙汁、蔓越莓汁、柠檬汁、草莓糖浆等。满足以女性宾客为主题需要的口感，突出了开胃酒的爽口及开胃之功效。

图8-27 关爱

配方：伏特加45毫升；蜜桃利口酒10毫升；黑加仑利口酒10毫升；橙汁15毫升；蔓越莓汁20毫升；柠檬汁2~3滴；草莓糖浆5毫升。

载杯：高脚三角杯。

装饰物：选用了在杯中放上可食用的玫瑰花花瓣，并在杯脚系上"红色丝带"的方式，用来提示和凸显我们应该关爱和关注女性的健康，让她们永远像玫瑰花一样地盛开。

制作方法：摇和法。

【参赛选手】江西旅游商贸职业学院杨思思。

【指导老师】阮秀梅。

第五节　经典鸡尾酒调制

一、以蒸馏酒为基酒的经典鸡尾酒调制

（一）以威士忌为基酒的鸡尾酒

1. 威士忌苏打（Whisky & Soda）

材料：威士忌 45 毫升，苏打水适量。

用具：搅拌长匙、平底杯。

做法：①将冰块放入杯中，倒入威士忌；②加满冰冷的苏打水轻轻搅拌。

2. 悬浮式威士忌（Whisky Float）

材料：威士忌 45 毫升；矿泉水适量。

用具：平底杯 1 只。

做法：①将冰块放入杯中，倒入矿泉水；②慢慢在上面浮一层威士忌。

3. 纽约（New York）

材料：威士忌 3/4；莱姆汁 1/4；石榴糖浆 1/2 匙；砂糖 1 匙。

用具：调酒壶、鸡尾酒杯。

做法：①将冰块和材料放入调酒杯中摇匀，倒入杯中；②拧几滴柳橙皮汁即可。

4. 热威士忌托地（Hot Whisky Toddy）

材料：威士忌 45 毫升；热开水适量；柠檬片 1 片；方糖 1 粒。

用具：平底杯、搅拌长匙、吸管。

做法：①把方糖放入温热的平底杯中，倒入少量热开水让它溶化；②倒入威士忌，加点热开水轻轻搅匀；③用柠檬作为装饰，最后附上吸管。

5. 教父（Godfather）

材料：威士忌 3/4；安摩拉多（Amaretto）1/4。

用具：岩石杯、搅拌长匙。

做法：把冰块放入杯中，倒入材料轻搅即可。

6. 曼哈顿（Manhattan）

材料：威士忌 2/3；甜味苦艾酒 1/3；香味苦汁微量；红樱桃 1 粒。

用具：调酒杯、滤冰器、搅拌长匙、鸡尾酒杯。

做法：①将冰块和材料倒入调酒杯中，搅匀倒入杯中即可；②用红樱桃作为装饰。

（二）以白兰地为基酒的鸡尾酒

1. 亚历山大（Alexander）

材料：白兰地 1/2；可可利口酒 1/4；鲜奶油 1/4。

用具：鸡尾酒杯、调酒壶。

做法：把冰块和材料放入调酒壶中摇匀。

2. 尼克拉斯加（Nikolaschika）

材料：白兰地 1 杯；柠檬片 1 片；糖浆 1 茶匙。

用具：利口杯 1 只。

做法：①倒入九分满的白兰地；②把堆有砂糖的柠檬片放在酒杯上。

3. 彩虹酒（Pousse-Cafe）

材料：山多利石榴糖浆 1/6；汉密士瓜类利口酒 1/6；汉密士紫罗兰酒 1/6；汉密士白色薄荷酒 1/6；汉密士蓝色薄荷酒 1/6；山多利白兰地 1/6。

用具：利口杯 1 只。

做法：依序将配方慢慢倒入杯中。

4. 奥林匹克（Olympic）

材料：白兰地 1/3；橙色柑香酒 1/3；柳橙汁 1/3。

用具：调酒壶、鸡尾酒杯。

做法：将冰块和材料倒入调酒壶中摇匀即可。

（三）以伏特加为基酒的鸡尾酒

1. 螺丝起子（Screwdriver）

材料：伏特加 40 毫升；柳橙汁适量。

用具：平底杯、搅拌长匙。

做法：①将伏特加倒入加有冰块的杯中；②把多于伏特加 2～3 倍的冰冷果汁倒入杯中搅匀即可。

2. 血玛丽（Bloody Mary）

材料：伏特加 45 毫升；番茄汁 20 毫升；半月形柠檬片 1 片；芹菜根 1 根。

用具：搅拌长匙、平底杯。

做法：①将冰块倒入杯中，倒入伏特加；②把多于伏特加 2～3 倍的冰冷果汁倒入杯中，轻轻搅匀；③以柠檬作为装饰，附上 1 根芹菜。

3. 黑色俄罗斯（Black Russian）

材料：伏特加 40 毫升；咖啡利口酒 20 毫升。

用具：搅拌长匙、岩石杯。

做法：①将伏特加倒入加有冰块的杯中；②倒入利口酒，轻轻搅匀。

4. 公牛弹丸（Bull Shot）

材料：伏特加 30 毫升；牛肉汤 60 毫升。

用具：调酒壶、岩石杯。

做法：①将冰块和材料倒入调酒壶中摇匀；②倒入加有冰块的杯中。

（四）以朗姆酒为基酒的鸡尾酒

1. X·Y·Z

材料：无色朗姆酒 1/3；无色橙香酒 1/3；柠檬汁 1/3。

用具：调酒壶、鸡尾酒杯。

做法：①将冰块和材料倒入调酒壶中摇匀；②倒入杯中即可。

2. 上海（Shanghai）

材料：黑色朗姆酒 1/2；茴香酒 1/6；石榴糖浆 1/2 茶匙；柠檬汁 1/3。

用具：调酒壶、鸡尾酒杯。

做法：①将冰块和材料倒入调酒壶中摇匀；②倒入杯中即可。

3. 天蝎宫（Scorpion）

材料：白兰地 30 毫升；无色朗姆酒 45 毫升；柠檬汁 20 毫升；柳橙汁 20 毫升；莱

姆汁 15 毫升；柠檬片 1 片；莱姆片 1 片；红樱桃 1 粒。

用具：调酒壶、高脚玻璃杯、吸管。

做法：①将冰块和材料依序倒入调酒壶内摇匀；②倒入装满细碎冰的杯中；③用柠檬、莱姆、红樱桃作为装饰；④附上一根吸管。

4. 长岛冰茶（Long Island Iced Tea）

材料：金酒 15 毫升；伏特加 15 毫升；无色朗姆酒 15 毫升；龙舌兰 15 毫升；无色柑香酒 10 毫升；柠檬汁 30 毫升；糖浆 1 茶匙；可乐 40 毫升；柠檬片 1 片。

用具：搅拌长匙、吸管、大果汁杯。

做法：①将材料倒入装满细碎冰的杯中搅匀；②用柠檬作为装饰，最后附上吸管。

（五）以金酒为基酒的鸡尾酒

1. 马提尼（Martini）

材料：金酒 4/5；干苦艾酒 1/5；橄榄 1 粒。

用具：调酒杯、隔冰器、搅拌长匙、鸡尾酒杯。

做法：①将冰块和材料倒入调酒杯内，搅匀倒入杯中；②用橄榄作为装饰。

2. 螺丝锥子（GimLet）

材料：金琴酒 3/4；柠檬汁 1/4。

用具：调酒壶、鸡尾酒杯。

做法：将冰块和材料倒入调酒壶内，摇匀倒入杯中即可。

3. 吉普逊（Gibson）

材料：金酒 5/6；干苦艾酒 1/6；珍珠洋葱 1 粒。

用具：调酒杯、隔冰器、搅拌长匙、鸡尾酒杯。

做法：①将冰块和材料倒入调酒杯内，搅匀后以隔冰器倒入杯中；②用珍珠洋葱作为装饰。

4. 新加坡司令（Singapore Sling）

材料：金酒 45 毫升；柠檬汁 20 毫升；砂糖或糖浆 2 匙；樱桃白兰地 15 毫升；苏打水适量；红樱桃、柳橙各 1 个。

用具：调酒壶、搅拌长匙、平底杯。

做法：①将冰块和材料倒入调酒壶内，搅匀后倒入杯中；②加些冰块、苏打水、再倒入白兰地，以水果装饰。

（六）以贵州茅台为基酒的鸡尾酒

1. 昆仑山

材料：茅台酒 60 毫升；绿色薄荷酒 45 毫升；鲜奶油 15 毫升；冰块适量。

用具：调酒壶、鸡尾酒杯。

做法：①把两种酒加冰块放入调酒壶内摇动均匀后滤鸡尾酒杯中；②浮上鲜奶油。

2. 茅台雪花

材料：茅台酒 75 毫升；刨冰球 1 个；柠檬皮 1 片。

用具：香槟杯、鸡尾酒杯。

做法：①先把刨冰球放入香槟杯内；②注白酒再挤柠檬皮。

3. 黔韵诗情

材料：茅台酒、青柠汁、柠檬汁各 30 毫升；红橘酒、天然椰子汁各 20 毫升；红樱桃 1 颗；柠檬皮 1 片；碎冰块适量。

用具：调酒杯、直身玻璃杯。

做法：①把茅台酒、红橘酒以及各种果汁倒入调酒杯中；②加碎冰块后用力搅均；③注入直身玻璃杯内；④把柠檬皮挤出油来滴入酒杯中；⑤红樱桃点缀。

4. 中国皇帝

材料：茅台酒 30 毫升；糖浆 4 毫升；鸡蛋蛋黄 1 个；冰块 2~3 块；红樱桃 1 颗。

用具：摇酒器、鸡尾酒杯。

做法：①在摇酒器中放入 2~3 块冰块；②依次放入糖浆、蛋黄、茅台酒摇动 10 秒；③将酒滤到鸡尾酒杯中；④红樱桃点缀杯口。

二、以酿造酒为基酒的鸡尾酒

（一）以黄酒为基酒的鸡尾酒

1. 轩辕黄帝

材料：黄酒 45 毫升；橙精香露酒 15 毫升。

用具：古典杯。

做法：使用古典杯加冰，调匀，放两颗话梅，在酒上作为加味与装饰。

2. 唐宋宾治

材料：绍兴酒 3 瓶；白葡萄酒 2 瓶；用水蒸松的花梅 20 粒。

用具：宾治桶。

做法：①使用 30 人份宾治桶，将上项调料调匀；②酒会开始时加入冰块，装点柠檬片，然后再加入两大瓶汽水。

3. 红娘子

材料：莲花白酒 15 克；米酒 15 克；糖石榴汁 15 克（没有石榴汁可用其他红色果汁替代）；鸡蛋清 1 个；鲜柠檬 14 个（榨汁用）；罐头樱桃 1 枚。

用具：240 克装的阔口矮型玻璃杯。

做法：①在调酒壶中放几块碎冰；②注进酒、石榴汁、蛋清和鲜柠檬汁，摇动酒壶，使酒液产生泡沫；③滤进杯内，用鸡尾酒签穿上红樱桃放在酒上点缀。

（二）以葡萄酒为基酒的鸡尾酒

1. Spritzer

材料：1 份红酒；4 份气泡泉水或苏打水；1 份柠檬片。

用具：鸡尾酒杯。

做法：将柠檬片放入酒中，再加入气泡矿泉水（或苏打水）。

2. Minosa

材料：1/2 杯柳橙汁；1/2 甜白葡萄酒；冰块适量。

用具：调酒杯、鸡尾酒杯。

做法：将 1/2 杯柳橙汁加入 1/2 杯冰过的甜白葡萄酒中。

3. Wine Tonic

材料：15 毫升伏特加；115 毫升干白葡萄酒；少许柠檬汁；奎宁水（Tonic）。

用具：鸡尾酒杯。

做法：将材料混合在一起，再以奎宁水充满。

4.Prelude Fizz

材料：30毫升金巴利（Campari）；20毫升可尔必思 Calpis；10毫升柠檬汁；苏打水。
用具：调酒壶、高球杯。
做法：将以上材料加进调酒壶中，充分摇匀后倒入高球杯中，再以苏打水填满，就是1杯绝佳的饭前酒。

（三）以啤酒为基酒的鸡尾酒

1. 狗鼻子（Dog's Nose）

材料：金酒1盎司；啤酒适量。
用具：柯林杯。
做法：将金酒倒入冰镇过的柯林杯中，再注满已经冰镇好的啤酒。

2. Shandy Gaff

材料：啤酒半杯；姜汁汽水半杯。
用具：鸡尾酒杯。
做法：将冰镇的啤酒和姜汁汽水在鸡尾酒杯中混合而成。

3. 吸血鬼

材料：黑啤酒；番茄汁1盎司。
用具：鸡尾酒杯。
做法：将黑啤酒和番茄汁调和。

4. 血啤

材料：红石榴糖浆1/4盎司；柠檬汁1/2盎司；啤酒适量；绿樱桃。
用具：啤酒杯。
做法：将上述材料调和，加以绿樱桃装饰。

三、配制酒在鸡尾酒中的运用

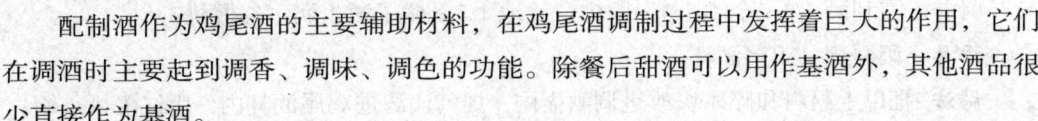

配制酒作为鸡尾酒的主要辅助材料，在鸡尾酒调制过程中发挥着巨大的作用，它们在调酒时主要起到调香、调味、调色的功能。除餐后甜酒可以用作基酒外，其他酒品很少直接作为基酒。

（一）以开胃酒为辅料的鸡尾酒

1. 干马提尼（Dry Martini）

材料：金酒；干味美思；橄榄。

用具：量酒杯、鸡尾酒杯、调酒杯、冰桶及冰夹。

做法：在鸡尾酒杯中加入冰块，进行冰杯；用冰夹取适量冰块置于调酒杯中，量入金酒和干味美思，用吧匙搅拌10次左右，滤入鸡尾酒杯中，用水果夹夹取橄榄放入杯内。

2. 好友

材料：威士忌60毫升；味美思15毫升；鲜橙片1~4个。

用具：90毫升三角鸡尾酒杯。

做法：将适量碎冰块放入调酒壶内，注进酒，用力摇匀，然后滤入杯内，再将1~4个鲜橙片放在杯上点缀。

3. 茅台鸡尾酒

材料：1片柠檬皮；冰块；90毫升茅台酒；30毫升味美思；橄榄。

用具：调酒壶、鸡尾酒杯。

做法：把1片柠檬皮用手指挤出芳香液，放入调酒壶内，加入冰块和90毫升茅台酒、30毫升味美思，大力摇匀，再将另1片柠檬皮抹匀鸡尾酒杯（不拘任何形式）内壁，然后注入调好的酒，用橄榄作为点缀。

4. 甜曼哈顿（Sweet Manhattan）

材料：8毫升美国威士忌；21毫升甜味美思酒；3滴安哥斯特拉比特酒；樱桃。

用具：鸡尾酒杯、调酒壶、滤冰器。

制法：用调和滤冰法，把基酒和辅料倒入鸡尾酒杯中，用酒签穿樱桃装饰。

（二）以餐后甜酒为辅料的鸡尾酒

1. 妙舞

材料：雪利酒1/3；金酒1/3；樱桃白兰地1/3；橘子酒1滴；红樱桃。

用具：调酒壶、鸡尾酒杯。

做法：把以上材料和碎冰块放进调酒壶内，摇匀，滤进鸡尾酒杯内，用红樱桃点缀。

2. 雪利鸡尾酒

材料：干型雪利酒 3/4；法国苦艾酒 1/4；橘子调味酒 1 滴。

用具：调酒杯、鸡尾酒杯、牙签。

做法：把以上材料和碎冰块放进调酒杯内，搅匀，滤进鸡尾酒杯内，用牙签穿一枚橄榄作为点缀。

3. 丘比特（Cupid）

材料：生鸡蛋 1 个；糖浆 5 毫升；干味雪利酒 40 毫升；胡椒粉少许。

用具：鸡尾酒杯。

做法：将材料放置鸡尾酒杯中采用摇和法进行调制。

（三）以利口酒为主调制的鸡尾酒

1. 绿色蚱蜢（Grasshopper）

材料：利口酒 1/3；绿色薄荷酒 1/3；奶油 1/3。

用具：调酒壶、鸡尾酒杯。

做法：将冰块和材料放入调酒壶中摇匀倒入杯中即可。

2. 布希球（Boccie Ball）

材料：安摩拉多利口酒 30 毫升；柳橙汁 30 毫升；苏打水适量。

用具：搅拌长匙、平底杯。

做法：将安摩拉多和果汁倒入装有冰块的杯中，加满冰冷的苏打水，轻轻搅匀即可。

3. 美伦鲍尔（Melonball）

材料：瓜类利口酒 40 毫升；伏特加 20 毫升；柳橙汁 80 毫升。

用具：搅拌长匙、高脚玻璃杯。

做法：将材料倒入装有冰块的杯中，轻轻搅匀即可。

四、无酒精鸡尾酒

（一）无酒精鸡尾酒的介绍

不少人会在泡吧时选择不沾酒精，比如驾车出行或对酒精过敏的人，不过，这并不意味着你只能拿着一杯橙汁，眼巴巴地看着朋友们享用色彩缤纷的鸡尾酒。不少酒吧都供应精心调制的无酒精鸡尾酒，而且无论是外观还是口感都令人愉悦。

这些清新爽口、四季皆宜的鸡尾酒，主要的成分是较干的冰块或碎冰、混合果汁、水果、浆果，甚至还有香料。它们调制起来虽然并不复杂，但也需花费一番心思。制作无酒精配方也同样要遵循配制普通鸡尾酒的规则。其中各种味道的和谐是关键。我们已经知道，如果一种配料放得太多，就会彻底改变整杯鸡尾酒的味道，所以要尽量严格地按照配方来调制它，除非你已经非常了解这种饮料的味道。

（二）几种无酒精类鸡尾酒

1. 普斯福特（猫步）（Pussyfoot Cocktail）

材料：橙汁 3/4；柠檬汁 1/4；石榴糖浆 1 茶匙；蛋黄 1 个。

用具：调酒壶、鸡尾酒杯。

制法：①将所有材料倒入调酒壶中长时间地摇和；②将摇和好的酒倒入鸡尾酒杯中。

2. 灰姑娘（Cinderella Cocktail）

材料：橙汁 1/3；柠檬汁 1/3；菠萝汁 1/3。

用具：调酒壶、鸡尾酒杯。

制法：①将所有材料倒入调酒壶中摇和；②将摇和好的酒倒入鸡尾酒杯中。

3. 佛罗里达（Florida Cocktail）

材料：橙汁 3/4；柠檬汁 1/4；砂糖 1 茶匙；树皮苦酒 2 滴。

用具：调酒壶、鸡尾酒杯。

制法：①将所有材料倒入调酒壶中摇和；②将摇和好的酒倒入鸡尾酒杯中。

4. 秀兰·邓波儿（Shirley Temple）

材料：石榴糖浆 1 茶匙；姜汁汽水；柠檬片 1 片。

用具：坦布勒杯。

制法：①将石榴糖浆倒入坦布勒杯中；②用姜汁汽水注满酒杯，轻轻地调和；③用柠檬片装饰。

5. 盛夏的果实（Summer Fruit）

材料：橙汁 60 毫升；石榴汁 15 毫升；苏打水适量；柠檬片。

用具：高脚杯。

做法：①采用调和法将适量冰块加入杯中；②再将橙汁、石榴汁入杯搅拌均匀；③注苏打水八分满；④用柠檬片装饰。

复习与思考

一、填空题

1. 热饮类鸡尾酒调制时，酒液温度不宜超过_____℃，否则酒精就会挥发。
2. _____、_____等碳酸类饮料不宜放在调酒壶中摇晃，以免发生危险。
3. 用于装饰的水果皮一般厚度为_____厘米，宽度为_____厘米，长度为_____厘米。
4. 鸡尾酒调制中使用鸡蛋的目的是_____。
5. 调酒壶的摇荡方法有_____和_____两种。
6. "自由古巴"这款世界著名的鸡尾酒的创作灵感来自_____。
7. 鸡尾酒的创作一般包括_____、_____、_____、_____、_____、_____等几个步骤。

二、名词解释

摇和法　调和法　兑和法　搅和法

三、简答题

1. 简述鸡尾酒创作的要素。
2. 简述鸡尾酒创作的方法。

四、实践题

1. 以小组为单位，通过实际操作训练，正确使用不同的调酒方法调制鸡尾酒。
2. 以小组为单位，尝试练习和感知花式调酒的基本动作，并组织小组间的翻瓶、抛瓶比赛。

咖啡、茶饮料调制 PPT

第九章 咖啡、茶饮料调制

学习目的意义 重点学习咖啡和茶饮料的调制方法，拓展调酒师的知识和技能视野，从而更有利于社会服务能力的提高。

本章内容概述 本章以咖啡、茶的基础知识开始，重点介绍咖啡饮料和茶饮料的调制，在拓展知识面的基础上，强调操作程序和技能的展示。

学习目标

方法能力目标
熟悉咖啡、茶的基础知识，掌握咖啡和茶饮料的调制方法，培养学生理论与实践相结合的运用能力。

专业能力目标
了解咖啡、茶的基本知识，以专业视角学习除鸡尾酒以外酒吧其他饮品的制作与服务方式，进一步提高服务能力。了解咖啡、茶的基本知识，以专业视角学习除鸡尾酒以外酒吧其他饮品的制作与服务方式，进一步提高服务能力。

社会能力目标
进行实际观察和日常操作实践，充分运用所学知识。

> **知识导入**
>
> ### 咖啡和茶
>
> 咖啡、茶和可可被称为世界三大无酒精饮料。咖啡和茶历史悠久，是饮料王国的重要成员，与之相伴的咖啡文化、茶文化在历史发展的长河中积淀了丰富多彩、意境优美、雅俗共赏的精神内涵。咖啡和茶在世界传播的过程中，遵循着各自的轨迹，渗透于世界的每个角落，沉湎于咖啡浓香或把盏品茗成为人们日常生活的重要组成部分，喝咖啡、品茶之别，折射出不同国家、地区种族的精神风貌和人文气质，相对于饮酒而言，则更有柔美恬静、沉思怡情的一面。21世纪是崇尚健康的新世纪，注重健康，回归自然的饮食观念蔚然成风，被誉为"喝出健康"的果蔬类饮料已然崛起，并成为世界饮料消费的趋势。

第一节 咖啡及咖啡饮料

咖啡树原产于非洲的埃塞俄比亚，在植物学上属茜草科咖啡属常绿灌木或小乔木。而俗称的咖啡豆即指咖啡树的种子。成熟的咖啡豆被采摘后，采用特定的工艺去除外壳、果肉、内果皮、银皮即成成品生咖啡豆，生咖啡豆经煎炒烘焙、碾磨即成咖啡粉，就可以用于冲调各式咖啡饮料，而速溶咖啡的发明改变了传统饮用咖啡的方式，使饮用咖啡的风尚更加普及。

一、咖啡树的种类

咖啡树的品种有25种左右，目前世界上重要的咖啡豆主要来自阿拉比卡（Arabica）、罗巴斯塔（Robusta）和利比里亚（Liberica）三大咖啡树种，所产的咖啡豆也冠以树种名称。咖啡树最理想的种植条件是全年平均降水量1500～2000毫升，年平均气温20℃左右，并且没有霜降。咖啡树生长所要求的土壤是含有肥沃的火山灰质，给排水良好。咖啡树多数生长在海拔300～400米的地方，也有生长在2000～2500米的高地上，生长在海拔1500米以上高地上的属优良品种。野生咖啡树能长到8米，为了保证咖啡豆的质量一般限制咖啡树生长的高度在2米左右。

（1）阿拉比卡种。阿拉比卡种（Arabica）又称阿拉伯种，原产于埃塞俄比亚，其咖啡豆产量占全世界产量的70%，世界著名的摩卡咖啡、蓝山咖啡等几乎全部是阿拉比卡种。阿拉比卡种种植需要充足的阳光和水分，高温、低温、多雨、少雨的环境都不适宜，理想的海拔高度是 500～2000 米，海拔越高，品质越好，但阿拉比卡种较为娇弱，容易受病虫侵蚀。阿拉比卡种咖啡豆椭圆扁平，具有高品质浓郁的咖香。

（2）罗巴斯塔种。罗巴斯塔种（Robusta）原产于非洲刚果，其咖啡豆产量占全世界产量的 20%～30%。罗巴斯塔咖啡树适宜种植在海拔 500 米以下的低地，适应环境、抵抗恶劣气候、抵制病虫害的能力都比阿拉比卡咖啡树强，是一种容易栽培的咖啡树。罗巴斯塔种咖啡豆较阿拉比卡种苦涩，品质逊色很多，适宜制作即溶咖啡、罐装咖啡、冰冻咖啡等。

（3）利比里亚种。利比里亚种（Liberica）原产于利比里亚，其栽种历史较短，栽培地区仅限于西非利比里亚，南美苏里南、圭亚那，亚洲的马来西亚等国家，咖啡豆产量占全世界产量的 5% 左右。利比里亚咖啡树种植于低地，咖啡豆成品具有极浓郁的咖香和苦味。

二、咖啡豆的营养成分和功效

咖啡豆的化学成分非常复杂，其中碳水化合物的含量最多，咖啡豆中含有碳水化合物包括还原糖、蔗糖、果胶、淀粉、多糖以及纤维素，共占咖啡总重量的 60% 左右，除此之外，脂肪占 13%、蛋白质占 13%、矿物质占 4%、丹宁酸占 7%、咖啡因占 1%～2%，而咖啡特有的咖香气息则是由挥发性成分构成的，目前已发现咖香混合物中有 300 种以上的化合物，大多数化合物的含量都极低（见图 9-1）。

图9-1 咖啡豆

咖啡中的咖啡因一直是饮用咖啡的人所议论的话题，虽然它在咖啡中含量只有 1%～2%，但对人体的中枢神经有一种温和的兴奋作用。纯咖啡因为白色粉末，没有气味，是略带苦涩味的含氮化合物。每人每天摄取纯咖啡因的量以 0.65 克以下为宜。咖啡因及其代谢产物以尿酸成分排出体外，不会聚集在体内。由于咖啡因的作用，适量饮用咖啡可适度刺激神经，消除疲劳，使脑灵活、思维敏捷，有助于刺激肠胃蠕动，促进消化，利尿通便，防止便秘；它还可以舒展血管，提高新陈代谢效率，有助于消耗体内堆积的热量，达到减肥的效果。

三、世界著名咖啡

目前，国际市场上咖啡原豆的品种和名称繁多，每种咖啡原豆都有其特殊的风味，在颗粒大小、酸、甘、苦、醇、香以及均衡度等方面体现出不同的品质特性（见表 9-1）。

咖啡豆的名称大多以产地、输出港以及咖啡品种来冠名。酸度是咖啡豆品质的一个重要特征，现今世界上饮用的咖啡近90%为良质酸性的咖啡，其余10%为非酸性咖啡。

表9-1 咖啡豆的品质特性及火候控制

品　种	产　地	特性					火候要求
		酸	甘	苦	醇	香	
蓝　山	牙买加（西印度群岛）	弱	强		强	强	大
牙买加	牙买加	中	中	中	强	中	中、小
摩　卡	埃塞俄比亚	强	中		强	强	中
哥伦比亚	哥伦比亚	中	中		强	中	中
曼特宁	印度尼西亚的苏门答腊			强	强	强	大
危地马拉	危地马拉	中	中	中	中		中
圣多斯	巴西圣保罗	弱	弱			弱	中、小

（1）蓝山咖啡。蓝山咖啡（Blue Mountain）因产自牙买加最高峰蓝山而得名，蓝山咖啡品质极佳，口味浓郁香醇，有持久的水果味，咖啡的甘、酸、苦三味完美均衡，所以完全不具苦味，仅有适度完美的酸味，适宜单独饮用。由于蓝山咖啡产量较少，价格昂贵，一般市场上所见的蓝山咖啡多为牙买加蓝山咖啡的仿制品。

（2）摩卡咖啡。摩卡咖啡（Mocha）产于埃塞俄比亚、也门等地，咖啡豆颗粒小而香浓，酸醇味强，甘味适中，口感丰富细腻，含有特殊的水果味和酒香，是调配综合咖啡的理想品种。

（3）圣多斯咖啡。圣多斯咖啡（Santos）主要产自巴西圣保罗，此种咖啡酸、甘、苦三味属中性，浓度适中，带有适度的酸，口感高雅柔顺，是最好的调配用豆，被誉为咖啡之中坚。

（4）哥伦比亚咖啡。哥伦比亚咖啡（Cafe de Colombia）的等级分为特级（Supremo）、一级（Excelso）和极品（UGO），其中特级、一级是世界最流行的咖啡。哥伦比亚咖啡豆经烘焙后散发出甘甜的香味，具有独特的酸味，酸中带甘，苦味中平，在所有的咖啡中，以高均衡度、绵软柔滑著称。哥伦比亚咖啡具有独特的坚果味，由于其浓度适宜的原因，常被用于高级混合咖啡的调配。

（5）曼特宁咖啡。曼特宁咖啡（Mandling）产自印度尼西亚的苏门答腊岛，咖啡豆颗粒重，被誉为世界上颗粒最饱满的咖啡豆，曼特宁咖啡酸味适度，咖香浓郁，口味较苦，有极其浓厚的醇度，含有糖浆味和巧克力味，适宜饭后饮用，咖啡爱好者大都单品饮用，但是曼特宁咖啡也是调配混合咖啡的重要品种。

（6）爪哇咖啡。爪哇咖啡（Java）产自印度尼西亚的爪哇岛，为阿拉比卡种，爪哇咖啡豆烘焙后苦味较强，酸度较低，香味较为清淡，为精致的芳香型咖啡，口感细腻，均衡度好。爪哇咖啡豆适用于混合咖啡和即溶咖啡的调配。

（7）夏威夷康娜咖啡。康娜咖啡（Kona）产自夏威夷康娜地区，火山熔岩的独特地貌孕育出了世界著名的咖啡。康娜咖啡豆具有最完美的外表，颗粒饱满，光泽鲜亮，味道香浓甘醇，酸度也较均衡适度，口感温顺丰润，且略带一种坚果香味和葡萄酒香，富有热带气息。特别是陈年的咖啡豆，味道因氧化而变得醇厚。

（8）危地马拉咖啡。危地马拉咖啡（Guatemala）产于中美洲中央位置的危地马拉，所出品的咖啡豆为波旁种（Bourbon），属阿拉比卡种的变种。具有良质的酸味，香醇出众略带野味，最适合用来调制混合咖啡，"戈邦"咖啡是世界一流的咖啡品牌。

（9）拼配咖啡。拼配咖啡（Blended Coffee）也称综合咖啡，一般以三种以上的咖啡豆调配成独具风格的一种咖啡，可依市场和消费者的需求，选出酸、甘、苦、醇适中的咖啡加以调配（见图9-2）。上等的拼配咖啡咖香扑鼻，甘苦顺滑，酸度均衡，冲泡色泽金黄。常见的拼配咖啡有瑞士拼配（Swiss Blend）、乐满家金牌（Mocaroma Gold）、摩卡（Mocha）、意大利特浓（Italian Espresso）、炭烧咖啡（Sumiyaki）等。

图9-2 拼配咖啡

除上述几种咖啡外，其他如肯尼亚、乌干达、乞力马扎罗、萨尔瓦多、墨西哥、尼加拉瓜、波多黎各、厄瓜多尔、哥斯达黎加等的咖啡豆都较为著名，它们酸、甘、香、醇、均衡度等品质风格各具特色，既可单饮又可拼配出良质的混合咖啡。

四、咖啡的研磨

咖啡豆烘焙煎炒后须研磨成粉末状，这样咖啡冲泡时，香浓美味的风格才会显露。咖啡豆研磨的设备为手摇式研磨机和电动式研磨机，咖啡研磨机造型各具国家民族传统特色，是咖啡爱好者热衷的收藏品和装饰品。在研磨的过程中，咖啡豆细小的纤维细胞破裂，咖啡油和香醇的质感因此被释放出来。咖啡豆研磨的要求是粗细均匀，这样咖啡冲泡时浓度才会一致均衡。采用手动研磨机研磨咖啡豆，宜轻轻匀速转动，避免产生摩擦热；采用电动研磨，应选用材质和构造所产生摩擦热较低的研磨机，以最大限度地保留咖啡的香味。咖啡豆最基本的研磨方法有粗磨（Coarse Grind）、中磨（Medium Grind）和细磨（Fine Grind）。冲泡的时间越短，研磨程度应越细，细磨的咖啡比粗磨的咖啡味道更浓厚。粗磨的咖啡适用于传统的罐式冲调法，而细磨的咖啡适用于蒸馏冲调法。采用电动研磨机研磨咖啡豆，粗磨需要7~10秒，中磨需要10~13秒，而细磨则需要15~20秒，粗磨和细磨的咖啡混合在一起便于储藏，均匀拼配冲泡，则咖啡浓度、香味等搭配均匀协调。

五、咖啡饮料的调制

（一）卡布奇诺咖啡

所谓干卡布奇诺（Dry Cappuccino）是指奶泡较多，牛奶较少的调理法，喝起来咖啡味浓过奶香，适合重口味者饮用。至于湿卡布奇诺（Wet Cappuccino）则指奶泡较少，牛奶量较多的做法，奶香盖过浓呛的咖啡味，适合口味清淡者。湿卡布奇诺的风味和时下流行的拿铁差不多。一般而言，卡布奇诺的口味比拿铁来得重，如果你是重口味不妨点卡布奇诺或干卡布奇诺；你如果不习惯浓呛的咖啡味，可以点拿铁或湿卡布奇诺。

配制方法：把深煎炒的咖啡预先加热，倒入小咖啡杯里，加2小匙砂糖，再加1大匙奶油浮在上面，淋上柠檬汁或橙汁，用肉桂棒代替小匙插入杯中。

（二）摩卡咖啡

摩卡是也门的一个港口。也门位于西南亚，在阿拉伯半岛的南角，是主要的咖啡生产国。目前以也门所生产的摩卡咖啡为最佳，其次为依索比亚的摩卡咖啡。摩卡咖啡（Mocha）具有中至强酸性，甘性特佳，风味独特，含有巧克力的味道；具有贵妇人的气质，是极具特色的一种纯品咖啡。摩卡咖啡在小巧的杯中显出浓厚的纽约风味。

配制方法：在杯中加入巧克力糖浆20毫升和很浓的深煎炒咖啡，搅拌均匀，加入1大匙奶油浮在上面，削一些巧克力末作为装饰，最后再添加一些肉桂棒。

（三）摩卡薄荷咖啡

"在冷奶油上倒上温咖啡"，冷奶油浮起，成冷甜奶油，它下面的咖啡是热的，不加搅拌让它们保持各自的不同温度，喝起来很有意思。这是美国人爱好的巧克力薄荷味咖啡，薄荷味和咖啡相称地调和酿造出来。

配制方法：在杯中依次加入20克巧克力、深煎炒的咖啡、1小匙白薄荷，再加1大匙奶油浮在上面，削上一些巧克力末，最后装饰1片薄荷叶即成。

(四)蓝山咖啡

著名的咖啡都用出产地来描述其特征。气候和土质都最终会给咖啡口味带来细微的变化。牙买加的热带岛屿拥有种植咖啡的绝佳条件,岛屿的大部分被山地覆盖着,包括作为岛屿的最高地带的蓝山山区。蓝山山区是一块富饶的土地,那里炎热的气候、充足的降水和高海拔完美地结合在一起。在海拔将近2286米(7500英尺)的地方是世界上咖啡出产量最高的地方。

牙买加蓝山地区的咖啡有三个等级:蓝山咖啡(Blue Mountain Coffee)、高山咖啡(Jamaica High Mountasin Supreme Coffee Beans)和牙买加咖啡(Jamaica Prime Coffee Beans)。其中的蓝山咖啡和高山咖啡下面又各分两个等级。从质量上来分由上到下依次为:蓝山一号,蓝山二号;高山一号,高山二号。通常情况下,种植在海拔457米到1524米之间的咖啡才被称为蓝山咖啡,种植在海拔274米至457米之间的咖啡通常被称为Jamaica Prime Coffee Beans,在价格上蓝山咖啡要比高山咖啡高出数倍。

配制方法:①热饮。将一整包顶级产品倒入杯中,加入180毫升热水,搅拌均匀即可享用。②冷饮。先将一整包产品倒入杯中,加入180毫升热水,待冷却之后放入冰箱中,大约4小时之后,冰凉的咖啡及奶茶即可沁入你的心里,将夏日闷热完全冰封起来。

(五)拿铁咖啡

拿铁咖啡(Latte)是一种含有蒸牛奶的浓咖啡,在一些咖啡店里,咖啡顶部会有少量泡沫。它比卡布奇诺咖啡的泡沫要少一些。意大利浓缩咖啡加入高浓度的热牛奶与泡沫鲜奶,保留淡淡的咖啡香气与甘味,散发出浓郁迷人的鲜奶香,入口滑润而顺畅,是许多女生的最爱。

配制方法:拿铁中的咖啡、牛奶与奶泡的比例是1:8:1。因此,它可以说是一杯没有负担的咖啡,可以喝到牛奶的温润,像是一杯牛奶咖啡,只是喝牛奶时有咖啡香。如果在热牛奶上再加上一些打成泡沫的冷牛奶,就成了一杯美式拿铁咖啡。星巴克的美式拿铁就是用这种方法制成的:底部是意大利浓缩咖啡,中间是加热到65℃~75℃的牛奶,最后是一层不超过半厘米的冷的牛奶泡沫。

(六)维也纳咖啡

维也纳咖啡(Viennese)乃奥地利最著名的咖啡,是一个名叫爱因·舒伯纳的马车夫发明的,也许是由于这个原因,今天,人们偶尔也会称维也纳咖啡为"单头马车"。以浓浓的鲜奶油和巧克力的甜美风味迷倒全球人士。雪白的鲜奶油上,散落着七彩米,扮相非常漂亮;隔着甜甜的巧克力糖浆、冰凉的鲜奶油啜饮滚烫的热咖啡,更是别有风味。

配制方法：维也纳咖啡的制作有点像美式摩卡咖啡。首先在湿热的咖啡杯底部撒上薄薄一层砂糖或细冰糖，接着向杯中倒入滚烫而且偏浓的黑咖啡，最后在咖啡表面装饰两勺冷的新鲜奶油，一杯经典的维也纳咖啡就做好了。这种维也纳咖啡有着独特的喝法。不加搅拌，开始是凉奶油，感觉很舒服，然后喝到热咖啡，最后感觉出砂糖的甜味，有着三种不同的口感。

（七）俄式咖啡

俄式咖啡也叫热的摩加佳巴，具有浓厚的咖啡味。

配制方法：将深煎炒的咖啡、溶化的巧克力、可可、蛋黄和少量牛奶在火上加热，充分搅拌，加入1小匙砂糖，搅拌均匀后倒入杯中，加1大匙奶油浮在上面，削上一些巧克力末作为装饰。

（八）土耳其咖啡（Turk Kahvesi）

土耳其人有句谚语说："喝你一杯土耳其咖啡，记你友谊四十年。"在土耳其的大街小巷，到处是挂有"咖啡"招牌的店，有的还画着一只小巧的咖啡杯，杯沿上似乎冒着缕缕热气。土耳其人在喝完咖啡以后，总是要看看咖啡杯底残留咖啡粉的痕迹，从它的模样了解当天的运气。土耳其咖啡既不是蒸馏式的也不是冲泡式的，而是用很细的土耳其咖啡粉，加冷水，用长勺小锅以小火慢煮至沸腾，煮出一杯杯又苦又浓的泡沫咖啡。聪明的土耳其人知道这么浓的咖啡对健康有碍，所以所用的瓷咖啡杯盘体积都非常迷你，约是普通咖啡杯的一半容量。

配制方法：在奶盆里倒入研细的深煎炒咖啡和肉桂等香料，搅拌均匀，然后倒入锅里，加些水煮沸3次，从火上拿下。待粉末沉淀后，将清澈的液体倒入杯中，这时慢慢加入橙汁和蜂蜜即成。

（九）冰冻奶油块咖啡

冰冻奶油块咖啡，没有加冰块，而是冰镇过的。这里介绍用咖啡制成冰加入的美式饮用方法。

配制方法：在玻璃杯中加入咖啡制成的冰块，倒入加糖煮沸的牛奶，从上面慢慢注入冰冻咖啡，这时牛奶和咖啡分成两层，牛奶泡沫在最上层，撒一些肉桂粉作为装饰。

（十）巴西咖啡

巴西乃世界第一咖啡生产国，所产之咖啡，香味温和、微酸、微苦，为中性咖啡之代表。酸味和苦味可借由烘焙来调配，中度烘焙香味柔和，味道适中，深度烘焙则有强烈苦味,是调配温和咖啡不可或缺的品种。是从盛产咖啡豆的巴西精选的极品,口感中带有较浓的酸味,配合咖啡的甘苦味,入口极为滑顺,而且带有淡淡的青草芳香,在清香中略带苦味。甘滑顺口,余味令人舒活畅快。

配制方法:深焙的浓咖啡60毫升,砂糖20克。杯中放入砂糖,注入咖啡。这是典型的巴西咖啡(Santos)。小杯中放入足够的砂糖,不要搅动直接饮用,这样在喝到最后的时候,可以尽享咖啡最后的香甜。

(十一)混合咖啡

将等量的咖啡和牛奶混合在一起,成为维也纳风味的牛奶咖啡。

配制方法:先在杯中加入稍深煎炒的咖啡,将等量的牛奶倒入奶锅,用小火煮沸,起泡前加入奶油,不要等泡沫消失就倒在咖啡上。

(十二)勃艮第咖啡

法国的勃艮第是红葡萄酒的故乡,那里出产的红酒颜色鲜艳、口感绝佳。勃艮第咖啡(Burgundy)就是在咖啡中混合了葡萄酒的风味,是一款非常高雅的花式咖啡。

法国人对红酒的钟爱犹胜于俄罗斯人对伏特加,巴西人对咖啡。他们不愿意在红酒中掺杂任何别的物质。勃艮第咖啡却是一种将红酒与咖啡融合在一起的花式咖啡。这种咖啡应该是爱浪漫的法国人发明的,因为它的制作过程中充满了红色的浪漫。先将鲜奶油与红酒搅拌一下,然后打沫,打出来后你会发现红色的奶沫是那么别有韵味,含蓄却又充满了挑逗。

配制方法:在已暖完杯后的马克杯底先加入一点红酒,然后将做好的咖啡与砂糖倒入(咖啡是意式浓缩咖啡),最后将打好的红色泡沫放入,一杯浪漫的勃艮第咖啡就做好了。

特色冰咖啡的制作

1. 冰拿铁

半杯鲜奶加入冰咖啡,上面放一层奶油、巧克力酱。

(1)杯中先加果糖,碎冰至三分满。

(2)再加冰鲜奶至四分满,充分搅拌。

(3)用吧匙挡住,慢慢倒入冰咖啡形成层次。

(4)上挤一层鲜奶油,巧克力酱装饰即可。

2. 彩虹冰激凌咖啡

（1）0.5 盎司红石榴汁、3 块冰块，摇匀后倒入杯中。

（2）0.3 盎司薄荷汁、0.2 盎司蓝柑汁、1 盎司纯水、3 块冰块，摇匀后滤入杯中。

（3）缓缓倒入已冷却的冰咖啡。

（4）沿边旋入一层鲜奶油。

（5）挖一球冰激凌，再撒少许七彩米。

3. 水果咖啡

（1）杯中先放入三分满的碎冰，再加入果糖及碎冰至六分满。

（2）放入水果丁，倒入冰咖啡九分满。

（3）以小雨伞叉上柳橙片、红樱桃装饰就可以上桌（附长咖啡勺、吸管）。

4. 墨西哥炎阳冰咖啡

往调酒壶中倒入加糖的曼特宁冰咖啡七分满、1 个蛋黄、少许肉桂粉，加满冰块摇匀后倒入杯中，上加一层鲜奶油，再淋上 0.5 盎司巧克力酱，在上面撒少许七彩米装饰。

5. 墨西哥落日冰咖啡

杯中加入七至八分满的碎冰，再加入已加糖的冰咖啡至八分满上面旋转加入一层鲜奶油，再从旁边加入 1 粒蛋黄，最后淋上 1/3 盎司的绿薄荷酒即可。

6. 皇家贵族冰咖啡

往调酒壶中加五分满咖啡、1 勺奶精粉、2 勺糖水、1/3 盎司白兰地、冰块加满，摇匀后倒入杯中，再加碎冰八分满，上加鲜奶油装饰。

7. 卡布奇诺冰咖啡

冰意大利咖啡 1 杯，在杯中加入 0.5 盎司糖水，倒入已冰好的咖啡，另将 150 毫升冰牛奶加入 3 块冰，用调酒壶摇出细腻的泡沫，将摇好的泡沫放在咖啡上，撒少许肉桂粉、柠檬皮丁。

8. 霜冰咖啡

（1）杯中先加入碎冰三分满，再放果糖、碎冰至六分满。

（2）倒入冰咖啡，再慢慢加入苏打汽水。

（3）以柠檬片、红樱桃加以装饰（附长咖啡勺、吸管、奶油球）。

六、花式热咖啡

（一）维也纳咖啡

意大利热咖啡一杯，将一包砂糖倒入咖啡中（不搅拌），再在咖啡上旋转加入一层鲜奶油，撒少许巧克力彩米，附咖啡勺即可。

(二)卡布奇诺咖啡

意大利热咖啡一杯、将150毫升牛奶加热至刚刚沸腾,倒入冲茶器中上下抽拉,将牛奶打成细腻的奶泡,将打好的牛奶泡倒在咖啡上即可。奶泡需像奶油一样堆在咖啡杯中,高出杯口,撒少许肉桂粉、柠檬皮丁在奶泡上(见图9-3)。

图9-3 卡布奇诺咖啡

(三)鸳鸯咖啡(半杯红茶、半杯咖啡)

(1)用热水泡好红茶备用。
(2)杯中倒入四分满的咖啡,将三花奶水、鲜奶油、炼乳、奶精粉、果糖搅拌均匀。
(3)再从上慢慢倒入红茶至九分满、挤上鲜奶油花即可。

使用350毫升马克杯或250毫升热拿铁杯,附长咖啡勺。

(四)爱尔兰咖啡

曼特宁热咖啡一杯,在爱尔兰咖啡杯中放1包砂糖,置于爱尔兰灯架上加热,加热时均匀旋转,待糖融化后加入煮好的热咖啡,在上旋转加入一层鲜奶油,撒少许肉桂粉,附杯垫上桌即可。

(五)柠檬皇家咖啡

蓝山咖啡一杯,柠檬皮1/3个,将柠檬皮削成螺旋状,淋上0.5盎司白兰地,将柠檬皮点燃用冰夹放入咖啡杯中,附糖包即可(注:因柠檬皮点火易熄,需在客人面前点燃)。

(六)摩卡可可咖啡

摩卡咖啡一杯,在咖啡中加入1盎司巧克力酱,并在咖啡上旋入一层鲜奶油,附小勺上桌即可。

(七)贵夫人咖啡

意式热咖啡半杯,将半杯牛奶与之混合,再在上面旋一层鲜奶油,将糖包中的糖撒少许在奶油上面即可,附小勺。

(八)营养蛋黄咖啡

热综合咖啡1杯,让咖啡稍稍降温后在咖啡上加入0.3盎司蓝柑橘汁,再在上旋入一层鲜奶油,在奶油中间放一个蛋黄,在蛋黄上撒少许七彩米、糖珠,附糖包、小勺即可。

(九)假日恋情咖啡

意式咖啡1杯,杯中加入榛果糖浆0.2盎司、白兰地0.5盎司、小蓝莓0.3盎司,放少许杏仁粉,旋入一层鲜奶油,附糖包、小勺、撒几粒糖珠。

(十)热情咖啡

热咖啡一杯约七分满,上放1片柠檬,再淋入0.5盎司白朗姆酒,点燃后送上桌,并附糖包。

(十一)玫瑰浪漫曲

(1)曼特宁咖啡倒入杯中八分满,加入玫瑰香蜜。
(2)挤上鲜奶油、再放上鲜奶油做成的玫瑰花。
(3)以干燥玫瑰花装饰。
使用精致咖啡杯(150~180毫升),附咖啡勺、糖包。

(十二)马咖啡

意大利热咖啡一杯,0.5盎司小蓝莓汁,倒入杯中,加入一层鲜奶油,撒一点肉桂粉,附糖包、肉桂棒(或咖啡勺)。

(十三)薄荷咖啡

(1)杯中加入蜂蜜、碎冰至三分满。
(2)将薄荷蜜、鲜奶油、果糖放入调酒壶中加入半杯冰块摇5~10下。
(3)将摇好的材料倒入杯中,加冰块至七分满。
(4)慢慢地倒入黑浓冰咖啡。
(5)以装饰签穿过柠檬片、红樱桃装饰即可。

第二节 茶与茶饮料

中国是茶的故乡,茶是中国的印记。茶,最初是自然界中一种默默无闻的普通绿色植物(见图9-4),是中国人最早栽培种植茶树,饮用茶叶浸泡的茶水,形成饮茶时尚,并把饮茶发展成为一种灿烂而独特的文化。茶在传播的过程中,又联系着世界,融入了异域风情。日本的茶道、英国的红茶使饮茶成为高贵的风尚和礼仪。目前,世界上有50多个国家生产茶叶,消费的国家和地区达160个左右。

图9-4 生长着的茶叶

一、茶叶的种类

中国是茶叶种类最多的国家,中国茶叶经历了咀嚼鲜叶、生煮羹饮、晒干收藏、蒸青制饼、炒青散茶的演化发展过程,逐渐形成了现代的绿茶、红茶、乌龙茶、白茶、黑茶、黄茶及再加工茶类,在实践中不断完善,形成了一套较为科学的茶叶分类方法和体系(见表9-2)。

表9-2 茶叶的分类体系

分类方法和体系		茶 叶 品 名
发酵程度	全发酵茶	红茶、黄茶
	半发酵茶	乌龙茶(60%~70%)、青茶(15%~20%)、白茶(5%~10%)、黑茶(80%)、包种茶(30%~40%)
	不发酵茶	绿茶
	注:百分数是指茶叶的发酵程度,青茶中的毛尖并不发酵,绿茶中的黄汤存在部分发酵	
萎凋程度	不萎凋茶	绿茶
	萎凋茶	红茶、乌龙茶、白茶、青茶、黑茶、黄茶、包种茶
产茶季节	春茶	清明节至夏至,明前茶、雨前茶
	夏茶	夏至前后
	秋茶	夏至后一个月所采制的茶,白露茶、霜降茶
	冬茶	秋分以后采制的茶

续表

分类方法和体系	茶 叶 品 名		
茶叶形状	散茶（正茶）	条茶类	红茶FOP、OP、绿茶珍眉、抽蕊等
		碎茶类	红茶BOP、BP、绿茶特针、针眉等
		圆茶类	红茶茶头等、绿茶珠茶、贡熙、虾目等
	副茶	茶末、茶片、茶梗等	
	砖茶（饼茶）	峒砖、米砖、小京砖、泾阳砖	
		普洱茶、沱茶	
	束茶	龙须茶、线茶	
制茶程序	毛茶	初制茶、粗制茶	
	精茶	精制茶、再制茶、成品茶	
薰花种类	花茶和素茶，绿茶、红茶、包种茶有薰花品种，其余茶叶种类很少有薰花品种，花茶以花的名称冠名，如茉莉花茶、桂花茶等		
茶树品种	阿萨姆茶、小叶种茶、大叶种茶、铁观音、水仙、桃仁、大红袍等		
茶叶产地	以产地冠名，如杭州龙井、六安瓜片、安溪铁观音、武夷岩茶、君山银针、冻顶乌龙、星村小种、福州香片、锡兰红茶、大吉岭红茶等		
栽培方法	露天茶和覆下茶（日本）		

说明：FOP（Flowery Orange Pekoe），即高级的含有较多叶芽的红茶。OP（Orange Pekoe），指叶片较长而完整的茶叶。BOP（Broken Orange Pekoe），指较细碎的OP，滋味较浓重。BP（Broken Orange Pekoe），指碎白毫茶。

（1）绿茶。绿茶是我国历史最悠久、产区分布最广、产销最大、品质最优的茶叶种类之一。绿茶属于不发酵茶类，总的品质特征是清汤绿叶。绿茶的加工工艺是鲜叶经过高温杀青迅速钝化酶的活性，制止多酚类物质的酶性氧化，保持绿叶绿汤的特色。

（2）红茶。红茶的制作是采摘茶树的一芽二三叶（嫩芽及由芽下数的两片或三片叶），再经萎凋、揉捻（揉切）、发酵、干燥等工序制成，色泽呈黑褐色。红茶为全发酵茶，其品质特征为冲泡后茶汤呈鲜红或橙红色，滋味柔润适口。在发酵的过程中，茶叶中的无色的多酚类物质儿茶素发生酶性氧化，产生茶红素、茶黄素等氧化物质，从而形成了红茶特有的色、香、味等典型风格特征。红茶是国际茶叶市场的主要品种，约占全球茶叶总产量的80%，占世界茶叶总贸易量的90%。红茶以外形可分为条红茶和红碎茶两类，条红茶又包括小种红茶和工夫红茶。

（3）乌龙茶。乌龙茶又称青茶，属于半发酵茶。其基本工艺过程是晒青、凉青、摇青、杀青、揉捻和干燥六大工序。乌龙茶品质特征是干茶色泽青褐，汤色黄红，有天然花香，滋味浓醇，叶底有不同于其他茶类的显著特征，叶片中间呈绿色，叶缘呈红色，因此乌龙茶有"绿叶镶红边，三红七绿"的美誉。乌龙茶因树种、产地的不同，口质风格各异，具有等级的判别。按茶树品种、制茶工艺以及成品特征可分为五种，即水仙、奇种（名枞奇种和单枞奇种）、铁观音、色种、乌龙等。按产地可分为闽北乌龙茶、闽南乌龙茶、广东乌龙茶和台湾乌龙茶。

（4）白茶。白茶属于轻微发酵茶类。选取细嫩、叶背多白茸毛的鲜叶经萎凋、烘焙（或阴干）、拣剔、复火等工序制成。白茶的品质特征是披白色茸毛，毫香重，毫味显，汤色清淡，茶质素雅。白茶根据采摘鲜叶的嫩度和茶树品种分为两大类，一类为芽茶，也称为银针；另一类采用完整的一芽一二叶加工而成，称为叶茶（白特丹、贡眉等）。白茶主要产自福建的福鼎、政和、松溪、建阳等县，广东、台湾也有生产。白茶主要销往欧洲和东南亚等地。

（5）黄茶。黄茶属于轻微发酵茶类。初制的基本工序为杀青、揉捻、闷黄和干燥。闷黄是形成黄茶品质特点的独特工序。黄茶典型的品质特色是色黄、汤黄、叶底黄、茶香清悦醇和。名品有黄茶（湖南"君山银针"、四川"蒙顶黄芽"）、黄小茶（湖南"北港毛尖"、浙江"温州黄汤"）、黄大茶（安徽"霍山黄大茶"）。

（6）黑茶。黑茶是后发酵茶，采用的原料是压制紧压茶等的主要原料，较为粗老。黑茶初制的基本工序是杀青、揉捻、渥堆和干燥四道工序。渥堆是形成黑茶品质特征的重要工序，加之制作过程中堆积发酵时间较长，因此干茶色泽油黑或黑褐。黑茶香味醇和，汤色深，橙黄带红。黑毛茶等可直接冲泡饮用，精制压制后的砖茶、饼茶、沱茶、六堡茶等紧压茶是藏族、蒙古族、维吾尔族等少数民族的日常生活必需品。黑茶主要产自云南、四川、广西、湖南、湖北等地区，有滇桂黑茶、湖南黑茶、湖北老青茶、四川边茶等不同的种类，产于云南的普洱茶为黑茶中的名品，有"益寿茶""美容茶"的美誉。

（7）再加工茶。再加工茶是以绿茶、红茶、乌龙茶等六大类茶为原料进行再加工而形成固态和液态茶，包括花茶、紧压茶、萃取茶、风味茶、保健茶和含茶饮料等。

二、中国名茶

（1）绿茶类。西湖龙井、洞庭碧螺春、黄山毛峰、信阳毛尖、六安瓜片、太平猴魁、庐山云雾、金奖惠明茶、都匀毛尖等。

（2）红茶类。祁门工夫红茶、正山小种红茶、滇红工夫茶等。

（3）乌龙茶类。铁观音、武夷岩茶、大红袍、凤凰单枞、冻顶乌龙等。

（4）黄茶类。君山银针、蒙顶黄芽等。

（5）白茶类。白毫银针等。

（6）紧压茶类。沱茶、六堡茶等。

三、茶饮料的泡制

饮茶人士将品茶之道概括为：茶鲜、水活、器美、艺宜、境幽、得趣。无论是品茶或是上升到茶艺、茶道，茶的冲泡技巧是核心内容，要泡好一杯或一壶佳茗，要做到实用性、科学性和艺术性三者相结合。具体地说就是从饮用的实际出发，了解各类茶叶的品质特点，掌握科学的沏泡技术，并注重茶具器皿和沏泡技巧的艺术性，从而使茶固有的品质和饮茶的意境得以充分显露。

（一）西湖龙井

图9-5 西湖龙井

冲泡西湖龙井及类似细嫩名优绿茶的茶具，以小巧、精致为上，使其与名茶的名贵相匹配，并以洁净、透明度高为好（见图9-5）。目前，选用较多的是透明度好的无花直筒玻璃杯，它使茶的冲泡变成了一个具有观赏性的动态过程。冲泡水温一定要适宜：通常要求将沸水先注入水壶内，待水温降至80℃左右时再行冲泡，就能取得较好的效果。

（1）温具洗杯。冲泡龙井茶要用透明无花的玻璃杯，以便更好地欣赏茶叶在水中上下翻飞、翩翩起舞的仙姿，观赏碧绿的汤色、细嫩的茸毫，领略清新的茶香。首先将水注入将用的玻璃杯，一来清洁杯子，二来为杯子增温。

（2）赏茶。开启茶样罐，端于客人前，双手奉上，稍欠身，供客人观赏闻香。

（3）置茶。将原先倒置的茶杯翻转，使其口沿向上，一字摆开。然后，将茶罐打开，用茶匙将所需茶叶拨入茶荷，并将茶叶一一拨入茶杯中待泡。

（4）浸润泡。向杯中倾入适当温度的开水，用水量为杯容量的1/5～1/4。放下水壶，提杯向逆时针方向转动数圈，目的在于使茶叶浸润，吸水膨胀，便于内含物质浸出。时间掌握在1分钟以内。

（5）冲泡。提壶冲水入杯，通常用"凤凰三点头"法冲泡，使茶杯中茶叶上下翻滚,从而使茶汤浓度上下一致。其间,客人可观看茶的动态舞姿,以及茶的舒展变形。一般冲水入杯至茶杯总容量的七成满为止,这种冲泡方法叫中投法。但对一些外形紧结重实的细嫩名优绿茶,诸如蒙顶甘露、庐山云雾等可采用上投法冲泡,即杯中先冲上七分满的水,再取茶投入,茶叶就会徐徐下沉,逐渐舒展。

(6)奉茶。要面带微笑,双手欠身奉茶。茶杯摆放的位置,以方便客人取饮为原则。茶放好后,应向客人伸手掌示意,说声:"请品茶!"

(二)红茶

红茶不仅色艳味醇,而且收敛性差,茶性温和。因此,适宜于配制牛奶红茶、柠檬红茶等。这样,使得红茶的饮用方法更加多样。归纳起来,大体可以分为清饮法和调饮法。

(1)清饮法。条茶类型的工夫红茶,诸如祁门红茶、九曲红梅、正山工夫、政和工夫、云南工夫以及袋泡红茶等,具有香高、色艳、味醇之特点,一般多采用白瓷杯冲泡。冲泡时,首先洁净茶具,然后置茶,接着用90℃左右的水,提壶用回转法冲泡茶叶至湿润,使之吸水膨胀。半分钟后,用"凤凰三点头"法继续加开水至七分杯满。对中、低档工夫茶、红碎茶等,一般用壶冲泡,再将茶汤分置于各个茶杯中。

(2)调饮法。与清饮法类似,分茶后根据客人需要加奶、加糖。

(三)乌龙茶

乌龙茶因其冲泡颇费工夫,又称工夫茶。目前,最具代表的乌龙茶冲泡有三种:一是以福建为代表(见图9-6);二是以广东潮汕为代表;三是以台湾为代表。

1. 福建冲泡法

(1)洗杯。用开水洗净茶杯、茶瓯。洗杯时最好用茶挟子,不要用手直接接触茶具,并做到里外皆洗。这样做的目的有二:一是清洁茶具,二是温具,以提高茶的冲泡水温。

(2)置茶。用杂匙摄取茶叶,投入量根据客人的要求而定。

(3)洗茶。用煮沸的水从壶边冲入。加盖后约10秒钟,将茶水倒入品茗杯(继续烫杯、提高温度),使茶叶湿润,并洗去茶叶上的浮尘,使茶的香味能更好地发挥。

(4)冲茶。当开水初沸时提起水壶,将

图9-6 福建冲泡法泡出的乌龙茶

开水从较高位置按一定方向冲入茶瓯，使瓯中茶叶按一定方向转动，直至开水刚开始溢出茶瓯为止。大约冲泡1分钟后，用拇指、中指挟住茶瓯口沿，食指抵住瓯盖的纽，在茶瓯的口沿与盖之间露出一条水缝，把茶水巡回注入弧形排开的各个茶杯中，俗称"关公巡城"，这样做的目的在于使茶汤浓度均匀一致。点茶倒茶后，将瓯底最浓的少许茶汤，一滴一滴地分别点到各个茶杯中，使各个茶杯的茶汤浓度达到一致。

（5）奉茶。点茶后，各个茶杯的茶汤达到七八分满后，则有礼貌地双手奉杯，敬给宾客品饮。

2. 广东潮汕冲泡法

（1）温具。泡乌龙茶前，要用初沸的水淋罐或盏和杯，目的在于预热和洁净茶具。随即倒去罐和杯中开水待用。

（2）置茶。先将茶从茶罐中倾于素纸上，再分辨粗细。取最粗者填盏底或罐底滴口处，次用细末填于中层，稍粗之茶撒在其上，这样可以使茶汁浸出均匀，又可免于茶汤有碎茶倾出。

（3）冲点。用铫沿罐口冲入沸水。冲水时，要做到水柱从高处冲入罐内，俗称"高冲"，要一气呵成，不可断续。这样可以使热力直透罐底，茶沫上扬，进而促使茶叶散香。

（4）刮沫。冲水满罐后会使茶汤中的白色泡沫浮出灌口，这时随即用拇指和食指抓起罐纽，沿着罐口水平方向刮去泡沫，也可用沸水冲到刚满过茶叶时，立即在几秒钟内将罐中之水倒掉，称为洗茶，目的在于把茶叶表面尘土洗去，使茶之真味得以充分发挥。随即再向罐内冲沸水至九成满，并加盖保香。

（5）淋罐。加盖后，提铫淋遍罐的外壁追热，使之内外夹攻，以保罐中有足够的温度。进而，清除黏附罐外的茶沫，尤其是寒冬冲泡乌龙茶，这一程序更不可少。只有这样，方能使杯中茶叶起香。

（6）烫杯。淋罐后，再用铫中沸水烫杯，并加满沸水，接着滚杯。

（7）斟茶。经淋杯后，约1分钟，即可斟茶。

3. 台湾冲泡法

（1）摆具。将茶具一一摆好，茶壶与茶盅并排置于茶盘之上，闻香杯与品茗杯一一对应，并列而立。电茶壶置于左手边。

（2）赏茶。用茶匙将茶叶轻轻拨入茶荷内，供来宾欣赏。

（3）温壶。温壶不仅要温茶壶，还要温茶盅。用左手拿起电茶壶，注满茶壶，接着右手拿壶，注入茶盅。

（4）温杯。将茶盅内的热水分别注入闻香杯中，用茶夹夹住闻香杯，旋转360°后，将闻香杯中的热水倒入品茗杯。同样用茶夹夹住品茗杯，旋转360°后，杯中水倒入涤方或茶盘。

（5）投茶。将茶荷的圆口对准壶口，用茶匙轻拨茶叶入壶。投茶量为1/2～2/3壶。

（6）洗茶。左手执电茶壶，将100℃的沸水高冲入壶。盖上壶盖，淋去浮沫。立即将茶汤注入茶盅，分于各闻香杯中。洗茶之水可以用于闻香。

（7）高冲。执电茶壶高冲沸水入壶，使茶叶在壶中尽量翻腾。第一泡时间为1分钟，1分钟后，将茶汤注入茶盅，分到各闻香杯中。

图9-7　台湾冲泡法泡出的马龙茶

（8）奉茶。闻香杯与品茗杯同置于杯托内，双手端起杯托，送至来宾面前，请客人品尝。

（9）闻香。先闻杯中茶汤之香，然后将茶汤置于品茗杯内，闻杯中的余香。

（10）品茗。闻香之后可以观色品茗。品茗时分三口进行，从舌尖到舌面再到舌根，不同位置香味也各有细微的差异，需细细品，才能有所体会。

（11）再次冲泡。第二次冲泡的手法与第一次相同，只是时间要比第一泡增加15秒，以此类推，每冲泡一次，冲泡的时间也要相对延长。优质乌龙茶内质好，如果冲泡手法得当，可以冲泡几十次，每次的色香味甚至能基本相同（见图9-7）。

（12）奉茶。自第二次冲泡起，奉茶可直接将茶分至每位客人面前的闻香杯中，然后重复闻香、观色、品茗、冲泡的过程。

（四）安吉白茶

安吉白茶色、香、味、形俱佳，在冲泡过程中必须掌握一定的技巧才能使品饮都充分领略到安吉白茶形似凤羽、叶片玉白、茎脉翠绿、鲜爽甘醇的视觉和味觉享受。

1. 安吉白茶冲泡前的准备

（1）茶叶选择。要选择一芽二叶初展，干茶翠绿鲜活略带金黄色，香气清高鲜爽，外形细秀、匀整的优质安吉白茶。

（2）泡茶用水。冲泡安吉白茶选用境内黄浦江源头水是最佳选择。由于安吉白茶原料细嫩，叶张较薄，所以冲泡时水温不宜太高，一般掌握在80℃～85℃为宜。

（3）茶具。冲泡安吉白茶选用透明玻璃杯或透明玻璃盖碗。通过玻璃杯可以尽情地欣赏安吉白茶在水中的千姿百态，品其味、闻其香，更能观其叶白脉翠的独特品格。除冲泡杯外，冲泡安吉白茶还需要备有：玻璃冲水壶、观水瓶、竹制的本色茶盘、茶托、茶荷、茶匙、茶枝、茶巾和白色瓷质漂盘等器具。

2. 安吉白茶的冲泡

（1）备具。将安吉白茶冲泡时的用具逐一端到表演台上。

（2）备水。将沸水倒在玻璃壶中备用。

（3）观水。取黄浦江源头水，高冲于观水瓶中，再插入白茶鲜叶枝条，泉水清澈，枝条在水中漂浮，给人以动感。

（4）赏鲜叶。安吉白茶鲜叶形似兰花，叶肉玉白，叶脉翠绿，鲜活欲出。

（5）温杯。倒入少许开水于茶杯中，双手捧杯，转旋后将水倒于盂中。

（6）置茶。用茶匙取安吉白茶少许置放在茶荷中，然后向每个杯中投入3克左右白茶。

（7）浸润泡。提举冲水壶将水沿杯壁冲入杯中，水量约为杯子的1/4，目的是浸润茶叶使其初步展开。

（8）运茶摇香。左手托杯底，右手扶杯，将茶杯沿顺时针方向轻轻转动，使茶叶进一步吸收水分，香气充分发挥，摇香约0.5分钟。

（9）冲泡。冲泡时采用回旋注水法，可以欣赏到茶叶在杯中上下旋转，加水量控制在约占杯子的2/3为宜。冲泡后静放2分钟。

（10）奉茶。用茶盘将刚沏好的安吉白茶奉送到来宾面前。

（11）品茶。品饮安吉白茶先闻香，再观汤色和杯中上下浮动玉白透明形似兰花的芽叶，然后小口品饮，茶味鲜爽，回味甘甜，口齿留香。

（12）观叶底。安吉白茶与其他茶不同，除其滋味鲜醇、香气清雅外，叶张的透明和茎脉的翠绿是其独有的特征。观叶底可以看到冲泡后的茶叶在漂盘中的优美姿态。

（13）收具。客人品茶后离去，及时收具，并向来宾致意送别。

（五）黑茶

黑茶的冲泡方法也需要讲究技巧，心情不同、茶量不同、泡茶时间控制不同、温度不同，泡出来的茶口感也不同，通常黑茶的冲泡通用方法共有五种。

1. 传统煮饮法

取茶10～15克，将水（500毫升）烧至沸时，将茶投入，至水滚沸后，文火再煮两分钟,停火滤渣后,分而热饮之。

2. 工夫茶泡饮法

用工夫茶具,按工夫茶泡饮法冲泡饮用。

(1)投茶。将黑茶大约15克投入杯中,杯是泡黑茶的专用杯,它可以实现茶水分离,更好地泡出黑茶。

(2)冲泡。按1:40左右的茶水比例沸水冲泡,由于黑茶比较老,所以泡茶时,一定要用100℃左右的沸水,才能将黑茶的茶味完全泡出。

(3)茶水分离。如果用杯冲泡黑茶,直接按杯口按钮,便可实现茶水分离。

(4)品茗黑茶。将杯中的茶水倒入茶杯即可直接饮用。

3. 杯泡法

用有盖紫砂壶或陶瓷杯,取茶叶5克沸水冲泡,加盖2~3分钟后即可饮用。

4. 凉茶饮法

按传统煮饮法操作,茶水比一般为1:50~1:80,煮好后,滤渣放凉后饮用,有条件的可以用水壶置冰箱放凉饮用。

5. 奶茶饮法

按传统煮饮法煮好茶汤后,按奶与茶汤1:5的比例调剂,然后加适量盐,即成西域特色的奶茶。

相关链接 🔍搜索

泡 茶 法

泡茶法是将茶置茶壶或茶盏中,以沸水冲泡的简便方法。过去往往依据陆羽《茶经·七之事》所引"《广雅》云"文字,认为泡茶法始于三国时期。但据著者考证,"《广雅》云"这段文字既非《茶经》正文,也非《广雅》正文,当属《广雅》注文,不足为据。

陆羽《茶经·六之饮》载:"饮有粗、散、末、饼者,乃斫、乃熬、乃炀、乃舂,贮于瓶缶之中,以汤沃焉,谓之庵茶。"即以茶置瓶或缶(一种细口大腹的瓦器)之中,灌上沸水淹泡,唐时称"庵茶",此庵茶开后世泡茶法的先河。

唐五代主煎茶,宋元主点茶,泡茶法直到明清时期才流行。朱元璋罢贡团饼茶,遂使散茶(叶茶、草茶)独盛,茶风也为之一变。明代陈师《茶考》载:"杭俗烹茶,用细茗置茶瓯,以沸汤点之,名为撮泡。"置茶于瓯、盏之中,用沸水冲泡,明时称"撮泡",此法沿用至今。

明清更普遍的还是壶泡,即置茶于茶壶中,以沸水冲泡,再分酾到茶盏(瓯、杯)中饮用。据张源《茶录》、许次纾《茶疏》等书,壶泡的主要程序有备器、择水、取火、候汤、投茶、冲泡、酾茶等。现今流行于闽、粤、台地区的"工夫茶"则是典型的壶泡法。

复习与思考

一、填空题

1. 被称为世界三大饮料的是_____、_____和_____。
2. 咖啡的区别源自咖啡豆独特的风味,这种独特性主要表现在_____、_____、_____、_____、_____五个方面。
3. 茶叶的种类分六类,它们是_____、_____、_____、_____、_____、_____。

二、简答题

1. 简述卡布奇诺咖啡的制作方法。
2. 简述西湖龙井的泡制方法。
3. 简述乌龙茶的台湾冲泡法。

酒吧业态PPT

第十章 酒吧业态

学习目的意义 了解酒吧发展历史，掌握酒吧的概念和不同业态酒吧的种类，加深对酒吧这个特殊行业的认识。

本章内容概述 本章内容由酒吧业概述、旅游星级饭店酒吧类型及经营特点、餐娱休闲酒吧类型及经营特点等部分构成，内容安排从基本概念入手，重点阐述了酒吧的种类以及酒吧常用物品和酒类。

学习目标

方法能力目标

了解酒吧的概念，熟悉酒吧的种类以及酒吧常用用具和酒水知识，培养学生的观察、分析能力，职业敏感度和创新能力。

专业能力目标

通过本章知识学习，了解酒吧的不同业态和分类，加深对酒吧业的认识，更好地掌握酒吧服务的基本技能。

社会能力目标

通过对酒吧、酒吧业基本知识的学习，增进对调酒师和酒吧行业的了解，激发学习调酒技术和酒吧服务知识的激情，更好地服务社会和行业。

> **知识导入**
>
> **国外的酒吧文化**
>
> 好朋友一起喝酒，往往未动筷吃菜就先干三杯，"Cheers"之声不绝于耳，而且必须 Bottoms up（干杯，杯底不要养金鱼）。"干杯"还有其他的英文说法，"Let's make a toast."是其中一个。据说，从前人们在喝酒的时候，为了加重酒味，会在杯子里放一小片土司，而这就是这句话的由来。
>
> 英文中喝酒喝很多的人是 heavy drinkers（酒鬼，就像把瘾君子叫作 heavy smokers 一样），而形容一个人喝很多酒、很会喝酒则是 drink like a fish，即牛饮、海量。
>
> 喜欢喝酒的人不仅自己喝，也喜欢劝别人喝。劝酒就是强迫别人喝酒，英文叫作 force others to drink。但是，如果是跟外国人一起喝酒的场合，这一点还是小心为好。

第一节 酒吧业概述

一、酒吧的概念

酒吧（Bar，Pub，Tavern），Bar 多指美式的具有一定主题元素的酒吧，而 Pub 和 Tavern 多指英式的以酒为主的酒吧。酒吧即销售酒品的柜台，最初出现于路边小店、小客栈、小餐馆中，主要为住店客人提供休闲消费服务。随着社会的发展，人们消费意识的提高，酒吧逐渐从餐馆中分离出来，成为专门的销售酒水，供客人交友、聚会的场所，因此，酒吧慢慢演变成一个专门从事酒水销售，供宾客聚会交往的场所。约20世纪90年代，各种类型的酒吧开始传入我国，并形成一定的市场规模。

从现代经营的角度分析，酒吧的概念应为：提供酒水、饮料及服务，以营利为目的，有计划经营管理的经济实体。

二、酒吧的历史及发展

（一）酒吧的形成

"酒吧"一词英文中为"Bar"，原意为"栅栏"或"障碍物"。

相传早期的酒吧经营者为了防止意外，减少酒吧财产的损失，一般不在店堂内设桌椅，而在吧台外设一横栏，横栏的设置一方面起阻隔作用，另一方面可以为骑马而来的饮酒者提供拴马或搁脚的方便，久而久之，人们把"有横栏的地方"专指饮酒的酒吧。

后来，汽车取代了马车，骑马的人逐渐减少，这些横木也多被拆除。有一位酒馆老板不舍得扔掉这根已成为酒馆象征的横木，便把它拆下来放在柜台下面，没想到却成了顾客们垫脚的好地方，受到了顾客们的喜爱。其他酒馆听说此事后，也纷纷效仿。于是，柜台下放横木的做法便普及起来。经过数百年的发展演变，各种崇尚现代文明、追求高品位生活、健康优雅的"吧"正悄然走进人们的休闲生活，同时也在现代城市中形成一道亮丽独特的文化景观。

现在，酒吧通常被认为是各种酒类的供应与消费的主要场所，它是饭店的餐饮服务设施之一，专为客人提供饮料及休闲服务而设置。

而在社会休闲娱乐场所，各种类型的酒吧正以一种独特的形态和文化方式，影响着一代新新人类的生活，成为现代社会生活的一部分。

（二）酒吧在中国的发展

20世纪二三十年代上海和平饭店就有爵士酒吧，这个在饭店行业享誉盛名的酒吧不但代表了一种文化，而且代表了一种生活态度和生活方式。在我国，现代酒吧业真正兴起与繁荣还是从20世纪八九十年代开始的。酒吧进入我国后，得到了迅猛的发展，尤其在北京、上海、广州等地，更是得到了淋漓的显现：北京的酒吧粗犷开阔，上海的酒吧细腻伤感，广州的酒吧热闹繁杂，深圳的酒吧最不乏激情。总的来说都市的夜空已离不开酒吧，都市人更离不开酒吧，人们需要在繁忙中遗忘、沉醉。北京是全国城市中酒吧最多的一个地方，总共有400家左右。酒吧的经营方式形形色色，生意也有好有坏。上海的酒吧已出现基本稳定的三分格局，三类酒吧各有自己的鲜明特色，各有自己的特殊情调，由此也各有自己的基本常客，第一类酒吧是校园酒吧，第二类是音乐酒吧，第三类是商业酒吧。

酒吧当年的确是以一种很"文化"、很反叛的姿态出现的，是城市对深夜不归的一种默许，它悄悄地却是越来越多地出现在中国大都市的一个个角落，成为青年人的天下，亚文化的发生地。随着都市文化的迅猛发展，曾经占尽风光的电影院在酒吧、迪厅、电子游戏室的崛起中显得有些被冷落。以新新人类自居的酷男辣妹，对于"泡吧"更是情有独钟，因为酒吧里可以欣赏歌舞、扎堆聊天、喝酒品茶甚至蹦迪，无所不包，随你玩到尽兴，又显出时尚派头，自然成了流行的休闲娱乐方式。酒吧文化在中国不过十几年的历史，但是它发展迅速，可以称得上是适时而生。

多年前在茶馆和酒楼听传统戏曲是当时大众最为重要的文化生活，随着时代的变迁，大众对音乐取向的变换和选择也是必然。由于20世纪80年代外资与合资的饭店在大陆大规模地发展，相当一部分富有开拓精神的人对饭店内的酒吧发生了兴趣；追求发展和变化的心态促使一部分原来开餐厅和酒馆的人做起了酒吧生意，将酒吧这一形式从饭店复制到城市的繁华街区和外国人聚集的使馆、文化商业区。

随着改革开放在中国的进一步深化，咖啡吧、酒吧产业在中国得到迅猛发展。目前，国内几乎所有高星级旅游饭店都设有专门的酒吧，为住店客人提供酒水服务。很多大中城市都相继开发了酒吧一条街，如北京什刹海酒吧一条

图10-1　街头酒吧

街、上海衡山路酒吧一条街、南京的1912主题街区，还有杭州、郑州、泉州的酒吧街等（见图10-1）。在这些酒吧街区，各种类型的酒吧每天吸引着大量来自世界各地、全国各地的泡吧一族。"因为爱喝酒，所以爱酒吧"已经成为泡吧一族的生活理念。此外，在高级写字楼、大型商场等地都出现了咖啡馆、酒吧休闲服务场所。据相关统计数据，中国的咖啡馆、酒吧数量正以每年20%左右的速度在增长。

三、酒吧的表现形式

（1）主酒吧。主酒吧（Main Bar or Pub）大多装饰美观、典雅、别致，具有浓厚的欧洲或美洲风格。视听设备比较完善，并备有足够的靠柜吧凳，酒水、载杯及调酒器具等种类齐全，摆设得体，特点突出。主酒吧的明显特点是突出主题，来此消费的客人大部分是来享受酒吧提供的特色服务，酒水消费往往排在次要的位置。

（2）音乐酒吧。酒吧的另一特色是具有各自风格的乐队表演或向客人提供飞镖游戏等。这类酒吧通常被称为音乐酒吧（Music Bar）或演艺吧，如香港的Marlin吧就是典型的音乐酒吧。来此消费的客人大多是来享受音乐、美酒以及无拘无束的人际交流所带来的乐趣的。因此，音乐酒吧、演艺吧等对调酒师的业务技术和文化素质要求较高。

（3）酒廊（Lounge）。这种酒吧形式在饭店大堂和歌舞厅最为多见，装饰上一般没有什么突出的特点，以经营饮料为主，另外还提供一些餐点小吃。

（4）服务酒吧。服务酒吧（Service Bar）是一种设置在餐厅中的酒吧，服务对象也以用餐客人为主。中餐厅服务酒吧较为简单，酒水种类也以国产为多。西餐厅服务酒吧较为复杂，除要具备种类齐全的洋酒之外，调酒师还要具有全面的餐酒保管和服务知识。

（5）宴会酒吧。宴会酒吧（Banquet Bar）是根据宴会标准、形式、人数、厅堂布局

及客人要求而摆设的酒吧,临时性、机动性较强。

(6)外卖酒吧。外卖酒吧(Catering Bar)则是根据客人要求在某一地点,例如大使馆、公寓、风景区等临时设置的酒吧,外卖酒吧隶属于宴会酒吧范畴。

(7)多功能酒吧。多功能酒吧(Grand Bar)大多设置于综合娱乐场所,它不仅能为午、晚餐的用餐客人提供用餐酒水服务,还能为赏乐、蹦迪(Disco)、练歌(卡拉OK)、健身等不同需要的客人提供种类齐备、风格迥异的酒水及服务。这类酒吧综合了主酒吧、酒廊、服务酒吧的基本特点和服务职能。有良好的英语基础、技术水平高超,能比较全面地了解娱乐方面的有关知识,是考核调酒师能否胜任的三项基本条件。

四、酒吧礼仪

以我国大众目前的生活水平来看,出入一次酒吧算得上是一次高规格的消费,但万不可把酒吧看成肆意挥霍和无理取闹的场所。繁忙的工作之余,邀几个朋友,到酒吧里听歌跳舞,是一种极好的娱乐活动。在我国,酒吧毕竟是一种新兴事物,尚有许多方面,值得我们注意。

其一,酒吧不是大摆宴席的场所。如果你打算请客,那最好去酒楼、饭店,那里天南地北各种佳肴一应俱全。而酒吧通常只供应饮料和平常糕点,吃,在酒吧只是一种娱乐的辅助。

其二,若你向酒吧里的歌手点歌,你应该叫来服务员,让他向歌手转告你的意见。给歌手小费,不可直截了当,把钱塞给歌手或扔到台上都是不礼貌的。应该把钱夹在纸里,最好藏在一束鲜花中送到歌手面前。

其三,酒吧一般都设有卡拉OK演唱装置,顾客可以自愿去唱自己喜欢的曲目。别的顾客唱了,应该报以掌声。自己去唱,应向服务人员通告,唱的时候和配乐相和谐,不要肆无忌惮地胡乱唱。

其四,由于酒吧特定的氛围,应特别强调与异性交往的礼节,应注意举止端庄大方、言语彬彬有礼。在酒吧里跳舞,以请同来的女伴为宜,酒吧舞池不同于特别举办的舞会,它不是以社交为目的,一般不请不相识的人共舞。在国外,女性一般是不单独去酒吧的。

其五,仿西式的酒吧,柜台前都设有不带背的单腿皮凳,顾客可以坐在柜台前喝酒。这是一种方便的设施,是为那些没有时间久留的人准备的。而有些人坐在上面喝酒说笑,影响服务员的工作,那样就不好了。

五、酒吧用具及酒水

（一）最基本的酒吧用具

调酒杯，电动搅拌机，各种不同类型的酒杯，冰桶和冰酒杯，螺丝刀开瓶器、吧匙和量酒杯，砧板、托盘、杯垫、调酒棒和吸管，餐巾布和烟缸，牙签和笔，骰子。

（二）最基本的酒水配置

（1）烈酒。干邑白兰地酒（Cognac），Whiskies 威士忌（包括苏格兰、美国波本、加拿大和爱尔兰四种），Gin 金酒，Rum 朗姆酒（包括黑朗姆酒和无色朗姆酒），Vodka 伏特加酒，Tequila 特吉拉酒（墨西哥产）。

（2）利口酒。Kahlua 咖啡利口酒，Baileys 百利甜酒，Cointreau 君度甜酒，Peppermint 白、绿两色薄荷甜酒，Creme de Cacao 白、棕两色可可甜酒，Galliano 加利安奴香草甜酒，Sambuca 圣勃卡利口酒，Amaretto 杏仁甜酒，Apricot 杏子白兰地酒，Benedictine D.O.M. 当姆香草利口酒，Drambuie 杜林标利口酒，Cherry 樱桃白兰地酒，Advocaat 鸡蛋黄白兰地酒，Banana 香蕉甜酒，Cassis 黑醋栗甜酒。

（3）开胃酒和葡萄酒。Vermouth 味美思或称苦艾酒（包括干性味美思、白味美思和红味美思三种），Bitter 苦味酒，Aniseed 大茴香酒，Port 本酒或波提葡萄酒，Sherry 雪利葡萄酒，Champagne 香槟酒，Sparkling Wine 含汽葡萄酒，White Wine 干白葡萄酒，Red Wine 干红葡萄酒。

（4）果汁。Orange 橙汁，Pineapple 菠萝汁，Grapoefruit 西柚汁，Apple 苹果汁，Tomato 番茄汁，Lemon/Lime 柠檬和青柠汁。

（5）最基本的酒水辅料。Coconut 椰浆，Cubita 咖啡，Grenadine 红石榴糖浆，Mint 绿薄荷糖浆，Blue 蓝色橙味糖浆，Strawberry 草莓糖浆。

（6）其他。Beer 啤酒，Carbonated 碳酸饮料，Coffee 咖啡，Tea 茶，Milk 牛奶，Mixed Fruits 各种水果，特别是鲜柠檬和红樱桃，Spices 调味料，包括盐、胡椒粉、肉豆蔻粉、李派林急汁、辣椒汁等，Sugar 糖，Mineral Water 矿泉水。

第二节　旅游星级饭店酒吧类型及经营特点

根据不同形式和作用及其在饭店里的具体位置，旅游饭店的酒吧服务设施通常有立式酒吧、服务酒吧、鸡尾酒廊和宴会酒吧等形式。

（1）立式酒吧。立式酒吧即最为常见的吧台酒吧，是最典型、最有代表性的酒吧设施。"立式"并非指宾客必须站立饮酒，也不是因服务员或调酒员皆站立服务而得名，它实际上只是一种传统的习惯称呼而已。在这种酒吧里，宾客或是坐在高凳上靠着吧台，或是坐在酒吧间的桌椅、沙发上享受饮料服务，而调酒员则站在吧台里边，面对宾客进行操作。立式酒吧服务员，在一般情况下单独地工作，因此，他不仅要负责酒类和饮料的调制、服务及收款等工作，而且还必须掌握整个酒吧的营业情况。

（2）服务酒吧。服务酒吧常见于饭店餐厅及较大型的社会餐馆的厨房中。我国诸多饭店餐厅中的酒柜实际上也是服务酒吧，因为宾客不直接在吧台上享用饮料，虽然他们有时从那里购买饮料，但通常是通过餐厅服务员开票并提供饮料服务。服务酒吧的服务由餐厅服务员提供，包括对各种饮料进行最后的点缀加工，如给鸡尾酒加上樱桃、柠檬或菠萝等。在大多数饭店中，服务酒吧的服务员不负责酒类饮料的收款工作，这项工作通常都由餐厅收款员进行。

（3）鸡尾酒廊。较大型的饭店中都有鸡尾酒廊这一设施。鸡尾酒廊通常设于饭店门厅附近，或是门厅的延伸或利用门厅周围空间，一般设有墙壁将其与门厅隔断。鸡尾酒廊一般比立式酒吧宽敞，常有钢琴、竖琴或者小乐队为宾客演奏，有的还有小舞池，以供宾客随兴起舞。鸡尾酒廊还设有高级的桌椅、沙发，环境较立式酒吧优雅舒适，气氛较立式酒吧安静，节奏也较缓慢，宾客一般多逗留较长时间。鸡尾酒廊的营业过程与服务酒吧大致相同，即由酒廊服务员为宾客开票送酒，如果酒廊规模不大，由服务员自行负责收款。但在较大的鸡尾酒廊中，一般多设有专门收款员，并有专门收拾酒杯、桌椅并负责原料补充的服务人员。

（4）宴会酒吧。宴会酒吧是饭店、餐馆为宴会业务专门设立的酒吧设施，其吧台可以是活动结构即能够随时拆卸移动，也可以是永久地固定安装在宴会场所。宴会酒吧业务特点是营业时间较短，客人集中，营业量大，服务速度相对要求快，它通常要求酒吧服务人员每小时能够服务100人左右的客人。因而宴会酒吧的服务人员必须头脑清晰，工作有条理，具有应付大批客人的能力。宴会酒吧由于上述特点，又要求服务人员事前做好充分的准备工作，各种酒类、原料、配料、酒杯、冰块、工具等必须有充足的储备，不至于营业中途缺这少那而影响服务。由于宴会酒吧要求快速服务，因此供应的饮料种类往往受到限制，通常只有啤酒和各式清凉饮料以及少数几种大众化的混合饮料，且这些混合饮料一般都可以是事先配制的成品。

第三节　餐娱休闲酒吧类型及经营特点

随着酒吧概念越来越普及，各种形态的酒吧层出不穷，尤其是在餐饮娱乐业，各式休闲、服务酒吧应有尽有，它们大都附属于餐厅、餐馆、娱乐场所、交通枢纽等。常见的类型有如下几种。

一、娱乐中心酒吧

附属于大型娱乐中心，客人在娱乐之余，为了助兴往往要到酒吧喝一杯酒，以增加兴致，此类酒吧往往是供应含酒精量低的和不含酒精的饮品，属助兴服务，使客人在运动、兴奋之余，获得另一种状态的休息和放松。

二、饭店酒吧

此类酒吧常设于旅游饭店内，为住店客人特设，也接纳当地客人。饭店中的酒吧随饭店的发展而发展。饭店中酒吧设施、商品、服务项目也较齐全，客房中可有小酒吧，客人可以在自己的房间内随意饮用各类酒水或饮料，这种酒吧是高级客房的标准。大厅可有鸡尾酒廊，根据饭店本身的特点及不同客人的喜好开展各种服务。

三、飞机、火车、轮船酒吧

为了让旅客在旅途中消磨时光、增加兴致，飞机、火车、轮船上也常设有酒吧，但仅提供无酒精饮料及低酒精饮品。

四、独立经营酒吧

相对前面几种而言，此类酒吧与其他大类经营无明显的附属关系，单独设立，此类酒吧往往经营品种较齐全，服务及设施较好或有其他娱乐项目经营，交通方便，也非常吸引客人。

（1）市中心酒吧。此类酒吧大部分都建立在市中心，市中心酒吧一般设施和服务比较全面，常年营业，客人逗留时间较长，消费也较多。由于设在市中心的酒吧很多，所以这类酒吧总是面临着竞争。

（2）交通终点酒吧。此类酒吧设在机场、火车站、港口等旅客转运地，旅客因某种原因需滞留及等候，为消磨等候时间、休息放松而去酒吧消费。在此类酒吧消费的客人一般逗留时间较短，消费量也较少，但有时座位周转率会很高。交通终点酒吧一般经营品种很少，服务设施也比较简单。

（3）旅游地酒吧。此类酒吧一般设在海滨、森林、温泉、湖畔等风景旅游地，供游客在游览之余放松及娱乐。一般都有舞池、卡拉OK等娱乐设施，但所经营的饮料品种较少。

（4）纯饮品酒吧。相对于提供食品的酒吧而言，此类酒吧主要提供各类饮品，但也有一些佐酒小菜，如果脯、杏仁、腰果、果仁、蚕豆等坚果食品类。

五、供应食品酒吧

（1）餐厅酒吧。绝大多数餐厅都设有酒吧，这种附属于餐厅的酒吧大部分只是餐厅中食物经营的辅助品，以作吸引客人消费的一种手段。所以，其酒水销售的利润相对于单纯的酒吧类型要低，品种也较少，但目前在高级餐厅中，其种类及服务有增强趋势。

（2）小吃型酒吧。从一般意义上讲，含有食品供应的酒吧其吸引力总是比较大，客人消费也会比较多。所以，建议在可能的情况下尽量有食品供应。因食品与酒水的消费往往是相辅相成的，所以有食品自然会使客人增加消费。小吃的种类往往是具有独特风味及易于制作的食品，如三明治、汉堡、猪排、鱼排、牛排或地方风味小吃等。

（3）消夜式酒吧。这种酒吧往往是高级餐厅的夜间营业场所。入夜，餐厅将其环境布置成酒吧，有酒吧特有的灯光及音乐设备。产品上，酒水与食品并重，客人可单纯享用消夜或其他特色小吃，也可单纯饮用饮品。

六、娱乐型酒吧

（1）休闲型酒吧。此类酒吧是客人在进行了一次紧张的旅行之后或公务之余松弛精神、怡情养性的场所。主要为满足寻求放松、谈话、约会的客人而设，所以要求座位舒适、灯光柔和、音乐的音量小、环境优雅。供应的饮料品种以清凉饮料（不含酒精饮料）为主，咖啡、茶是其所售饮品中的一个大项。

（2）俱乐部、沙龙型酒吧。由具有相同兴趣、爱好、职业背景、社会背景等人群组成的松散型社会团体，在某一特定的酒吧定期聚会，谈论共同感兴趣的话题、交换意见及看法，同时有饮品供应，这类酒吧可在其名称上体现出来。如"企业家俱乐部""艺术家俱乐部""单身俱乐部"等。

相关链接 🔍搜索

国内外著名酒吧一览

一、维也纳的 Griechenbesidi——音乐激情

维也纳，这个美妙的名字，总让人联想起华尔兹舞曲的浪漫与希茜公主的美丽。Griechenbesidi 这个奥地利最古老的酒馆就坐落在维也纳一条名叫 Sttteustellengass 的古巷中。当年，流浪汉奥古斯丁使得小酒馆名扬奥地利，引得贝多芬、舒伯特、歌德、铁血宰相俾斯麦等人都慕流浪汉之名而来，并在酒馆墙上留下他们的签名。如今，几百年过去了，贝多芬、舒伯特等人早已归西，但他们留下的音乐却一代一代流传下来了。黄昏时分在 Griechenbesidi，倾听着酒馆中飘荡的《英雄交响曲》，心中埋藏已久的激情不禁怦然而出。

二、瑞典北部省 Lappland 的 Ice bar——冰雪激情

位于北极圈内 193 公里处的 Ice bar，最奇特之处在于整个建筑以及里面的酒吧台、酒吧椅甚至酒杯都是用冰做的。晶莹剔透的冰酒杯，配上色彩缤纷的 Bacardi Breezer，让人在不知不觉间就饮尽杯中物。在冰与影的映照下，冰酒杯中红色的百加得冰锐宛如一朵绽放的火花，一点一点诱发着人体内的激情，即使零下几十摄氏度的超低温也不能阻挡激情的蔓延。

每年天气转暖后，冰建筑就会融化回归河流，因此 Ice bar 每年冬天都会重新建造，你永远也猜不透它下一次的造型或者布局会是什么样子。每年冬天，世界各地的游客从 Kiruna 出发，坐着狗拉雪橇，在期待中开始了他们的 Ice bar "激情诱"之旅。

三、卡萨布兰卡的君悦酒吧——恋爱激情

卡萨布兰卡以其同名电影闻名于世，同时也因这部电影而成为一个有故事的地方。每年都有很多外国游客到那里寻找电影中的里克酒吧和那个钢琴师。虽然与电影有关的人士大多已作古，但那个钢琴师 Sam 却依然存在于卡萨布兰卡。在君悦酒店大堂旁的酒吧里，每晚 7～11 时，在男主角鲍嘉的巨幅照片下，Sam 都会自弹自唱，与那些来自世界各地的《卡萨布兰卡》

的影迷们一起重温着里克和伊尔莎之间凄美的爱情故事。每当那首风靡全世界的 *As time goes by* 响起，总会勾起人们对美好往事的追忆，激情被诱发，也许下一刻属于你的不朽爱情即将降临。

四、伦敦的 Lounge Lover 酒吧——创作激情

几年之前 Lounge Lover 所在的沟岸（shoreditch）还是残破陈旧、治安不佳的老旧社区，如今却重生为伦敦新兴的"SOHO"文艺区。而 Lounge Lover 也以不规范的自由，成了伦敦创意人最爱混的地方。Lounge Lover 的装饰抛弃了一切的规范，从外面看起来它更像是一个光怪陆离的万花筒，有闪闪发亮的水晶灯、巴洛克式的镜子以及带有明显东方风味的大红灯笼。

这就是 Lounge Lover 的特色，混杂了荒废森林、奢华巴洛克、私密性感的不同风格，这同时也诱发了伦敦时尚设计师、艺术家们的创作激情，也许一杯鸡尾酒过后，今年冬天的流行趋势将就此改变。

五、"海明威"酒吧 Hemingway Bar

这家颇有名气的酒吧位于著名的里兹酒店内。海明威和菲茨杰拉德就常去这样的酒吧。人们在这家外观特别漂亮，气氛轻松的酒吧中抽着雪茄，好不惬意，一派盎格鲁撒克逊式的风格。这儿适合情人约会，同样也适合进行商务洽谈。

六、"调情"酒吧 Footsie

我们很难向您提供这家酒吧饮料的确切价格，因为这儿就像股市一样，饮料的价格是随时波动的。购买一杯饮料会使它的价格上涨，同样也会使其他饮料的价格下跌。不过可以向您保证的是，每晚这儿都会有一次或数次出现饮料的最低价格，就像股市暴跌一样。这儿的女招待将点饮料的信息通过手持设备传送给位于地下的中央计算机，由计算机来进行数据处理，最后在大屏幕上每 4 分钟显示一次最新的饮料价格。

七、"蜥蜴"咖啡馆 Lezard Cafe

想像蜥蜴一样懒洋洋地晒太阳吗？请来这儿吧，碧绿的广场上舒适的露天座正等待着您的光临呢！您可以一边小口抿着杯中的饮料，一边观赏着周围美丽的风景，时不时还有些最新的传闻飘入您的耳中。所以这儿是了解时尚潮流的最佳地点。在这间装修简朴的小酒吧中，各类夜猫子挤满了整个场所。这儿的服务虽然有时并不能令人满意，但总体上还是不错的。

八、"套房"咖啡馆 L'Apparement Cafe

很多人都知道在第八区有一个"套房"餐厅，装饰得像一套住房。实际上，在巴黎还有这么一间"套房"酒吧，它会使顾客有回家的感觉。和朋友们一块来这儿的一间包房，点上几个菜，坐在舒适的长靠背椅上喝上一杯，随便玩上一种游戏，都是非常惬意的。

 **复习与思考**

一、名词解释

酒吧　主酒吧　服务吧

二、判断题

1. 立式酒吧是饭店最为常见的酒吧形式，"立式"就是指宾客必须站立饮酒。（　）

2. 酒廊是在饭店大堂常见的酒吧形式，装饰上一般没有什么突出的特点，以经营饮料为主，另外还提供一些餐点小吃。（　）

三、简答题

1. 简述酒吧消费的基本礼仪。
2. 酒吧常备酒品种类有哪些？

酒吧设计与氛围营造PPT

第十一章 酒吧设计与氛围营造

学习目的意义 通过学习本章，使学生了解酒吧市场调研的内容和方法，掌握酒吧空间设计原则和空间设计与布局的基本方法，学习酒吧经营氛围营造的知识，增强酒吧经营的艺术鉴赏与运用能力。

本章内容概述 本章内容由酒吧市场调研与主题设计、酒吧空间设计与布局、酒吧经营氛围营造等部分构成。通过市场调研与分析，突出市场定位和酒吧主题选择的重要性，并围绕主题阐述酒吧空间设计与布局的方式方法，探讨酒吧经营氛围与文化氛围营造的基本手段。整章内容循序渐进，重点突出，通过分析典型案例，力求做到生动形象、新颖有致。

学习目标

方法能力目标

了解酒吧市场调研的内容和方法，掌握酒吧空间布局与设计的原则，了解酒吧经营氛围营造的基本要素，培养学生的观察能力、分析思考能力和艺术筹划能力。

专业能力目标

通过本章知识的学习，了解酒吧市场调研的内容和方法，并能有效地将调研结果运用于酒吧的市场定位、主题设计以及酒吧经营氛围的营造工作中，提高学生的艺术鉴赏与运用能力。

社会能力目标

能够运用学习的知识在酒吧经营定位、酒吧空间设计、酒吧主题确定和经营氛围营造中发挥积极作用，并能在酒吧的设计与布局和主题装饰中展现独特的个性与独具一格的经营思路。

知识导入

酒吧市场调研之酒吧消费者意见调查

问卷编号_____ 被访者姓名_____ 被访者详细地址_____
联系电话_____（家）_____（办公室）_____（手机）
访问开始时间_____ 访问结束时间_____ 访问时长_____分钟

您好！我是消费市场研究的访问员，我们正在进行一项有关酒吧消费者的消费意向研究，您的看法对我们的研究非常重要。我们将会对您提供的意见和资料严格保密。我们想采访的是18～65岁的人，希望得到您的合作！谢谢！

酒吧市场调研之甄别问卷

s1 请问您喜欢到酒吧去吗？
是………………………1
不是……………………2（终止访问）
s2 请问您的年龄是否在18～65岁？
是………………………1
不是……………………2（终止访问）
s3 在以前您有没有接受过市场调查人员的访问？
有………………………1（终止访问）
没有……………………2

酒吧市场调研之主体问卷（请在每列中选出合适的一项）

1. 请问您每次去酒吧的平均花费是____。
①50元 ②80元 ③100元 ④120元 ⑤150元以上
2. 请问您在选择酒吧时，最常考虑的因素有哪些？
首先：_____；其次：_____；再次：_____。
①商圈知名度 ②交通便捷性 ③消费价格 ④酒吧环境 ⑤人员专业性 ⑥其他
3. 请问您经常会与谁一起去酒吧？
①独自一人 ②妻子/丈夫 ③孩子 ④朋友 ⑤其他人
4. 请问您在酒吧平均每次一般会花多长时间？
①30分钟以内 ②30～60分钟 ③61～120分钟 ④120分钟以上
5. 请问您是否经常去酒吧？
①从来不去 ②偶尔去一次 ③平均十多天去一次 ④平均一个月去一次

⑤平均两三个月去一次

6. 请问您在去酒吧时，最经常用的交通工具是_____。

①公交车　②出租车　③自驾车　④摩托车　⑤自行车　⑥步行

7. 请问您业余时间经常参与哪些休闲娱乐活动？请选出您最经常参加的3种：（1）_____，（2）_____，（3）_____。

①聚餐　②健身　③KTV、跳舞　④看电影　⑤美容　⑥逛书店　⑦看展览、演出　⑧参与社团活动　⑨参加培训　⑩旅行、郊游　⑪其他_____

8. 请问您和您的家庭每个月用于休闲娱乐的消费是_____。

①200元以下　②200～500元　③501～700元　④701～1000元　⑤1000元以上

9. 请问您和您的家庭在外娱乐时，去得最多的地方是_____。

①一般KTV　②中档KTV　③高档KTV

10. 请问您和您的家庭每个月用于酒吧的消费是？_____。

①200元以下　②200～500元　③501～700元　④701～1000元　⑤1000元以上

11. 请问您全家去年娱乐总消费额是_____。

①5000元以下　②5000～10000元　③10000元以上

12. 您经常通过何种方式来获得酒吧信息？（不超过3种）_____，_____，_____。

①报纸　②电视　③广播　④车厢广告　⑤朋友告知　⑥其他

13. 您对酒吧商圈的整体印象是什么样的？_____。

① 很好——酒吧氛围浓厚、商业结构合理、消费水平高、发展前景很好。

② 较好——有一定酒吧氛围、商业结构基本平衡、有一定发展前景。

③ 一般——区域性商业中心。

④ 较差——商业氛围较差，商业结构不合理，消费力水平有限。

⑤ 很差——没有酒吧商业氛围，没有发展前景。

14. 您选择喜欢的酒吧的因素？_____。

①酒吧位置　②酒吧形象　③酒吧服务

15. 请问您对该地区酒吧的环境、营业时间、服务及其他方面有何建议和意见？

最后，想问一些有关您个人的情况，这只是为了分类和数据分析之用，我们会将您的情况严格保密。请您放心填写！

1. 您的性别：_____。

①男　　②女

2. 您的年龄：_____。

①18～25岁　②26～30岁　③31～35岁　④36～40岁　⑤41～45岁　⑥46～50岁　⑦51～55岁　⑧56～60岁　⑨61～65岁

再次感谢您对我们工作的支持，谢谢！

第一节　酒吧市场调研与主题设计

一、酒吧市场调研与定位

（一）酒吧市场调研内容

酒吧的市场调研主要是为了对即将筹建的酒吧所面临的市场状况做具体翔实的调研，一方面充分了解市场，特别是对竞争对手有全面了解和分析；另一方面也是为酒吧开业后更好地做好营销策划。

1. 酒吧市场调研的主要内容

（1）城市及场所所在区域范围内的经济发展状况。
（2）娱乐业（含迪吧、酒吧、夜总会等）分布及发展状况。
（3）消费群体的大致分布情况及消费习惯。
（4）竞争对手的地理位置及周边环境。
（5）竞争对手硬件装潢及风格特色。
（6）竞争对手运营模式。
（7）竞争对手管理结构及人员构成、员工待遇。
（8）竞争对手服务方式及特色。
（9）竞争对手酒水价格及种类。
（10）竞争对手上下客时间段及上座率。
（11）竞争对手营销模式及主要手段。
（12）竞争对手演艺节目、娱乐风格。
（13）竞争对手的经营状况等。

除上述市场基本情况的调研外，还需要清楚地了解本企业的基本状况和竞争优势，这样才能做到"知己知彼，百战百胜"。经营者必须针对上述内容，出具详细的市场调研报告，以便决策层能根据市场调研状况进行正确的市场判断和决策。

2. 市场调查时的注意事项

（1）一定要以客人的身份出现在竞争对手面前。因为只有这样，才能看到你想看的东西，才能看到对方真实的一面。

（2）一定要在竞争对手的酒吧内消费感受一下其服务质量和出品质量。

（3）要作多次不同时段的考察，才能正确掌握竞争对手的真正优点在哪里，哪个时段的客源最多，对方的客源与自己定位的目标客源有否重叠。

（4）要多和那里的客人交谈，了解他们前来消费的真正原因。

（5）对方的价格与装修风格、员工的工资也是需要了解的重要内容。

（6）经营手法、宣传手法、近期的促销活动也是市场调查的重要内容。

（7）在自己酒吧的周围做问卷调查也是了解目标市场的有效方法，同时也可以得到一个预先宣传酒吧的机会。

（二）酒吧市场调研的方法

1. 编制市场调研计划

市场调研计划一般包括以下内容：

（1）确定市场调研的目的、对象、范围、地点、调研负责人。

（2）市场调研的组织，即自己进行调研或委托专业公司进行调研。

（3）确定调研的具体项目和内容。明确需要进行市场调研的项目、资料，编制调研提纲，列出需要调研的项目、调研地区、范围等，必要时需设计市场调研表。

（4）确定调研方法。从调研的深度、广度选择正确的调研方式。

（5）调研计划安排。

2. 市场调研的基本程序

（1）准备阶段。做好市场调研的准备工作是市场调研的第一步。在准备阶段需要做好人员的选择与培训、资料的积累和分析、调研计划的编制与试验、调研表格设计、调查方法选择，以及所有调研材料的准备等工作。

（2）正式调研阶段。正式的市场调研分两个阶段，即抽样设计与开展调研。

①抽样设计。市场调研一般采用抽样调查的方法，这就要求做好抽样设计，为调研结果的准确性打好基础。

②开展调研。按照市场调研计划，选派调研人员在指定的范围，选择具体的调研对象，围绕调研目标开展有目的的调研。

（3）分析总结阶段。完成初步市场调研后，需要对调研资料进行分析总结。

①资料分析与整理。对调研资料进行整理、统计、归类和分析。分析既要重定量，又要重定性。定量分析关键在于数据的统计，用数据说话。定性分析要能由表及里，发

现本质。

②提出报告。通过资料的整理和分析,提出市场调研报告。报告要有数据、有图文,充分展现调研结果,并能根据数据分析提出相应建议。

3. 市场调研方法

确定市场调研的方法有助于市场调研人员进行有效的调研,获取有效的数据。市场调研方法主要有试验法、调查法、观察法、问卷调查法等。

(1) 试验法。试验法是将产品或服务让目标顾客直接试用,试验客人是否喜欢。此种方法可用来试验酒吧的产品品种,如鸡尾酒、饮品等能否让客人喜欢和接受,价格能否让消费者接受等,让客人提出意见和建议。

应用试验法进行调研时,调研人员应体察所有可能接触到的服务问题,完全从客人的角度出发,不断对酒吧的产品和服务提出具有挑战性的问题,分析客人的心理感受及酒吧对客人的吸引力强度,同时研究吸引客人的有效服务途径,做好调查记录,积累信息资料。

(2) 调查法。调查法是市场调研最为常见的一种方法,也是相对比较有效的方法之一。调查法是通过电话、网络或面对面访谈等方式,向消费者提出问题,以收集有关的信息资料的一种方法。

①电话调查是通过电话向被调查者提出问题,收集资料的方法。

②网络调查可以将调查问卷挂到相应网页,让消费者自由回答,或将调查问卷发送到指定的调查人手中,请其回答并回复,通过网络资料的收集,了解消费者需求。

③面谈调查又称为访问调查,是直接接触消费者,面对面进行调查问答的一种方式。这种方式可以是个别面谈,也可以是小组访谈或座谈。面谈调查有利于获取更多、更直接的第一手资料,且资料的真实性、准确性比较强。

(3) 观察法。这种方法是由调查人员直接调查现场,用直观方式观察被调查者的某种活动和反应,以获得较为直观的资料和信息的方法。观察法比较直观,容易获取较精确的资料,但是,对调查人员的主观分析和判断能力的依赖性较强,也容易造成一定的失误。

(4) 问卷调查法。通过调查问卷的设计,请被访者填写相应调查问卷,获得调查信息的一种方式。

问卷调查法是市场调研中经常采用的一种调研方式,问卷调查的结果和问卷的设计有密切的关系。问卷中问题的设计既可以是开放式的,也可以是设定答案范围的,因此,做好问卷问题的设计是问卷调查法的关键。

(三)酒吧市场定位

酒吧的市场定位源自酒吧的市场调研,而市场定位将影响到酒吧未来的经营。酒吧市场定位的重点是消费者定位和产品定位,这将关系到酒吧的装修风格、用料、酒水单的制定、餐牌的制定、员工的培训、进货、经营策略等。

1. 市场定位与装修风格、用料的关系

酒吧的装修风格、用料与它的市场定位关系十分密切。例如,当你的酒吧市场定位是走大众化路线时,如果你的装修十分精致而且高档,那么一定会给你日后的经营带来不少的后遗症和麻烦,其原因有以下几点。

(1)客人会认为你的酒吧装修这样高档,一定是高消费,因而不敢光顾。

(2)你将会为你的高档装修而花比别人多的保养费用,导致你不得不提高出品的销售价格,从而影响你达到自己的营销目的。

(3)你和你的员工会因为害怕客人损坏精致而高档的装修设备,而向客人发出多种建议,希望客人能配合你保护好装修,从而令客人觉得你的酒吧服务水准不够而流失。

案例

酒吧的市场定位要清晰

某酒吧选址在一间学校的对面,周围不远处有几栋写字楼,酒吧的定位是那一带的白领一族。但经营者由于是新入行,对自己没有信心,怕没有客人光顾,所以装修按白领一族品位要求,价格则定低一些,目的只有一个,就是尽可能吸引更多的客源。结果大部分是学生消费,白领一族来后看到全是学生来消费,心中已把这个酒吧定位为学生消费场所,来了一次就不再来了。他开始还十分高兴地见到场面十分热闹,暗自觉得自己市场定位定得好,但经过一两个月后,问题浮现出来了,他发觉这个酒吧和他当初想象的完全不一样,到酒吧消费的全是学生,白领一族全不见踪影。月底统计,虽然生意场面气氛好,但总的来说是亏本经营,而且由于是学生消费,场地的装修损耗特别快,很快就需要翻新了,于是他提高定价,希望把这个酒吧重新定位为白领一族的酒吧。结果学生又因消费不起而离去,白领一族也因为凭借以往观念认为这家酒吧是学生消费场所而没有来,一时之间酒吧的生意比以前更差了。

就地利做学生的生意,会因为装修太高档、保养费用太高而不能维持;要抢回白领一族的客源,则需要重新包装和做大量的宣传才能有效果。出现此种问题只能说这是该酒吧之前的市场定位不清晰,现在要重新定位只能二选其一。

由此可见,酒吧选好定位与各方面配合很重要,选好定位以后,一切就有中心思想作指导了,做什么事情也都有一个明确的目标了,实现目标的希望也就非常大了。

2. 市场定位与制定产品的关系

图11-1　某酒吧的酒水单

市场定位与酒吧经营产品的选择有着密切的关系。因为酒吧的定位不但关系到酒吧经营产品的选择，而且关系到产品的正确定价，特别是关系到酒水单、餐牌等直接经营用品的制定和选择。

（1）消费者定位影响到酒吧产品价格的制定。酒吧消费对象确定后，酒吧的酒水单（见图11-1）、餐牌的价格自然要根据他们的消费能力去制定。如果你的酒水单、餐牌的价格是以四星级、五星级饭店为参考的，那么酒吧消费者的市场定位一定是以这一层次的客人为主要对象，因为其他人一定消费不起，即使来消费也只是慕名而来，一次两次不足以支持酒吧的有效经营；如果酒水单、餐牌的价格是以大众化消费为主，做生意的客人同样不会到酒吧谈生意和消费，因为这有可能会影响他谈生意的成败。

（2）酒吧市场定位关系到酒水、食品的品种选择。酒吧酒水单、餐牌的制定同样需要根据酒吧的市场定位决定选择哪些品种，因为这涉及酒水、食品的进货、服务用具、餐具的选择。如果酒吧的市场定位是大众化的，而在酒水单中写了多种进口名酒，如白兰地、XO等，那么酒吧一定需要有这些酒的存货，这些货品长期得不到消费，就会造成酒吧资金积压。相反，如果酒吧不备货，当有客人点用时，酒吧无法提供给客人，这同样会让人觉得酒吧的服务不够，印象大打折扣。

（3）市场定位会影响酒吧服务用品的选择和采购成本。酒水单、餐牌的制作成本，包括用什么材料、设计什么样式、规格如何等，酒吧开业后这些用品的使用折旧、内页的设计调整等，都关系到制作和印刷费用，一旦市场定位不准确，就会造成这些成本和费用的增加，造成经营的压力。此外，服务用具用品档次的选择，关系到酒吧的服务品位，这些都取决于酒吧最初的市场定位。

3. 市场定位与员工培训的关系

员工培训关系到酒吧服务的水平和标准，不同档次、不同类型的酒吧对员工服务技能和技巧的要求也不一样，越是高档的酒吧，对员工的知识、技能、态度等的要求越高，因此，市场定位也会影响到员工的培训质量。

做好员工培训，一方面是为了提升服务质量，提升服务品质，提高顾客满意度；另一方面，也有利于通过员工的服务，提升酒吧的经营业绩。任何一个经营者都无法否认培训给酒吧带来的巨大益处。酒吧员工培训关键要抓好以下几个方面的内容。

（1）服务规范的培训。在这方面可以说是越高档的酒吧，培训就越严格，要求就越高，但学的东西也越多。因为到高档场所消费的客人都有一个共同点，就是希望得到最优质的服务。

（2）酒水知识的培训。越高档的酒吧对员工酒水知识的培训越重视，因为高档的酒吧所存的酒水品种多，需要提供的侍酒服务多，要求高。如果员工不能很好地掌握相关的酒水知识，就很难满足高层次酒水服务的需求。例如一般的酒吧可能只提供一些汽水、啤酒类的容易服务的品种，中档酒吧就需要员工懂得调配一些简单鸡尾酒，最高档的酒吧可能更需要服务员具有丰富的葡萄酒知识。

（3）财会知识的培训。酒吧经营还需要服务人员掌握基本的财会知识，以确保酒吧正常的收益。如前台工作的酒吧服务员和调酒师，应该掌握酒吧各类产品的盘点工作，清晰填写好领货单、调拨单等。服务员还应该学会填写出品单，并掌握诸如信用卡结账、挂账、现金结账等结账方式。

此外，员工还应该掌握相关的食品卫生知识、消防安全知识等。

4. 市场定位与经营策略的关系

酒吧所有经营策略的制定都是围绕市场定位展开的，因为不同的市场定位需要有不同的经营策略去配合才能达到目的。例如，麦当劳快餐店的市场定位是针对儿童和少年，所以它的一切宣传都以这个层面的人群为主要目标，所有产品的包装设计都以这个定位为核心，包括餐厅的装修设计在内。

如果酒吧没有明确的市场定位，那么所有酒水单、餐牌的设计就会无所适从，所有服务用品用具的选择、服务规范和标准的制定也就失去了方向，酒吧的经营就可能陷入混乱，任何经营策略都可能无法挽回因此带来的损失。

由此可见，市场定位的准确与否，将直接影响到酒吧各项经营策略的制定，以及各项经营战术的实施。

二、酒吧主题设计

（一）主题酒吧的概念

主题酒吧是指以酒吧所在地最有影响力的地域特征、文化特质为素材，设计、建造、装饰、生产和提供服务的酒吧，其最大特点是赋予酒吧某种主题，并围绕这种主题建设具有全方位差异性的酒吧氛围和经营体系,从而营造出一种无法模仿和复制的独特魅力与个性特征,实现提升酒吧产品质量和品位的目的。

(二)酒吧主题的设计

主题酒吧的出现,标志着酒吧设计理念的一个飞跃、一次跨越,也意味着对传统的、千篇一律的酒吧外观和装潢风格的一次颠覆、一种创新(见图11-2、图11-3)。但是在主题酒吧不断涌现、令世人眼花缭乱之际,我们更需要有一个冷静的、科学的认识和判断。

毋庸讳言,投资主题酒吧的根本目的就是营利,其极力营造文化氛围的目的在于形成差异化特色来吸引客源,以创造更高的利润。所以,对主题酒吧来说追求利润、忽视文化,又会将所经营的酒吧带到恶性竞争的怪圈里去。那么,怎样才能打造一家成功的主题酒吧呢?

图11-2 酒吧主题设计(1)

图11-3 酒吧主题设计(2)

1. 确立适合的主题文化是关键

主题酒吧必须通过特色文化来凸显、支撑市场,文化主题一定要有差异性,切忌重复和随大流。因此,寻找特色文化、挖掘特色文化、设计特色文化、制作主题产品和服务,是酒吧管理者最重要、最具体、最花心思和精力的大事。

在确立主题之前,不能忽视所选择的文化主题是否与当地的环境相协调。在一些形象突出,历史文化底蕴丰厚的城市,过于异类的主题会对城市形象造成冲击,在形象推广中会产生互相抵消的效果。然而在那些文化单薄,经济发达的城市,或者文化比较多元化的城市,主题的选择有着很大空间,而且对创造城市文化和树立城市形象发挥着重要的作用。同样,过于专业、狭窄和离消费大众较远带有猎奇色彩的文化,都是不宜拿来做主题的。

2. 重视主题化的功能需求

酒吧的功能性需求，是人们的基本需求，消费是理性的，感觉上的满足才是高层次的需求，因而，消费往往又是感性的、随性的。社会的发展与进步，制造出了越来越多为感觉而买单的消费者，从时下奢侈品消费的兴盛、手机与汽车的频繁更换等迹象，也可以透视这种消费变化的趋势。

为功能性酒吧附加一个主题，制造出一个概念，首先在宣传营销上会有别于一般的酒吧，为领先酒吧的发展提供了基础。但一个成功的主题酒吧不仅仅是创造出一个概念那么简单，要使主题名副其实，乃至让主题串联一个产业，形成超附加值，则要深入研究酒吧的区位及其文化底蕴、市场需求、酒吧投资、企业文化等因素，使酒吧的主题融入区域文化环境之中、酒吧投资企业文化之中及感官体验之中。

3. 强化主题酒吧的市场营销策略

主题酒吧有效地解决了酒吧同质化竞争的问题，不同的主题酒吧有其不同的内涵，能迎合、满足不同需求的客源群。主题酒吧的市场营销目的就在于推出和强化主题品牌及其内涵概念。

主题酒吧应集中力量发挥本酒吧各种资源的综合优势，积极主动地宣传本酒吧的独特文化氛围，获得特定客户群的认知感，使其他酒吧难以抄袭和模仿，从而使本酒吧的文化主题具有较长时期的稳定性，并逐步形成品牌。

当然这里所说的特定客户群，不是绝对化地排斥其他客源。而是在以主题吸引主要客源的同时，适当拓展若干个其他的细分市场。

4. 酒吧设计注重诠释主题元素

主题酒吧的设计，关键是主题的确定。在主题确定后，再确定建筑形态，如城堡形、碉楼形，还是帆船形、塔形等。然后就是内部装饰的确定，主要在细节上见真功夫，如在吧台、舞台、酒具、音乐、装修，乃至卫生间等细节都注意主题元素的融入。

一个成功主题的确定，应满足以下四个基本条件：一是适应市场需求；二是根植于本土文化；三是融合企业文化；四是串联相关产业。

此外，一个成功的主题不应该是单一的主题，应该在总体主题的引领下，形成针对细分市场需求的分主题系列，使酒吧的客户群不因单一主题而被拒之门外。

第二节　酒吧空间设计与布局概述

一、酒吧的空间结构

图11-4　酒吧设计（1）

图11-5　酒吧设计（2）

酒吧是客人休闲、娱乐和聚会小酌的场所。从空间结构上看，酒吧通常分为三个主要部分，一是客用区，即客人休息、饮酒的区域；二是酒水出品区，即吧台区域；三是吧台储藏区，主要用于酒水饮料、服务用品的储藏。以下主要介绍客用区和酒水出品区。

（一）客用区

客用区是客人的活动区域，通常设有座椅和吧桌供客人使用。客用区域座椅的设立有三种方式。

（1）卡座。有点类似于包厢，一般分布在大厅的两侧，呈半包围结构。里面设有沙发和台几，卡座是给来得较多的客人群准备的。

（2）高台。分布在吧台的前面或者四周，高台一般是给单身来的客人准备的。通常喜欢热闹的客人都会选择这样的座席，他们可以边饮酒，边欣赏吧台内调酒师的调酒表演。

（3）散台。一般分布在整个大厅，有些散台会安排在比较偏僻的角落或者舞池周围。这种台型一般可以满足2～5个客人就座。

客用区可使用空间不仅包括酒吧的面积，而且包括酒吧的形状、进出口位置以及其他活动设施的面积分配等（见图11-4、图11-5）。不同形状的酒吧在座位设置时有不同的要求,酒吧的面积影响着设置座位的数量,同样也决定了酒吧将采取的经营方式。

(二)酒水出品区

酒水出品区即酒吧的吧台区域,它是酒吧的灵魂,在酒吧设计中起着十分重要的作用。酒水出品区通常由吧台内操作区和酒品展示区两大部分组成。

操作区包括客用区和调酒员操作区两部分;酒品展示区包括酒品陈列架和酒吧储藏柜两部分(见图11-6)。

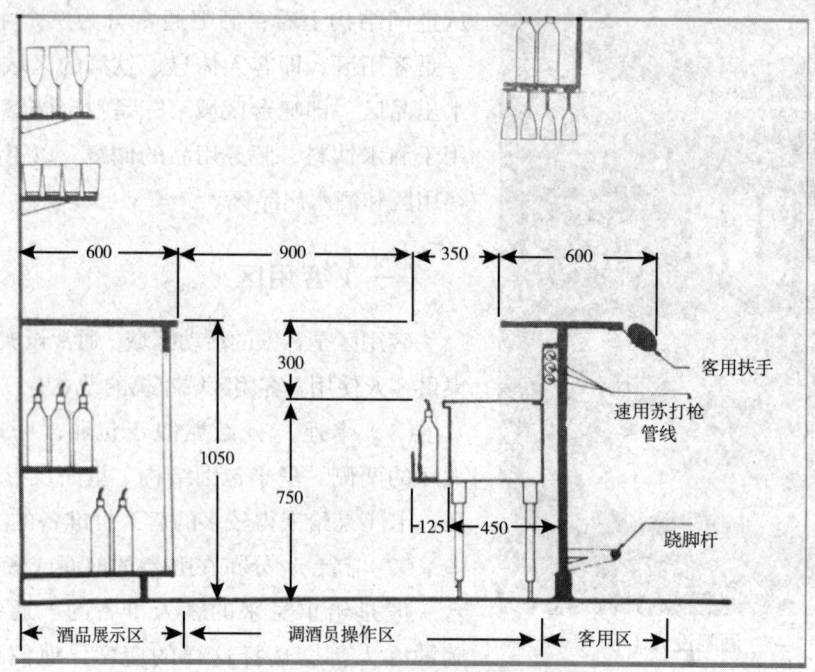

图11-6 酒吧布局

二、酒吧空间设计原则

空间设计是酒吧设计的最根本内容。结构和材料构成空间,采光和照明展示空间,装饰为空间增色。在经营中,以空间容纳人,以空间的布置感染人,这是由既要满足人的物质要求,又要满足人的精神要求和建筑本质特性所决定的。因此,酒吧内部空间的设计一定要全方位地考虑。

（一）不同空间产生不同感受

不同空间能产生不同的精神感受。在考虑和选择空间时，就要把空间的功能、使用要求和精神感受统一起来。同样一个空间，采用不同的处理方法也会给人不同的感受。在空间设计中经常采用一些行之有效的方法，以达到改变室内空间的效果。比如，一个过高的空间可以通过镜面的安装、吊灯的使用，使空间在感觉上变得低而亲切；一个低矮的空间，可以通过加线条的运作，使人在视觉上感觉舒适、开阔，并无压抑感。

酒吧的室内空间设计应注意，比例尺度适宜的空间，可以使人感觉到亲切舒适；客流不多而显得空荡的大门使人无所适从；而人多拥挤的空间使人烦躁；在大的门厅空间中分割出适度的小空间，形成相对稳定的分区，可以提高空间的利用率。

在表现空间艺术中，结构是最根本的，它可以依据其他因素创造出有特色的空间形象。装饰和装修应以空间为主，从空间出发，墙面的位置和虚实、隔断高矮、天棚的升降、地面的起伏以及所采用的色彩和材料质感等因素，都是设计构思的依据。

（二）不同形式体现不同风格

不同的空间形式具有不同的风格和气氛。例如，方、圆、八角等严谨规整的几何形式空间，给人端庄、平稳、肃静、庄重的气氛；不规则的空间形式给人随意、自然、流畅、无拘无束的气氛；相对封闭式空间给人内向、安定、隔世、宁静的气氛；开敞式空间给人自由、流通、爽朗的气氛；高耸的空间，使人感到崇高、肃穆、神秘；低矮的空间，使人感到温暖、亲切、富有人情味。经营者应该根据酒吧的定位选择最合适的空间形式。

相关链接 🔍搜索

酒吧设计风格

1. 白色派

空间和光线是白色派室内设计的重要因素，往往会加以强调。室内装修选材时，墙面和顶棚一般为白色材质或者在白色中带有隐隐约约的色彩倾向。运用白色材料时往往会暴露材料肌理效果，如突出白色云石的自然纹理和片石的自然凹凸，可达到生动的效果。或者用能显露木材的棕眼、纹理的白色漆饰板材，用具有不同织纹的装饰饰物、编织材料装饰，用不同表面效果的白色喷涂等，来避免白色平板的单调感。

2. 新地方主义派

由于不同的地方风格和样式各不相同，因此该流派并没有严格的、一成不变的规则和确定的设计模式。设计师发挥的自由度较大,以反映某个地区的风格样式以及艺术特点为要旨。设计时尽量使用地方材料和做法,表现出因地制宜的设计特色。

3. 银色派

银色派竭力追求丰富、夸张、富有戏剧性变化的室内气氛和效果。他们在设计中强调利用现代科技,反映现代工业生产的特点,用新的设计手段去达到欧洲18世纪洛可可派想要达到的风格和效果。设计时大量采用不锈钢、合金、镜面玻璃、磨光花岗岩、大理石或新的高密度光滑面板等室内装修、装饰材料。

4. 超现实主义派

超现实主义派在室内设计中追求所谓超现实的纯艺术,通过别出心裁的设计,力求在建筑所限定的"有限空间"内运用不同的设计手法以扩大空间感觉,来创造所谓的"无限空间",创造"实际上不存在的世界",反映了超现实主义派的设计师们在充满矛盾和冲突的今天,逃避现实的心理寄托。

(三)定位不同设计不同

在考虑酒吧空间设计的所有因素中,最关键的问题是必须针对酒吧经营的特点、经营的中心意图及目标客人的特点来进行设计。

针对高层次、高消费的客人而设计的高雅型酒吧,其空间设计就应以方形为主要结构,采用宽敞及高耸的空间。在座位设计时,也应以尽量宽敞为原则,以服务面积除以座位数,衡量人均占有空间,高雅、豪华型的人均占有面积应达2.6平方米。

针对寻求刺激、发泄、兴奋为目的的客人而设计的酒吧,应特别注重其舞池位置和大小,并将其列为空间布置的重点要素。

对以谈话、聚会、约会为目的的客人而设计的温馨型酒吧而言,其空间设计应以类似于圆形或弧形而同时体现随意性为原则,天棚低矮、人均占有空间较小些,但要使每桌的空间有相对独立的感觉,椅背设计可稍微高些。

三、酒吧空间设计与布局

(一)空间布局

一个较大的酒吧空间可利用天花板的升降、地坪的高差,以及围栏、列柱、隔断等进行多次元的空间分割。

实体隔断如墙体、玻璃罩等将空间垂直分割成私密性比较强的酒吧空间;隔透性隔断如各种形式的落地罩、花窗隔层，既享受了大空间的共融性，又拥有自我呵护的小空间；列柱隔断，可构成特殊的环境空间，似隔非隔，隔而不断。

灯饰区隔空间，利用灯饰结合天棚的落差来划分空间，这种空间的组织手法，使整体空间具有开放性，显得视野开阔，又能在人们心理上形成区域性的环境氛围。

地坪差区隔空间，在平面布局上，利用改变局部地区的标高，呈现两个空间的区域，有时可以和天花板对应处理，使底界面、顶界面上下呼应共造空间，也可与低矮隔断、绿色植物相结合，构成综合性的空间区隔手法，借以丰富空间、连续空间。

酒吧空间设计的敞开型（通透型）风格豪迈痛快，隔断型则柳暗花明，无论哪种布局都必须考虑到大众的审美感受，细腻地吻合大众的口味又不失宣扬个人主张。开敞空间是外向的，强调与周围环境交流，心理效果表现为开朗、活泼、接纳，开敞空间经常作为过渡空间，有一定的流动性和趣味性，是开放心理在环境中的反映。封闭空间是内向的，具有很强的领域感、私密性，在不影响特写的封闭功能下，为了打破封闭的沉闷感，经常采用灯、窗来扩大空间感和增加空间的层次。动态空间引导大众从动的角度看周围事物，把人带到一个由时空相结合的第四空间，比如光怪陆离的光影、生动的背景音乐。

在设计酒吧空间时，设计者要分析和解决复杂的空间矛盾，从而有条理地组织空间。酒吧空间应生动、丰富，给人以轻松雅致的感觉。

（二）吧台设计

吧台是酒吧空间的一道亮丽风景，选料上乘、工艺精湛，在高度、质量、豪华程度上都是酒吧空间的焦点。吧台用料可以是大理石、花岗岩、木材等，并与不锈钢、钛金等材料协调搭配，因其空间大小与性质的不同，形成风格各异的吧台风貌。

从造型看有一字形、半圆形、方形等，吧台的形状视空间的性质而定，视建筑的性格而定。酒吧的吧台是其区别于其他休闲场所的一个重要环节，它令人感到亲切和温馨，潜意识里传达着平等的观念。与吧台配套的椅子大多采用高脚凳，尤以可以旋转的椅子为多，它给人以全方位的自由，让人情绪放松。

图11-7　酒吧灯光设计

（三）灯光设计

灯光是设计时不可忽视的问题，灯光是否具有美感是设计成败的因素之一。环境的优美能直接影响到人们的心情，这就不能不在采光方式上动足心思了（见图11-7）。

采用何种灯型、光度、色系以及灯光的数量，达到何种效果，都是很精细的问题。灯光往往有个渐变的过程，就像婀娜的身姿或曲线的情绪，在亮处看暗处，在暗处看亮处，不同角度看吧台上同一只花瓶获得的感观愉悦都不尽相同。灯光设置的学问在于横看成岭侧成峰，让人感觉到变幻和难以捕捉的美。如果说采光是美人的秋波，酒吧的室内色彩就是她的衣裳。人们对色彩是非常敏感的，冷或暖，悲或喜，色彩本身就是种无声的语言。最忌讳色彩设计不鲜明，表达太多反而概念模糊。室内色彩与采光方式相协调，这才有可能成为理想的室内环境。构成室内的要素必须同时具有形体、质感、色彩等，色彩是极为重要的一方面，它会使人产生各种情感，比如说红色是热情奔放，蓝色是忧郁安静，黑色是神秘凝重。

（四）壁饰设计

壁饰是酒吧氛围的构成因素，如果酒吧氛围是暖调的可以用壁饰局部的冷调来协调整个空间的格局，它同时增加了表达内容。采用多幅或大幅装饰壁画，充填墙体，既反映了特定的环境，还满足了人们不同的欣赏需求，从而刺激消费。

利用室内绿化可以形成或调整空间，而且能使各部分既保持各自的功能作用又不失整体空间的开敞性和完整性。现代建筑大多是由直线和板块所组成的几何体，感觉生硬冷漠，利用室内绿化中植物特有的曲线，多姿的形态，柔软的质感，悦目的色彩，生动的影子，可以使人产生柔和情绪，从而改善大空间的空旷。墙角是一个让人不太经意的细节环节。然而细节往往是最动人的，也是最细腻的。大多数设计者都会采用绿化来消融墙角的生硬感，显得生机盎然。室内绿化主要利用植物并结合园林中常见手法，组织完善美化它在室内所占有的空间，协调人与环境的关系。攀缘植物是墙面上很好的装饰品，这在阳光充沛的室内空间里是有可能实现的。

（五）个性化设计

个性的风格是酒吧设计的灵魂，就像人类的思想。酒吧文化从某种意义上来讲是整个城市中产阶级的文化聚集场所，它最先感知时尚的流向，它本身自由的特性又吻合了人们渴望舒缓的精神需求。

酒吧的设计风格应个性鲜明，如以海底世界为主题，它在色彩、形状、质感上临摹着海给人的气息。主题鲜明的酒吧设计有力地宣扬了个性化的风格，达到了强化顾客印象、争取顾客好感的目的。又如，苏州有个诺曼底酒吧，其主题就直指第二次世界大战时美军登陆诺曼底的盛况。它是一个地下室建筑，盘旋而下的楼梯层层深入，造成了视觉上的延伸，最上面一层起到过渡式的欢迎作用。中间一层是多间独立包厢，适合于私密性的聚会。最底下是吧台以及相应设施。整个酒吧充满了第二次世界大战时的感觉,招贴画、旗帜,还有小型的舰艇,林林总总的有关第二次世界大战主题的军事化饰物琳琅满目,无一不传递着浓重的战时氛围。诺曼底酒吧主题鲜明,意识强烈,散发着对胜利的欢欣、对和平的渴望。诺曼底酒吧不仅空间设计合理且独到,在酒吧个性化风格上更是独树一帜,具有国际气息。

酒吧硬件设施的完美,还需软件的搭配,充满主题、内容的酒吧才生机勃勃。给予酒吧思想,整个设计空间才会流动起来。一个理想的酒吧环境需要在空间设计中创造出特定氛围,最大限度地满足人们的各种心理需求。一流的空间设计是精神与技术的完美结合,它在布局、用色上大胆而个性,它推敲每处细节,以做到尽善尽美。酒吧设计是用个人的观点去接近大众的品位,用独到的见解来感染大众的审美,它追求个性的发挥,期待群体的认可,崇尚独立的风格,渴望周围的欣赏。它以设计的手段来表达思维的活跃,它用理性的技术来阐述感性的情绪。酒吧的空间设计是另类或者说边缘倾向的空间设计,做出成功的设计作品必须有多方面知识与专业才能,它更强调设计者个人的水准。

第三节 酒吧氛围营造

一、酒吧经营氛围营造

(一)酒吧氛围

氛围是指一定环境中给人某种强烈感觉的精神表现或景象。酒吧的氛围就是指酒吧的顾客所面对的环境。酒吧氛围应包括的四大部分:酒吧的色彩和灯光、酒吧结构设计与装饰、酒吧的音乐、酒吧的服务活动。

(二)营造酒吧氛围的方法

营造酒吧氛围的主要目的和作用在于影响消费者的心境。优良的酒吧氛围能给顾客留下深刻而美好的印象,从而激发消费者的消费动机和消费行为。

酒吧氛围的营造是酒吧吸引目标市场的有效手段。酒吧氛围设计既要考虑消费者的共性,又要考虑目标客人的个性。针对目标市场特点进行氛围设计,是占有目标市场的重要条件。

酒吧室内装饰分为两种类型：一种是满足实用功能所必需的设计，如家具、窗户、灯具；另一种是用来满足精神方面需要而起到装饰作用的艺术品，如壁画、盆景、工艺美术品等装饰布置。

1. 酒吧的装饰

消费者为什么去酒吧？他们不仅仅是为了喝酒，他们去那儿是为了松弛神经，为了社交，为了去和老朋友约会或约见新朋友，抑或是为了和一个特殊的人单独相会，他们也可能是为了逃避日常的喧闹和繁杂。如果一家酒吧能够使他们摆脱困境和挫折，进入轻松快乐的世界，那么这家酒吧就具备了成功的第一个要素。那么，如何创造一个美好的境界，去满足客人的这些需求呢？

无论选择什么样的方式去吸引顾客，都必须从基础做起。酒吧的氛围必须给客人传递诸如欢乐、欢迎、关心的信息，大多数人喜欢置身于快乐的人群之中，但有形的环境同样重要，它创造了第一印象，是酒吧氛围的主题、主旋律。首先，要突出主题，正确把握局部与整体的和谐统一。酒吧装修是一次性投入，装修时不但要考虑成本，还应考虑长期经营和短期经营的规划。此外，在装修酒吧时，还要因地制宜，结合现有条件和环境，合理安排水电供应并保证安全。其次，装饰与陈设是营造酒吧气氛最直接、最有效的手段。不同的酒吧空间，其装修风格与室内陈设应具有不同的气氛和艺术感染力。在营造酒吧氛围时，酒吧的定位应该在装饰与陈设中有非常明晰的体现。商业性质的酒吧和有文化品位的酒吧，有不同的风格，当然投入的装饰费用也会有很大的差异。

如果是文化色彩比较浓厚的个性酒吧，在装饰中可以多利用色彩、民间用品等来体现风格，营造气氛。如以怀旧为主题的上海的某酒吧，室内就摆放着20世纪20年代的唱片机，挂着老上海人经常使用的月份牌，墙上贴着旧上海一些著名戏剧和电影演出的海报。还有一些酒吧经营者，花费大量的时间到民间去收古董、旧家具等，虽然价格不高，但摆在酒吧内，和酒吧的整体风格相得益彰，能很好地营造酒吧的氛围。

良好的配色可以创造出给人以美感的色彩环境和富有诗意的氛围，在酒吧环境的色彩设计中，应该有鲜明、丰富、和谐统一的氛围。此外，装饰品和容器等色彩的作用也不容忽视，因为色彩能对味觉产生影响，如柠檬黄给人酸酸的感觉，粉红色使人产生甜甜的感觉，深绿色或蓝色使人产生清凉的感觉。掌握这些色彩理论，你就可以利用不同的色彩来刺激酒吧消费品的销售，获得更好的经营效果。

2. 酒吧的灯光与氛围

光线也是酒吧设计装修时应考虑的重要因素之一，因为光线系统能够决定酒吧的气氛和情调，酒吧使用的光线种类很多，常见的有白炽光、烛光、荧光以及彩光等，不同的光源可以为酒吧制造出不同的效果。

不同性质的环境需要不同的光线设计,以适应人在不同环境中的行为特点及心理需求。如吧台内操作区的灯光应比其他区域的要明亮些,既便于调酒员工作,也便于吸引客人,酒吧的门面或吧台的霓虹灯可以吸引过往行人的注意,特别需要注意的是,酒吧的全部灯具均应是亮度可调的灯具。

白炽光就光源而言,其颜色性较好,它的光色与人类祖先夜晚长期使用的篝火接近,使用白炽灯符合人类的生理习惯。白炽灯在暗的环境中容易得到一种幽暗的感觉,在亮的环境下易保持热烈欢愉的气氛。烛光也是酒吧使用较多的光线,这种光线对同一台的客人来说,对外具有隔离感,对内则具有凝聚感,适于营造亲切和其乐融融的气氛。同时食品、饮品及人形在这种光线下看起来最漂亮。烛光比较适用于朋友聚会、恋人约会、节日盛会等。

荧光蓝色和绿色强于红色而居于主导地位,使人的皮肤看上去显得苍白,饮料食品在这种光源下也呈现出令人不舒服的灰色。虽然这种光源经济、大方,但由于缺乏美感,酒吧很少使用。

但是不论酒吧里使用哪类光线,都要注意光线的强度对顾客消费的时间也有影响,昏暗的光线会增加顾客的消费时间,而明亮的光线则会缩短顾客的消费时间。所以,酒吧的氛围能影响顾客的逗留时间,也能调整客流量及酒吧的消费环境。以音乐为例,轻缓柔和的音乐可使顾客的逗留时间加长,从而达到增加消费额的目的;而活泼明快的音乐可以刺激顾客加快消费速度。所以,酒吧在音乐设计方面,在营业高峰时间顾客多的情况下,可以用相对快的节奏以加快客流速度,调节经营及服务环境;在营业低谷时间顾客少的情况下,可用节奏舒缓的音乐,争取延长每个顾客的停留时间以增加销售收入。

总之,酒吧的氛围对酒吧经营的影响是直接的。酒吧的色彩、音响、灯光、装饰及活动等方面的组合状况是影响酒吧经营氛围的最关键因素。

二、酒吧文化氛围营造

(一)织物装饰与选择

酒吧中的织物品种繁多,在酒吧内的覆盖面积大。

1. 酒吧织物的种类

酒吧的织物主要指地毯、窗帘、陈设软包织物、陈设覆盖织物、靠垫等。

（1）根据原料分：① 天然制品，主要是指用棉、麻、丝、毛做成的织物；② 人造制品，主要是指聚酯、人造丝、玻璃丝、腈纶和混纺织物等。

（2）根据织法与工艺分：编织、编结、印染、绣补和绘制等。

2. 酒吧织物的选择方法

由于所用原料、织法和工艺等的不同，织物的性能与用途也各有不同。酒吧内的织物选择应从整体上考虑，讲究整体的和谐搭配。

（1）质地的选择。由于原料和织法的不同，织物表面给人的视感和触感均不相同。

①对比搭配法。为了显示不同质感，布置中常用对比手法，即光洁的物品配以粗糙的织物，而粗糙的物品则配以光滑的织物。麻毛织物、土布、草编品可以衬托家具的光洁，并和简练的家具构成一种自然、朴素的美；丝绸、缎织物可以衬托出陶瓷制品的粗犷，并和古老的陈设品相映成趣。

②根据触觉。以触感而言，直接与人的皮肤接触的织物布料适宜选用质地细密平滑的织物，而需要经常摩擦的织物，可以采用粗纹理且坚固的布料。

③其他性能。目前国内外酒吧使用的一些新型装饰织物除了美观外，还具有防火、防蛀、防静电、防皱免烫、易除污、高弹性等性能。

（2）色彩的选择。

①整体局部兼顾。酒吧内织物的色彩选择必须从酒吧内部环境的整体出发，同时兼顾到各个局部。必须在服从整体效果的基础上，对局部精益求精。

②色彩度的确定。酒吧内大面积的织物，例如地毯、窗帘、台布等，其自身色彩的纯度要低，在整体室内布置中选用同类色或类似色。而靠垫、餐巾花、杯垫等小织物，其色彩纯度可以偏高，在整体中以对比色为宜。

（3）图案的选择。

①花样设计。在织物花样设计中有单独纹样、二方连续和四方连续之分。例如台布、待客区域地毯等一般均为单独纹样，墙布、窗帘、满铺地毯一般为四方连续。

②织物纹样格式。织物图案纹样的格式可以分对称式和自由式两类。对称式纹样给人以庄重之感，装饰风格为古典式的酒吧和正规、隆重的场合常采用这种图案格式；自由式纹样较活泼，现代织物主要是这类格式。织物具有独特的形态、色彩与质感，给人以柔和、舒展、温暖的心理感受，因此如果使用得当会增强酒吧的气氛，同时对空间的软化、表现文化层次上等都有很大影响。

③织物图案内容。织物图案的内容可以分为具体和抽象两类。具体是根据自然物象的花鸟、草木、山水、人兽绘制而成；抽象则不易分辨描绘的内容。抽象图案中，几何

图案和格子条纹更具形式感，较适合现代风格的装饰。

④织物图案的民族特色。织物图案也能体现浓郁的民族特色、地方风情和艺术风格。

3. 酒吧主要织物配置

（1）地毯。地毯的色彩、图案与质地选择得当能够美化环境、渲染气氛，并且还具有吸声、保暖、防滑等优点，在酒吧内的使用极为广泛。单色地毯适合布置要求环境相对安静的酒吧包厢。花色地毯的图案题材很多，不同的图案也有各自的功能性表现。例如采花式、综合式图案地毯适合铺在休息区域，能使顾客自然聚拢，产生亲切的感觉；条状地毯适合铺在走廊或大厅中，按照人们行走的路线呈连续形图案；在酒吧大厅中满铺的地毯大都采用四方连续形图案。这种散花一般比较碎小，这对顾客饮酒时漏下来的酒水、渍迹有一定的掩饰作用。

（2）帘幔。酒吧帘幔的主要种类有窗帘及帘幔。窗帘不仅在功能上能起到遮蔽、调温和隔音等作用，同时又有很强的美观装饰性。窗帘的色彩、图案、质感、垂挂方式及开启方式都会对室内的气氛及格调造成一定的影响。

① 窗帘质地选择。窗帘所用织物可以分为粗质料、绒质料、薄质料和网扣四大类。粗质料和绒质料主要是用于单道帘或双道帘中的厚帘，此类面料除了遮蔽性强外，还具有温暖感；细绒、平绒、灯芯绒等质料除了遮蔽、调温功能外，在质地上还给人以滑爽、高雅的感觉。薄质料和网扣主要用于双道帘中的第二道帘。薄质料织物有乔其纱、尼龙纱、涤棉、棉布等，尤其是纱帘以其质地轻薄、装饰性强的特点得到最为普遍的使用。

② 窗帘色彩选择。窗帘织物除了质地外，在色彩选择上也很重要，应力求与墙面、地面保持和谐。

③ 窗帘的花纹。若酒吧墙面为花色，则窗帘以单色为宜；若墙面为单色，窗帘则可以选择花纹图案。若酒吧顶面较低，则适宜采用竖线条图案的窗帘；若酒吧空间较为宽敞及顶面较高，则可采用横线条图案的窗帘。大的窗户应选用大花纹，而小的窗户宜选用小花纹或单色。

④ 帘幔的选择。帘幔是酒吧内极富感染力的装饰之一，活跃的空间为帘幔提供了用武之地，常常在空间上成为视觉焦点。帘幔的选料广泛，除了织物外，竹帘、木珠帘、草帘等都别具风味。

（3）覆盖织物。覆盖织物包括用于餐桌、餐台、餐橱、餐柜上的桌布、桌裙、台布、巾垫等，除了增加色彩、美化环境外，它们的主要功能还有防磨损、防油污、防尘，起到保护被覆盖物的作用。

桌布是餐桌的覆盖物，既要配合墙面、地面、窗帘的色彩，又要为餐桌上的餐具、插花和餐巾花等其他摆设做衬托。

桌布的规格大小及式样由餐桌的功能和规格来决定，其色彩则主要取决于卖场的环境。传统的桌布一般为白色，也有用暖色系的。例如在西方酒吧里常常选用格子条纹状的花色桌布，颜色以橙色、浅红色、天蓝色、湖绿色等为主，显得气氛轻松活泼。

（4）其他织物。

①悬挂织物。壁挂、吊毯是软质材料，作为室内墙饰或挂饰，与绘画和其他工艺品相比更使人感到亲切。壁挂的种类繁多，艺术的手法和装饰效果各不相同，这就使壁挂具有广泛的表现力和使用机会。壁挂有刺绣壁挂、毛织壁挂、棉织壁挂和印染壁挂。其中刺绣壁挂包括传统的四大名绣（苏绣、湘绣、蜀绣、粤绣）和属于新兴工艺的绒绣。

②餐巾。餐巾折花是装饰美化席面不可缺少的因素，也是服务中一道必备的工序。目前酒吧使用的餐巾大都用白色丝光提花布制成，还有一种餐巾垫直接铺设在就餐者面前，质料有纸质与织物两种，上面印有花纹及酒吧标志。

餐巾的质地一般有棉布制和的确良制两种，规格不尽相同，餐巾的色彩可以根据酒吧的色彩环境选用，力求与整个环境保持和谐。

（二）内部墙面挂物

1. 酒吧墙饰的作用

（1）表达主题。对于主题酒吧而言，墙面是不可忽视的装饰点，表现空间大。例如某汽车酒吧，墙面上挂满了各种各样的汽车照片及图片，甚至还有汽车的配件，如方向盘、车轮等。

（2）渲染气氛。墙饰能够渲染整个空间的气氛，如热烈的、平静的、吉祥的、幽雅的、朴实的、华贵的等。

（3）点缀空间。墙面的面积较大，如果在大面积的白色墙面上加以适当的装饰，则会使本来比较单调的布置变得丰富。

（4）调整构图。墙饰可以使原本不完美的空间得到调整，创造出意想不到的效果。

（5）增加情趣。具有浓郁民族风情的墙饰可以增添酒吧的风味与情趣，充分体现人情味与亲切感。

2. 酒吧墙饰的种类

酒吧墙饰的种类繁多，现代酒吧或饭店的酒吧内不仅运用各种绘画、书法、装饰画等装饰墙面，还运用各种工艺品，民风民俗日用品及织物、金属等表现文化风情。

（1）绘画与书法类墙饰。在以中国书法与绘画为墙饰的酒吧及以西洋画中的油画、水彩画、版画为墙饰的酒吧中使用较多。

（2）工艺品墙饰类。工艺品墙饰包括镶嵌画、浮雕画、艺术挂盘、织物壁挂等，风格多种多样，往往比普通绘画更具有装饰趣味。具体包括：

①镶嵌画。镶嵌画是用玉石、象牙、贝壳和有色玻璃等材料镶嵌而成的工艺画，既有表现古典风格的，也有诠释现代风格的。

②浮雕画。浮雕画是用木、竹、铜等材料雕刻成各种凹凸造型，嵌入画框进行布置。

③珐琅画。珐琅画是用珐琅粉与黏合剂混合，以笔画在金属器物上浇铸而成。

④其他物品。如陶制品、瓷盘及弓箭、乐器、草帽、渔网、动物头骨、扇面、风筝等，别具风味。例如有的酒吧用京剧脸谱作为装饰；有的酒吧墙上挂有蓑衣、斗笠、鱼篓，具有浓郁的水乡风味等。

3. 墙饰布置

对于酒吧而言，确定墙饰品的形式与内容非常重要。如果在形式与内容上选择失误，对整个酒吧其他的装饰来说将是大煞风景。

（1）墙饰形式的确定。墙饰形式主要根据酒吧的空间、风格与布置状况来确定。

（2）墙饰内容的确定。所谓墙饰内容，就是墙饰品的题材、立意及色彩。酒吧的功能和室内装饰风格是确定墙饰品内容的主要根据。大型酒吧常以气势恢宏的名山大川、华丽多姿的花卉翎毛以及有一定景观的人物场面来布置；而空间相对狭小的雅间或包厢则用文雅秀丽、恬静柔和的作品来点缀。

（三）工艺品与饮具摆设

1. 工艺品摆设

（1）摆饰种类。

①按内容分类，可分为古玩玉器、现代工艺品、玩具、纪念品等。

②按质地分类，可分为象牙雕刻、竹木雕刻、贝雕、螺钿、翡翠、琥珀、竹编、草编等。

（2）摆饰布置。

①内容的选择。摆饰的品种很多，在选择时要注意摆饰的内容是否与整个酒吧的气氛相匹配。

②形态的选择。在选择摆饰时需注意摆饰的形态与周围的景观是否和谐，大小比例是否失调，会不会影响整体效果。

③色彩的选择。摆饰的色彩应该选择室内所需，或者呼应，或者重点突出，切忌杂乱无章，色彩零落。

④质地的选择。摆饰的质地在布置上也十分重要。一般光滑质地的摆饰如瓷器、玻璃器皿等在粗糙的背景下会更为突出；而质地粗糙的摆饰如陶器、草编等则在光滑的背景下更能显出质地的特点。

2. 饮具摆设

酒吧内饮具的种类繁多，形态与色彩多种多样。所以在使用过程中应注意酒品与饮具的统一和协调。

（1）造型风格上的统一。包括通过采取整体造型统一的形式组合求得统一，以及采取按品种统一造型的办法处理。

（2）装饰风格上的统一。采用图案花样相同的形式求得统一，或者采用装饰形式、装饰部位和色调一致求得统一。

（3）色彩协调。色彩对比协调，例如浅色调咖啡杯应装配深色杯碟；深色调咖啡杯应装配浅色调杯碟；花色调咖啡杯配单一色杯碟；单一色咖啡杯配花色调杯碟等。

（四）色彩艺术运用

对于酒吧而言，色彩首先是指吸引顾客视觉路径的重要元素。使用具有吸引力的色彩是增加顾客的捷径。

1. 主要色彩的形象风格

传统心理对色彩的反映成为包装装潢中的形象色，也成为人们对色彩所指代的形象风格的认识。例如医院的白色、邮局的绿色、消防车的红色等，也成了一个行业专门的代表色。

（1）红色。红色是强烈的刺激色，又称为兴奋色。它具有迫近感、扩张感，能给人以热烈而欢快的感觉，造成激动而热烈的场面，比较适合于酒吧。

（2）橙色。橙色让人产生食欲，所以橙色非常适合酒吧空间。而且明度较高的橙色视觉效果较好，非常适合作为点缀色，与白色、黑色、棕色搭配都能产生美妙的效果。

（3）黄色。黄色是自然界中最醒目、明度最高的色彩。而弱黄色由于可以形成明朗、轻快和温暖的感觉，视觉效果较好，在酒吧中也常常被采用。

（4）绿色。绿色意味着自然与生长，象征着和平与安全。淡绿色比较容易与其他色彩调和，深绿色适宜用于酒吧中的窗帘及地毯。

（5）蓝色。蓝色属于冷色，具有收缩与后退感。蓝色是天空与大海的颜色，能给人开阔、幽静、凉爽、深沉的感觉。某酒吧运用蓝色光进行投射，使整个空间笼罩在一片朦胧的浅蓝色中，使人犹如置身于幽深的海洋中，给人带来一种飘逸感。

（6）紫色。紫色具有收缩感，稳定性较差，容易使人感到疲劳，所以在使用时应该非常谨慎。

（7）黑白色。黑白色为色彩的极色，介于黑、白之间的灰色系统称为无彩色，金银光泽称为光泽色。这些色均不适宜于做酒吧装饰的主色调，只是用来做点缀。

2. 年龄性格与色彩

不同年龄的人对色彩的喜好有差异，一般来说，青年女性与儿童大都喜欢单纯、鲜艳的色彩；职业女性最喜欢的是有清洁感的色彩；青年男子喜欢原色等较淡的色彩，可以强调青春魅力；而成年男性与老年人多喜欢沉着的灰色、蓝色、褐色等深色系列。不过，性格的不同也会影响对颜色的喜好。对于性格内敛、内向者多半喜欢青、灰、黑等沉静的色彩；而性格活泼开朗、乐观好动者则会更中意红、橙、黄、绿、紫等相对鲜艳、醒目的色彩等。所以，酒吧也要根据主要目标顾客的特征设计，选择目标顾客所喜欢的颜色。

3. 酒吧色彩搭配的作用

（1）改善空间。色彩有前进和后退的视觉效果，一般暖色给人感觉突出、向前，而冷色则使人感觉收缩、后退。

（2）丰富造型。色彩还具有丰富造型的作用。在对单调实墙面进行装饰时，鲜明的色块与奇特的构图可以使墙面丰富生动，在装饰材料不变的条件下，能取得良好的效果。不同的色彩代表不同的语言，能带给人不同的视觉感受，也使人产生相应的情感。通过色彩变化产生的各种色彩形象能渲染、烘托出不同的空间气氛、情调，显示出不同的性格、特色，并对人的生理、心理产生作用。在进行酒吧设计时，对色彩正确的搭配与运用，将为酒吧空间增色不少。搭配拙劣的色块堆积会毁掉整个酒吧应有的气氛与意境。

4. 酒吧色彩艺术的运用

（1）酒吧环境同类色的搭配组合。同类色是典型的调和色，搭配效果为简洁明净、单纯大方。采用这样的色彩搭配能使酒吧环境减少、消除顾客的疲劳感。但是同类色组合也容易产生沉闷、单调感,所以在应用时通常适当地加大色彩浓淡的差别,并且在此基础上配以对比色的装饰或陈设物。例如,一家酒吧内选用红色为其主色调,墙面采用浅粉红色,窗帘、地毯和家具采用明亮的雅红色,并在此基础上对餐巾、酒单配以局部的浅绿灰色对比点缀,提供给顾客一个充满活力又不失雅致的休闲消费环境。

(2)酒吧环境邻近色的搭配组合。由于这种搭配比同类色搭配更富有层次和变化,所以在酒吧中应用较广。例如,某酒吧用浅柠檬黄及淡青色作为背景,橙黄色的藤椅、深绿色的椅垫及餐巾花点缀其中,这样的搭配集沉静与跳跃于一体,充满生命的热忱感,在这样的环境里休闲饮酒令人赏心悦目,不失为一种愉快的享受。

(3)酒吧环境对比色的搭配组合。对比色搭配是指色相性质相反或明暗相差悬殊的色彩搭配在一起。补色搭配对比强烈,具有鲜明、活泼、跳跃的视觉效果,在中式餐厅此类配色方法应用较为频繁。

(4)酒吧环境有彩色与无彩色的搭配组合。有彩色产生活跃的效果,无彩色产生平稳的感觉,合理的搭配能产生良好的效果。

复习与思考

一、名词解释

调查法　主题酒吧　酒吧氛围

二、填空题

1. 市场调研分三个阶段,它们是_____、_____和_____。
2. 市场调研的方法包括:_____、调查法、_____和_____。
3. 一个成功的酒吧主题的确定,应该满足四个基本条件,即_____,根植于本土文化,_____,_____。
4. 酒吧的空间结构分为三个主要区域,一是客用区,二是_____,三是_____。

三、简答题
1. 简述市场调研的主要内容。
2. 简述酒吧市场定位与酒吧经营的关系。
3. 简述主题酒吧设计的关键要素。
4. 简述酒吧空间设计的原则。
5. 简述酒吧色彩艺术运用的方法。

酒吧经营物资
的筹措PPT

第十二章 酒吧经营物资的筹措

学习目的意义 了解酒吧服务物品的采购程序及标准,酒吧酒水的相关知识等,重点掌握酒吧酒水的验收及储存,增强酒吧酒水的管理意识。

本章内容概述 本章主要内容为酒吧物品采购、酒吧酒水采购、酒吧酒水验收、酒吧酒水储存,重点是采购程序、酒水验收及储存。章节安排方面从酒吧服务物品采购入手,扩展到酒吧酒水物资筹措的相关知识。

学习目标

方法能力目标

了解酒吧经营物资的采购程序及标准,掌握酒吧酒水筹措的要求、方法和技能,努力培养学生人际沟通、创新等职业能力和敏锐的观察力以及职业敏感性。

专业能力目标

通过本章知识的学习,了解酒吧经营物资的配置、采购标准及注意事项,掌握酒吧服务物品及酒水的采购程序、酒吧酒水的验收及储存,了解采购控制的重要意义。

社会能力目标

能够运用学习的知识在酒吧物资筹措中发挥一定的作用,并且能够在日常的酒吧管理中提出有利于酒吧管理的建议等。

> **知识导入**
>
> ### 英国的酒吧文化
>
> 英国的传统小酒吧通常在外观上看不到什么"Bar"或"café"之类定性的名称,只在外墙横楣上有一个很英国式的名字,如"国王的头""皇冠与铁锚""国王的橡树"等。很多传统酒馆在离地面 15～25 英寸的门口一块干净的黑板上用白漆写着店内提供的食物。这些符号都是判断其是否是一个传统英式小酒吧的重要标准。这样的小酒吧通常非常遵循政府规定的营业时间,比如上午 11 点到晚上 11 点,周末营业时间更短。
>
> 小酒吧是英国不少文化诞生和传播之地,正因为英国小酒吧太具人气及亲和力,这些场所也成为英国不少重大历史事件的策源地:英国历史上著名的辉格党企图推翻查理二世的阴谋就是在一家传统的小酒吧里策划的;18 世纪末,板球游戏的规则是在汉姆布雷顿小酒吧里制定的;英裔美国思想家托马斯·潘恩在伦敦的天使小酒吧完成名著《人权论》的写作……据说英国文学起源于酒吧。自从诗人乔叟创作《纹章战袍》以来,文学和酒吧就密不可分了。莎士比亚曾是酒吧的常客,经常边喝酒边写剧本,他的很多剧目也是首先在小酒吧上演并传播的。写《哈利·波特》的女作家同样整日在爱丁堡的酒吧里描绘她天才的幻想。
>
> 在英伦诸岛上,和陌生人亲切地交谈被认为是完全适宜的正常行为的唯一场所可能就是吧台了。而且,这是融入英国社会、了解英国文化最简单易行的方式。不过,英国小酒吧还有很多只可意会不可言传的礼仪,比如你若坐在座位上等待服务生,那恐怕要怀疑自己是不是个隐形人了。到英国小酒吧,从点酒、端酒、付费到找位置,都要靠自己主动解决。招呼吧台前的服务员并非需要大喊"hello"并举手示意,更多可能只是一个眼眉的抖动和眼神的交流,而那些点酒的语言更像是"黑话"一样简单省略。

第一节 酒吧物品采购

一、采购制度

为搞好酒吧的采购工作,提高酒吧经费使用效率,保证优质廉价的供应,确保经济指标的完成,以及防止一些不良倾向的发生,在酒吧服务物品采购中需遵守以下规定。

(1)所有采购活动必须遵守国家有关法令、法律和法规。

(2)相关人员在采购、收货的过程中,必须遵守商业道德,努力提高业务水平,适应市场经济的发展要求;讲究文明礼貌,遵纪守法;以酒吧利益为主,相互监督,相互配合，共同把关。

（3）购买服务物品必须填写物资采购申请单，报请相关负责部门同意后进行统一采购。

（4）采购人员必须充分掌握市场信息，收集市场物资情况，预测市场供应变化，并结合酒吧自己的情况，提出合理化的采购建议。

（5）严把质量关，认真检查服务物品质量，力求价格合理、质量合格。

（6）采购的服务物品要适用，避免盲目采购造成积压浪费。严格按采购计划办事，执行服务物品预算，遵守财务纪律。

（7）加工订货，要对厂家生产的服务物品的性能、规格、型号等进行考察，将考察结果与使用部门协商，择优订货。

（8）签订合同，必须注明供货品种、规格、质量、价格、交货时间、货款交付方式、供货方式、违约经济责任等；否则，造成的损失由相关的采购人员负责。

（9）及时与有关部门或负责人员联系，做到购货迅速，减少运输中转环节，降低库存量。

（10）大型的设备、用具等服务物品，按照规定要求进行购买。

二、采购计划

（一）确定采购范围

酒吧采购工作的范围应包括：各类设备，酒吧日常用品、耗用品，各类进口、国产酒类，各类水果，酒吧供应的小食品及半成品原料，各种调味品，杂项类。

（二）选定采购项目

不同类型的酒吧有着不同类型的酒单，酒单的内容直接与饮料的供应和采购有关。酒吧原料采购项目一般包括以下几大类。

（1）酒水类。包括餐前开胃酒类、鸡尾酒类、白兰地、威士忌、金酒、朗姆酒、伏特加酒、啤酒、葡萄酒、清凉饮料、咖啡、茶等。

（2）小吃类。酒吧小吃常见的有饼干类、坚果类、蜜饯类、肉干类、干鱼片、干鱿鱼丝及一些油炸小吃和三明治等快餐食品。

（3）水果拼盘类。酒吧水果拼盘类包括水果拼盘、瓜果品、瓜酱等。

（三）分析影响采购计划制订的因素

制订采购计划需要考虑的因素很多，主要有以下几个方面：可以用于采购的资金数目，采购花费是否会阻碍资金的流动，采购的新品种能否被客人接受，调酒员、酒水服务人员能否很快地熟悉并使用这些新产品等。

（四）采购计划制订的注意事项

保持酒吧经营所需的各种酒水及配料的适当存货，保证各项饮品的品质符合要求，保证按合理的价格进货。

三、采购程序

（一）酒吧服务物品采购申请

（1）各使用部门根据营业需要在部门、仓库没有该项目或该项目不足的情况下可以申购；仓库在库存定额不足的情况下要根据物资定额提出申购。申购前部门和仓库必须认真检查各使用部门及仓库该项目库存量及消耗量。

（2）仓库储备以外的项目由各使用部门提出申购。申购之前必须查询仓库是否有该项目的储备或替代品。

（二）采购项目的审批、择商、确认、报价与购买

（1）经确认实属必要购买的项目，必须由使用部门填写申购单，经部门负责人、仓库员签字，经总经理审批后交财务统一办理。

（2）酒吧所需商品由财务部负责安排采购。

（3）采购员应按照申购项目进行采购，如有疑问可直接与申购部门进行沟通。在确认无误后，应按照要求尽快安排采购。如该项物资由长期供应商供应，可直接联系供应商。如果没有长期供应商应寻找至少3家供应商进行业务洽谈，经过对比、筛选，并报有关人员同意后进行采购。零星项目可安排采购员在市场上直接采购，但要做好采购监督工作。

（4）供应商的优惠、折扣、赠送、回扣、奖金、奖品等归酒吧所有，任何部门或人员不得占为私有。

（5）对有特殊要求的或需要加工定做的采购项目，申购部门需要做详细的说明或提供样品，供应商报价时必须提供样品或有关资料，经部门负责人及有关人员同意后方可

办理采购。

（6）财务部对内要主动与各部门保持密切联系，树立服务意识，熟知酒吧物品的采购标准和使用情况；对外要做好市场调查研究，掌握市场信息，积极主动向使用部门推荐合适的产品及质优价廉的替代品，积极主动向酒吧提供市场情况及购买策略。

（7）所有采购项目择商、报价必须由财务部在准备充分、掌握市场行情的条件下择优确定；使用部门有权了解所需物品的价格并提出质疑。财务部在择商报价时必须认真研究对待；使用部门要主动与财务部沟通配合，对所掌握的供应商情况及采购意向要主动通报财务部，由其选定质优价廉服务好的供应商。

（8）确属疑难采购项目，财务部应及时与使用部门进行沟通，研究对策，必要时可由使用部门派人一同采购。无力解决的必须及时上报，不得拖延误事。

（9）所有采购项目依据有效申购单由财务部安排采购员统一购买，其他部门一般不得自行购买。

（10）在购买过程中要认真检查所购物品的品质、商标、期限等内容，坚决杜绝假冒伪劣等不合格产品流入酒吧。

（三）采购项目的验收

（1）无论是供应商还是采购购回的物品必须首先与仓库联系，由仓库根据申购表验收货物。不允许直接将货物给予使用部门。

（2）对于不符合采购申请表的物品，仓库人员有权拒收。供应商或采购人员办理入库验收手续后，仓库管理员应开立入库单，并将入库单客户联交采购员或供应商办理结算。

（3）仓库在验货过程中对项目质量、规格等难以确认的情况下应主动请使用部门一起验收。

（4）在验收过程中仓库或使用部门有权对不符合要求的物品提出退货要求，经确认实属不符的由采购人员或供应商办理退货。

（5）购买、收货和使用三个环节上的相关人员要相互监督、相互合作，共同做好采购工作。对有争议的问题应各自向上级报告协调解决。

（四）采购项目的结算

（1）采购人员零星采购可以直接支付现金，并按酒店程序办理报销手续。

（2）大宗或批量采购，必须按照报账程序填好报销单，经财务部审核、总经理审批后方可交出纳办理结算手续。

第二节 酒吧酒水采购

一、酒吧酒水采购管理

酒水的管理是从采购开始的，行之有效的采购工作应该是"购买的东西最大限度地生产出所需要的各种食品或饮料，节约成本，节约时间"。

（1）选择合格的酒水采购员。国际上的一些饭店和餐饮管理专家们认为，一个优秀的采购员可以为企业节约2%～3%的餐饮成本。作为一名合格的酒水采购员必须具备以下条件：丰富的饮食经验；较强的市场采购技巧，了解市场行情；懂得各种会计知识，掌握订货单、发票、收据以及支票的作用；掌握各种酒水知识；诚实可靠、有进取心；能制定各种采购规格等。

（2）控制酒水采购的质量和价格。没有合格的酒水原料是成本控制的失败，在控制酒水采购质量前必须制定酒水标准采购规格，规格的内容必须包括酒水的品种、商标、产地、等级、外观、气味、酒精度、酒水的原料、制作工艺、价格等。采购规格制定以后，应分送有关部门，这样可以保证酒吧的酒水原料的质量和价格，以控制酒水的成本。

（3）控制酒水采购的时间和数量。酒水的采购时间和数量应当根据酒水销售量来定，数量的多少还应考虑酒水饮料的保质期和库房的容量；许多大中型饭店制定了酒水订货点采购法，以保证酒水原料的销售和控制。

（4）控制酒水的采购程序。酒水采购通常根据仓库酒水的库存情况由酒水储存管理员提出申请，通过餐饮部经理、采购部经理或酒吧经理等主管批准、由负责采购酒水的人员根据酒水采购申请单的品种、规格和数量进行采购，通过仓库验收员对酒水质量、价格和数量进行验收，由财务主管人员审查后将货款付给供应商。

（5）控制酒水的价格。为了有效地控制酒水成本，饭店和餐饮业都非常重视酒水的采购价格。通常，企业应至少取得3家供应商的报价，通过与供应商谈判价格后，选择最低报价的供应商。

二、酒吧酒水采购标准

为了保证酒吧提供酒水的质量始终如一，需要一个相应的酒水采购质量标准。酒吧酒水采购的质量标准，可以参照相应国家标准执行。

啤酒的国家标准（GB/T 4927—2008）规定：透明度应清亮透明，无明显悬浮物和沉淀物；色度要求 8 ~ 12 度，浅色啤酒为 5.0 ~ 9.5EBC（优级）；原麦汁浓度规定为（X+0.3）度才符合要求；对 8 ~ 12 度啤酒规定总酸<2.6 毫升 /100 毫升；保质期规定熟啤≥ 120 天。

葡萄酒的国家质量标准（GB/T 15037—2006），规定了葡萄酒的术语、分类、技术要求、检验规则和标志、包装、运输、储存等要求。该标准适用于以新鲜葡萄或葡萄汁为原料，经发酵酿制而成的葡萄酒。

发酵酒的国家标准（GB 2758—2005）规定了发酵酒的感官指标、理化指标和卫生指标。

软饮料、碳酸饮料的国家标准（GB/T 10792—2008），规定了果汁型、果味型、可乐型等不同类型汽水的一般性要求。

食用酒精国家标准（GB 10343—2008）规定的感官要求：外观无色透明；气味具有酒精固有的香味，无异味；口味纯净，微甜。

但是，目前我国酒类的国家质量标准与国际标准相比还是有一定的差距。如国外对葡萄酒的品质就有严格的检验标准。酒瓶标签上的质量体系和参数也能反映酒的质量。

采购规格标准是采购工作中应该遵循的准则，既可以有效地控制采购成本，又可以保证采购质量。采购规格标准如表 12-1 所示。

表12-1 酒水采购规格标准

酒水种类：

编　号	酒品名称	供货单位	规格标准	采购价格	备　注

三、酒吧酒水采购程序

（一）确定采购人员

合格的酒吧酒水采购人员，应具备良好的职业道德，熟悉酒水品种，掌握基本的财务知识,并具有一定的市场采购技巧等。

(二)填写申购单

酒吧酒水管理员根据库存品存货情况填写申购单,经核准后交采购人员。

申购单一式四联。分别为财务联、采购联、酒吧留存联、仓库联。所有申购单都需经过各层级管理人员签署后方能生效(见表12-2)。

表12-2 酒吧酒水申购单

申请部门:_____   _____年_____月_____日

编号	品名	数量	单位	单价	用途

主管: 仓库: 采购部: 经理:

(三)采购人员填写订购单

采购人员根据申购单情况填写订购单(见表12-3)。订购单一式四联。第一联送酒水供应单位;第二联送酒水管理员,证明已经订货;第三联送酒水验收员,以便核对进货的酒水数量和牌号;第四联则由采购人员保留。

并非所有酒吧都采用这样复杂的采购手续,然而,每个酒吧都应保存书面进货记录,最好是用订购单保存书面记录,以便到货核对验收。书面记录可防止在订货品牌、数量、报价和交货日期等方面出现差错。

表12-3 酒吧酒水订购单

编号:				
订购日期: 年 月 日		发货日期: 年 月 日		
订货单位:		供货单位:		
付款条件:				
名称	数量	容量(毫升)	单位(瓶/元)	小计(元)
				总计:
订货人:				

（四）采购控制

（1）采购人员根据申购单所列的各类品种、规格、数量进行购买。

（2）采购人员落实采购计划后，需将供货客户、供货时间、品种、数量、单价等情况通知酒水管理人员。

（3）验收手续按收货细则办理，收货人员应及时将验收情况通知采购人员，以便出现问题及时处理，保证供应。

（五）落实供货

采购员将订货单向酒水经销商发出后，应落实具体供货时间，并督促其及时按质按量交货。最好用订购单保存书面记录，以便到货时核对使用。可以防止订货牌号、报价、交货日期等方面发生误解或争议。

另外，酒吧在原料采购过程中，除了严格遵循上述采购程序进行酒水采购外，还必须对我国《进口酒类国内市场管理办法》（1997年制定）有一个必要的认识和了解，以减少违规现象发生。

四、酒吧酒水最基本配置

（一）烈酒

包括：干邑白兰地酒（Cognac），Whiskies 威士忌（包括苏格兰威士忌、美国波本威士忌、加拿大威士忌和爱尔兰威士忌），Gin 金酒，Rum 朗姆酒（包括黑朗姆酒和无色朗姆酒），Vodka 伏特加酒，Tequila 墨西哥产特吉拉酒。

（二）利口酒

包括：Kahlua 咖啡利口酒，Bailey's 百利甜酒，Cointreau 君度甜酒，Peppermint 白、绿两色薄荷甜酒，Creme de Cacao 白、棕两色可可甜酒，Galliano 加利安奴香草甜酒，Sambuca 圣勃卡利口酒，Amaretto 杏仁甜酒，Apricot 杏子白兰地酒，Benedictine D.O.M. 当姆香草利口酒，Drambuie 杜林标利口酒，Cherry 樱桃白兰地酒，Advocaat 鸡蛋黄白兰地酒，Banana 香蕉甜酒，Cassis 黑醋栗甜酒。

（三）开胃酒和葡萄酒

包括：Vermouth 味美思（包括干性味美思、白味美思和红味美思），Bitter 苦味酒，Aniseed 大茴香酒，Port 本酒或波特葡萄酒，Sherry 雪利葡萄酒，Champagne 香槟酒，

Sparkling Wine 含汽葡萄酒，White Wine 干白葡萄酒，Red Wine 干红葡萄酒。

（四）果汁

包括：Orange 橙汁，Pineapple 菠萝汁，Grapefruit 西柚汁，Apple 苹果汁，Tomato 番茄汁，Lemon/Lime 柠檬和青柠汁。

（五）其他

包括：Beer 啤酒，Carbonated 碳酸饮料，Coffee 咖啡，Tea 茶，Milk 牛奶，Mixed Fruits 各种水果（特别是鲜柠檬和红樱桃），Spices 调味料（包括盐、胡椒粉、肉豆蔻粉、李派林急汁、辣椒汁等），Sugar 糖，Mineral Water 矿泉水。

第三节　酒吧酒水验收

酒水验收是指酒水验收员按照酒吧制定的酒水验收程序与质量标准，检查酒水供应商发送的，或由采购员购来的酒水质量、数量、规格、单价和总额等的工作，并将检验合格的各种酒水送到酒水储藏室，记录检查结果的过程。酒水验收是酒水采购的一个重要环节，做好验收工作，能防止接收变质的食品原料，并且能防止原料因无人看管而失窃。

一、验收内容

（1）核对发票与订购单。饮料验收员在货物运到后，首先要将送货发票与相应的订购单核对。核对发票上的供货以及收货单位与地址，避免收错货。

（2）检查价格。核对送货发票上的价格与订单上的价格是否一致。

（3）检查酒水质量。检查实物酒水的质量和规格是否与订购单相符，账单上的规格是否与订购单一致。酒水验收员应该检查酒水的度数、商标、酿酒年份、酒水色泽、外包装等是否完好，是否超过保存期，酒水质量符合要求方可接收入库。若发现质量问题，如包装破损、密封不严、酒水变色、气味怪异、酒液混浊、超过有效日期等现象，验收员有权当场退货。

（4）检查酒水数量。检查酒水的数量与订购单、发货票上的数量是否一致。必须仔细清点各种酒水的瓶数、桶数或箱数。对于以箱包装的酒水，要开箱检查，检查箱子特别是下层是否装满。如果酒水验收员要了解整箱酒水的重量，也可以通过称重来检查。

如果在验收之前瓶子已破碎，运来的饮料不是企业订购的牌号，或者到货不足，验收员要填写货物差错通知单。如果没有发货票，验收员应根据实际货物数量和订单上的单价填写无购货发票收货单。

二、填写验收单

所有供货商送货，都应有送货发票。送货员给酒水验收员的送货发票有两联，送货员会要求验收员在送货发票上签名。验收员签名后，将第二联交回送货员，以示购货单位收到了货物，第一联则交给财务人员。

验收完成后，酒水验收员应立即填写验收日报表（见表12-4），待每日所有收货验收工作全部结束后，再将其汇总上交财务人员。

表12-4　酒水验收日报

酒吧：_____　　　　　　日期：_____年_____月_____日

供应单位	项目	每箱瓶数	箱数	每瓶容量	每瓶数量	每箱成本	小计
合计							

酒水管理员：_____　　　　　　验收员：_____

酒水验收日报表上各类酒水的进货总额还应填入酒水验收汇总表（见表12-5）。

表12-5　酒水验收汇总

日期	果酒	烈酒	啤酒	葡萄酒	饮料	合计
本期进货总额						

某些小型酒吧每周只进货一次或两次，这类企业的验收员不必每天填写酒水验收日报表和酒水验收汇总表，所有进货成本信息可直接填入酒水验收汇总表，然后在某控制期（1周、10天、1个月等）期末，再计算总成本。

三、退货处理

若供应商送来的酒水不符合采购要求,应请示酒吧主管是否按退货进行处理。若因经营需要决定不退货,应由酒吧主管人员或相关决策人员在验收单上签名。若决定退货,验收员应填写退货单。

退货时,验收员应在退货单上填写所退酒水名称、退货原因及其他信息,并在退货单上签名。退货单一式三份,一份交送货员带回供货单位,一份自己保留,一份交财务人员。

验收员退货后,应立即通知采购员重新采购,或通知供货单位补发或重发。

四、酒水入库登记

酒水入库时,应在酒水存货卡(见表12-6)上注明以下信息:酒水品名、进货日期、酒水数量或重量、酒水单价和金额。这些信息由验收员在验收酒水时填写。

酒水存货卡的主要作用:有利于迅速进行存货清点,简化酒水清点手续;有利于按"先进先出"的原则使用酒水;简便发料计价手续。

表12-6 酒水存货卡

酒水品名:		进货日期:		存货代号:	
日 期	入库数	出库数	单 价	金 额	余 数

第四节 酒吧酒水储存

验收员收到原料后,应立即通知酒水管理员,尽快将所有原料送到储藏室保管。

在酒水储存过程中,有两点尤其需要重视,一是储藏上严格管理,防止损耗。酒水储存得当,能提高和改善酒的价值,这一点以进口高级葡萄酒最为突出。二是防止偷盗和失窃现象发生。在这里，酒吧员工的责任心和职业能力起着至关重要的作用。加强仓储管理，保证酒水质量，避免酒水损耗和丢失，全面控制酒水成本，是整个酒水成本控制中不可忽视的一个环节。

一、酒水储藏室的基本要求

　　酒水储藏室靠近酒吧间，这样可以减少分发饮料的时间，方便存取。此外，酒水储藏室常设在容易进出，便于监视的地方，以便照料并减少安全保卫方面的问题。
　　酒窖的设计和安排应讲究科学性，这是由于酒品的特殊性质决定的。理想的酒窖应符合以下几个基本条件：
　　（1）有足够的存储和活动空间。
　　（2）酒窖的存储空间应与酒吧的规模相适应。地方过小自然会影响到酒品储存的品种和数量；长存酒品和暂存酒品应分别存放。
　　（3）通风良好。酒精挥发过多而使空气不流通，使易燃气体聚积，容易发生危险。通风换气的目的在于保证酒窖中有较好的空气，不至于引发危险。
　　（4）保持干燥。保持酒窖干燥环境，可以防止软木塞的霉变和腐烂，防止酒瓶商标的脱落和变质；但是，过分干燥会引起瓶塞干裂，造成酒液过量挥发、腐败。
　　（5）隔绝自然采光照明。自然光线，尤其是直射日光容易引起病酒的发生，自然光线还可能使酒汽化过程加剧，造成酒味寡淡、酒液混浊、变色等后果。酒窖最好采用灯泡照明，其强度应适当控制。
　　（6）防震动和干扰。震动干扰容易造成酒品的早熟，有许多娇贵的酒品在长期受震后（如运输震动），需要一段时间才可恢复原来的风味。
　　（7）储藏室卫生。酒水储藏室的内部应保持清洁卫生，不能有碎玻璃。箱子打开后，每一瓶酒水都应取出，存放在适当的架子上去，空箱子应立即搬走。
　　（8）储藏室温度。酒水储藏室应保持适当的温度。用软木塞的葡萄酒酒瓶应横放，防止瓶塞干燥而引发变质。一般说来，红葡萄酒的储藏温度为13℃左右；白葡萄酒和香槟酒的储藏温度应略低一些，为8℃左右；啤酒储存温度应保持在5℃左右，特别是小桶啤酒，要防止变质，应保持在5℃左右的储存温度。即使只储藏啤酒，最好也能保持这一温度，以便在服务工作中减少啤酒降温所需要的时间和冰块。
　　（9）酒水分类储藏及储藏室内排列。入库的酒品都要登记。同类酒水或饮料应放在一起，并按品牌分类。每类酒品要做好标记，对酒的品名、年龄、产地、标价等内容进行登记备案。还有客人暂存酒水，应单独摆放，也按酒品分类，并做好标记，如姓名、电话、酒品、剩余数等内容进行登记备案。将酒水登记单摆放在储藏室门上，方便有关人员快速找到所需要的瓶酒。

储藏区的排列方法非常重要。同类饮料应存放在一起。例如，所有杜松子酒应存放在一个地方，黑麦威士忌酒应存放在第二个地方，苏格兰威士忌酒则存放在第三个地方。这样排列，便于取酒。储藏室的门上可贴有一张平面布置图，以便有关人员迅速找到所需要的酒。

（10）酒库切勿与其他仓库混用。不少酒品呼吸较强烈，外来异味极易透过瓶塞进入内部，导致酒液吸引异味变质。有的酒吧条件有限，可将有异味物品用密封箱单独装箱。

二、存料卡

使用存料卡，能快速准确地找到一种酒水，提高仓管员的工作效率，还便于仓管员了解各种酒水的领用情况和现有存货数量。如能仔细记录，即使不用清点实际库存酒水，也能从存料卡上了解各种酒水的存货数量。此外，利用存料卡盘点库存，还能及时发现缺少和丢失现象，尽早报告，以便引起管理人员的重视。存料卡的式样可参考表12-6。

三、使用酒水储藏代号

酒水入库后，应将所有酒类编号，酒吧的酒单上也要注明酒水代号。使用代号管理酒水有两个优点，一是在酒瓶瓶身上打印编号，仓管员在发放酒水时，可按编号顺序发放，并做好记录，便于日后盘点对账。二是许多洋酒酒名不易发音和拼写，使用代号则便于员工认领酒水。

四、存货控制

酒吧都有一个自己的标准存货量，保持一定的存货量对一个酒吧的正常运转是至关重要的。而良好的存货控制能减少资金占用，有利于资金周转。酒水存货记录一般由会计人员保管。酒吧酒水进货或发料时的记录可用永续盘存表反映存货增减情况。酒吧可使用卡片式永续盘存表或装订成册的永续盘存记录簿。永续盘存表样如表12-7所示。

表12-7　永续盘存表样

代号：		每瓶容量：750毫升	
项目：金酒		单位成本：￥210.00	标准存货：5

日　期	收　入	发　出	结　余

　　存货中每种酒水都应有一张永续盘存表，如果使用代号，永续盘存表应按代号数字顺序排列。使用永续盘存表，可记录各酒水收发料数量，有助于管理员掌握酒水存货的数量。

　　酒水储存的安全管理是酒水存货管理的重要内容。饭店的饮料储藏中心又称酒窖或酒库，是一个饭店存放饮料的主要区域。为了确保酒水存放的安全，减少不必要的损失，酒库的钥匙必须由专人保管，他对储藏室内所有的物品均负有完全责任，其他任何人员未经许可不得随便进出酒库。

　　此外，许多酒吧都有吧内小储藏室，用来储藏部分酒品，这些地方在非营业时间必须锁好，否则，闲杂人员将会很容易接近并偷走这些饮品。一般来说，酒吧储藏室或其他非饮料储藏中心的饮料储藏数量应处于最低限度，因为这些地区的安全措施不太严，容易出现较大的漏洞。解决这一问题的关键是建立健全"酒吧储存标准"制度，即确定酒吧必须拥有的标准酒品数量。

　　从严格管理的角度来说，所有的含酒精饮料都应该保持一个固定的储藏水准，餐饮主管部门应当备有一份常年使用的存货清单，每个月底会同酒水库管理人员进库清点存货，进行盘点核实，售出的物品与计算出的价格也必须一致，并符合实际的账目要求。饮料账目的严格检查对于有效的控制和管理至关重要。

五、酒水的发放

　　酒水发放的目的是补充营业酒吧的衡量储藏，保证酒吧的正常营业和运转。根据我国和国外一些大型饭店的经验，酒水饮料发放工作一般在9:00～10:00时或14:00～16:00时进行，因为这段时间里酒吧生意清淡，可以集中调酒人员前往酒水库领货，酒水库也可以在这段时间内集中发放。如果申请领货计划正确，一般都能保证一天的正常营业。

　　酒品的发放必须以酒吧填写的领货单为依据，领货单（见表12-8）一式三份，由各酒吧分别填写，酒吧经理或主管签字后方可生效。通常含酒精的烈性酒品是以瓶为单位发放的，软饮料的发放则以打或箱为单位。

表12-8 酒水领货单

酒吧_____　　　　　　　　　　　　　　日期_____

编 号	品 种	单 位	领用数量	发放数量	单 价	金 额	备 注

填表人_____　　　部门主管_____　　　领货人_____　　　发货人_____

酒水库根据领货单上的项目逐一核实发放，并由发放人员签字，发完货后，三联单正本交财务部，第二联留存酒水库，第三联交酒吧保管。这样，餐饮管理人员每个月都可以根据领货单正本与酒水库管理人员和酒吧进行核对，防止有人利用领货单做假账或动手脚。

为了便于管理和控制，在发放的每瓶酒品（主要指烈酒）上都应该贴上本饭店特制的"瓶贴"标签，或打上印记。贴印这些标签有很多好处。第一，用于鉴别该酒是由饭店储藏中心或酒水库发出，有利于控制和减少调酒员私自带酒进酒吧销售的机会。第二，能正确表明发放日期。如果某一销量很好的品种在酒吧滞留时间很长，管理人员可以据此进行检查，及时发现问题，堵住漏洞。第三，如果饭店有几个酒吧，并且独立核算成本时，贴印上标记还可以区别发往哪家酒吧，减少货品发放的混乱。第四，酒吧领取烈性酒时需要以空瓶换满瓶，领货时库房管理员可以再次核对确认，减少不必要的舞弊现象，从而减少饭店损失。

六、各类酒的储存

（一）啤酒

啤酒的最佳储存温度是5℃~10℃，温度过低，酒液浑浊；温度过高，则酒花香会逐渐消失。啤酒是唯一越新鲜越好的酒类，购入后不宜久藏，最佳保质期3个月。啤酒长时间放置在温度偏高的环境下，其口味调和性将会受到破坏，酒花的苦味质及单宁成分被氧化，特别是啤酒的颜色会变红，混浊现象也会提前发生，如放置在20℃下保存的啤酒要比放在5℃条件下引起混浊的时间提前6~9倍。因此，啤酒最好放置在阴凉处或冷藏室内保存。同时，保持良好的通风干燥，防止啤酒温度升高，促进啤酒的氧化作用。当然，严冬季节（相对北方而言）需采取防冻保暖设施，以免发生冷混浊，避免啤酒品味变差。另外，啤酒的保存应按生产日期分别堆放，做到先生产先出仓，使其在仓库内放置时间缩短。

（二）葡萄酒

（1）温度恒定和一致性。温度是储藏葡萄酒的重要因素之一，同样重要的是保持温度的稳定性。酒的成分会随温度的高低变化而受影响，软木塞也会随温度的变化而热胀冷缩，特别是年久的弹性较差的软木塞。绝大多数酒柜配备有提升内部温度的加热器，以至无论环境温度如何变化，都可保持温度稳定。柜内空气也由内置风扇的作用而确保酒柜内不同位置温度分布的均匀和一致性。

（2）湿度。相对湿度在65%左右是长久储藏葡萄酒的最佳湿度。不过，相对湿度能保持在55%~80%也属正常。如湿度偏低，空气就通过变干的软木塞进入酒瓶而氧化葡萄酒，酒水也会渗入软木塞；如湿度偏高会产生异味，同时损坏标签。

（3）平直摆放。葡萄酒瓶应始终平直摆放储藏，以方便酒与软木塞的接触。这样可以保持软木塞的湿度，并起到良好的密封作用，避免空气进入导致葡萄酒氧化、熟化。葡萄酒瓶竖直摆放储藏时，酒和软木塞之间易存在空隙。因此葡萄酒平直摆放最佳，摆放时酒的水平度至少需达到瓶颈部位。

（4）振动。频繁的振动会干扰葡萄酒沉淀物的稳定。沉淀物随着葡萄酒的储存时间延长而自然产生，但可能因受震动而重新变回到液态，受到抑制。另外，振动也会破坏酒的结构成分。

（5）紫外线。紫外线破坏有机化合物可使葡萄酒早熟或老化，尤其是单宁酸，它主要影响着葡萄酒的芳香、味道以及结构，以致品尝或闻起来犹如大蒜或湿羊毛的味道。因此葡萄酒最好储藏在没有光线的地方，尤其是名贵的酒，应注意避免阳光，特别是照明灯光，因为这两种光波长在400毫米之下的部分含有特殊的有害光波。然而，白色LED灯不仅是照明设备，而且因不含紫外线而成为众多藏酒爱好者的最佳选择，它的另一个好处还在于不传导热量影响酒的温度。

（6）空气流通。在潮湿的环境中，空气的流通主要是防止细菌成长。浸湿的软木塞易产生有害气味，强烈的气味会穿透软木塞改变葡萄酒原有的品质。冷藏箱内的风扇可以吸收新鲜空气，均匀疏散空气以防止滋生细菌。

需要特别关注的是，香槟酒不需要特别照顾，平放在凉爽的地方就可以。香槟酒的最佳饮用温度为7℃~12℃，如果来不及冷藏，可将酒瓶放在半满冰块的香槟桶内大约半小时，不要放在冷冻室里，如果结了冰，就永远不会恢复原状；如果时间急迫，放入冷冻室 15 分钟就够了。冰凉的香槟有两种好处：一是味道改善，二是斟入杯子时容易控制气泡外溢。温的香槟，开瓶后会喷出来，弄脏了场地，也浪费了酒。

香槟酒是葡萄酒中的贵族，通常有特制的梯形的保存架子。其摆置方法不仅是卧置，而且是近乎倒置，这是因为其制法与众不同。在酿造过程中，除在大酒槽内发酵 3～4 个星期外，还需装进瓶内，进行为时 3 个月左右的第二次发酵（碳酸气在此过程中产生）。其瓶塞也是特别的，倒置可使因继续发酵而成的沉淀物附在瓶塞上，发酵完成后只换瓶塞而不必过滤。市场出售的香槟通常已在酒厂存放 3～5 年了，为防止其再次沉淀，倒置是最佳方法。不过若保存温度适宜且保存期限短，卧置也是合乎要求的，保存得法可放 10 年之久。

（三）白兰地

（1）不可直接接受阳光照射。

（2）不可置于高温处（易蒸发）。

（3）瓶盖为软木塞的商品，每隔一段时间需将酒瓶平放，让软木塞能保持湿润，以避免开瓶时软木塞断裂于瓶头内（陶瓷瓶除外）。

（4）白兰地无保存期限，但存放过久，酒体会蒸发掉，造成短少。

（5）白兰地的最佳饮用时间为购入后 3 年内。

（6）白兰地装瓶后即无陈年作用。

（四）其他酒类

利口酒中的修道院酒、茴香酒和草料酒宜低温储存。除伏特加、金酒、阿夸维特酒需低温储存外，蒸馏酒对温度的要求相对低一些，但切不可完全暴露在温度大起大落的冲击之下，否则酒品的色、香、味将会受到干扰。

 复习与思考

一、简答题

1. 酒吧采购工作的范围有哪些？

2. 简述酒吧物品的采购程序。

3. 酒吧酒水的验收内容有哪些?

二、案例分析

小王是某酒吧新来的一名采购人员,负责日常采购。现酒吧有一批酒水需要采购,面对第一次,小王该怎么办,采购后怎样入库?结合本章知识及你的理解,谈谈你若是一名酒吧采购人员,会怎么做?

酒单设计与标准
酒谱设计 PPT

酒单设计与标准酒谱设计

第十三章

学习目的意义　了解酒单及标准酒谱设计的原理，掌握酒单的设计，提升实践动手能力。

本章内容概述　本章内容为酒单设计、标准酒谱设计，重点是酒单设计的原理及内容。

学习目标

方法能力目标

熟悉和掌握酒单设计的原则、要求、方法，培养学生的实践能力，提升学生的学习能力。

专业能力目标

通过本章知识学习，了解酒单设计的依据、酒单定价的方法及原则，熟悉标准酒谱设计，掌握酒单制作内容。

社会能力目标

通过专业知识的学习，能够掌握酒单设计的内容，并设计出具有创意的酒单。

> **知识导入**
>
> **洋　酒**
>
> 　　外国酒习惯被称为洋酒，世界上许多国家都有各自产酒的历史和文化。目前，洋酒的品种很多，酒牌更是五花八门，举不胜举。比较著名的产酒国家有：法国、英国、德国、意大利、美国、俄国、瑞士、西班牙等。这其中最为著名的当首推法国。法国生产的白兰地、香槟酒、红（白）葡萄酒及各种烈性甜酒，都是首屈一指的。其次是英国，英国生产的金酒和威士忌非常受人们的欢迎。苏格兰威士忌特有的烟熏味道使其在威士忌家族中独占鳌头。德国的啤酒以其悠久的历史而闻名于世。还有俄国的伏特加、牙买加的朗姆酒都是远近皆知。美国的酿酒工业虽然起步较晚，但也有比较著名的波本威士忌等。

第一节　酒单设计

一、酒单制作依据

（一）目标客人的需求及消费能力

　　任何企业，不论其规模、类型和等级，都不可能具备同时满足所有消费者需求的能力和条件，企业必须选择一群或数群具有相似消费特点的客人作为目标市场，以便更好、更有效地满足这些特定客户群的需求，并达到有效吸引客户群、提高赢利能力的目的，酒吧也一样。如有的酒吧以吸引高消费的客人为主，有的酒吧以接待工薪阶层、大众消费者为主；有的酒吧以娱乐为主，吸引寻求发泄、刺激的客人；有的酒吧以休闲为主；有的酒吧办成俱乐部形式，明确地确定了目标客人；度假式酒吧的目标客人是度假旅游者，车站、码头、机场酒吧的目标客人是过往客人，市中心酒吧的目标客人为本市市民及当地企业的员工。不同客户群的消费特征是不同的，这是制定酒单的基本依据。

　　尽管企业选定的目标市场都由具有相似消费特点的客人组成，但不同的个人往往有着不同的心理消费需求，如有的人关心饮品的口感，有的人关心价格，有的人关心酒吧的环境，有的人注重所享受的服务，有的人则注重消费的便利性等。总之，只有在及时、详细地调查了解和深入分析目标市场群体的各种特点和需求的基础上，酒吧才能有目的地在饮品品种、规格水准、价格、调制方式等方面进行计划和调整,从而设计出客人乐于接受和享用的酒单内容。

(二)原料的供应情况

凡列入酒单的饮品、水果拼盘、佐酒小吃,酒吧必须保证供应,这是一条相当重要但极易被忽视的餐饮经营原则。某些酒吧酒单上丰富多彩、包罗万象,但在客人需要时却常常得到这没有那也没有的回答,导致客人的失望和不满以及对酒吧经营管理方面可信度的怀疑,直接影响到酒吧的信誉。这通常是原料供应不足所致,所以在设计酒单时就必须充分掌握各种原料的供应情况。

另外,酒单上各类品种之间的数量比例应该合理,易于提供的纯饮类与混合配制饮品应搭配合理。

(三)季节性

酒单制作也应考虑不同季节客人对饮品的不同要求,如冬季,客人都消费热饮,酒单品种应作相应调整,大量供应如热咖啡、热奶、热茶等品种,甚至为客人温酒;夏季则应以冷饮为主,供应冰咖啡、冰奶、冰茶、冰果汁等,这样才能符合客人的消费需求,使酒吧有效地销售其产品。

(四)成本与价格

饮品作为一种商品是为销售而配制的,所以其销售应考虑该饮料的成本与价格。成本与价格太高,客人不易接受,该饮品就缺乏市场;如压低价格,影响毛利,又可能亏损。因此在制定酒单的过程中,必须考虑成本与价格因素。从成本的角度来说,虽然在销售时已确定了标准的成本率,但并不是每种饮料都符合标准成本率。在制定酒单时,既要注意一种饮品中高低成本的成分搭配,也要注意一张酒单中高低成本饮品的搭配,以便制定有利于竞争和市场推销的价格,并保证在整体上达到目标毛利率。

(五)销售记录及销售史

酒单的制作不能一成不变,应随客人的消费需求及酒吧销售情况的变化而改变,即动态地制作酒单。如果目标客人对混合饮料的消费量大,就应扩大此类饮料的种类;如果对咖啡的销售量大就可以将单一的咖啡品种扩大为咖啡系列,同时将那些客人很少点要的,或根本不要而又对储存条件要求较高的品种从酒单上删除。

此外,调酒师的技术水平及酒吧设施在相当程度上也限制了酒单的种类和规格,不考虑这些因素而盲目设计酒单，即使再好也无异于"空中楼阁"。如果酒吧没有适当的厨房空调设施，强行在酒单列出油炸类食品，当客人需要而制作时，会使酒吧油烟四散而影响客人消费及服务工作的正常进行；如果调酒师在水果拼盘方面技术较差，而在酒单上列出大量时髦性造型水果拼盘，只会在客人面前暴露酒吧的缺点并引起客人的不满。

二、酒单制作技巧

酒单的制作是一项技巧与艺术相结合的工作，应综合考虑以下因素。

（一）酒单的样式应多样化

一个好的酒单设计，要给人秀外慧中的感觉，酒单形式、颜色等都要和酒吧的水准、气氛相适应，所以，酒单的形式应不拘一格。酒单的形式可采用桌单、手单及悬挂式三种。从样式看可采用长方形、圆形，或类似圆形的心形、椭圆形等样式。

1. 桌单

桌单是将具有画面、照片等的酒单折成三角或立体形，立于桌面，每桌固定一份，客人一坐下便可自由阅览，这种酒单多用于以娱乐为主及吧台小、品种少的酒吧，简明扼要，立意突出。

2. 手单

手单最常见，常用于经营品种多、大吧台的酒吧，客人入座后再递上印制精美的酒单。手单中，活页式酒单也是可采用的，活页式酒单便于更换。如果调整品种、价格、撤换活页等，用活页酒单就方便多了，也可将季节性品种采用活页，定活结合，给人以方便灵活的感觉。

3. 悬挂式酒单

悬挂式酒单也可采用，一般在门庭处吊挂或张贴，配以醒目的彩色线条、花边，具有美化及广告宣传的双重效果。

（二）酒单的广告和推销效果

酒单不仅是酒吧与客人间沟通的工具，还应具有广告宣传效果。满意的客人不仅是酒吧的服务对象，也是义务推销员。有的酒吧在其酒单扉页上除印制精美的色彩及图案外,还配以辞藻优美的小诗或特殊的祝福语,以加深酒吧的经营立意,并拉近与客人间的心理距离。同时,酒单上也应印有酒吧的简介、地址、电话号码、服务内容、营业时间、业务联系人等,以增加客人对酒吧的了解,发挥广告宣传作用。

(三)酒单设计注意事项

1. 规格和字体

酒单封面与里层图案均要精美,且必须适合于酒吧的经营风格,封面通常印有酒吧的名称和标志。酒单尺寸的大小要与酒吧销售饮料品种的多少相对应。酒单上各类品种一般用中英文对照,以阿拉伯数字排列编号并标明价格。字体印刷端正,使客人在酒吧的光线下容易看清。酒类品种的标题字体与其他字体有所区别,既美观又突出。

2. 用纸选择

一般来说,酒单的印制从耐久性和美观性方面考虑,应使用重磅的铜版纸或特种纸。纸张要求厚,具有防水、防污的特点。纸张的颜色有纯白、柔和素淡、浓艳重彩之分,通过不同色纸的使用使酒单增添不同色彩。此外,纸张可以用不同的方法折叠成不同形状,除了可切割成最常见的正方形或长方形外,还可以特别设计成各种特殊的形状,让酒单设计更富有趣味性和艺术性。

3. 色彩运用

色彩设计,需根据成本和经营者所希望产生的效果来决定用色的多少。颜色种类越多,印刷的成本就越高;单色酒单成本最低,不宜用过多的颜色,通常用四色就能得到色谱中所有的颜色。酒单设计中如使用两色,最简便的办法是将类别标题印成彩色,如红色、蓝色、棕色、绿色或金色,具体商品名称用黑色印刷。

4. 其他注意事项

(1)排列。一般是将受客人欢迎的商品或酒吧计划重点推销的酒品放在前几项或后几项,即酒单的首尾位置及某种类的首尾位置。

(2)更换。酒单的品名、数量、价格等需要随时更换,不能随意涂去原来的项目或价格换成新的项目或价格。如随意涂改,一方面会破坏酒单的整体美,另一方面会给客人造成错觉,影响酒吧的信誉。所以如果更换,必须更换整体酒单,或从一开始的设计上就针对可能会更换的项目采用活页。

(3)表里一致。筹划设计酒单关键是"货真价实",即表里一致,不能只做表面文章,华而不实。

三、酒单定价原则与方法

（一）酒单定价原则

（1）价格反映产品价值的原则。酒单上饮品的价格是以其价值为主要依据制定的，层次高的酒吧，其定价较高，因为该酒吧的各项费用高；地理位置好的酒吧比地理位置差的酒吧，因店租较高，其价格也可以略高一些；等等。

（2）适应市场供需规律的原则。根据市场供需规律，价格围绕价值的变动，是在价格、需求和供给之间的相互调节中实现的。

（3）综合考虑酒吧内外因素原则。酒吧内部因素包括酒吧经营目标和价格目标、酒吧投资回收期以及预期效益等。酒吧外部因素要考虑经济趋势、法律规定、竞争程度及竞争对手定价状况、客人的消费观念等。

（二）酒单定价方法

酒吧酒水定价通常采用以成本为基础的定价方法。以成本为基础的定价方法在具体使用中又可分为四种方法，现简略介绍以下两种。

1. 原料成本系数定价法

首先算出每份饮品的原料成本，然后根据成本率计算售价。

$$售价 = 原料成本 / 成本率$$

即原料成本系数定价法：

$$售价 = 原料成本 \times 成本系数$$

以该法定价需要两个关键数据：一是原料成本；二是饮品成本率，通过成本率马上可以算出成本系数。原料成本数据取自饮品实际调制过程中的使用情况，它在标准酒谱上以每份饮料的标准成本列出。

例：已知一杯啤酒的成本为 10 元，计划成本率为 40%，即定价系数为 2.5，则其售价应为：

$$10 \times 2.5 = 25（元）$$

2. 毛利率法

毛利率是根据经验或经营要求决定的，故也称计划毛利率。

$$销售价格 = 成本 / (1 - 毛利率)$$

例：1盎司的威士忌成本为10元，如计划毛利率为80%，则其销售价为10/（1-80%）=50（元）。

四、酒单制作内容

（一）名称

名称必须通俗易懂，冷僻、怪异的名字尽量不要用。命名时可按饮品的原材料、配料、饮品、调制出来的形态命名，也可以按饮品的口感冠以幽默的名称，还可以针对客人搜奇猎异的心理，抓住饮品的特色加以夸张等。

（二）数量

应给客人一个明确的说明，是一盎司，还是一杯及多大的容量，客人对信息不明确的品种总是抱着怀疑、拒绝的心态，不如大大方方地告诉客人，让客人在消费中比较，并提出意见建议。

（三）价格

客人如果不知价格，便会无从选择。在餐厅中标着"时价"的菜品，客人很少点用，这其中的道理是一样的。所以，在酒单中，各类品种必须明确标价，让客人做到心中有数，自由选择。

（四）描述

对某些新推出或引进的饮品应给客人明确描述，客人了解其配料、口味、做法及饮用方法，对一些特色饮品可配彩照，以增加真实感。

酒水单的设计，传统的方法就是按照酒水的分类次序来排列。

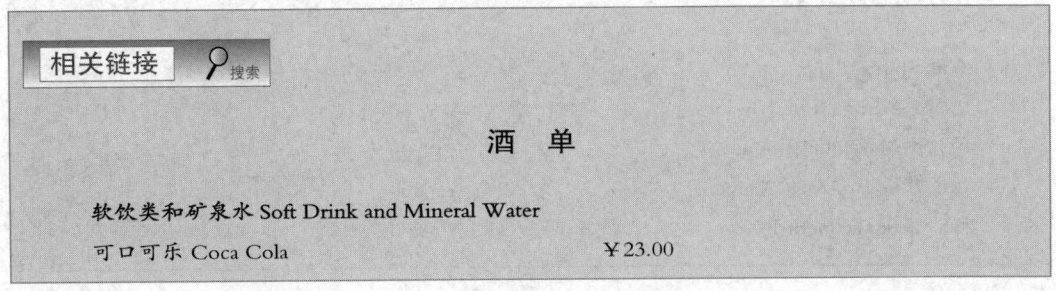

相关链接　🔍搜索

酒　单

软饮类和矿泉水 Soft Drink and Mineral Water

可口可乐 Coca Cola　　　　　　　　　　　￥23.00

健怡可乐 Diet Coke	￥23.00
雪碧 Sprite	￥23.00
新奇士橙汁 Sunkist Orange	￥23.00
汤力水 Tonic Water	￥23.00
干姜水 Ginger Ale	￥23.00
巴黎水 Perrier Water	￥28.00
甘露矿泉水 Pierval Water	￥28.00
屈臣氏蒸馏水 Watsons Distilled Water	￥23.00
麒麟山矿泉水 Qilin Shan Water	￥23.00

果汁与杂饮 Juice and Squash

橙汁 Orange Juice	￥23.00
番茄汁 Tomato Juice	￥23.00
菠萝汁 Pineapple Juice	￥23.00
西柚汁 Grapefruit Juice	￥23.00
柠檬或橙杂饮 Lemon or Orange Squash	￥30.00
杂果宾治 Fruit Punch	￥30.00
鲜榨果汁或蔬菜汁 Fresh Fruit or Vegetable Juice	￥35.00

啤酒 Beer and Stout

喜力 Heineken	￥28.00
嘉士伯 Carlsberg	￥25.00
生力 San Miguel	￥25.00
劳云堡 Lowenbrau	￥25.00
麒麟 Kirin	￥25.00
虎牌 Tiger	￥25.00
珠江 Pearl River	￥23.00
健力士 Guinness Stout	￥28.00
进口生啤 Imported Draught（大）	(Large)￥25.00 （小）(Small)￥20.00
本地生啤 Local Draught（大）	(Large)￥22.00 （小）(Small)￥18.00

烈酒 Spirits

爱尔兰威士忌 Irish Whisky	￥32.00
约翰杰姆森 John Jamson	￥28.00
纯麦芽威士忌 Malt Whisky	￥32.00
格兰菲迪 Glennddich	￥32.00

波本威士忌 Bourbon Whisky	￥32.00
占边 Jim Beam	￥28.00
积丹尼斯 Jack Daniel's	￥28.00
黑麦威士忌 Rye Whisky	￥32.00
加拿大俱乐部 Canadian Club	￥28.00
施格兰 Seagrams V.O	￥28.00

干邑及雅文邑 Cognac and Armagnac

人头马路易十三 Remy Martin Louis XⅢ	￥488.00
人头马 X.O Remy Martin X.O	￥78.00
轩尼诗 X.O Hennessy X.O	￥78.00
御鹿 Hine X.O	￥78.00
金像 Otard X.O	￥78.00
马爹利蓝带 Martell Corden Bleu	￥68.00
人头马特级 Remy Martin de Club	￥68.00
长颈 F.O.V	￥68.00
雅文邑 Armagnac X.O	￥78.00
人头马 V.S.O.P Remy Martin V.S.O.P	￥35.00
马爹利 V.S.O.P Martell V.S.O.P	￥35.00
轩尼诗 V.S.O.P Hennessy V.S.O.P	￥35.00
拿破仑 V.S.O.P Courvoisier V.S.O.P	￥35.00

伏特加 Vodka

瑞典 Absolute	￥28.00	芬兰 Finlandia	￥28.00
红牌 Stolichnaya	￥28.00	皇冠 Smirnoff	￥28.00

朗姆酒 Rum

百加得 Bacardi	￥28.00	美雅士 Myers	￥28.00
摩根船长 Captain Morgan	￥28.00		

龙舌兰 Tequila

白金武士 Tequila Sausa White	￥28.00
金帅快活 Tequila Cuervo Gold	￥28.00

餐后甜酒 Liqueur

杏仁酒 Amaretto	￥32.00	百利甜 Baileys Irish Cream	￥32.00

君度橙 Cointreau	¥32.00	薄荷酒 Creme de Menthe	¥32.00
金万利 Grand Marnier	¥32.00	甘露咖啡酒 Kahlua	¥32.00
当酒 Benedictine D.O.M	¥32.00	加连安奴 Galliano	¥32.00
添万利 Tia Maria	¥32.00		

鸡尾酒及长饮 Cocktail & Long Drinks

得其利 Daiquiri	¥32.00	黑俄罗斯 Black Russian	¥32.00
血玛丽 Bloody Mary	¥32.00	渐入佳境 Screw Driver	¥32.00
椰林飘香 Pina Colada	¥32.00	曼哈顿 Manhattan	¥32.00
玛格丽特 Margarita	¥32.00	新加坡司令 Singapore Sling	¥32.00
汤哥连士 Tom Collins	¥32.00	长岛冰茶 Long Island Ice Tea	¥48.00
雪球 Snow Ball	¥32.00		

流行鸡尾酒 Popular Cocktail

七色彩虹 Rainbow	¥68.00	B-52	¥48.00
冰冻玛格丽特 Frozen Margarita	¥48.00	兰博基尼 Lamborghini	¥88.00
火球 Fire Ball	¥48.00	性感沙滩 Sex on the Beach	¥68.00

特式咖啡 Coffee Creation

皇家咖啡 Royal Coffee	¥35.00	牙买加咖啡 Cafe Montego Bay	¥35.00
爱尔兰咖啡 Irish Coffee	¥35.00	魔鬼咖啡 Coffee Devil	¥35.00
佳人冰咖啡 Coffee Lady	¥35.00	维也纳咖啡 Coffee Wiener	¥35.00

咖啡／茶 Coffee／Tea

新鲜咖啡 Freshly Brewed Coffee	¥23.00	无咖啡因咖啡 Decaffeinated Coffee	¥25.00
意大利浓咖啡 Espresso	¥28.00	意大利玉楼 Cappuccino	¥28.00
英式红茶 Jasmine Tea	¥23.00	薄荷茶 Peppermint Tea	¥23.00
大吉岭茶 Darjeeling	¥23.00	绿茶 Green Tea	¥23.00
茉莉花茶 Jasmine Tea	¥23.00	铁观音茶 Tie Guan Yin	¥23.00
冻柠檬茶 Iced Lemon Tea	¥23.00	冻咖啡 Iced Coffee	¥23.00

  以上是最传统的酒水单设计。随着竞争越来越激烈，酒水单设计也越来越费心思。经营者不仅在酒水单上加上瓶装酒的价格，啤酒的项目增加半打或者一打的价格，以推动整瓶或大酒水量的销售，而且还为酒吧推出的特色鸡尾酒配上图片，以增加视觉效果，促进推销。

一般的酒吧并不设计葡萄酒单,除非是一些兼做餐厅的较大型的酒吧,需要准备一定数量的葡萄酒给客人佐餐,才会另行设计一个葡萄酒单。酒吧由于没有星级饭店分得细,所以一般把葡萄酒的项目也一并排在酒水单里面。

价格的制定非常重要。经营者不仅要把酒水的成本与定价相结合,而且要对同一个地理位置的竞争者的价格做一个市场调查,先做比较,仔细推敲,再做出最后的决定。同时也要利用消费者的心理因素,制定有价格尾数的定价,使消费者感到经营者是经过严格的核算慎重地定出来的。由于在定价上利用了客人的消费心理,又结合了市场的供需要求,在市场竞争中就可以比别人争取更多的客源,使销售额得以提高。

第二节 标准酒谱设计

一、标准酒谱

(一)标准酒谱定义

标准酒谱是酒吧在原料、用杯、调酒用具等条件一定的情况下对酒水制作所做的具体规定。任何一个调酒师都必须严格按照酒谱所规定的原料、用量以及配置的程序去操作。它是酒吧用来控制成本和质量的基础,也是做好酒吧管理和控制的标准。

(二)标准酒谱式样

标准酒谱式样如表 13-1 所示。

表13-1 标准酒谱式样

编号:

名 称			
类 别	成 本		
分 量	售 价		照 片
盛 器	毛利率		
质量标准			

续表

用料名称	单位	数量	单价	金额	备注	调制步骤
合计						

二、鸡尾酒酒谱——以利口酒为基酒的鸡尾酒

利口酒是英文 Liqueur 音译，而 Liqueur 一词是拉丁语，意思是溶解，口感柔和，也可以解释为"液体"的意思，现在欧洲人多数喜欢把利口酒叫作"香甜酒"，我国港澳地区称利口酒为"力乔酒""多彩之酒"。

利口酒是颜色最鲜艳、最晶莹、最丰富的一种果酒。进入航海时代之后，新大陆和亚洲生产的植物被引进到了欧洲，制作利口酒的原料也变得丰富多彩了。18 世纪以后，人们更重视水果的营养价值，制作利口酒的水果种类也不断增加，如苹果、草莓、薄荷等。水果利口酒的香味和艳丽，尤其受到欧洲上流社会妇女的喜爱，她们热衷于服装和宝石的颜色与杯中利口酒的颜色直接搭配，为此，利口酒厂家也致力于研究各种水果酒配制方法，潜心制作色彩艳丽的利口酒，利口酒也因此有了"液体宝石"的美誉。以利口酒为基酒的鸡尾酒有如下几种。

（一）绿色蚱蜢（Grasshopper）

材料：白色可可酒 1/3，绿色薄荷酒 1/3，鲜奶油 1/3。

用具：调酒壶、鸡尾酒杯。

做法：将冰块和材料放入调酒壶中摇匀倒入杯中即可。这是一种香味很浓的鸡尾酒，杯中散发着薄荷清爽的香味及可可酒的芳香。配方中加了鲜奶油，入喉香浓、滑溜，非常可口。Grasshopper 是指蚱蜢，因其酒色呈淡绿色，故名为绿色蚱蜢（见图 13-1）。此酒口味很甜，可以当甜点饮用。

（二）布希球（Boccie Ball）

材料：安摩拉多利口酒 30 毫升，柳橙汁 30 毫升，苏打水适量。

用具：搅拌长匙、平底杯。

做法：将安摩拉多利口酒和柳橙汁倒入装有冰块的杯中。加满冰冷的苏打水,轻轻搅匀即可(见图13-2)。

安摩拉多(Amaretto)利口酒含有浓厚的杏仁味,以柳橙汁及苏打水调淡后,就是一种口感极佳的鸡尾酒。它虽然诞生在美国,可是安摩拉多利口酒的原产地意大利人也很喜欢这种口味;当地人称它为"Splash",配方也稍有不同,柳橙汁的分量比安摩拉多稍多。安摩拉多利口酒的酒精浓度在24%～28%。

 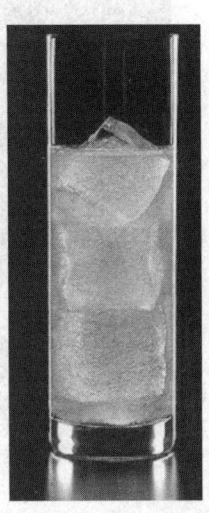

图13-1　绿色蚱蜢　　　图13-2　布希球

(三)美伦鲍尔(MelonBall)

材料：瓜类利口酒40毫升,伏特加20毫升,柳橙汁80毫升。

用具：搅拌长匙、高脚玻璃杯。

做法：将材料倒入装有冰块的杯中,轻轻搅匀即可(见图13-3)。

这种鸡尾酒色泽漂亮,味道甘美。瓜类利口酒的甜味配上柳橙汁甜中带苦的味道,别有一番风味。这种酒是瓜类利口酒在美国发售时所设计出来的,由于口感很好风评不错。

(四)肯巴利苏打(Campari & Soda)

材料：肯巴利45毫升,苏打水适量,切片柳橙1片。

用具：搅拌长匙、平底杯。

做法：将肯巴利倒入装有冰块的杯中,加满冰冷的苏打水。轻轻搅匀后,用柳橙装饰即可（见图13-4）。

苏打水在淡红色的液体中缓缓上升，给人一种轻快的感觉。这种鸡尾酒的特色是肯巴利独特的甘甜及微苦的味道慢慢在口中散开，给人一种爽快的感觉。这种酒除了深受当地（意大利）人喜爱外，也广受其他地区人的欢迎。

图13-3　美伦鲍尔　　图13-4　肯巴利苏打

三、标准酒谱的制作

根据标准酒谱的制作要求，以美伦鲍尔（Melonball）鸡尾酒为例，其标准酒谱制作如表13-2所示。

表13-2　标准酒谱示例

编号：L1001

名　　称	美伦鲍尔（Melonball）			
类　　别	鸡尾酒	成　本	17.1元	
分　　量	1	售　价	48元	
盛　　器	鸡尾酒杯	毛利率	64.4%	
质量标准	瓜类利口酒的甜味配上柳橙汁甜中带苦的味道，色泽漂亮，味道甘美。			

续表

用料名称	数量/毫升	单价/元	金额/元	备注	调制步骤
瓜类利口酒	40	0.15	6		（1）将材料倒入装有冰块的杯中。 （2）轻轻搅匀即可。 （3）用柳橙片半片挂杯口装饰。
伏特加	20	0.37	7.4		
柳橙汁	80	0.04	3.2		
柳橙片	1		0.5		
合　计			17.1		

 复习与思考

一、名词解释

桌单　手单　原料成本系数定价法　毛利率定价法

二、填空题

1.酒单制作也应考虑不同季节，客人对饮品的不同要求，如冬季客人都消费热饮，则酒单品种应作相应调整，大量供应如_____、_____、_____等品种，甚至为客人_____。

2.酒单内容包括_____、_____、_____、描述四个方面。

三、判断题

1.酒单名称必须通俗易懂，冷僻、怪异的名字尽量不要用。（　）

2.当酒是烈酒的一种。（　）

3.酒单的制作必须一成不变。（　）

4.利口酒有"液体宝石"的美誉。（　）

四、简答题

1.酒单设计应注意的事项有哪些？

2.酒单定价原则是怎样的？

五、案例分析

圣诞节即将来临,某酒吧接受一家公司预订举办一场鸡尾酒会,现要求设计出一份酒单供对方参考,确定鸡尾酒调制。结合本章知识,设计一份鸡尾酒酒单及酒谱,并注明酒单制定的依据。

酒吧服务策划与管理

第十四章

酒吧服务策划与管理 PPT

学习目的意义 了解酒吧岗位设置及职责，熟悉酒吧服务规程设计，重点掌握酒吧服务技巧，培养管理能力，提升应变能力。

本章内容概述 本章内容为酒吧岗位设置与职责、酒吧服务规程设计、酒吧服务技巧，重点是服务规程设计原则、酒吧服务技能。

学习目标

方法能力目标

熟悉酒吧岗位设置的原则，掌握酒吧服务规程、注重服务技巧能力培养，提升实践能力和学习能力。

专业能力目标

通过本章知识学习，了解酒吧服务规程设计，掌握服务技巧，并能熟练运用满足客人需求的服务方法和技能。

社会能力目标

通过本章学习，能够将所学相关知识应用到酒吧日常管理中，培养社会实践能力，提高应变能力。

> **知识导入**
>
> **酒吧服务员的重要角色**
>
> 酒吧服务员不单单是服务者,他们在酒吧中还扮演着其他一些重要的角色,他们是礼仪使者、健康使者以及酒吧形象使者。那么作为一名酒吧服务员在工作中该如何扮演好这些角色呢?
>
> (1)酒吧礼仪使者。礼仪是在人际交往中,以一定的、约定俗成的程序方式来表现的律己敬人的过程,涉及穿着、交往、沟通等内容。在酒吧这样的服务性行业中尤其重视员工的礼仪,通常在酒吧员工入职前就需要做好员工礼仪培训工作。
>
> (2)酒吧健康使者。酒吧是客人就餐娱乐的地方,酒吧服务员必须懂得有关食品的营养搭配、饮食禁忌、酒水与餐食的搭配以及食品卫生安全等方面的相关知识。只有这样,才能够让客人更安心地在酒吧中消费娱乐。
>
> (3)酒吧形象使者。员工的外在形象与精神面貌是酒吧内部文化的真实写照。酒吧服务员在工作中需要与客人密切接触,他们的形象直接代表了酒吧的形象。
>
> 酒吧是一个非常锻炼人的工作场所,这种锻炼既包括身体上的,也包括心理上的。如果你想真正做好服务工作,就必须在生理上、心理上做好充分准备,加强各方面的锻炼和提升,尤其是与客人沟通的语言能力、应变能力、观察能力等。此外,还需要锻炼自己的辨别能力和观察能力,学会察言观色,因为每天要接触形形色色的客人,只有能够准确判断宾客类型,及时掌握不同客人的服务需求,准确与客人进行沟通交流,才能提高服务效率和服务的准确性,而这些能力的提升,有助于提高酒吧的整体销售形象,提高销售业绩,因此,酒吧服务员必须要懂得一些服务知识与技巧。

第一节 酒吧岗位设置与职责

一、酒吧岗位设置

(一)设置原则

(1)根据业务需要设计组织机构。不管酒吧属于哪种类型,组织机构的设置必须根据本酒吧业务范围和主要经营内容进行,从业务活动实际出发,合理安排,每个岗位的设置必须满足于酒吧正常经营的需要。

(2)层次分明,职权相当。无论是酒店餐饮部直属的酒吧,还是独立经营的酒吧,在组织机构的设置中必须做到在统一指挥的原则下组织各项业务活动，保证各项工作指令的顺利贯彻落实。在内部关系上采用垂直领导的方式分层次进行管理，自下而上形成完整的指挥链，尽量避免横向指挥和越级管理。在权责方面做到权职相称、权责分明。

（3）合理分工，调动员工积极性。组织机构设置的目的是为了提高工作效率，调动员工工作积极性，因此，必须根据每个员工的能力、技术水平、性格特征及个人综合素质合理安排，从组织上保证员工各得其所、人尽其才。

（4）科学设置，一专多能。组织机构的设置既要满足经营需要，又要有利于人员管理，必须防止机构臃肿，人浮于事现象的发生，尽量做到科学设置。同时，通过交叉培训、多技能培训等方式，培养一专多能的员工队伍，提高员工服务效率和管理效率。

（二）岗位设置

酒吧是酒店餐饮部一个重要的分支部门，在一些中小型酒店，酒吧直接隶属于餐饮部领导，在一些大型酒店，则专门设立酒水部，负责酒水的供给和服务工作。作为一个服务的整体，酒吧工作群可以分成两个部分，一部分是负责酒水的供应以及调制的调酒师，另一部分是专门负责对客服务的酒吧服务员。

对于独立经营的酒吧，其机构设置相对于综合型酒店的酒吧要复杂一些，除了酒水供应和对客服务人员外，还需要部分后勤管理岗位和人员，如人力资源管理、采购人员、财务管理人员等。而音乐酒吧、迪吧等以娱乐功能为主的酒吧还需要配备专门的调音师、驻场主持人等。不同类型和规模的酒吧在岗位设置上略有差异。

二、酒吧组织形式

（一）中小型酒吧

中小型组织机构有两种，图 14-1 是一种常见的组织机构，将调酒和服务两部分分开，但都属于酒吧主管领导。图 14-2 所表示的机构形式通常流行于一些较小的酒店，吧台内外服务工作糅合在一起，这样更便于统一管理。

（二）大型酒吧或独立酒吧

大型酒吧或独立酒吧的组织结构如图 14-3 所示。

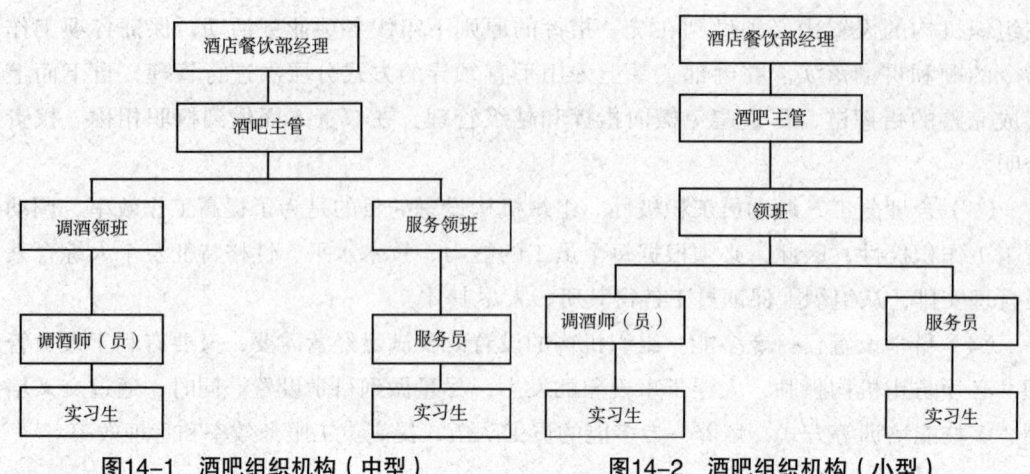

图14-1　酒吧组织机构（中型）　　　　图14-2　酒吧组织机构（小型）

图 14-3 中在酒水部经理下设一后勤，主要协助酒水部经理处理日常账面工作，如统计各酒吧每天的饮料消耗情况，酒吧人员安排以及酒吧物资进出、设备维修申请等，若是独立经营的酒吧，在主管层次还可能要增加人力资源管理、财务管理以及娱乐服务管理等方面的专业岗位。

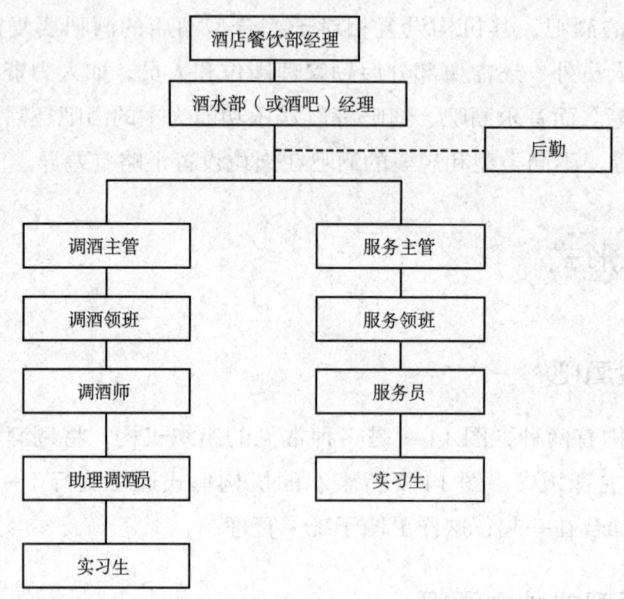

图14-3　酒吧组织机构（大型）

三、酒吧岗位职责

由于不同类型的酒吧组织机构设置不同,在岗位职责的制定上也会有所差异,下面就酒吧常见岗位的基本职责进行描述。

(一)酒吧经理(酒吧主管)

1. 素质要求

(1)具有大专毕业学历或同等文化程度。

(2)通过酒店英语中级水平达标考试。

(3)具有3年以上调酒员和1年以上酒吧领班工作经历,通晓酒吧管理并略知餐厅管理服务知识,能研制新的酒单,钻研业务技术,了解酒水成本核算知识,掌握食品卫生法及相关的消防知识。

(4)最佳年龄在25~50岁。

2. 岗位职责

(1)在部门经理的直接领导下,全权负责酒吧的日常运转工作。

(2)督导下属员工严格执行工作程序、标准和规范。

(3)完成部门所下达的成本指标控制费用,降低损耗,降低成本,提高经济效益。

(4)拟订和实施滞销酒水推销计划。

(5)对员工进行定期的培训,提高下属员工的专业知识、专业技能。

3. 工作内容

(1)参加部门各类会议。

①每周一部门工作指令会。

②每月部门成本分析会。

③每月部门餐饮促销会。

④每月部门工作总结会及评优表彰会。

(2)主持酒吧各类会议。

①每月一次全体员工工作总结。

②每周一次酒吧领班会。

③每日班前会。

④组织实施每周培训。

（3）每日阅读。

①各类报表、记录本：每日财务报表（酒水收入、成本、利润、库存、缺货等）；当日及明日宴会设吧通知单及重点客户接待单。

②酒吧工作日记。酒吧领班交接班本，前一日工作状况；例会记录；酒吧领班巡查记录；投诉分析记录。

（4）工作检查。

①领班、员工每日出勤情况、仪表仪容情况。

②各酒吧设施运转、环境卫生情况，发现问题及时处理。

③各酒吧酒水质量情况，对接近保质期的品种，加大推销力度。

④各酒吧的酒水盘存情况。

⑤各餐的餐前准备情况。

⑥调酒员服务标准、服务规范执行情况。

⑦征求客人意见，与客人建立良好业务关系。

⑧每日向餐厅通报短缺品种，并书面呈报部门经理。

⑨检查酒吧各点收尾情况。

⑩每月需上报的书面材料。

（二）酒吧领班

1. 素质要求

（1）具有高中学历或同等文化程度。

（2）通过酒店英语初级水平达标考试。

（3）掌握酒吧系统管理，酒吧及酒水知识、调酒技能和成本核算的基础知识，工作责任心强，刻苦钻研业务技能，具有3年以上调酒员的工作经历，有较强的管理意识。

（4）最佳年龄在22～45岁。

2. 岗位职责

（1）在酒吧经理的直接领导下，负责酒吧的日常运转，保证酒吧处于良好的工作状态。

（2）协助酒吧经理制定酒单，研制新的鸡尾酒并提出可行性意见。

（3）控制酒水损耗，检查员工盘点情况。

（4）培训下属员工。

（5）督导员工严格遵守工作程序、标准、规范，做好考核记录。

（6）征求客人意见并处理客人投诉，及时向酒吧经理报告。

（7）酒吧经理不在时，代行酒吧的管理。

3. 工作内容

（1）检查分点酒吧员工上岗情况。

（2）查阅交接班本及酒吧工作日记。

（3）开出当日各酒吧点酒水领用单。

（4）主持餐前会。

（5）记录员工出勤情况，检查员工仪容仪表。

（6）领酒水货物。

（7）向酒吧经理汇报售缺品种及预定可出售时间，并通知各分点酒吧。

（8）在交接班本上记录本班次所发生的情况和要解决的问题。

（9）安排检查对重点客人的酒吧服务和酒水推销。

（10）对各点进行巡查，做好考核记录。

（11）抽查各酒吧酒水盘点情况，并做记录。

（12）根据客情，有针对性地协助分点酒吧工作。

（13）亲自实施员工培训。

（14）检查酒吧各点收尾情况。

（15）钥匙归还至安全部。

（三）调酒师（员）

1. 素质要求

（1）具有高中学历或同等文化程度。

（2）通过酒店英语初级水平达标考试。

（3）掌握酒水基本知识和食品卫生法，熟悉酒单范围内混合饮料的调制，工作认真，服务态度好，刻苦钻研业务技术，具有1年以上酒吧工作经历。

（4）最佳年龄在20~45岁。

2. 岗位职责

（1）保证营业点各类酒水品种的充足。

（2）遇有突发事件，及时汇报当值领班。

（3）做好开餐前的酒水供应的准备工作，确保餐厅正常供应。

（4）参加酒吧日常培训、提高业务技能。

（5）做好交接班工作。

3. 工作内容

（1）仪表仪容整齐，参加酒吧餐前会。

（2）领货。

（3）摆放酒水。

（4）打扫卫生。

（5）榨果汁。

（6）刨柠檬片。

（7）洗杯子。

（8）擦杯子。

（9）摆放酒水展台。

（10）换生啤机汽瓶或酒桶。

（11）核对酒水账目。

（12）设宴会、酒会吧台。

（13）根据收款员确认的订单向前台发放饮料。

（14）调制鸡尾酒。

（15）盘点。

（16）倒垃圾。

（17）清点酒吧的用品、用具。

（18）餐后打扫卫生。

（19）去安全部归还钥匙。

（20）参加酒吧各类培训。

（21）写交接班日记。

（四）其他岗位职责

1. 酒吧服务员岗位职责

（1）负责营业前的各项准备工作，确保酒吧正常营业。

（2）按规范和程序向客人提供酒水服务。

（3）负责酒吧内清洁卫生。

（4）协助调酒师进行销售盘点工作，做好销售记录。

（5）负责酒吧内各类服务用品的请领和管理。

2. 酒吧实习生岗位职责

（1）协助调酒师领货，补充物资。

（2）协助做好酒吧清洁卫生工作。

（3）协助做好营业前的准备工作。

（4）协助调酒师陈列酒水。

（5）在酒吧领班或调酒师的指导下制作一些简单的饮品或鸡尾酒。

3. DJ 岗位职责

（1）必须具备国家规定的所有的技术牌照或上岗证明。

（2）了解音响设备功能，并熟悉其操作方法。

（3）了解流行歌曲的潮流走势，清晰了解酒吧所有唱片的目录和歌曲节拍、原唱歌手的名字等。

（4）提前检查音响设备，以便保证正式使用时能正常运作。

（5）保管好所有的音响设备以及附件。

第二节　酒吧服务规程设计

一、酒吧服务流程

酒吧服务流程分为：迎宾服务、引领服务、点酒服务、酒水制作服务、送酒服务、客人验酒服务、开瓶与斟酒服务、结账服务等。

（一）迎宾服务

客人到达酒吧时，服务员应主动使用"您好""晚上好"等礼貌性语言问候客人。

（二）引领服务

引领客人到其喜爱的座位入座。单独客人引领到吧台前的吧椅就座，对两位以上的客人，服务员可引领其到相应座位就座，为客人提供拉椅服务并遵循女士优先的原则。

（三）点酒服务

客人入座后服务员应主动递上酒水单。在客人需要点酒水时，主动提供点酒水服务。点酒水服务时要主动征询客人意见，关注客人喜好，同时服务员应主动向客人介绍酒吧酒水和鸡尾酒的品种，耐心回答客人的有关提问。开单后，服务员要向客人重复一遍所点酒水的名称、数目，并得到确认，以免出错。

（四）酒水制作服务

调酒师接到点酒单后要及时为客人制作酒水。制作酒水时应注意以下事项：

（1）调酒时要注意姿势正确，动作潇洒，自然大方。

（2）调酒时应始终面对客人，去陈列柜取酒时应侧身而不要转身背对客人，否则被视为不礼貌。

（3）严格按配方要求调制，如客人所点的酒水是酒水单上没有的，应征询客人的意见而决定是否需要更换，或者请客人提供配方，为客人调制。

（4）调酒时要操作规范，并注意操作卫生。

（5）调制好的酒应尽快倒入杯中，避免酒水在调酒壶中耽搁时间过长而导致冰块融化，冲淡酒味。

（6）随时保持吧台及操作台的卫生，用过的酒瓶应及时放回原处，调酒工具应及时清洗。

（7）当吧台前的客人杯中的酒水不足 1/3 时，调酒师可适时询问客人是否添加酒水，积极主动做好酒水二次销售工作。

（8）掌握好调制各类饮品的时间，不要让客人久等。

（五）送酒服务

对就座在吧台以外服务区的客人，服务员应提供送酒服务，送酒服务时，应注意以下礼仪：

（1）服务员应将调制好的饮品用托盘从客人的右侧送上。

（2）送酒水时应先放好杯垫和免费提供的佐酒小吃，递上餐巾后再上酒，报出饮品的名称，简单向客人介绍酒水及佐酒小吃。

（3）服务员要巡视自己负责的服务区域，及时撤走桌上的空杯、空瓶，并按规定要求撤换烟灰缸。

（4）在送酒服务过程中，服务员应注意轻拿轻放，手指不要触及杯口。如果客人点了整瓶酒，服务员要按照不同类别酒水服务程序为客人提供专业化服务。

（六）客人验酒服务

图14-4　客人验酒

验酒服务是酒吧中一项重要服务内容。验酒服务主要是在客人点要整瓶酒时提供的服务（见图14-4）。通常酒吧提供整瓶销售的酒水有白兰地、威士忌以及各类葡萄酒、香槟酒等。

整瓶酒水销售服务时必须为客人提供验酒服务，验酒的目的有三：一是得到客人认可；二是使客人品尝酒的味道和温度；三是显示服务的规范。

给客人验酒是酒水服务中的重要程序。因为如果拿错了酒，或者提供的酒水与客人想象的有区别，通过验收可发现问题并立即更换，如果未经同意而擅自就将酒打开，可能会造成酒被退回的损失。此外，验酒服务也体现了对客人的尊敬。

不同类型的酒水，提供的验酒服务要求也不完全相同。

提供白葡萄酒和香槟酒时应将酒置于小冰桶中，上面用干净叠好的餐巾盖着，放置在点酒客人右侧，把酒瓶取出后，用手托着葡萄酒瓶，标签面向客人，请客人验酒，待客人认可后，放入冰桶，并准备开瓶等服务。

红葡萄酒的饮用温度与室温相同，淡红葡萄酒可稍加冷却。红葡萄酒通常放在酒篮中提供给客人，酒标向上。因为红葡萄酒特别是优质红葡萄酒由于陈年的原因常会有少量沉淀，所以，取放时动作要轻，不要上下摇动。待客人验酒认可后，将酒篮平放于点酒客人的右侧，准备提供服务。

对于优质红葡萄酒，在专业性较强的酒吧还为客人提供滗酒服务，即由服务员将红葡萄酒经客人验酒确认后，过滤到滗酒器中，这样可以避免斟酒时摇晃引起的沉淀物泛起，也可以让红葡萄酒在服务过程中充分氧化，口感更佳。

提供白兰地、威士忌等烈性酒整瓶服务时，也需要经客人验酒确认，然后按程序提供服务。

酒从酒库取出，在拿给客人验酒之前，均需将每只酒瓶上的灰尘擦拭干净，仔细检查有无问题，确认无误后再拿给客人验酒，酒吧工作人员要先把好第一关，尽量避免错拿酒水，或向客人提供有明显问题的酒水。

（七）开瓶与斟酒服务

对于整瓶酒销售，在客人验酒确认后，服务员需为客人提供开瓶服务和斟酒服务。

1. 开瓶方法

（1）葡萄酒的开瓶方法。葡萄酒的开瓶步骤为：割破锡箔、擦拭瓶口、钻木取塞、清洁瓶口。其方法是：首先切割瓶口锡箔，除去瓶盖外套，然后用布擦净瓶口，将开瓶钻自瓶塞顶部中心点均匀钻入，旋转至全部没入，再徐徐拔出瓶塞。由于软木塞较脆，向外拔木塞时动作要轻，以防止木塞破裂。如是梯形瓶塞，最好在开始拔木塞时，将开瓶钻稍微旋转。瓶塞拔出后，将瓶口擦拭干净，以备斟酒。

（2）起泡酒的开瓶。起泡酒因为瓶内有气压，故软木塞的外部有个铁丝帽，以防软木塞被弹出。开瓶方法是首先将酒瓶外锡箔自顶至颈下4厘米处割除，然后将铁丝环解开，用拇指紧压瓶塞，以防骤然冲出；另一只手握瓶底部，保持斜度45°，徐徐向一方转动酒瓶，瓶内气压会将瓶塞自动顶出，瓶塞离瓶时，将塞握住。开启香槟等起泡酒以及含有二氧化碳的碳酸饮料、啤酒等时，应将瓶口远离客人，并且将瓶身倾斜，以免液体溢至客人身上（见图14-5）。

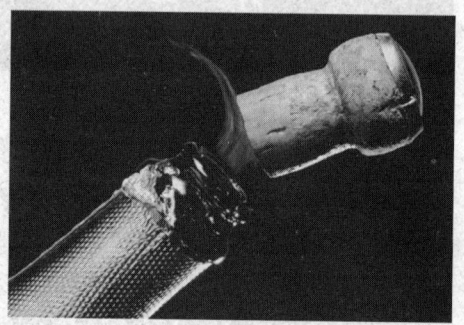

图14-5　瓶开瞬间

2. 斟酒方法

（1）一倒法。一倒法即开启酒瓶后，可以一次性将酒斟入杯中，完成斟酒程序。酒瓶打开后可先检查一下瓶塞，因有时酒液变质会导致瓶塞腐烂。斟酒前将酒瓶口擦拭干净，酒的标签对着客人，从客人右侧将酒水倒入杯中。一倒法的要领是倒、抬、转、收。倒就是将酒液倒入杯中。倒酒时瓶口离杯口2厘米左右，倒酒的动作要轻缓，酒量符合标准，无滴酒。抬就是倒完酒后抬起瓶口。转就是转动酒瓶，防止瓶口的酒液滴洒在餐桌上。一般可以向内或向外旋转45°左右即可。收就是顺着手臂方向将酒瓶收回，完成斟酒动作。

（2）两倒法。对于起泡葡萄酒、香槟酒以及啤酒类酒品，斟酒时采用两倒法。两倒法包含有两次动作。初倒时，酒液冲到杯底时会起很多的泡沫，等泡沫约达酒杯边缘时停止倾倒，稍待片刻，至泡沫下降后再倒第二次，继续斟满至2/3或3/4杯。

两倒法的要领是初慢、中快、后轻。

3. 斟酒的礼节

（1）对于优质葡萄酒，斟酒前要让客人先尝酒，待客人进一步确认后，再开始斟酒。

（2）葡萄酒中红葡萄酒一般斟 1/2 杯，白葡萄酒斟 2/3 杯，其他酒水饮料以八分满为标准。

（3）斟酒的顺序是先女士后男士、先长辈后晚辈、先客人后主人。

（4）斟酒的位置一般在客人的右侧。

（八）结账服务

客人示意结账时，服务员应立即到收银台取出账单。取回账单后，服务员要认真核对台号、酒水的品种、数量及金额是否准确。确认无误后，服务员将账单放在账单夹中用托盘送至客人的面前，并有礼貌地说："这是您的账单。"

无论采用何种结账方式，服务员都需要与客人确认账单、收取的金额、找回的零钱等。结账后要向客人道谢，并欢迎客人下次光临。

二、酒吧服务规范

（一）清洁卫生规范

（1）吧台台面每天应先用湿布擦抹后再擦干，必要时喷上蜡光剂。

（2）不锈钢操作台用清洁剂擦洗，然后用干布擦干。

（3）每天对冷藏柜外部除尘，冷藏柜内应定期清洗，一般要求每三天一次。

（4）酒柜和陈列柜每天除尘，应特别注意陈列的酒瓶每天保持其外表清洁，酒杯明亮无污渍。

（5）吧台内地面应保持清洁；吧台外服务区域的地毯应每天吸尘，定期清洗，桌椅也应擦拭干净。

（6）酒杯、用具等应按卫生防疫站的要求清洗、消毒，要求无水渍、无缺损。

（7）墙面、风机口、天花板等应定期擦拭、除尘。

（二）领料存放规范

（1）领班检查上一班次用剩的奶油、果汁等有否变质，并根据酒水现存量、酒吧存货标准和预计消费量确定领料种类和数量，及时检查、备货。

（2）去仓库领用酒水及其他物品，领料时应核对数量，检查质量。

（3）从仓库领回的酒水应首先擦净瓶（罐）身，然后分类按要求存放。

①啤酒、果汁、牛奶等应迅速放入冷藏柜冷藏。

②瓶装酒一般应存入酒柜或在陈列柜上陈列，注意：开胃酒、烈性酒、利口酒等应分开摆放；贵重酒和普通酒要分开陈列。另外还应注意酒瓶间的距离，并根据酒的使用频率来决定其摆放位置。

③其他用具、物品也应存放在容易取用的位置上。

（三）服务准备规范

（1）调酒员备好调酒工具和各式酒杯；制备冰块；备好辅料、配料、装饰物和佐酒小吃。

（2）服务员整理好桌椅，在桌面上摆好花瓶、桌号牌等用品；备好托盘、餐巾纸、点酒单、笔等服务用具。

（3）收款员应准备好账单等物，备足零钞。

（四）检查

营业前领班应仔细检查酒吧的电器设备、安全卫生、物料准备、桌面摆放等有无不妥之处。同时要求酒吧人员整理个人仪表仪容，站在规定位置上迎候客人的到来。

（五）调酒服务规范

（1）调酒员接到点酒单后应及时制作酒水，及时出品。

（2）一般果汁、汽水、矿泉水、啤酒等在1分钟内完成，混合饮料1~2分钟完成，鸡尾酒包括装饰2~4分钟完成。

（3）如遇营业高峰，按顺序接单，按顺序制作、出品。

（4）调酒姿势要端正，动作要潇洒自然，应始终面对客人。

（5）严格按配方要求调制酒水，不得随意更改、加减配方。

（6）调酒时应注意卫生，取用冰块、装饰物等时应使用各种工具，而不应直接用手抓取。

（7）拿酒杯时应握其底部或杯脚，而不能碰杯口。

（8）调制好的酒水应尽快倒入杯中。

（9）如一次调制一杯以上的酒水时，应将酒杯在吧台上整齐排列，分两三次来回依次倒满，而不应一次斟满一杯后再斟另一杯，以免浓度不一。

（10）随时保持吧台及操作台卫生，用过的瓶酒应及时放回原处，调酒工具应及时清洗。

（六）营业后清理工作规范

（1）做好吧台内外的清洁卫生。
（2）将剩余的酒水、配料等妥善存放。
（3）将脏杯具等送至洗杯间清洗、消毒。
（4）处理垃圾。

（七）填制表单规范

（1）领班应认真、仔细地盘点酒吧所有酒水、配料等的现存量，督促填写《烟酒饮料进销存日报》，如实反映当日或当班所售酒水数量。
（2）账台应迅速汇总当日或当班的营业收入，填写《工作日志》。
（3）主管填写《工作日志》，如实记录当日（班）营业收入、客人人数、平均消费和特别事件等，以便上级管理人员了解、掌握酒吧营业状况。每日应进行盘存、清查工作。

（八）交接班及结束工作规范

（1）领班负责做好每班次的交接。
（2）全面检查酒吧的安全状况，关闭除冷藏柜以外的所有电器开关，关好门窗。

第三节　酒吧服务技巧

在酒吧业的服务中，最重要的一环是酒吧服务员、调酒师等的服务质量，这是除了良好优雅的酒吧装修环境、良好且有特色的酒吧文化氛围、优质正宗的酒水品质等因素之外一家酒吧能长久不衰经营的必要组成部分，当贴心周到的服务和酒吧的一切外在表现融合在一起的时候，这个酒吧才有可能成为行业中的传奇。

一、服务推销技巧

在服务过程中，服务员不仅是一名接待者，同时也是一名推销员。
合理推销和盲目推销之间有很大的差别，后者会使客人生厌，有被愚弄的感觉，或者认为是急于脱手某些不实际的或名不副实的东西,盲目推销与顾客"物有所值"的消费心理背道而驰。另外,服务员不能凭借自己的喜好和偏见去影响客人的消费情绪,你不喜欢的或许正是客人所乐意接受的,不可对任何客人所点的食品、饮品表示不满。

(一)酒水推荐技巧

酒水推荐应根据客人类型,选择从中档或酒吧特色酒品开始,然后根据客人的意见和反映再提高档次或降低档次,一般不宜直接从高价位开始推荐,这样可能会引起客人的尴尬,甚至会得罪客人。通常向男士推介洋酒、红酒或啤酒,向女士推介低酒精鸡尾酒、饮料、雪糕等。

(二)语言技巧

1. 初次推销的语言技巧

初次向客人推销时的语言很关键,通常不应直接问客人需要喝点什么,而应该给客人提供选择,如"请问是来点白兰地还是威士忌?""想品尝红葡萄酒还是白葡萄酒?"等。如果直接询问客人需要点什么,就很难达到准确销售的目的。当然,正确使用销售语言时还应该注意一些细节。

(1)观察客人的反应,若客人反应明确,就可以征询客人需要的品牌、数量等;若客人犹豫不定时,则要进一步介绍酒品,帮客人拿主意,主动引导客人。

(2)不可忽视女性客人,对她们应主动热情,认真介绍。

(3)重复客人所点酒品,请客人确认,以免出错。

(4)酒水确定后,需进一步推销,介绍一些佐酒小吃。同样使用征询的语气,如"××味道不错的,是我们酒吧的特色小食,想不想试一试?""需不需要尝一尝"等。

2. 中途推销的语言技巧

(1)及时做好台面卫生,收走空酒樽、扎壶。在客人杯中酒水剩余不多时(不要等到喝完),可以再次询问客人是否需要添加一份,或者尝试点其他品种。

(2)留意女客人的饮料是否喝完,若差不多喝完,同样实行第二次推销。

(3)对于特殊客人需要给他们介绍一些特殊的饮品,例如,向醉酒或饮酒过量的客人推荐参茶、柠檬蜜、热鲜奶;给患感冒的客人介绍可乐姜汤等。

(三)身体语言的配合

与客人交谈或推荐饮品过程中,应当注意身体语言的配合,一方面体现服务人员工作的真诚、礼貌；另一方面也体现了对客人的尊重。例如与客人讲话时，要目光注视对方，以示尊重；与客人保持一定距离，不要凑得太近；客人讲话时，要注意聆听，并随时点头附和，若没有听清，可以请客人再重复一遍，切忌没听懂就胡乱决定；客人说话时不要随便打断，更不能与客人争执。

（四）其他有利于销售的服务技巧

（1）熟记客人姓名和他的爱好，以便日后再光临时方便介绍，增加信心。

（2）熟悉饮料、酒水的种类、特性、口味，明白所推销的食品、饮品的品质及口味。

（3）客人不能决定要什么时，为客人提供建议，介绍高价、中价、低价多款式，由客人去选择，按客人不同身份推销不同饮品。

（4）不断为客人斟酒。

（5）收空杯、空盘时，应礼貌地询问客人还需要加点什么。

（6）男士应多推销各种酒类，女士推销果汁类、奶类饮料，小孩应推销适合他们的饮料和小食品、冷饮等。

（7）根据客人喜好推荐针对性酒品和佐酒小食。

（8）根据客人聚会的不同类型进行有的放矢的推销。一般去酒吧消费的客人大致分为：家庭聚会、朋友聚会、庆贺生日、业务招待、公司聚会、情人约会等。不同类型的聚会所需产品会有所区别，酒吧服务员应充分了解不同类型客人的需求特点，这样才能既推销了产品，又满足了客人需要。

（9）根据客人选用的酒水品种推销各种小食。

（10）针对不同区域、不同种族的客人的饮食习惯推荐酒水和食品。

二、服务操作技巧

（一）各类餐具的拿放技巧

（1）准备干净无异物的服务托盘。

（2）为客人服务的任何餐具都要放入干净的服务托盘，用左手托盘送到客人桌前为客人服务。

（3）无论摆台、撤台还是对客人服务，手拿玻璃杯时，只允许手拿杯脚或底部，避免用手接触杯口，放玻璃杯时可用小拇指垫在杯底，轻轻放于台面，这样可以避免杯子与台面的碰撞声。

（4）拿盘子时，要手执盘子的边缘。
（5）取冰时，要用冰铲或冰夹，严禁用玻璃器皿直接在冰机内取冰。
（6）为客人服务时，不得用手直接接触食品。
（7）拿叉、勺等餐具时，应用拇指和食指拿其把处。

（二）托盘的使用方法和技巧

1. 托盘的准备

（1）托盘必须干净无破损。
（2）使用时托盘内需垫有干净布巾，以免打滑（见图14-6）。

2. 正确使用托盘技巧

（1）左手五指张开，手心空出。
（2）手臂呈90°弯曲，肘与腰一拳距离。
（3）挺胸抬头，目视前方，面带微笑。
（4）行走时，左手五指与掌根平衡，右臂自然摆动。

图14-6　托盘的使用

3. 放物品的技巧

（1）高的物品放内侧，低的物品放外侧。
（2）重的物品放中间，轻的物品放两边。

4. 行走时注意事项

（1）行走时轻而缓，右手摆动幅度不宜太大。
（2）不与客人抢道，与客人相遇时侧身让道。
（3）发生意外，如托盘内酒水滑落，不可惊叫，应冷静处理，马上叫同事看护现场，尽快清扫卫生。
（4）右手用于协助开门或替客人服务。
（5）当把空托盘拿回时，应保持左手托盘或用手拿住托盘边以竖立方式靠近裤边行走（托盘底在外）切忌拿空托盘玩耍。

（三）擦拭玻璃杯技巧

1. 准备工作

准备一冰桶开水、一块干净的杯布、一个干净的圆托盘，将清洗过的水杯从洗碗间取出。

2. 擦拭

（1）用左手拿住杯布一角，将杯脚包住，放在开水上方熏蒸一下，使杯壁有水汽产生。

（2）用右手拿住杯布，塞入杯内，两手协助杯转动，擦拭杯脚、杯臂和杯口，擦拭时用力不宜过大，以防弄破玻璃杯。

（3）擦拭完成以后，将杯子对着灯光检查保证无破损、无污迹、无水迹。

3. 存放

（1）用手拿住杯脚。

（2）将杯口向上，重新放于托盘上，如暂时不用，需将杯口向下放好。

（四）热毛巾的服务技巧

营业前把准备好的毛巾用水湿透、洗干净、消毒。将毛巾卷成小圆柱形，放进毛巾柜内加热。当客人需要用热毛巾时，左手提着毛巾篮，右手用毛巾夹，为客人递上毛巾。注意递给客人的毛巾卷不许打开，当客人使用后用毛巾夹夹住用过的毛巾放回毛巾篮，将使用过的毛巾送到指定部门统一清洗和消毒。

（五）生日客人的服务技巧

（1）若客人需要预订蛋糕，一定要通知经理联络。

（2）如客人自带蛋糕庆祝生日，要先询问客人预备享用之时间，是否要准备香槟。如不到享用之时，服务员应把蛋糕写上标记，送到西厨或酒吧冷藏。

（3）准备用具：生日蜡烛、饼刀、骨碟、叉（数量视人数而定）。所有准备工作要在客人预订时间前15分钟完成。

（4）香槟：参照香槟的服务方法。

（5）日歌：表演厅应提前5分钟通知乐队奏生日歌。在VIP房内，5分钟前通知DJ预备点播生日歌。当客人点燃蜡烛后，灯光调暗，奏生日歌。

（6）切蛋糕：过生日者吹熄蜡烛后，服务员应递上饼刀，由过生日者切下一刀便可，其后由服务员依照人数把蛋糕分配给客人。第一份一定要给过生日者,然后是其他客人。

(六)服务饮料技巧

(1)将饮料和所配用的杯具放在服务托盘上。
(2)左手托住托盘,右手从盘中取出水杯,放在客人前面。
(3)倒饮料前应先示意客人。
(4)右手从盘中取出饮料,放在客人的右侧,向杯中倒 3/4 杯。
(5)倒饮料时,速度不宜过快,商标朝向客人。碳酸饮料采用两次斟倒的方法为客人斟倒饮料。
(6)客人在饮用过程中,要及时为客人添加饮料。
(7)当杯中饮料只剩 1/3 时,应询问客人是否需要再增加饮料。
(8)及时为客人撤掉空杯子。
(9)倒饮料时,不允许一瓶饮料同时服务两位客人。

(七)为客人点酒水和食品的技巧

(1)站在距客人 0.5 米处左右,如是厅房则需面对客人。
(2)身体稍稍前倾,说话声音适中,不得打扰客人。
(3)耐心介绍酒水或者食品的配方、做法和味道。
(4)让客人有时间考虑,不得催促客人。
(5)给客人以相应的建议和帮助。
(6)问清楚客人所点食品的火候,酒水需不需要加冰等。
(7)询问客人有无特殊要求。
(8)正确记录客人所点要的酒品、饮料和食品名称、份数、特殊要求等。
(9)与客人确认无误后立即下单。

(八)验酒技巧

1. 验酒的正确方法

右手大拇指在上,其他指头并拢在下,扶着瓶颈,左手托着瓶底;瓶身商标对准客人,给客人展示;使用礼貌用语请客人确认。

2. 验酒的意义

(1)一般较为名贵的香槟、红酒在客人饮用前必须先请客人验酒,以便客人确认。

（2）验酒是饮酒服务中的一个重要礼节。

（3）验酒显示服务的周到与高贵。

（4）确保酒吧提供的酒水的品质。

（九）斟酒技巧

1. 斟酒的方法

（1）台斟：在台面为客人直接斟酒。台斟的方法是服务员从客人右侧用右手握酒瓶向杯中倾倒酒水。具体要领：手掌自然张开，握住酒瓶中部或下部，食指指向瓶嘴，与拇指约呈60°，另外中指、无名指、小指基本排在一起，与拇指配合握紧瓶身。斟酒时瓶口与杯沿需保持一定的距离，一般以2厘米为宜，切忌将瓶口搁在杯沿或采取高溅注酒的错误方法。酒品商标对着客人。注意掌握好斟酒的分量，一般白兰地为1份（30毫升左右）、红葡萄酒净饮1/3杯、啤酒八分满、香槟酒八分满、其他饮料八分满。每斟一杯酒后，持瓶的手要顺时针旋转一下，同时收回酒瓶，使酒滴留在瓶口上，不落在台上或客人身上，然后左手用布巾擦拭一下瓶口，再给下一位宾客斟酒。

（2）捧斟：其方法是一手握瓶，一手将酒杯捧在手中，站在宾客的右侧，然后再向杯内斟酒，斟酒动作应在台面以外的空间进行，然后将斟满的酒杯放置在宾客右手处。捧斟适用于非冰镇处理的酒。

2. 斟酒的礼节

依照惯例先在主人杯中倒入酒，得到主人嘉许后再开始给全桌一一斟酒，只有在斟啤酒或陈年红葡萄酒时可以将酒杯拿在手上采用捧斟法斟酒。如客人同时饮用两种酒时，不能在同一酒杯中斟入两种酒，应分别使用两只酒杯。已开启的酒瓶应放在主人的右侧。

3. 斟酒时注意事项

（1）斟酒时一定要让客人看到酒的标签。

（2）香槟酒、白葡萄酒中须冷藏，斟酒时应用服务巾包着，剩余的酒应马上放回冰桶以保持酒的温度。

（3）不同的酒类所斟的分量不同。

（4）陈年葡萄酒的软木塞经常发生霉腐的情况，倒酒时要注意有无杂质。

（5）斟酒时尽量使用服务巾。

（6）随时为客人添加酒水。

（十）递酒水单技巧

（1）服务员面带微笑，站在客人右侧。

（2）右手大拇指按住酒水单正中间位置，左手托着酒水单底部。

（3）酒水单一般打开至第一页呈送给客人。

 复习与思考

一、名词解释

台斟　捧斟

二、填空题

1.服务流程分为：迎宾服务、_____、酒水制作服务、_____、客人验酒、_____、结账服务。

2.当吧台前的客人杯中的酒水不足_____时，调酒师可建议客人再来一杯，起到推销的作用。

3.酒水推荐，男士推介_____、_____或_____，女士推介_____、_____、_____等。

4.根据不同类型的客人进行各种方式的推销，大致分为：
①_____；②_____；③_____；④_____；⑤_____；⑥_____。

5.为客人倒酒时，白兰地为_____，红葡萄酒为_____，啤酒为_____；香槟酒为_____。

三、选择题

1.起泡酒因为瓶内有气压，故软木塞外有铁丝帽，以防软木塞被弹出。其开瓶步骤是：把瓶口的铁丝与锡箔剥掉，以_____的角度拿着酒瓶。

　　A.15°　　　　B.30°　　　　C.45°　　　　D.60°

2.以惯例先倾入约_____的酒在主人杯中，以表明此酒正常，等主人品尝同意后，再开始给全桌斟酒。

A.1/8　　　　B.1/6　　　　C.1/4　　　　D.1/2

四、判断题
1. 服务员送酒时，应将调制好的饮品用托盘从客人的左侧送上。（　）
2. 开单后，服务员要向客人重复一遍所点酒水的名称、数目，并得到确认，以免出错。（　）
3. 斟酒时由左方开始（顺时针方向），先斟满女客酒杯，后斟满男客酒杯。（　）
4. 开胃酒、烈性酒、利口酒等应分开摆放；贵重酒和普通酒要分开陈列。（　）
5. 如一次调制一杯以上的酒水时，应一次斟满一杯后再斟另一杯。（　）

五、简答题
1. 酒吧岗位设置原则有哪些？
2. 简述5项酒吧经理岗位职责。
3. 简述5项调酒师岗位职责。

六、案例分析题

包子里的鸡毛

某日晚有4位广东客人在某酒吧中用餐。当最后为客人上点心的时候，其中一位客人在品尝菜包子时发现包子里有一根细小的鸡毛。于是其余的3位客人也不肯动筷子了。然后他们要求为他们提供服务的酒吧服务员小韩加以解释。小韩仔细观察后对客人说："对不起各位，是我们没有把包子做好，我们马上给你们调换。"虽然酒吧服务员向客人道歉了，也准备为客人调换，然而客人仍旧感到不满意，他们要求酒吧领班出来做进一步解释。小韩此时看到酒吧领班正忙得分不开身，于是灵机一动说领班有事外出还未回来，接着用手指着那个吃过的包子说："其实这个包子里的东西根本不是鸡毛，而是一片黄菜叶根，不信，我吃给你们看。"话音刚落，他就把那个客人吃过的包子吞了下去。

根据以上案例回答如下问题：
你认为小韩的做法对吗？你作为酒吧服务人员，遇到这样的事情会怎样解决？结合本章知识及你的理解，谈谈你对小韩行为的看法。

第十五章 酒吧经营管理

酒吧经营管理
PPT

学习目的意义 了解酒吧酒水销售管理、操作管理，认识酒吧经营收益管理，重点掌握产品质量的控制、酒吧人员管理。

本章内容概述 本章内容为酒水销售管理、酒吧操作管理、酒吧人员管理、酒吧收益管理、酒吧产品质量控制，重点是酒吧内各类管理及管理方法、手段、措施。

学习目标 >>

方法能力目标

熟悉和掌握酒吧经营管理内容、管理要求、方法和技能，努力培养学生的职业道德、学习管理能力等。

专业能力目标

了解酒吧经营管理的范围，并掌握酒吧操作、经营收益、产品质量控制的知识，了解酒水销售管理。要求学生熟知酒吧人员管理措施。

社会能力目标

能够熟练地把知识运用到酒吧经营管理中，提升自身的学习管理能力。

> **知识导入**

酒水的推销

酒吧经营的主要内容是向客人提供酒水，酒水是顾客消费的主要对象，因此酒吧推销归根到底还是酒水的推销，酒吧推销的重点应当放在酒水推销上。酒吧中所经营的酒类品种丰富，每种酒都有其自身的特征，拥有不同的颜色、气味、口感，在饮用上也有不同的要求，同类酒由于出产地和年份不同，其口味和价值也有差异。因此，酒水推销最直接、最关键的是服务人员要熟悉酒水及酒吧经营知识，并根据各自的特点向客人推销，这种方法容易被客人接受。

1. 葡萄酒的推销

（1）根据葡萄酒的饮用特点推销。葡萄酒的饮用非常讲究，首先，不同颜色的酒，其饮用温度要求不同；其次，葡萄酒用杯容量不同；最后，葡萄酒与菜肴的搭配要求不同。只有服务人员掌握了葡萄酒的这些饮用特点，并根据这些特点向顾客推销，才能使顾客认识到服务人员的专业性和真诚的推销。

（2）推销高档名贵的葡萄酒。首先，推荐酿制年份久远的葡萄酒，这类酒的品质上乘，味道好；其次，推荐世界著名产地的名品葡萄酒，这类酒品虽然价格昂贵，但能满足求新、求异、讲究社会地位的顾客的需求；最后，推荐当地人们熟悉的品牌，这类酒品容易被顾客认可和接受。

2. 香槟酒的推销

香槟酒奢侈、诱惑、浪漫，可把人带进一种纵酒豪歌的豪放气氛中。香槟酒适合于任何喜庆的场合。服务人员或调酒师要善于察言观色，向在生意场上获得成功或有喜事的宾客不失时机地推销这类酒品。

调酒师或服务员还可以利用香槟酒的特点来创造酒吧活动的特殊气氛，如开香槟时发出清脆的"砰"声，以示胜利的礼炮。开瓶后，用拇指压住瓶口使劲摇后让酒喷洒，表达喜悦之情。

香槟酒的推销在于服务人员掌握香槟酒的服务技巧和捕捉顾客的心理——与大家共享欢快的喜悦。

3. 啤酒的推销

啤酒是酒吧中销量最大的酒品。啤酒的推销首先要根据饮用特点推销。啤酒含有丰富的营养成分，素有"液体面包"之称，但啤酒很娇贵，不仅容易吸收外来的气味，易于受空气中细菌的感染，而且遇强光易变质。啤酒的最佳饮用温度是在10℃左右。其次，推销名品啤酒和鲜啤酒。鲜啤酒一般为地方性啤酒，与瓶装啤酒相比成本低、利润高。顾客在酒吧饮用啤酒，一方面要品尝地方风味的啤酒，另一方面对名品啤酒兴趣更大，如青岛、百威、嘉士伯、皮尔森等。最后，通过服务技巧来推销啤酒。啤酒中含有二氧化碳气体，酒体泡沫丰富，啤酒的斟倒更具有技巧性。啤酒泡沫不能太多，也不能太少。泡沫太多就会使杯中的啤酒较少，客人会不满意；太少又显得没有气氛。

4. 威士忌的推销

（1）推销威士忌名品。威士忌因产地不同，品牌较多。最著名的威士忌大多产在苏格兰、爱尔兰、美国和加拿大。最著名的品牌有苏格兰的红方、黑方、白马牌威士忌；爱尔兰的尊占臣、老布什米尔、帕地；美国的吉姆宾、老祖父、野火鸡、积丹尼、四玫瑰、七冠土；加拿大的加拿大俱乐部、施格兰特醇等。

（2）按饮用习惯推销。威士忌一般习惯于用1.5盎司的酒加冰和加水（矿泉水、苏打水）后饮用。目前酒吧大多按这种习惯来服务。

5. 白兰地的推销

（1）根据产地推销。法国科涅克地区所产白兰地是目前世界上最好的，因为科涅克地区的阳光、温度、气候、土壤极适于葡萄的生长，所产葡萄的甜酸度用来蒸馏白兰地最好。另外，科涅克的蒸馏技术也是无与伦比的。

（2）根据品牌推销。很多著名品牌的白兰地人们都很熟悉，可以利用这一特点进行推销。著名酒品有：百事吉、奥吉尔、金花、轩尼诗、人头马、御鹿、拿破仑、长颈、大将军、金马、金像。

（3）根据酒龄推销。白兰地酒是最具有传奇色彩的。尤其是与它那特殊的陈酿方法相呼应，酒陈酿的时间越长，纯酒精损失得越多，每年为2%~3%。这样，白兰地的酒龄决定了白兰地的价值，陈酿时间越久，质量越好。

6. 鸡尾酒的推销

（1）根据鸡尾酒的色彩推销。鸡尾酒的色彩是最具有诱惑力的，服务人员可根据其色彩的组合，向客人介绍色彩的象征意义等。

（2）根据鸡尾酒的口味推销。鸡尾酒的口味对中国人来说，可能最初有不适应的地方，但是，当今世界上有各种流行口味可让顾客了解，如偏苦味、酸甜味等，以促进鸡尾酒的消费。

（3）根据鸡尾酒的造型推销。鸡尾酒的造型表达了不同的含义，突出酒品的风格，服务人员可通过对造型的说明向客人推销。

（4）推销著名的鸡尾酒品。尽管人们对鸡尾酒不太熟悉，但是对一些著名的酒品，人们可能都听说过，如马提尼、曼哈顿、红粉佳人等，可以通过典故来加以描述其特征和特殊效果。

（5）通过调酒师的表演来推销。调酒师优美的动作、高超的技艺能给予顾客赏心悦目的感受。顾客在欣赏调酒师精彩的调酒技巧的同时，会对调酒师及鸡尾酒产生浓厚的兴趣和依赖感，这样就能达到推销的目的。

第一节 酒水销售管理

在酒吧管理中酒水销售管理有着重要的地位。酒水的销售管理不同于菜肴食品的销售管理,有其特殊性,因此,加强酒水的销售管理与控制,对有效地控制酒水成本,提高饭店经济效益有着十分重要的意义。

首先,酒水的销售控制历来是很多酒吧的薄弱环节,因为一方面管理人员缺乏应有的专业知识;另一方面酒水销售成本相对较低,利润较高,少量的流失或管理的疏漏并没有引起管理者足够的重视。因此,加强酒水销售管理首先要求管理者更新观念,牢固树立成本控制意识;其次,不断钻研业务,了解酒水销售过程和特点,有针对性地采取相应的措施,使用正确的管理和控制方法,从而达到酒水销售管理和控制的目的。

在酒吧经营过程中,常见的酒水销售形式有三种,即零杯销售、整瓶销售和混合销售。这三种销售形式各有特点,管理和控制的方法也各不相同。

一、零杯销售

零杯销售是酒吧经营中常见的一种销售形式,销售量较大,它主要用于一些烈性酒如白兰地、威士忌等的销售,葡萄酒偶尔也会采用零杯销售的方式。销售时机一般在餐前或餐后,尤其是餐后,客人用完餐,喝杯白兰地或餐后甜酒,一方面消磨时间,相聚闲聊;另一方面饮酒帮助消化。零杯销售的控制首先必须计算每瓶酒的销售份额,然后统计出每段时期的总销售数,采用还原控制法进行酒水的成本控制。

由于各酒吧采用的标准计量不同,各种酒的容量不同,在计算酒水销售份额时首先必须确定酒水销售标准计量。目前酒吧常用的计量有每份30毫升、45毫升和60毫升3种,同一饭店的酒吧在确定标准计量时必须统一。计量标准确定以后,便可以计算出每瓶酒的销售份额。以人头马VSOP为例,每瓶的容量为700毫升,每份计量设定为1盎司(约30毫升),计算方法如下:

$$销售份额 = \frac{每瓶酒容量 - 溢损量}{每份计量} = \frac{700 - 30}{30} \approx 22.3(份)$$

计算公式中溢损量是指酒水存放过程中自然蒸发损耗和服务过程中的滴漏损耗。

根据国际惯例，这部分损耗控制在每瓶酒 1 盎司左右被视为正常。根据计算结果可以得出每瓶人头马 VSOP 可销售 22 份，核算时可以分别算出每份或每瓶酒的理论成本，并将之与实际成本进行比较，从而发现问题并及时纠正销售过程中的差错。

零杯销售关键在于日常控制，日常控制一般通过酒吧酒水盘存表（见表15-1）来完成，每个班次的当班调酒员必须按表中的要求对照酒水的实际盘存情况认真填写。

表15-1　酒吧酒水盘存

酒吧_____　　　　　　　　　　　　日期_____

编号	品名	早班					晚班						备注
		基数	调进	调出	售出	实际盘存	基数	领进	调进	调出	售出	实际盘存	

制表_____

盘存表的填写方法是，调酒员每天上班时按照表中品名逐项盘存，填写存货基数，营业结束前统计当班销售情况，填写售出数，再检查有无内部调拨，若有则填上相应的数字，最后，用"基数＋调进数＋领进数－调出数－售出数＝实际盘存数"的方法计算出实际盘存数填入表中，并将此数据与酒吧存货数进行核对，以确保账物相符。

酒水领货按惯例一般每天一次，此项可根据饭店实际情况列入相应的班次。管理人员必须经常不定期检查盘点表中的数量是否与实际储存量相符，如有出入应及时检查，及时纠正，堵塞漏洞，减少损失。

二、整瓶销售

整瓶销售是指酒水以瓶为单位对外销售，这种销售形式在一些大饭店、营业状况比较好的酒吧较为多见，而在普通档次的饭店和酒吧则较为少见。一些饭店和酒吧为了鼓励客人消费，通常采用低于零杯销售 10%～20% 的价格对外销售整瓶酒水，从而达到提高经济效益的目的。但是，由于差价的关系，往往也会诱使觉悟不高的调酒员和服务员相互勾结，把零杯销售的酒水收入以整瓶酒的售价入账，从而中饱私囊。为了防止此类作弊行为的发生，减少酒水销售的损失，整瓶销售可以通过整瓶酒水销售日报表（见表 15-2）来进行严格控制，即每天将按整瓶销售的酒水品种和数量填入日报表中，由主管签字后附上订单，一联交财务部，一联酒吧留存。

表15-2　整瓶酒水销售日报

酒吧_____　　　班次_____　　　日期_____

编号	品种	规格	数量	售价		成本		备注
				单价	金额	单价	金额	

调酒员_____　　　主管_____

另外，在饭店各餐厅的酒水销售过程中，国产名酒和葡萄酒的销售量较大，而且以整瓶销售居多，这类酒水的控制也可以使用整瓶酒水销售日报表来进行，或者直接使用酒水盘存表进行控制。

三、混合销售

混合销售通常又称为配制销售或调制销售，主要指混合饮料和鸡尾酒的销售。鸡尾酒和混合饮料在酒水销售中所占比例较大，涉及的酒水品种也较多，因此，销售控制的难度也较大。

酒水混合销售的控制比较复杂，有效的手段是建立标准配方，标准配方的内容一般包括酒名、各种调酒材料及用量、成本、载杯和装饰物等。建立标准配方的目的是使每种混合饮料都有统一的质量，同时确定各种调配材料的标准用量，以利于加强成本核算。标准配方是成本控制的基础，不但可以有效地避免浪费，而且可以有效地指导调酒员进行酒水的调制操作，酒吧管理人员则可以依据鸡尾酒的配方采用还原控制法实施酒水的控制，其控制方法是先根据鸡尾酒的配方计算出某一酒品在某段时期的使用数量，然后再按标准计量还原成整瓶数。计算方法：

$$酒水消耗量 = 配方中该酒水用量 \times 实际销售量$$

以干马提尼 Dry Marhni 酒为例，其配方是金酒 2 盎司，干味美思 0.5 盎司，假设某一时期共销售"干马提尼"150 份，那么根据配方可算出金酒的实际用量为：

$$2 \text{ 盎司} \times 150 \text{ 份} = 300 \text{ 盎司}$$

每瓶金酒的标准份额为 25 盎司，则实际耗用整瓶金酒数为：

$$300 \text{ 盎司} \div 25 \text{ 盎司}/\text{瓶} = 12 \text{ 瓶}$$

因此，混合销售完全可以将调制的酒水分解还原成各种酒水的整瓶耗用量来核算成本。

在日常管理中，为了准确计算每种酒水的销售数量，混合销售可以采用鸡尾酒销售日报表（见表15-3）进行控制，每天将销售的鸡尾酒或混合饮料登记在日报表中，并将使用的各类酒品数量按照还原法记录在酒吧酒水盘点表上，管理人员将两表中酒品的用量相核对，并与实际储存数进行比较，检查是否有差错。

表15-3 鸡尾酒销售日报

酒吧_____ 班次_____ 日期_____

品　种	数　量	单　位	金　额	备　注

调酒员_____ 主管_____

鸡尾酒销售日报表也应一式两份，由当班调酒员、主管签字后一份送财务部，一份酒吧留存。

总之，酒水的销售控制虽然有一定的难度，但是，只要管理者认真对待，注意做好员工的思想工作，建立完善的操作规程和标准，是可以做好的。

第二节　酒吧操作管理

一、酒吧操作标准化

酒吧操作管理通过标准方法控制制作过程中原料的使用，从而达到节省原料增加利润的目的。目前国际上采用的是标准法，即标准饮料单、标准价格、标准配方及用量、标准牌号、标准载杯、标准操作程序。

（一）标准饮料单

建立标准的饮料单，必须考虑酒吧的类型和目标市场顾客的需要。如不供应食物的酒吧，葡萄酒在饮料上所占的比重不应太大；而在高级的鸡尾酒廊中，低廉的酒应该是很少用的。因此，酒吧的管理人员必须事先决定所希望吸引的顾客类型，而后分析这些顾客习惯喝什么种类和什么样质量的饮料。酒吧调酒员要学会配制这些饮料。在确定了饮料品种后，还需根据经营的需要决定储备量。除非采购和交货周期较长，经营者不应储存超过30天用量的储备品。储备品太多，不仅占用了空间，增加了损耗和偷窃的概率，而且以常规看，存货在每个月中将自然损耗至少1％的价值。所以采购人员应注意，没有什么东西会是"买得合算的"，除非经营上确实需要它们。

饮料单使用的标准化。我们有时看到，在一些酒吧中，由于饮品品种、价格等的变更，饮料单也随之更换。但时常由于种种原因，新的饮料单不够用了，酒吧又将原先的饮料单拿出来使用，但在品种、价格、数量等方面仍以新饮料单为准，这便使客人在消费中产生了错觉和不愉快的感觉。这种新、旧饮料单同时出现的情况在酒吧经营中应尽力避免。

（二）标准价格

标准价格意味着同一酒品对每位顾客都收取同样的钱，而不随意对某些感情亲密者打折扣。这一点是容易做到的。然而为了确保一定的利润，必须事前建立标准的利润率，当成本增加时，根据利润率，价格也需相应地提高。目前酒吧业并没有统一规定的毛利率，经营者应根据投资的期望回收率计算出所需的毛利率，然后根据成本定出饮料的价格。饮料可分为四种类型：蒸馏酒、葡萄酒、啤酒和无酒精饮料。一般都将葡萄酒和啤酒的毛利率定得低一些，而将蒸馏酒和无酒精饮料的毛利率定得高一些。经营者应根据目标客人的需求及市场状况，仔细地决定每种销售产品的价格并且不随意变动。

（三）标准配方及用量

标准配方是经多次试验及顾客、专家品尝评价后以文字形式记录下来的配方表，一旦确定，便不能随意更改。酒吧的回头客一般都要求酒吧提供的饮料口味、酒精含量和调制方法要有一致性，虽然调酒师可应顾客的要求对配方作一些小的变更，但这种变更绝不是随意可进行的。建立标准配方的目的是要使每种饮料都有统一的质量和统一的成本标准。对于混合酒来说，有时可能一种酒会有比例不同的多种配方，经营者应在征询客人意见的基础上，挑选及确定其中一种配方，供酒吧使用。也有许多酒吧，特别是连锁公司，专门编印一本配方指南。

标准配方不仅应包括酒水的用量，而且应包括其他成分的用量、调制鸡尾酒的方法和服务方式说明。

（四）标准牌号

酒吧应使用标准牌号的酒，其道理很简单，因为这是控制存货和向客人提供稳定质量的饮料的最好方法之一。假如客人指定某一牌子的威士忌配制饮料，而酒吧服务员使用了低质量的酒来代替它，这将使客人产生不满。虽然也许当时只有这种低质量的酒供应，但顾客是不会对这种替代满意的。

如上所述，标准配方的制定是用来满足客人的要求和产生利润的重要方法，若无标准牌号，也就没有标准配方。目前有许多的酒精饮料和软饮料生产商和经销商，他们都想进入酒吧销售渠道，这就要求管理层在采购时做出正确的选择。可以肯定，经营者不可能使市场上每种牌号的酒都出现在自己的酒吧中，所以要根据顾客的需要安排进货。但一次进货量不应该超过3个月的用量，而应该根据市场变化及时制订订购计划。

（五）标准载杯

除了控制调配每杯饮料所需要的烈酒的用量外，酒吧经理还需控制每杯饮料的容量。在服务时使用标准化酒杯可简化容量控制工作。酒吧经理应确定每杯饮料的容量，并为酒吧服务员提供适当的酒杯。酒杯的形状和大小多种多样，因此，酒吧经理应具体规定各种饮料应使用的酒杯。例如，在某家酒吧，所有鸡尾酒都可能使用4.5盎司的高脚鸡尾酒杯，酒吧所供应的每杯鸡尾酒不可能超过4.5盎司，这样酒吧经理就能有效地控制每杯饮料的容量。有的酒吧希望给顾客提供更多数量的鸡尾酒，酒吧使用4.5盎司的鸡尾酒杯，那么每杯酒的酒量至少3盎司。

要有效地做好容量控制，酒吧必须采购适当大小的酒杯。管理人员需根据目前或预期的顾客的爱好，确定需使用哪几种类型的酒杯，然后再确定每杯饮料的容量。采购人员必须根据管理人员规定的标准购置酒杯。低档酒吧可能只需要四五种不同类型和不同大小的酒杯，但高档酒吧可能需要10～15种不同类型和大小的酒杯。管理人员必须使酒吧服务员了解斟哪种酒应使用哪种酒杯。

（六）标准操作程序

标准操作程序是一种系统管理餐饮企业的手段，实施标准操作程序可以保证企业中服务与产品质量的一致性。员工招收进企业后，必须了解企业经营是如何进行的，为什么要这样经营，而后要根据管理部门建立的统一操作程序进行培训，这样才能在服务过程中有一个统一的企业标准，使所有的顾客在所有的时间内都得到统一的服务。

顾客在酒吧的消费就其本质来说主要是精神享受性消费,所以注意服务的质量及其标准是酒吧产品的一个重要组成部分。具体地说,酒水的质量标准化不但是配方和载杯的标准化,而且包括调酒师姿势、仪态、动作、工作程序及服务程序的标准化。

二、酒吧酒水服务的一般程序

酒吧酒水服务的一般程序为:

(1) 迎客要求:微笑,见到客人即上前招呼。

(2) 带位要求:走在客人前面,引领客人入座,问清人数,准备好台椅后再带位。

(3) 拉椅示座。

(4) 递酒单:翻开酒单递给客人(先女后男)。

(5) 整理台面:将花瓶、烟盅、意见卡之类移至无人坐的地方。

(6) 接受点单:说明鸡尾酒配方、烈酒,问明加冰、净饮或者加上其他饮料,推销特饮(咖啡、蒸馏水、矿泉水等)。

(7) 复述点单:把客人所点酒水品种复述一遍,检查错漏。

(8) 填写点单:在点单上按要求写上日期、工号、人数,填写客人点要的酒水品种和相应的特殊要求。属于鸡尾酒的要写鸡尾酒名,而不是写配方。

(9) 提供酒水:用托盘备好纸巾、杯垫等,饮品要配好装饰、吸管、搅棒等服务用品。

(10) 酒水上台:在客人右边送上饮品,并说明品名。饮品放于客人面前,先女后男,不能一次在同一位置上齐,纸巾、小食放于易拿之处,用于混合的配料只能混合一半,搅棒根据需要放在杯内。

(11) 添酒水、换烟缸:巡台时及时为客人添加啤酒、汽水等饮料,收掉杂物,并再次询问客人是否要加一杯饮品。用正确的方法换烟缸。

(12) 准备账单:预先打好酒水账单,并确保正确无误,属改错的账单要有主管以上人员签名方有效。

(13) 结账、谢客:用账单夹把账单夹好递给客人,并向客人致谢,付现款时要在客人面前清点数目,零钱、底单要送还给客人。

(14) 在客人离开时,再次道谢,并欢迎再次惠顾。

第三节 酒吧人员管理

一、酒吧员工守则

（1）每名酒吧员工对自己所从事的职位都要有极大的兴趣。
（2）在工作中要以热情和执着打动客人，吸引其消费。
（3）工作中乐于思考，更体贴地为客人服务，让客人下次还愿意来消费。
（4）工作中要时刻与酒吧所制定的长期目标保持一致，不要落后。
（5）工作中要具有远见卓识、提高专业知识和技能，为酒吧做贡献。
（6）灵活利用有利于自己的发展机会。
（7）认真学习酒吧场所的经营管理之道，时刻关注酒吧的发展情况，为酒吧的发展贡献一分力量。
（8）掌握必要的服务技巧、知识，以便更好地为客人提供服务。
（9）合理有效地利用自己的工作时间，不能虚耗时间。
（10）具备美德、忠诚、勤奋、热情、有责任心。

二、酒吧人员行为规范

（一）行为准则

（1）热爱本职工作，维护良好的企业形象，尽忠职守，服从领导，保守业务秘密。
（2）讲究职业道德，追求完美、卓越的服务。
（3）爱护企业财物，不浪费，不营私。
（4）努力提高自身修养，努力钻研业务，学习专业知识，不断提高业务技术水平和服务质量。
（5）遵守企业一切规章制度及工作守则。
（6）保持企业信誉，不做任何有损企业信誉的事情。

（二）工作态度

（1）按操作规程，准确及时地完成各项工作。

（2）服从上级的工作安排和调度，按时完成任务，不得无故拖延、拒绝或终止工作。倘若遇疑难或有不满时应快速向部门经理请示或报告。一经上级主管决定，应严格遵照执行，员工对上级的安排有不同意见但不能说服上级的，一般情况下应先服从执行，事后再向上级反映问题。

（3）员工对直属上司答复不满意时，可以越级向上一级领导反映。

（4）员工应努力提高自己的工作技能，提高工作效率。

（5）工作认真、待客热情、说话和气、谦虚谨慎、举止稳重。

（6）对待顾客的投诉和批评应冷静倾听，耐心解释，任何情况下都不得与客人争论，解决不了的问题应及时告知直属上级。

（7）员工应在规定上班时间的基础上提前15分钟到达岗位做好准备工作。工作时间不得擅离职守或早退。在下一班员工尚未接班前当班员工不得离岗。员工下班后，无公事，应尽快离开营业场所。

（8）员工不得在任何场所接待亲友来访。未经部门负责人同意，员工工作时间不得使用工作电话及手机。紧急事情可打电话到行政办公室。

（9）上班时严禁串岗、闲聊、吃零食、吸烟、饮酒。禁止在公共场所食用公司经营用小吃，不做与本职工作无关的事。

（10）热情待客、态度谦和、站立服务、使用礼貌语言。

（三）工作纪律

（1）遵守国家的法律、法规，遵守企业各项规章制度。

（2）尊重顾客，忠诚待客，热情服务，钻研业务，提高技能，开拓创新。

（3）工作相互协作，发扬团队精神，禁止拉帮结派。

（4）不以权谋私、不营私舞弊、不做有损企业声誉及利益的事，维护企业形象。

（5）未经部门经理批准，员工非当班时间禁止在营业场所逗留，各级管理人员不准利用职权给亲友以各种特殊优惠。

（6）按规定时间上下班，不得无故迟到、早退、旷工。

（7）工作时间一律使用普通话，切勿与客人过分亲昵，要以礼相待。

（四）工作职守

（1）效率：提供高效率的服务，关注工作上的技术细节，急宾客之所急，为宾客排忧解难，借以赢得宾客的满意，维护企业的声誉和形象。

（2）责任：无论是服务工作还是管理工作，都应尽职尽责，积极主动，勤奋不懈，一切力求圆满，给人以高效和优质的印象。

（3）协作：协作是管理的重要因素之一，各部门之间应互相配合，真诚协作，不得相互争执，应同心协力解决疑难，全力维护企业的声誉。

（4）忠诚：忠诚是员工必须具备的品德。有错必改，不得提供虚假信息，不得搬弄是非、诬陷他人。

（五）制服及名牌

（1）酒吧应视员工工作需要，按不同岗位发给员工不同制服。员工有责任保管好自己的制服并使其保持干净、整洁，上班时必须按规定穿着工作制服，下班后必须将制服妥善保管，不得擅自穿戴或携离。

（2）所有员工当值时应佩戴作为工作服一部分的名牌于上衣左胸前，部门主管及保安人员有权随时检查有关证件。不戴名牌将受到失职处分，工号牌如有遗失、被窃应立即向本部门经理或人力资源部报告，并按规定到人力资源部办理补领手续，所引起的一切责任由当事人负责。若因时间较长而损坏的可凭旧换新。

（3）员工离职时须把工作服交回到布草房，名牌交回到人力资源部，退回的制服必须清洗干净，如不交回或工作服破损，则须按规定赔偿。

（六）仪容、仪表、仪态及个人卫生

（1）员工应表情自然、面带微笑、端庄稳重。

（2）员工的工作服应随时保持干净、整洁。

（3）发型：男员工自然大方、头发整齐、清洁、无头皮屑、不用异味发油、需喷洒适度啫喱水；头发长度适中，前不及眉，旁不遮耳，后不及领、不留胡须、鬓角。女员工自然大方、头发整齐、清洁、无头皮屑、不用异味发油；刘海不及眉，头发过肩须盘发。

（4）手：不留长指甲、手指应无烟熏色、不涂指甲油、不得佩戴过多首饰，只允许戴手表、婚戒以及无坠耳环。

（5）脸：精神饱满、面部清洁、不戴有色或深色眼镜，女员工须化妆上岗，给人以亮丽、清新的感觉。

（6）口腔：牙齿清洁、口气清新，上班前不吃有异味食物，不喝含酒精的饮料，不吸烟。

（7）着装：工服按规定穿戴整齐，工号牌佩戴于上衣左上角；项链或其他饰物不可

露出制服外,工鞋清洁、光亮、无破损、袜子无破洞。

(8)身体:无体味,不得涂抹气味浓烈的香水。

(9)男员工应穿黑色皮鞋、深色袜。女员工应穿黑色鞋、肉色袜、无脱丝、破洞,裙角或裤角不露袜口。所有职工不得穿拖鞋上班。

(10)工作时间内,不剪指甲、抠鼻、剔牙、打哈欠,打喷嚏应用手遮掩。

(11)工作时间内保持安静,禁止大声喧哗。做到说话轻、走路轻、操作轻。

(七)拾遗

(1)在企业内拾到的财物,不论贵贱,应立即交还客人,若无法联系上客人,需立即上交主管部门,并详细记录。

(2)如物品保管3个月无人认领,则由企业最高管理部门决定处理方法。

(3)拾遗不报将被视为偷窃处理。

(八)企业财产

企业一切设施设备(包括发给员工使用的物品)均为公共财产,无论疏忽或有意损坏,当事人都必须照价赔偿。员工如犯有盗窃行为,企业将立即予以开除,并视情节轻重交由公安部门处理。

(九)员工衣柜

(1)员工衣柜统一配置,衣柜不能私自转让,如有违反,将受纪律处分。

(2)更衣柜为员工更衣之用,员工须经常保持衣柜的清洁与整齐,柜内不准存放食物、饮料、危险品或其他贵重物品。

(3)更衣柜钥匙由员工自行保管,企业不负责任何物品的保存,丢失自负。

(4)企业所授权人员有权检查员工更衣柜的卫生和使用状况,检查时需两个以上人员在场。

(5)不准在更衣室内睡觉或无事逗留,不准在更衣室吐痰、抽烟、扔垃圾。

(6)员工离店时,必须清理衣柜,不及时交还衣柜,公司有权清理。

(十)酒吧安全

(1)非营业时间严禁任何员工出入酒吧,特殊情况需经总经理批准。

(2)员工进出酒吧,保安人员保留随时检查随带物品的权力。

(3)员工不得携带行李、包裹离店,特殊情况必须由部门经理签发出门许可证,离店时主动将出门许可证呈交门卫，由保安部存档。

（4）员工下班应自觉接受保安人员检查，不服从者立即予以开除。

（十一）处理投诉

（1）客人是我们的"上帝"，全体员工都必须高度重视客人投诉，要细心聆听投诉，让客人畅所欲言，把它作为改进企业管理的不可多得的珍贵教材。

（2）事无巨细，对客人投诉的事项，必须尽快处理，让客人得到满意的结果。

（3）投诉事项中，若涉及本人，其记录不得涂改、撕毁，更不得假造。

（4）投诉经调查属实可作为奖励或处罚的依据。

（十二）爱护公物，保持环境卫生

（1）爱护企业的一切财产，注意所有设备的定期保养、维修，节约用水、用电和易耗品，不准乱拿、乱用公物，不得把有用的公物扔入垃圾桶。

（2）养成讲卫生的美德，不准随地吐痰、丢纸屑、果皮、烟头和杂物。如发现纸屑、杂物等，应随手捡起来扔到垃圾桶，保持经营场所内清洁优美的环境。

三、酒吧人员培训

酒吧人员培训，主要应该从职业素质和职业能力两方面进行。

（一）职业素质

1. 工作态度

（1）对酒吧服务工作有全面、正确的认识。

（2）培养自己对本职工作的兴趣。

（3）用最好的心态和最大限度满足客人的合理需求。

（4）遇事冷静，心态平和。

（5）对客人服务尽善尽美。

2. 服务意识

（1）要从理解上认识从事职业的特点以及自己所扮演的角色特点。

（2）要从情感上视客人为自家人，是该被照顾、被体贴的对象。

（3）要把服务从自己的行为上体现出来。

（4）想客人之所想，急客人之所急，把工作想在客人前面，树立"客人永远是对的"服务理念。

3. 素质要点

（1）酒水知识。熟悉各类酒水的产地、价格、特点、饮用方法。

（2）酒具设备使用与维护保养常识。掌握各种酒具及相关设备的使用、保养、维护的步骤和要领。

（3）食品营养卫生知识。懂得酒与食品的搭配知识。

（4）民俗与饮食卫生习惯。了解客人的民族习惯，宗教信仰、禁忌和饮食习惯。

（5）服务心理学。利用客户的心理，通过观察了解消费者的心理需要，提供个性化服务。

（6）外语会话。能用外语对客服务。

（7）音乐欣赏知识。了解基本音乐知识，便于和客人交流，满足服务需要。

（8）美学常识。了解室内装潢、环境布置、色彩搭配知识，具备一定的鉴赏能力。

（9）文学知识。有一定的文史知识，熟悉有关酒品的历史典故和名人典故。

（10）其他学科知识。要不断地学习营销学、公共关系学等方面的知识。

4. 仪容要求

（1）根据季节环境、酒吧风格着装。

（2）工作服保持整洁。

（3）男员工发不过领，不得盖住耳朵，不留长鬓角，发髻线清楚，梳理整齐。

（4）女员工长发必须盘起，梳理整齐，短发不过肩，两侧头发梳至耳后。

（5）不能有异味，要给客人以整洁清新的感觉。

（6）男员工不留胡须，女员工化淡妆，并注意口腔卫生，不能有异味。

（7）手部：男女服务员不能留长指甲，涂指甲油，并注意手部护理和清洁。

5. 举止优雅

（1）站。

①面对客人时站立服务。

②站立时自然端庄、目视前方，嘴微闭、面带笑容。

③挺胸收腹，双肩自然下垂。

④不得倚靠他物。

（2）蹲。

①左腿在前，右腿在后，屈膝蹲下。

②切勿弯腰，不能用臀部对着客人。

（3）走。

①挺胸收腹，双肩平齐，自然下垂，手臂伸直，手指自然弯曲，手臂自然摆动，目视前方面带微笑。

②尽量走直线，步伐不能过快，步态轻盈。

③与客人相遇时，点头示意，侧身让开。

④客人多或遇到紧急事件时，切勿急躁或在工作区域急跑。

⑤在与同事同行时，切勿一道并行，相互搂抱，奔跑追逐。

（4）鞠躬。双手放于胸前，左手在上右手在下，双腿并拢上半身略向前倾，前倾时吸气，恢复时呼气。

（5）其他举止要求。

①在客人面前不得挖耳朵、抠鼻子、搔头发、剔牙齿。

②上班前不许吃大蒜等有异味的食品，打喷嚏时要背向客人或用纸巾掩住口鼻。

③上班不许吃东西，嚼口香糖，不吃用作鸡尾酒装饰的各种水果。

④工作中原则上不能背向客人，调酒取物应侧身。

（6）称呼礼。

①"小姐""太太""女士""先生"。

②知道客人姓名后可将姓名和尊称搭配使用。

③对有职务、学位的人士，应予以相对应的称谓，如"张教授""王主任"等。

④使用外语时，注意外语表达与汉语的区别。

（7）问候礼。

①常用问候语：上午好，您慢走，欢迎再次光临，生日快乐，圣诞快乐等。

②发现客人走近，应主动示意他们的到来，不应无所表示。

（8）沟通礼仪。与客人沟通应语调优美，语速适中，用词贴切。

①与客人交谈，认真倾听，诚恳回答。

②回答问题，表达要准确、清楚，语言简洁。

③不能用"不知道"等否定的词语，要积极婉转地回答客人的问题。

④谈话声音以双方能听清楚为限，语调平稳、轻柔、速度适中。

⑤切勿中途打断客人讲话，必须等客人讲完再回答其提出的问题。

⑥不介入客人间的争论。

⑦不谈论宗教信仰和政治问题，以免产生争论的导火线。

⑧避免与熟悉的客人长谈而冷淡其他客人。

⑨如果有酒吧客人的电话，即使知道客人在场也要回答"我去看一下"，然后设法

通知受话者，由受话者决定是否接听。

⑩客人心情不好，言辞过激时，不能面露不悦，态度要诚恳。

⑪遇到行为顽固的客人，给予他们微笑，让他们沉浸于自娱自乐中要比打扰他们更好。

⑫不能在客人面前讲家乡话，扎堆聊天。

⑬遇事急找客人时，应先说"对不起"，征得客人同意后再与客人交谈。

⑭因工作原因离开客人时要说"对不起，请稍后"，回来时要说"对不起，久等了"。

（二）职业能力

1. 语言表达能力

（1）使用优美的语言和能够使客人愉快的语调，服务过程就会显得更有生气。

（2）使用迎宾语、问候语、称呼敬语、电话敬语、服务敬语、道别敬语为客人提供规范化服务。

（3）能够使用英语或其他外语进行服务，并解决一些服务中的基本问题。

（4）善于用简单明了的语言来表达服务用意。

2. 自控能力

（1）有较强的自控能力，可以在短时间内迅速调整自己的不良情绪。

（2）面对压力有调整心态的能力，以最佳状态为客人服务。

（3）对客人的过激言行，能以平和的心态和语言平息或化解矛盾。

（4）在偶发事件的时候忙而不乱，遇事不惊，对此类事件处理得好可使酒吧不受损失，又不让客人失望。

3. 人际交往能力

（1）能和领导、同事及客人处理好各种关系。

（2）尊重领导、同事，尊重客人。

（3）能遵守各种管理制度和规定。

（4）有主动和其他部门协调工作的能力。

4. 推销能力

（1）有适时、妥当推销酒水的能力。

（2）有灵活多变的推销技巧。

(3)会运用敏锐多变的推销能力。

5. 记忆能力

(1)能分清回头客和新到的客人。
(2)能记住回头客的个性化要求,记住客人,尤其是常客喜欢的酒水。

第四节　酒吧收益管理

一、酒吧经营成本收益分析

(一)酒吧经营成本收益分析内容

对于经营中的酒吧可根据过去一段时间内企业的实际收入和开支情况来进行成本收益分析。对于新开业的酒吧可用预算收益表来进行成本收益分析。预算收益表反映的是对未来某一时期财务状况的预测,包括一定时期内的收入、支出、利润或亏损。

例,某酒吧预算收益如下(见表15–4)。

表15–4　某酒吧预算收益

项　　目	金额(元)	所占百分比(%)
饮料、食品、水果拼盘	2190000	91.25
其他娱乐项目	210000	8.75
销售收入总计	2400000	100
销售成本	840000	35
毛利	1560000	65
费用		
薪金	240000	10
薪资税及员工福利	72000	3.0
员工餐费	72000	3.0
瓷器、玻璃器皿、银器、餐巾、吸管、牙签	36000	1.5
制服	36000	1.5
清洁器具	31200	1.3
宾客餐纸	14400	0.6

续表

项　　目	金额（元）	所占百分比（%）
水、电、气能源	72000	3.0
音乐、娱乐、表演	120000	5.0
酒单制作	12000	0.5
执照费	2400	0.1
垃圾处理	2400	0.1
鲜花及装饰	14400	0.6
行政和一般开支	84000	3.5
广告推销	478000	2.0
维修、保养	38400	1.6
税金	144000	6.0
保险	57600	2.4
利息	19200	0.8
折旧	72000	3.0
附属经营支出	48000	2.0
其他	120000	5.0
费用总额	1356000	56.5
利润	204000	8.5

预算收益表中的成本可用多种方法计算。

其一，把它看成占销售收入的一定比例。例如，饮料成本应该占饮品销售收入的一定比例，在本例中为35%，这个数据应该在分析其他同类型企业的销售收入和成本的基础上确定下来。

其二，为了更精确，往往可以先计算出酒单项目的饮料成本，以决定总成本，再逐个地除以预测销售收入，便可得出饮料成本率。

销售价格取决于顾客所能承受的支付能力，以及企业营业量大小和装修的豪华程度等因素。相对而言，豪华酒吧的实际成本一般较低，因为顾客要为装饰付费；而较低档次酒吧的实际成本则一般较高。

然而，企业的某些费用不能以占销售收入总额一定比例的方法来计算。例如，决定广告和推销费用时，必须先决定采取何种广告和推销方法，然后计算所需费用。如果准备利用报纸做广告，那么，测定广告费用就很简单。如果想要得到一个百分比数值，只要将该项目费用除以销售收入总额即可。

劳动力费用可通过测定提供服务所需的工作人员人数来进行预测。若经营者测定一名服务员能够接待30位客人，那么将预测客人数除以30就可以得出所需的服务员人数，这些人的工资和福利费用就可以测算出来。把服务人员的费用和其他人员的费用相加，就可得到劳动力费用总额。把该费用与预测的销售收入总额相比，就可得到劳动力费用率。劳动力费用率是随着营业收入的变化而变化的，其中那些无论营业好坏都不可少的雇员叫作固定费用雇员，而那些一般的服务员及勤杂工等可以根据营业量大小随时增加或减少，因而称为可变费用雇员。

工资税、职工保险费及补贴费等，在费用总额中占有一定比例，但预测相当容易。其他福利费用的预测也不困难。在计算职工用餐费时，有些企业按占企业食品成本总额一定比例进行预测，一般可以按3%～10%计算，也有企业先预算出每顿职工餐的平均费用，然后乘以预测的供应餐数，就可得出职工用餐费用总额。

企业花在瓷器、玻璃器皿、银器及台布、餐巾上的费用因设施的等级规格不同而各异。同样，各家酒吧的玻璃器皿的质量也常常大有差异。预测这类费用通常可以参考同类企业的标准。但为了预测更为精确，不妨采用以下方法，即先确定各类器皿的需要量，然后乘以该类器皿或物品的单价，就可以得到该类器皿或物品的费用，再将各类费用相加即得费用总额。

制服、洗衣、清洁用品和餐巾纸费用预测通常可根据占销售收入总额的标准比率进行预测，但如果企业制定了对职工制服的管理规定，那么该项费用的计算就会更为精确。一般来说，企业为职工提供制服应考虑以下几个方面：每名职工需要多少套制服；制服的成本；多长时间洗衣一次；所需的成本、费用总额。

水、电、气能源费用在很大程度上取决于企业的地理位置。寒冷地区的企业相对来说需要更多的供暖能源消耗；炎热地带则需要大量的空调能源消耗。但只要了解建筑物的结构和特点，专业人员就能对供暖气和空调的成本费用做出相当精确的估计。

关于音乐和娱乐服务费用，经营者应先确定这些服务的总需要量。如果每周需邀请一个小型乐队演奏5个晚上，那么所需费用计算起来相当容易。在这方面，百分比通常不起什么作用，因为音乐和娱乐服务的费用常常因时而异、因质而异。

酒单制作商可提供酒单的设计制作价格，因此，只要估计出酒单的印制数及其更换频率，就能对这项费用做出精确的预测。

垃圾处理费用在各地相差颇大，在某些城市地方当局提供垃圾清运服务，但企业必须缴纳地方税款；有些地方对这项服务收取一笔固定费用，也有些地方则根据垃圾桶的数量及垃圾量来确定费用。

花卉盆景和装饰费用变化很大，所以首先应确定酒吧装饰到何种程度，相应价格可以从花店或花圃中得到。

此外，办公室职员的开支及办公费用是比较容易估计的项目。法律咨询、保险等费用可由提供各项服务的机构开出。修理和保养费用应根据建筑物状况而定，承担建筑的单位或工程顾问都能够帮助进行预测。

如上所述，预测各项成本费用通常有两种方法。一是以预期销售收入乘以各项成本百分比，以得出相应的金额数。二是对每项成本费用金额做具体预测。采用这种方法通常需要外界有关部门的帮助，同时，即使每项成本费用都分别进行预测，也应计算它们各自占预测销售收入总额的比例，并与行业标准进行比较，看看是否符合一般水平。在进行比较时，无须拘泥于行业标准，因为各家企业的特殊性可使两者的数据不同，有时甚至相差悬殊。

（二）酒吧经营的保本销售分析

酒吧合理的经营，需要经营者必须明确一个基本的使其收入与支出相抵的销售额，即销售的保本点分析。

对正在营业的企业，可根据企业历史资料进行分析，以便对未来的经营工作做出规划。在企业没有历史资料时，也可根据经营人员的估计及同类企业的资料进行分析。

假定其投资者计划利用已有的建筑物改建一个有50个座位的酒吧，经营人员对所需的投资及经营费用做出如下估计：现在酒吧的经营人员希望知道保本销售额是多少。要获得期望的投资收益率，酒吧的年营业收入至少应当是多少。可用量、本、利公式进行如下计算（见表15-5）。

表15-5　量、本、利计算法示例

项　目	金额（元）	项　目	金额（元）
投资总额	100000	其　他	400
预计年固定成本		合　计	20000
折旧费	10000	预计变动成本占营业收入百分比（%）	
人工成本（固定部分）	4800	饮料、食品成本	35
保险费	200	人工成本（变动部分）	15
广告费	1200	其　他	5
能源费（固定部分）	3400	合　计	55

若要求达到的年投资收益率为16%（16000元），那么

　　保本销售额 = 固定成本总额 /（100% − 变动成本在营业收入中所占百分比）
　　　　　　 = 20000 /（100% − 55%）
　　　　　　 ≈ 44444.44（元）

即当年销售额为44444.44元时，酒吧收入正好抵去支出，利润为零。

达到期望收益的销售额＝（固定成本总额＋投资期望收益）/
（100%－变动成本在营业收入中所占百分比）
＝（20000＋16000）/（100%－55%）
＝80000（元）

如果酒吧经营者对各种成本的估计是相当正确的，那么只要判断一下这个酒吧能否获得80000元以上的年销售额。如果能实现这个销售额，则建造这个酒吧就是有利可图的。

在上述计算中，有两个问题需要说明：

第一，"100%－变动成本在营业收入中所占百分比"称为"边际贡献率"。边际贡献是营业收入扣除变动成本之后的剩余部分，这个部分是对抵补固定成本和盈利所做出的贡献。为了说明这一点，先假设某酒吧的固定成本为每月14850元，变动成本在营业收入中所占百分比为45%，在某年6月只有一位顾客来酒吧消费，该顾客消费18元。这样该酒吧的损益表如表15-6所示。

表15-6 损益表

项　目	总数（元）	单位数（元）
营业收入（1名顾客）	18.00	18.00
减：变动成本	8.10	8.10
边际贡献	9.90	9.90
减：固定成本	14850.00	—
亏损	14840.10	—

如果在6月份，来酒吧消费的人数增加1人，边际贡献就增加9.90元。如果有1500名顾客来消费，那么，该酒吧的边际贡献就可达到14850元，刚够抵补固定成本。这时，酒吧既不盈利也不亏损。换句话说，这个酒吧达到了保本点（也称作损益分界点）。这个概念可从表15-7看出。

表15-7 保本点表（1）

项　目	总数（元）	单位数（元）
营业收入（1500名顾客）	27000.00	18.00
减：变动成本	12150.00	8.10
边际贡献	14850.00	9.90
减：固定成本	14850.00	—
利润	0.00	—

由此可见，保本点是达到营业收入总额与成本总额相等的销售量，或达到边际贡献总额与固定成本总额相等的销售量。

达到保本点之后，每增售 1 个单位，企业的利润就增加相当于 1 个单位边际贡献的数额。在上例中，如果有 1501 名顾客来消费，这个酒吧在 6 月份的利润就应当是 9.90 元（见表 15–8）。

表15–8　保本点表（2）

项　目	总数（元）	单位数（元）
营业收入（1501 名顾客）	27018.00	18.00
减：变动成本	12758.10	8.10
边际贡献	14859.90	9.90
减：固定成本	14850.00	—
利润	9.90	—

因此，在确定不同的业务活动量时，要知道企业的利润数，经营管理人员不必编制一系列损益表；在确定某一业务量时，企业经营管理人员只需用单位边际贡献数乘以超出保本点的销售单位数就可计算出企业的利润数。如果企业计划增加销售量，经营管理人员希望了解销售量的增加对利润会有些什么影响，他们只需用单位边际贡献数乘以增加销售的单位数便可得到。假设预计前来酒吧消费的顾客人数为每月 1800 人，而在酒吧实际每月接待 2000 名顾客时，酒吧的利润将增加。

（2000−1800）× 9.90 元 =1980.00 元

可用下列收益比较表（见表 15–9）来证明这个计算的正确性。

表15–9　收益比较表

销售量	营业收入	减：变动成本	边际贡献	减：固定成本	利润
1800 人	32400.00	14580.00	17820.00	14850.00	2970.00
2000 人	36000.00	16200.00	19800.00	14850.00	4950.00
单位数（元）	18.00	8.10	9.90	—	—
差额（200）人	3600.00	1620.00	1980.00	—	1980.00

营业收入、变动成本和边际贡献可按单位来计算，也可用百分比来表示（见表 15–10）。

表15-10 损益的百分比计算

项目	总数	单位数（元）	百分比（%）
营业收入（3000名顾客）	54000.00	18.00	100
减：变动成本	24300.00	8.10	45
边际贡献	29700.00	9.90	—
减：固定成本	14850.00	—	—
利润	14850.00	—	—

边际贡献占营业收入的百分比称作边际贡献率或利润比率。这个比率表明营业收入变化1元钱，边际贡献会受到什么影响。上例中，酒吧的边际贡献率为55%，也就是说，这个酒吧的营业收入每增加1元，边际贡献总额将增加0.55元。如果固定成本不变，该酒吧的利润也将增加0.55元。因此，用边际贡献率乘以营业收入变化金额，可计算出营业收入总额的变化对利润的影响。如果酒吧计划增加月营业收入3000元，该酒吧的经营管理人员可以预期边际贡献将增3000×55% = 1650（元）；如果固定成本不变，该酒吧的月利润也将增加1650元，这可用表15-11证明。

表15-11 预计利润的增加计算

项目	计划营业量（元）	实际营业量（元）	增加金额（元）	百分比（%）
营业收入	54000.00	57000.00	3000.00	100
减：变动成本	24300.00	25650.00	1350.00	45
边际贡献	29700.00	31350.00	1650.00	55
减：固定成本	14850.00	14850.00	0.00	—
利润	14850.00	16500.00	1650.00	—

用边际贡献率计算要比用单位边际贡献数方便。由于边际贡献率是一个百分比，因此，经营管理人员用它来比较企业各个部门获取利润的能力也就比较方便了。

第二，在保本销售公式中，固定成本总额及变动成本在营业收入中所占百分比是保本销售的两个重要因素。一个企业的固定成本高好还是变动成本高好，换句话说，哪一种成本结构较好？对这个问题无法做出绝对肯定的回答。我们只能指出，在特定的条件下，两种不同的成本结构各有利弊。假定有甲、乙两个酒吧，它们的营业收入和利润相同，但成本结构不同，这对决定哪个酒吧更可能获取利润会产生不同的影响。表15-12中的成本数据可表明这两个酒吧成本结构的区别。

表15-12　甲、乙两酒吧成本结构比较

项目	甲 酒 吧		乙 酒 吧	
	金　额（元）	百分比（%）	金　额（元）	百分比（%）
营业收入	1000000	100	1000000	100
减：变动成本	500000	50.0	600000	60.0
边际贡献	500000	50.0	400000	40.0
减：固定成本	300000	30.0	200000	20.0
利润	200000	20.0	200000	20.0

要决定哪个酒吧的成本结构较好，应该考虑许多因素。例如，长期销售趋势、营业季节性波动、经营管理人员的经营思想等。如果今后的趋势是来消费的顾客人数将增加，甲、乙两个酒吧在固定成本不变的情况下，年营业收入都可增加10%，那么，甲、乙两个酒吧的利润会有什么变化呢？答案是：甲、乙两个酒吧的利润不会增加相同的数额。甲酒吧变动成本占营业收入的50%，即营业收入每增加1元，其变动成本和利润各增加0.5元；而乙酒吧的变动成本占营业收入的60%，每增加1元营业收入，其利润只增加0.4元。在营业收入各增加10%的情况下，甲、乙两个酒吧的新损益表如表15-13所示。

表15-13　甲、乙酒吧新损益表（1）

项目	甲 酒 吧		乙 酒 吧	
	金　额（元）	百分比（%）	金　额（元）	百分比（%）
营业收入	1100000	100	1100000	100
减：变动成本	550000	50.0	660000	60.0
边际贡献	550000	50.0	440000	40.0
减：固定成本	300000	27.3	200000	18.2
利润	250000	22.7	240000	21.8

从表15-13可见，甲酒吧的利润增加了50000元，而乙酒吧的利润却只增加了40000元。在这种情况下，甲酒吧的成本结构显然要比乙酒吧好。也就是说，在营业量增加时，边际贡献率高的企业的利润增加较多，其成本结构就较好。但是，当甲、乙两个酒吧的收入都减少10%时，假定固定成本不变，此时，乙酒吧的利润就比甲酒吧高（见表15-14）。

表15-14　甲、乙酒吧新损益表（2）

项目	甲　酒　吧		乙　酒　吧	
	金　额（元）	百分比（%）	金　额（元）	百分比（%）
营业收入	900000	100	900000	100
减：变动成本	450000	50.0	540000	60.0
边际贡献	450000	50.0	360000	40.0
减：固定成本	300000	33.3	200000	22.2
利润	150000	16.7	160000	17.8

如果销售量继续下降，甲酒吧将比乙酒吧更早发生财务困难。

如表15-15所示，甲酒吧的保本点是在营业收入为600000元时发生的，而乙酒吧的保本点则是在营业收入降至500000元时才会发生。

表15-15　甲、乙酒吧的保本点

项目	甲　酒　吧		乙　酒　吧	
	金　额（元）	百分比（%）	金　额（元）	百分比（%）
营业收入	600000	100	500000	100
减：变动成本	300000	50.0	300000	60.0
边际贡献	300000	50.0	200000	40.0
减：固定成本	300000	50.0	200000	40.0
利润	0		0	

二、酒吧经营收益成果评估的方法

酒吧利润指标是反映酒吧经营成果的一项综合指标。酒吧的利润水平与酒吧的经营管理水平、降低成本的成效有着直接的联系。由于酒吧利润总额中营业利润是主要组成部分，而营业利润中产品销售利润又是主要组成部分，因此，产品销售利润是构成酒吧利润总额的基本部分。

（一）酒吧经营收益性评估

收益性评估在于分析酒吧的收益能力。酒吧的收益能力强，经济效益就好；反之，收益能力弱，经营处于维持局面，酒吧就难以发展。所以，收益性评估可以说是关系酒吧命运的大问题。收益性评估的主要方法是计算销售利润率和资金利润率。

1. 销售利润率

销售利润率是产品纯销售额与利润净额的比率，其计算公式是：

$$销售利润率 = 本期利润净额 / 本期商品纯销售额 \times 100\%$$

公式计算结果说明酒吧销售 100 元能获得多少净利润。酒吧销售后才能获得毛利，用毛利支付一切费用、税金和营业外净支出等，才是利润净额。

酒吧利润率一般很高，在 60%～75%，因此，评估利润率，要分析经营收支过程，研究利润率增减变化的因素，通过与计划对比，分析脱离计划的差异和原因。通过与上年同期或几个年度同期对比，可以观察其发展趋势并预测未来。分析原因要从内因与外因两个方面分析，以便从主观和客观两个方面检查，提出改进建议。

2. 资金利润率

资金利润率反映资金与利润的关系，是考核投资效果的指标，也是考核投资收益性的指标。资金利润率计算公式为

$$资金利润率 = 利润净额 / 平均资金总额 \times 100\%$$

或

$$资金利润率 = 资金周转率 \times 销售利润率$$

由于资金利润率是综合性指标，它包括销售、资金、利润多重关系。因此，一般常用这一比率来衡量酒吧的经营活动，也可用它来考核收益性能。它为酒吧指明了提高收益性能的两个途径：一是提高销售利润率；二是提高资金周转率。

（二）酒吧经营成长性评估

稳定性较好的酒吧，应进一步谋求销售增长，有成长性的酒吧才有生命力。反映成长性的指标，主要有销售增长率和利润增长率。

1. 销售增长率

把销售额逐年或逐月加以比较，可以反映销售的增长比率，通过增长率来分析成长率。销售增长率的公式：

$$销售增长率 = 本期商品纯销售额 - 上年同期商品纯销售额 / 上年商品纯销售额 \times 100\%$$

本期商品纯销售额比上年同期或近几年同期增长率较高的，说明成长性好；反之，

不是增长而是下降，呈现出衰退的趋势时，就必须及时采取措施。

2. 利润增长率

把利润净额逐年比较，可以反映利润的增长比率。利润的增长，同样标志着酒吧的成长性。例如，本期利润比上年同期或比近几年同期有所增长，说明有成长性；反之，则为衰退。发现衰退趋势，就必须分析原因，积极采取有效措施，改变这种趋势。

利润增长率的公式为

利润增长率 = 本期利润净额 − 上年同期利润净额 / 上年同期利润净额 × 100%

上述销售增长率和利润增长率两项都是增长的（同步增长），才能判定为成长型；如果两项都是下降的（同步下降），就是衰退型。如一增一降应做具体分析。成长型酒吧应争取进一步发展。衰退型酒吧应引起重视，从速研究改善对策，否则，企业将濒临破产。

（三）损益状况的比率分析

对损益状况的比率分析，主要目的是为判断酒吧纯损益实际情况或营业外损益核算中是否存在"水分"提供评估线索。分析的途径是对损益额与损益形成过程中的各项目之间的关系进行比较。通常以损益额占全部经营收入、全部经营支出、销售收入、销售成本、流通费用的比率变化来发现问题。

1. 收入损益率占销售损益率之比变化评估

由于酒吧全部经营收入等于销售收入、附营业务收入和营业外收入之和，所以收入销售损益率之比其实质是销售收入与全部经营收入之比。

收入损益率 / 销售损益率 = 损益 / 全部经营收入 ÷ 损益 / 销售收入
= 损益 / 全部经营收入 × 销售收入 / 损益
= 销售收入 / 全部经营收入

实际上，收入损益率与销售损益率之比的另一方面是附营业务收入和营业外收入等与全部经营收入之比。用公式表示为

1 − 销售收入 / 全部经营收入 =（附营业务收入 + 营业外收入 + 其他项目收入）/ 全部经营收入

因此，在全部支出不变的情况下，经营较正常的企业，收入稳定，附营业务收入和营业外收入等不会出现大的变化。如果这个比率大幅度上升，则有可能是销售收入异常增加所致，这时应重点分析销售实现的合理性；如果这个比率突然大幅度下降，则有可

能是附营业务收入和营业外收入等异常增加所致，这时应重点分析附营业务收入和营业外收入等实现的合理性。

2. 支出损益率与成本损益率的比率变化评估

由于酒吧全部经营支出等于销售成本、销售税、流通费用、附营业务支出、营业外支出和其他支出之和，所以支出损益率和成本损益率之比其实质是销售成本与全部经营支出之比。即

$$支出损益率 / 成本损益率 = 损益 / 全部经营支出 \div 损益 / 销售成本$$
$$= 损益 / 全部经营支出 \times 销售成本 / 损益$$
$$= 销售成本 / 全部经营支出$$

实际上，支出损益率与成本损益率之比的另一方面是流通费用、销售税金、附营业务支出和营业外支出等与全部经营支出之比。用公式表示为

$$1 - 销售成本 / 全部经营支出 = (流通费用 + 销售税金 + 附营业务支出$$
$$+ 营业外支出 + 其他支出) / 全部经营支出$$

因此，在全部收入项目不变的情况下，经营较正常的酒吧，支出损益率占成本损益率及占其他几项支出损益率的比率也不会出现大的波动。如果出现了大幅度的上下波动，则意味着成本和其他几项支出的变化不正常。一般来说，支出损益率占成本损益率的比率突然增加是流通费用、附营业务支出和营业外支出等不正常的表现，这时应重点检查这几项支出的合理性；反之，突然缩小说明流通费用、附营业务支出比重增大，是成本变化不正常的表现，这时应着重检查成本结构的合理性。

3. 支出损益率占费用损益率的比率变化评估

在全部收入项目不变的情况下，支出损益率占费用损益率及其他几项支出损益率的比率不会出现大的波动。如果出现大的波动，则意味着经营费用和其他几项支出的变化不正常。一般来说，支出损益率占费用损益率的比率突然增大，是销售成本、附营业务支出和营业外支出等项目的不正常表现，这时应重点检查这几项支出的合理性；反之，突然缩小，说明销售成本、附营业务支出和营业外支出所占比重增大，是经营费用变化不正常的表现，这时应着重检查经营费用核算的合理性和真实性。

4. 相对指标的比率变化评估

相对指标的比率变化分析，主要包括销售损益率变化分析、成本损益变化分析和费用损益率变化分析3个方面。评估的方法是将各自的两个不同时期的量化指标进行比较。这种比较从时间上来说，可以是月份比较、季度比较，也可以是年度比较；从基期的选

择上来说，可以是前期也可以是同期，这要根据不同酒吧的特点确定，但一定要注意可比性。通过比较看其是否有大起大落的变动或超过规律性波动的变化，目的是判断酒吧损益形成过程是否合理、真实。

第五节　酒吧产品质量控制

在酒吧经营过程中，质量是生命，因为酒吧主管人员的任务在于控制产品的质量，为客人提供最优的产品。而产品质量控制包括了从原料的采购到出品及客人反馈后的改善，如果这一系列的流程能够保证酒吧吧台的出品质量符合要求，则为客人提供最优的产品提供了保证。

一、酒吧产品质量控制方法

酒吧经营过程中产品质量控制方法有标准控制法、岗位职责控制法、重点控制法。

（一）标准控制法

标准控制法是指为酒吧吧台原料的采购、生产制作流程、方法以及最终的出品制定严格的质量标准规范，要求相关操作人员完全按照标准来执行的控制方法。

饮品质量的标准化有利于饮品质量的管理。因为质量管理的关键是对质量偏差的监控，而质量偏差是实际的质量与规定的质量标准之间的偏差。因此，质量标准是质量监控的依据，只有建立了完善的质量标准，才能更好地控制质量偏差和进行质量管理。从饮料原料的采购到最终饮品出品，酒吧应该制定的标准主要有。

（1）采购规格标准。酒吧使用的各种原料的质量是影响酒吧吧台饮料出品质量的关键因素，酒吧管理者要制定严格的原料采购规格表，对酒吧使用的主要原料的采购质量做出明确的规定，例如原料的产地、品名、规格、口味等，确保采购到新鲜的原料。

（2）生产制作标准。生产制作标准是指酒吧出品的各种饮料、酒品的制作配方及标准酒谱。它包括酒品、饮料的配料成分、计量、制作流程以及制作要求等。制定统一的生产制作标准可以要求操作人员按照标准制作，简单易行，而且可以避免人为因素的影响，保证出品质量的统一。

(3)出品标准。对饮料的最终出品制定质量标准,对饮品质量的构成要素,如温度、色泽、口味、分量、装饰等做出明确而具体的规定。

酒吧出品的产品种类较多,形式各异,出品标准需根据具体酒品、饮料的特点制定,如为酒吧的咖啡出品和饮料出品制定严格的质量标准,可以使吧台的出品质量有参考依据,从而为提高出品质量打下很好的基础。标准要经过反复的操作然后才能确定,并且要定期和不定期地进行修订,让出品标准成为产品质量的有力保障。

(二)岗位职责控制法

岗位职责控制法是指通过明确岗位分工,强化岗位职能,并施以检查督导,来达到控制酒吧吧台饮品质量的目的。

(1)所有工作均应有所落实。酒吧吧台饮品生产要达到一定的标准要求,各项工作必须全面分工、落实。这是酒吧岗位职责控制法的前提。只有所有工作明确划分、合理安排,毫无遗漏地分配至各岗位,才能保证酒吧吧台饮品生产顺利进行,各环节的质量有人负责,检查和改进工作也才有可能。另外,在明确分工的同时,饮品生产各岗位还应该加强协作,每个岗位所承担的工作任务应该是本岗位比较易于完成的,而不应是阻力、障碍较大,或操作很困难的几项工作的累积。酒吧各岗位明确后,要加强岗位职责和工作任务的培训,增强各司其职、各尽其能的意识,员工在各自的岗位上保质保量及时完成各项任务,其质量控制便有了保障。

(2)岗位责任应有主次。酒吧吧台的所有工作不仅要有相应的岗位分担,而且各岗位承担的工作责任也不应是均衡一致的。一些岗位,如调酒师岗位,对饮品质量负有主要责任;另一些岗位,如调酒员岗位,则对饮品质量负有次要责任。而这种担负不同责任的基础就在于两者之间责、权、利的不同。从本质上说,饮品生产是个有机相连的系统与整体,任何一个岗位、环节不协调,都有可能影响饮品的质量。因此,这些岗位的员工同样要认真对待每项工作。

(三)重点控制法

重点控制法是针对饮品生产的某个时期、某些阶段或容易出现质量问题的环节,或对重点客人、重要任务以及重大酒吧活动而进行的更加详细、全面、专注的督导管理以及时提高和保证某些方面、某活动的饮品生产与出品质量的一种方法。

(1)重大活动控制。酒吧重大活动不仅影响范围广,而且为酒吧创造的效益也多,同样消耗的饮品成本也高。加强对重大活动饮品生产制作的组织和控制,不仅可以有效地节约成本开支,为酒吧创造应有的经济效益,而且通过成功地组织大规模的酒吧活动,还能向外宣传酒吧饮品的实力,进而通过来店客人的口碑,扩大酒吧影响,有利于酒吧经营。酒吧对重大活动的控制,应从酒单的制定着手,要充分考虑客人的结构,结合酒吧饮品特点和季节特点,开出既具有一定风味特色,又能为其活动团体广为接受的饮品。接着要精心组织,合理安排酒吧工作人员,妥善及时提供各类饮料、酒品。重大活动期间,尤其应采取切实有效措施,提前做好活动服务培训,强化质量意识,将质量控制的责任落实到人,并注意控制饮品及生产制作的卫生,严防食物中毒等不安全事故的发生。

(2)重点客人控制。根据酒吧的业务活动性质,区别对待一般正常生产任务和重点客情、重要生产任务,加强对后者的控制,对酒吧的社会效益和经济效益的影响可以发挥较大作用。重点客人的特征是客人身份特殊,或者消费标准不一般,因此,从饮品单制定开始就要强调以针对性为主,从原料的选用到生产、出品,要注意全过程的安全、卫生和质量可靠。酒吧管理者要加强每个岗位环节的生产督导和质量检查控制,尽可能安排技术好的调酒师负责产品的制作。每种饮品除了尽可能做到尽善尽美外,还要安排专人跟踪负责。在客人饮用之后,还应主动征询意见,积累资料,以方便以后的工作。

(3)重点岗位、环节控制。通过对酒吧饮品生产和出品质量的检查和考核,找出影响或妨碍生产秩序和饮品产品质量的环节或岗位,并以此为重点,加强控制,提高工作效率和出品质量。需要注意的是,作为控制的重点岗位和环节是不固定的。某段时期中薄弱环节通过加强控制管理,问题解决了,而其他环节新的问题又可能出现,这时就应及时调整工作重点,进行新的控制督导。这种控制并不是盲目简单的"头痛医头、脚痛医脚"的方法,而应根据酒吧饮品生产管理的总的目标,随着控制重点的转移,不断提高饮品质量,完善管理,向新的水准迈进。

二、全面质量控制

全面质量控制就是酒吧加强对原料的采购、库存、制作到出品的每个阶段的质量检查控制,从而保证酒吧饮品生产全过程的质量安全可靠。

(一)把好新饮品设计关

饮品设计是决定饮品质量的先决条件,饮品质量控制的第一项工作就是要把好饮品设计关。可以说,如果饮品设计质量不高,即使后续工作非常努力,也制作不出高质量的饮品。产品设计阶段质量控制的关键在于保证新饮品能够满足消费者需求,受到消费者的欢迎。为确保饮品设计质量，在酒吧日常经营过程中要做好以下三个方面的工作。

（1）确定产品质量要求。在研发新的饮品之前，需要充分了解和分析顾客的需求，了解酒吧饮品发展趋势以及竞争对手的产品状况，结合本酒吧的原料供应和生产技术状况，提出合理的新饮品设计方案。新饮品的研发设计方案首先必须关注其质量要求，无论是从原材料的选择、制作方法的选择还是盛器、装饰品的选择等都必须重视质量，这样可以确保研发的新产品保质保量，易于被客人接受，易于推向市场。

（2）饮品测试。根据设计方案研发出的新产品必须进行测试。首先是酒吧的管理者和制作者进行尝试评估，同时，也可以邀请消费者免费品尝，给出意见，作为改进的依据；或者进行新饮品的试销和推广，了解饮品销售状况，做出相应的调整。经过多方面的测试、评估，最终确定标准饮品单，并投放市场进行销售。标准饮品单是饮品质量控制的标准。

（3）原料阶段控制。饮品原料阶段的控制主要包括原料的采购、验收和储存。在这一阶段要做好以下工作：其一，控制原料的采购规格。要严格按采购规格书采购各类原料，确保购进原料能最大限度地发挥应有作用，并使饮品制作变得方便快捷。其二，控制原料的验收质量。酒吧主管或调酒师按照采购规格，对酒吧所有采购的原材料进行全面细致的验收，保证进货质量，把不合格原料杜绝在酒吧之外，这样可以减少饮品生产的许多质量问题。其三，控制原料的储存管理。加强原料储存管理，各类储藏库要及时检查清理，防止将不合格或变质原料发放给吧台。对已申领暂存的原料，同样要加强检查管理，确保质量可靠和卫生安全。

（二）生产制作控制

酒吧经营过程中，对吧台产品制作过程实行质量控制，是全面质量管理的中心环节，其任务在于保证形成一个能生产优质产品的生产管理系统。这一系统包括了工作人员、设备设施、原料、制作方法、检查手段与方法等生产要素。内容主要包括以下四个方面。

（1）控制原料的领取。取料严谨，严格检查各类饮品原料的质量，切不可将不合格的原料、辅料等领进酒吧。原材料的质量影响的不仅仅是一杯饮料，而是整个酒吧的出品品质，因此，酒吧每次补货，都必须由专人进行质量把关，从源头开始控制出品质量。

（2）控制饮品调制。要求酒吧调酒师严格按照饮品标准配方进行饮品调制，切不可随意更改配方或按照自己的习惯来操作。要做到以质取胜，必须做到制作科学化、标准化。

（3）控制饮品的装饰。装饰物要严格按照标准配方制作，不得任意改变。装饰要大方得体，能突出饮料的新鲜，衬托饮品色彩，给人在视觉上强烈的感观效果及艺术性。一旦装饰物变色、不新鲜，影响的不仅仅是装饰物本身，而且会影响到饮品的质量，切不可掉以轻心。

（4）控制制作环境。酒吧操作人员要讲究个人卫生，按规定着装，仪表整洁，符合《员工手册》的要求。工作中，保证酒吧吧台的清洁卫生，及时清洗水杯、工作台以及地面。同时，酒吧工作人员还要注意操作中的卫生和操作规范。

（三）出品控制

酒吧经营过程中出品阶段控制是指调酒师或者领班对制作完成的饮品进行检查，查看饮品的温度、颜色、外观、装饰等，不合格的产品不能出吧台。

全面质量控制除了以上环节的流程控制外，还包括饮品售后的质量调查。吧台饮品销售后，要对顾客反映的问题进行详细的记录，征求客人的意见，分析不受顾客欢迎的原因，以改进产品质量。

 复习与思考

一、名词解释

混合销售　酒吧经营的成本收益分析　重点控制法

二、填空题

1. 在酒吧经营过程中，常见的酒水销售形式有三种，即_____、整瓶销售和混合销售。
2. 目前酒吧常用的计量有每份30毫升、_____毫升和_____毫升三种。
3. 全面质量控制包括把好新饮品设计关、生产制作控制、_____。

三、选择题

酒吧为了鼓励客人消费，通常采用低于零杯销售（　）的价格对外销售整瓶酒水，从而达到提高经济效益的目的。

　　A.5%～10%　　　　B.10%～20%　　　C.20%～25%　　　D.30%

四、判断题

1. 啤酒的最佳饮用温度是在15℃左右。（ ）

2. 整瓶销售是指酒水以瓶为单位对外销售，这种销售形式在一些大饭店、营业状况比较好的酒吧较为多见，而在普通档次的饭店和酒吧则较为少见。（ ）

3. 对于混合酒来说，有时可能一种酒会有比例不同的多种配方，经营者应在征询客人意见的基础上，挑选及确定其中一种配方，供酒吧使用。（ ）

4. 全面质量控制就是酒吧加强对原料的采购、库存、制作到出品的每个阶段的质量检查控制，从而保证酒吧吧台饮品生产全过程的质量安全可靠。（ ）

五、简答题

1. 简述酒吧操作标准化。
2. 简述酒吧人员行为规范。
3. 简述销售收入对酒吧经营的作用。
4. 酒吧经营收益成果评估的方法是怎样的？

六、案例分析

酒吧中所经营的酒类品种丰富，每种酒都有其自身的特征，拥有不同的颜色、气味、口感，在饮用上也有不同的要求，同类酒由于出产地和年份不同，其口味和价值也有差异。依据本章知识及你的理解，谈谈该如何推销不同的酒。

酒吧营销管理
PPT

第十六章 酒吧营销管理

学习目的意义 熟悉、掌握酒吧营销策略，能够独立策划酒吧主题活动，培养创新实践能力。

本章内容概述 本章内容为酒吧营销策略、鸡尾酒会组织与管理、酒吧主题活动的组织实施，重点是学会策划一场酒吧主题活动。

学习目标

方法能力目标

熟悉并掌握酒吧营销策略、鸡尾酒会组织的原则、方法、能力，培养思维能力、创新能力。

专业能力目标

了解并掌握酒吧营销策略及鸡尾酒会组织实施，提高专业知识的运用能力。

社会能力目标

能够运用所学的知识，独立策划、营销、举办一场酒吧主题活动，培养创新实践能力。

第十六章　酒吧营销管理

知识导入

酒吧文化的演进体现着社会文化的发展

"有音乐，有酒，还有很多的人。"一般人对酒吧的认识似乎就是如此。作为西方酒文化标准模式，酒吧越来越受到人们的重视。酒吧文化、酒吧，悄悄地，却是越来越多地出现在改革开放后的中国大都市的一个个角落。北京的酒吧品种众多，上海的酒吧情调迷人，深圳的酒吧最不乏激情，酒吧已成为青年人的天下、亚文化的发生地。酒吧的兴起与红火与整个中国的经济、社会、文化之变化都有着密不可分的关系，酒吧的步伐始终跟随着时代。

"吧"英文为"Bar"，它的本义是指一个由木材、金属或其他材料制成的长度超过宽度的台子。中文里"吧台"一词是一个独特的中英文组合词，因为，吧即是台，台即是吧。顾名思义，酒吧也就是卖酒的柜台。

那么，卖酒的柜台是如何进入酒馆并喧宾夺主一跃成为酒馆里的主角的呢？在这一喧宾夺主取而代之的过程中，"吧"在酒馆的舞台上成功地表演了一场出位秀。它使"吧"的含义逐渐超出了柜台的狭窄范围，而延展为一个空间、一个场所或一种结构与功能。今天，当我们提到"吧"时，几乎已没有了原初台子的含义，而主要是指一幢房子、一个空间、一个场所。"吧"因此也就开始招摇在都市的大街小巷。随着"吧"的词义扩展与延伸，出现了迪吧、网吧、聊吧、陶吧、茶吧等新的名词。出位秀不仅让"吧"成了酒馆的僭越者，还让"吧"从酒馆延展到更广阔的城市空间。

我们知道，酒吧的主人——酒馆无论在西方还是在东方，都已有相当长的历史。酒馆作为大众平民的公共消费场所，桌椅板凳是必备的，但吧台或柜台却是可有可无。在今天，我们也经常会光顾没有吧台或柜台的小酒馆。让我们感兴趣的是吧台是以怎样的方式进入酒馆，并成了主角的？虽然吧台逐渐在酒馆里占据了显要的位置，但与馆或店相比，"吧"毕竟只是一个小小的长台，它为什么能取酒馆而代之，成功出位并占尽风光？这不能不说是一个令人费解又饶有趣味的问题。

一种称呼的改变，一个词语的流行，仅从语言的功能所指上来分析是不够的。语言的变化与流行经常反映着时尚生活的流变，表明当下的生活态度、价值取向、行为方式发生了改变。革命年代人们互称"同志"，开始只限于同一团体、组织、政党或有共同理想追求的人，后来这一称呼泛而广之，人们之间都以"同志"相称。进入商品经济时代，人们开始以"先生""老板"相互称呼。这种词语称呼的变化可以说是监测时代变化最好的晴雨表。酒吧取代酒馆的过程同样反映着都市生活发生了某些微妙的变化。

第一节　酒吧营销策略

一、酒吧营销策略

（一）品牌营销

娱乐行业竞争越来越强，酒吧行业则显得更为突出。要想经营好一家酒吧，进行市场调研，挖掘与引导消费者心理需求是必不可少的。同其他企业一样，酒吧有自己的组成部分，酒吧是由音乐、灯光、酒水、服务、互动交流等组成，其组成是人和物。客户也是人，产品和用户之间的关系更多的是通过人与人的交往、接触来实现的。

企业要生存、发展，就必须赢得市场，必须创立自己的品牌。品牌一旦形成，只要其一如既往地坚持其品质并灵活地适应市场的变化，便可赢得大部分市场。用一个公式可概括品牌的内涵：品牌 = 理念 + 产品 + 营销。

理念，是人们通过产品及服务所能感受到的一种文化、一种精神。"将顾客作为我们的朋友"的经营理念不仅和谐地联结了酒吧与顾客之间的关系，也潜移默化地影响了来消费的每位客人。

产品包含质量、成本、特色三个方面。酒吧的产品具有有特色、有内涵、有可观性的消费特色，其质量保证体现在：人身安全、有内涵的音乐、良好的消费氛围、舒适的环境、超前的服务。讲求质量，就是从定位到实施都做到上述几点。现在的客人已不再满足于"音乐 + 酒 = 酒吧"的简单服务，他们希望从平常繁忙的工作和生活压力中解脱出来，获得一个身心愉快的夜晚，不管什么时候看到、听到、感受到的都是最有价值的东西，以不虚此行。与其枯燥单调、百无聊赖地坐在那儿听着千篇一律的音乐，不如全身心投入、彻底轻轻松松地享受一次。以"设身处地""己所不欲，勿施于人"的朋友立场来做，应该在每个环节、每个细节上为顾客考虑，让其体验有独特价值的消费。

总之，酒吧要赢得市场，必须像其他企业一样去创品牌，必须有正确的理念，完善的保障系统并注重营销方式。

（二）策划营销

常用的策划方法有：

（1）点子方法。从现代营销角度来说，点子是指有丰富市场经验的营销策划人员经过深思熟虑，为营销方案的具体实施所想出的主意与方法。点子是做好营销策划的基础。

（2）创意方法。这种方法运用比较广泛，不过在营销策划的时候真正能够使用这种方法的并不是很多。创意是指在市场调研的前提下，以市场策略为依据，经过独特的心智训练后，有意识地运用新的方法组合旧的要素的过程。

（3）谋略方法。谋略是关于某项事物、事情的决策和领导实施方案。在目前看来很多酒吧在制定营销策划的时候缺少的恰恰是谋略。

（三）跨界营销

酒吧竞争日益激烈，消费者也已变得越来越成熟，这就对营销提出了更高的要求。要创立自己的品牌，在加强自身建设的同时，必须加大营销工作的力度，以促进企业的发展，开拓更大的消费市场，提高经营效益。

根据目前的市场情况，低成本、高效益、短时间、高效率是酒吧主导的营销策略。而实现这一营销策略的最为有效的方式就是跨界营销。跨界对象的选择十分关键，通常需要选择有实力、同档次、跨行业的企业作为合作伙伴，特别是同为休闲娱乐业，且功能具有互补性的企业最有可能成为跨界营销的合作对象。跨界营销的目的是打破行业隔阂，捆绑知名品牌提升自我品牌价值、建立一体化经营共同体，资源共享、减低推广费用及运营成本、达到资源整合的目的。跨界营销的主要内容包括：

（1）客户资源共享。通过与相关品牌或企业的联合，扩大目标客户群体，减低推广维护费用。新的顾客群体的拓展需要大量的费用，如各种广告费、公关费用等，这对于一个酒吧来说是一笔相当大的费用支出，通过与相关品牌的联营，可以实现客源市场的共享，减少酒吧的宣传推广费用。

（2）推广资源共享。单体酒店或酒吧的推广资源相当有限，而联合其他相关品牌企业，如酒水饮料供应商、运动产品供应商、中高档健身会馆、同类型餐饮店、其他娱乐场所等，做到推广资源共享、店内广告位共享、户外宣传推广位共享等，就可以有效降低品牌推广成本。

（3）人力资源共享。建立人力资源库，减低用人风险。

（4）营销资源共享。不同时期的销售活动可以根据活动内容与其他所有联盟店合作，减低活动成本。

（四）形象营销

形象营销就是要求酒吧在市场中树立较好的市场形象，使目标客人了解酒吧的经营理念、服务特色、产品优势等，通过形象推广向客人展示自己，以吸引更多的消费者，提高酒吧知名度,从而达到营销的目的。

1. 店名、店招形象

给酒吧起个朗朗上口、容易记忆的好名字,就等于给酒吧营销奠定了一个好的基础。店名的好坏关系到酒吧是否容易被识别,客人能否记住,这对于扩大酒吧的知名度十分重要。因此,酒吧经营者在策划之初就应该考虑给酒吧起个响亮的名字。酒吧的名字就如同酒吧的身份证一样,字数要少、笔画要简单、发音要容易,而且,要有时代感和独特性,特别是能够体现酒吧的特征。例如,有情调的酒吧名字:彼岸花、香水百合、时空漫步、阳光午后、创意时空、夜未央、柠檬树、橄榄树等;清雅的酒吧名字:居天下、茗晴居、茗馨居等;户外酒吧的名字:玛雅、畅行天下、蜗牛人、指南针、消息树、在路上、动力伞、热气球等;有创意的酒吧名字:寞离(寂寞远离的意思)、穹人(苍穹下的人)、猎奇门、东躲西藏(西藏)、藏酷等。此外,还有如西藏的玛吉阿米、喜马拉雅、阿里郎,上海的福炉,丽江的樱花屋,阳朔的没有了,南京的1912等。这些与众不同的酒吧名字本身就是一种很好的营销工具,对各种不同类型的消费者都具有很大的吸引力,可以起到很好的宣传推广作用,达到营销的目的。

店招是指酒吧的招牌,又称幌子。这也是酒吧很重要的营销工具,一般要求店招设计美观,适合酒吧风格,能引起客人的注意并加深印象(见图16-1)。

图16-1 酒吧店面形象创意

2. 情调氛围形象

情调和氛围是酒吧的特色,是一个酒吧区别于其他酒吧的关键因素。酒吧的情调和氛围通常是通过装潢和布局、家具陈列、灯光和色彩、背景音乐以及活动组织等体现的,酒吧情调和氛围要突出主题,营造独特风格。高品位、高格调的酒吧应该营造出温馨、浪漫的情调,让客人在休闲、放松之余忘却烦恼和疲惫,在消费中获得美感与享受,从而流连忘返,再次光顾。

3. 清洁卫生形象

酒吧清洁卫生形象是指通过清洁卫生的酒吧环境,达到吸引客人的目的。现代消费者对清洁卫生的重视远远高于产品本身。酒吧不同于一般的休闲娱乐场所,酒吧提供的大量的饮品都是以冰、冷为主,因此,清洁卫生关乎客人的健康和安危。清洁卫生的环境、清洁卫生的器具,以及调酒师、服务员的个人卫生,操作卫生都会给客人留下深刻印象。同样,也直接影响到酒吧的声誉,决定了客人的去和留。因此,良好的清洁卫生形象成了形象营销的重要组成部分。

二、酒吧服务营销

"服务营销"是一种通过关注顾客,进而提供服务,最终实现有利的交换的营销手段。实施服务营销首先必须明确服务对象,即"谁是顾客"。对于酒吧来说,酒吧的顾客就是消费者,应该把消费者看作上帝,提供优质的服务。通过服务,提高顾客满意度和建立顾客忠诚。

(一)实施服务营销的意义

(1)打造竞争优势。服务作为一种有效的市场竞争手段,既有利于增加顾客信任,又有利于超越竞争对手、形成竞争优势。酒吧必须通过制订综合性的服务计划,确保服务质量、改进服务水平、创新服务内容,进而达到改善服务、扩大服务宣传、形成竞争优势的目的,为酒吧的发展和成功奠定坚实有力的基础。

(2)增强顾客信任。服务作为一种有形产品的促销手段,能够有效解除顾客的后顾之忧、增强客户的购买信心。一旦顾客对服务非常满意并形成信赖,将成为企业独有的优势,有效地促进互惠互利的交换,最终实现企业的长远发展。顾客满意是顾客对企业和员工提供的产品和服务的直接性综合评价,是顾客对企业、产品、服务和员工的认可。顾客信任能够带来重复购买,从而增加企业的收入。同时,老顾客保持的时间越长,购买量就越大,招徕费用减少,可大大降低企业成本。

(3)满足服务需求,促进效益提升。随着服务需求的不断扩大,产品竞争趋于同质化,顾客对服务的需求却大有不同。酒吧在服务顾客的过程中,要让顾客感受到更大的价值,同时也为企业创造更多的价值,首先要按照市场标准分解顾客的需求,以确定顾客利益,确定顾客为获得商品、服务所付出的代价,提高顾客所拥有的价值,并将价值的内容通过服务概念的推广和对顾客的服务承诺表现出来,使顾客的服务需求得到最大程度的满足。需求的满足,又将刺激顾客进行更广泛的消费。

(4)开辟效益来源,推动企业发展。服务作为一个产品,具有营利性,能够为企业开辟新的经济增长点。酒吧可以充分利用服务的这一优势,在与顾客沟通过程中发挥服务的专长,打造个性化、差异化服务,逐步加大服务收入在整个销售中的比例,推动整体效益上升,为企业的发展注入新的活力。

（二）实施服务营销的路径选择

（1）开展绿色服务。酒吧可以通过在绿色领域的努力，在顾客心目中树立绿色形象。塑造绿色形象的途径很多，如争取获得绿色标志、积极参与各种环保活动、大力支持环保事业的发展、编印绿色宣传材料等。同时还要注重加强绿色管理，即将环保意识融入企业的经营管理之中，积极参与社区的环境整治活动，加强对员工的环保教育等。

（2）控制服务质量。控制和提高服务质量，一方面，要真正了解顾客的需要，只有真正了解顾客的需要并对顾客的期望做出正确的估计，才能更好地提供服务。另一方面，在正确估计顾客服务期望的基础上制定切实可行的服务质量规范，并提供始终如一的服务。制定服务规范应本着切实可行的原则，尽量将其具体化，便于服务人员操作。服务人员与顾客直接接触，其服务过程直接决定着服务质量，管理者应加强对服务人员的培训和管理工作。调查资料表明，当管理者很好地关心、支持和信任基层服务人员时，他们会把这种关心和尊重传递给顾客。

（3）注重互动营销。互动营销是指服务人员有意识地增强与顾客之间的关系，提高顾客所感知的服务质量。在服务过程中，顾客对服务质量的评价，不仅考虑服务人员的服务技能，还考虑服务人员的服务态度以及顾客与服务人员之间的关系。服务人员不能想当然地认为，只要提供了优良的技术服务，顾客就会感到满意。一般而言，服务项目越普通、服务技能的差异越小，对服务质量的评估越侧重于服务态度与服务关系。而服务的专业性、技术性越强，服务的内容和程序越复杂，对服务技能的评价就越困难，因而也越是需要运用互动营销来增进顾客对服务质量的理解度与满足感。

（4）营造服务特色。实施特色营销是服务企业提高竞争能力的重要手段。服务是无形的，因而难以像有形产品那样通过有形特征形成产品差异和产品特色。当各个服务企业所提供的服务同质化时，价格竞争便会十分激烈。因此，对服务企业而言，让顾客感觉到自己的服务与竞争对手不同，既相当困难，又十分重要，因为无形的特色会使经营更具魅力。企业的服务特色犹如一种特殊的"有价"商品，像一块磁铁，吸引了一批批回头客。营造服务特色是一项长期的行为，应特别注意持续性。因为服务的革新或改进，无法取得专利法律保护，极易被竞争企业模仿，服务企业必须长期坚持特色化营销，始终坚持创新经营，才能建立持久的竞争优势。实施服务特色营销，应从服务内容的差异化和企业形象的特色化两方面着手。服务内容的差异化是使本企业所提供的服务区别于其他企业的关键。它既可以是对主要服务内容的独特化，也可以是次要服务内容的特色化。这要依赖于企业管理层在营销策略上推陈出新、独树一帜，需要有丰富的操作经验和知识积淀；企业形象的特色化，通常是指通过 CI 系统树立品牌形象，使消费者形成固定的心理认知，有效抓住顾客群。

第二节　鸡尾酒会组织与管理

一、鸡尾酒会简介

（一）鸡尾酒会概念

鸡尾酒会也称酒会，是一种非常流行的宴请形式，通常以酒类、饮料为主，以各种小吃为辅来招待客人。一般酒的品种较多，并配以各种果汁，向客人提供不同酒类配合调制的混合饮料（即鸡尾酒）；还备有小吃，如三明治、面包、小鱼肠、炸春卷等（见图16-2）。

图16-2　鸡尾酒会

（二）鸡尾酒会特点

（1）不设座椅，不安排席位，宾客站着就餐、饮酒，可在室内随意走动，交际广泛。

（2）鸡尾酒会是一种简单、活泼的宴请形式，举行时间灵活，一般与正式时间错开或安排在正式宴会之前举行。

（3）举办酒会的场地不受限制，室内、室外均可，参加酒会的人员不受时间限制，迟到、早退均不失礼，来去自由，不受约束，减去很多繁文缛节，因而很受欢迎。

（4）酒会的酒水以鸡尾酒、啤酒为主，另外再加一些果汁、汽水等饮料，一般不供应烈性酒和较复杂的鸡尾酒。

（5）酒会进程简单，时间一般控制在1小时之内。

（三）鸡尾酒会礼仪

参加鸡尾酒会，应避免下列行为：

（1）既不能早到，也不宜晚走（提前1分钟，或者在活动结束前15分钟才到，然后又拖延着不走，这样都不好）。

（2）用又冷又湿的右手和人握手（记得用左手拿饮料）。
（3）右手拿过餐点就和别人握手（请用左手拿餐点）。
（4）和别人说话时东张西望，这是非常不礼貌的。
（5）抢着和贵宾谈话，不让别人有机会。
（6）硬拉着贵宾讨论严肃话题。
（7）霸占餐点桌，以致别的客人没机会接近食物。
（8）把烟灰弹到地毯上，或拿杯子当烟灰缸。

（四）鸡尾酒会注意事项

（1）鸡尾酒会通常不设座椅，目的是促使客人走动，增加交往范围。

（2）通常在宴会中，会由主人向主宾敬酒。在主人和主宾致辞祝酒时，其他人应暂停进餐，停止交谈，注意倾听。碰杯时，主人和主宾先碰，人多可同时举杯示意，不一定碰杯。祝酒时注意不要交叉碰杯，碰杯时要目视对方致意。

二、鸡尾酒会工作流程

（一）准备工作

（1）根据酒会预订要求，在酒会开始前45分钟布置好所需的酒水台、小吃台、食品台、酒会餐桌。
（2）准备好酒会所需的酒水饮料及配料、辅料。
（3）准备好与酒水配套的各式酒具，注意洗净擦干。
（4）做好员工的分配。

（二）迎接客人

（1）酒会开始时，引位员站在门口迎接客人，向客人问好，对客人的光临表示欢迎。
（2）注意统计客人人数。
（3）服务员、酒水员在规定的位置站好，迎接客人并问好。

（三）酒会服务

（1）酒会开始后，服务员要随时、主动地为客人服务酒水。服务酒水时，要将酒杯用托盘托送给客人。
（2）随时清理酒会桌上客人用过的餐具。

（3）随时更换烟缸，添加小口纸、牙签等用品。

（4）保持食品台的整洁，随时添加盘、餐具和食品。

（5）酒会中保证客人有充分的饮料和食品。

（四）收尾工作

客人离开后快速清台收拾餐器具、撤除临时性设备。

三、鸡尾酒会服务规范

（一）酒会预订规范

（1）预订员熟悉厅堂设施设备、接待能力、利用情况，具有丰富的酒水饮料知识。

（2）仪容仪表整洁、大方。

（3）能用外语提供预订服务。

（4）迎接、问候、预订操作语言和礼节礼貌运用得体。

（5）预订内容、要求、人数、标准和主办单位地址、电话、预订人等记录清楚、具体。

（二）厅堂布置

（1）鸡尾酒会厅堂布置与主办单位要求、酒会等级、规格相适应。

（2）厅堂酒台、餐台、主宾席区或主台摆放整齐，整体布局协调。

（3）大型酒会，根据主办单位要求设签到台、演说台、麦克风、摄影机，位置摆放合理。

（4）整个厅堂环境气氛轻松活泼，能体现酒会特点与等级规格。

（三）餐厅准备

（1）酒会开始前领班组织服务员摆台，布置酒会场地。

（2）主宾席或主宾席区设置合理，位置突出。

（3）酒水台、餐台摆放整齐美观，餐具、食品等准备齐全，布置有序。

（4）调酒员具有丰富的酒水饮料知识，熟悉各种鸡尾酒及饮品调配方法。

（5）酒会举办前 20 ~ 30 分钟，根据鸡尾酒菜单提前调好鸡尾酒，并将调好的鸡尾酒和饮品摆放整齐。

（6）酒水制作摆放美观，酒水供应充足及时。

（7）服务员熟悉菜单和酒水品种，并调整好精神状态，随时做好服务准备。

（四）迎接客人

客人来到餐厅门口，引座员要着装整洁，仪表端正，面带微笑，配合主办单位迎接、问候客人，表示欢迎，对主宾和主宾席区的客人应特别照顾。

（五）酒会服务

（1）酒会开始，服务员分区负责。
（2）为客人递送鸡尾酒、饮料、点心、小吃。
（3）服务迅速、准确，服务规范。
（4）主人讲话或祝酒，服务员主动配合，保证酒水供应。
（5）留心观察客人，主动及时提供服务。
（6）回答客人的问题礼貌、规范。
（7）随时为客人送酒，添加小吃，服务细致周到。
（8）酒会期间有舞会或文娱节目时，适时调整桌面，保证舞会或文娱演出顺利进行。

（六）告别客人

（1）酒会结束，征求主办单位和客人意见。
（2）及时送别客人，欢迎客人再次光临。
（3）客人离开后快速收拾餐器具，撤除临时性设备。

第三节　酒吧主题活动的组织实施

目前，酒吧经营的竞争已经异常激烈，在市场的竞争中要想占领市场，就必须不断创新，通过新颖的创意，组织各种营销活动。酒吧各种创新型促销活动或主题派对的组织能给客人带来新鲜感，从而减少审美疲劳，提高酒吧消费。

酒吧主题活动需要精心策划、周密组织。主题活动的灵感既可以来自各种中外节日，也可以结合市场特点策划一些主题派对。不管采用何种主题，都要提前准备、策划、宣传。常见的国外节日包括：愚人节、万圣节、光棍节、情人节、圣诞节等；中国传统的节日包括元旦、春节、五一、十一、七夕等。周末也是酒吧可以利用的组织活动的好时机。

除了节假日的主题活动外，还可以根据市场特点，组织一些独具特色的主题活动。

（1）歌手之夜。这个主题日，酒吧可以邀请歌手或乐队来酒吧进行专题演出或演奏某类专题乐曲，同时，也可以邀请有专长又具有表现欲的顾客共同参与，登台演唱或者使用乐器表演。

（2）鸡尾酒之夜。利用新鸡尾酒品种推广，或特定鸡尾酒推广的机会，举办鸡尾酒之夜活动，邀请本酒吧顶级的调酒师或当地杰出的调酒师登台表演，通过调酒技术的展示与表演，增加现场气氛，吸引顾客的消费。

（3）舞蹈之夜。劲舞永远是新潮年轻人的挚爱，利用这样的独特需求，酒吧可以举办舞蹈之夜、激情热舞之夜等主题活动，通过热烈激情的氛围，吸引新潮年轻一族，激发年轻人的激情。

（4）假面之夜。这个主题很多娱乐场所都会用到，每位入场的客人戴上自己喜欢的面具，在这一晚搭讪会增添神秘感，而各种面具会让你有一种进入童话世界的感觉，大大缓解紧张的心情。

（5）情侣之夜。一份免费水果拼盘，一支散发香味的蜡烛，两杯红葡萄酒或鸡尾酒，一支轻慢舒缓的钢琴曲，构成了情侣之夜的全部，营造一份安静氛围的同时，让情侣们置身于城市的喧嚣之外，尽享浪漫，尽情放松身心。

酒吧主题活动的开展有利于酒吧的收益及声名的远播，更有利于酒吧品牌的打造，从而吸引更多的顾客。

一、酒吧主题活动策划

（一）酒吧主题活动策划原则

（1）把握市场脉搏，选择有效的主题。营销主题活动的选择必须与目标消费者利益息息相关，能够引起他们的注意。在活动主题的选择方面需要关注两个特点：一是要有亲和力。活动主题能够让目标消费者感觉很近、很舒服，而不是觉得厌烦；二是要有可信度，产品、价格、活动的组织不能让消费者感觉到上当受骗。

（2）搭车借势。就是要善于通过借势来提升酒吧的知名度，面对新机会要快速切入，而不必过分考虑新市场的进入是否沿袭了其以往风格，会不会对其他产品产生消极影响。

（3）以崭新概念吸引顾客。酒吧活动主题必须具有新颖性和趣味性。既要有时代感，至少人们看到主题促销活动不会感到陈腐、乏味；还要有一定的新闻价值。主题在一定程度上能够引起社会舆论、媒体的正面关注,甚至愿意进行报道;此外,还要防止竞争对手的效仿,充分考虑到竞争对手会不会跟进、怎么跟进、怎么能够阻止跟进等。

(二)酒吧主题活动市场分析

(1)营销主题活动的使命、目的和目标分析。酒吧对营销主题活动的目的、目标、使命等进行分析,考虑到活动对酒吧的影响程度,通过活动能够提升酒吧知名度。

(2)市场分析。酒吧在确定主题活动前,先对酒吧的市场定位、主题定位进行分析,并进一步细分市场,有针对性地开展酒吧活动。

(3)需求分析。对酒吧消费群体进一步细化,分析酒吧目标消费者的消费需求,进而有效地开展主题活动。

(三)酒吧主题活动的策划

(1)策划方案。酒吧主题活动策划方案包括:策划背景、市场分析、活动整体思路、广告宣传策略、活动详细操作。

(2)促销方法。广告促销、广而告之,进行传播,以求刺激消费和购买行为,以及人员促销、酒吧营业推广。

二、酒吧主题活动组织实施

酒吧主题活动组织实施的内容包括:酒吧活动主题、时间、商家等确定,酒吧的内外部布置,酒吧活动主题内容安排,酒吧主题活动传播。

酒吧举办主题活动的主要目的:一是巩固老顾客,二是吸引新顾客。一般的促销活动对巩固老顾客能起到一定作用,但对吸引新顾客却苍白无力。究其原因是传播不到位。再好的促销活动,顾客不知道也就达不到活动目的。在考虑预算的前提下主题促销活动一定要把传播做好,传播的好坏将直接决定活动效果的好坏。

(1)设计主视觉。酒吧活动经常忽略这个细节,认为确定了主题就可以了,其实并不然。必须要设计一个图标,而且表现手法要符合视觉设计(VI)的要求。这样做的目的就是便于传播主题。设计好的图标,无论在广告片里还是在海报上,使用方法要严格统一,大小比例和颜色都要严格把关。

(2)均衡传播。人们一般认为促销活动是线下的事情,和媒体没关系,这是误区。主题促销活动一定要在线上和线下均衡传播。线上主要靠电视、报纸、杂志和网络等媒体,必要时采用新闻等其他方式进行补充。

(3)不断刷新传播内容。促销活动毕竟不是打产品广告,因此一定要紧随活动脉搏，刷新传播内容。基于促销活动的短期性特点和节约费用原则，制作环节可以采用数码摄像机或动画来完成。但一定要保证质量。其余的报纸、杂志、网络和终端等传播，根据活动节奏随时都可以更新内容。但记住一点：没有特殊情况主题千万不能乱变。这样做的好处是提高与消费者的沟通效率，让活动更加有声有色，且将主题顺利地送达消费者的长期记忆里。

相关链接 🔍搜索

5月15日活动企划案——异国风情嘻哈牛仔夜

1. 活动目的

（1）展现 GAGA 酒吧承办重要节日活动的实力，提升 GAGA 酒吧的知名度与美誉度。

（2）聚集人气，吸引潜在消费群的目光。

2. 活动时间

2011 年 5 月 15 日。

3. 活动布置

（1）活动当晚酒水消费满 1000 元均可获得"限量版嘻哈牛仔帽"一顶。

（2）活动当晚凡消费均可参加抽奖。

（3）活动当晚 11 点前到场嘉宾，凡穿牛仔衫、牛仔裤均可获得由本酒吧提供的精美礼品一份。

（4）著名 DJ：Mitsuari Wijaya 挑战音乐极限。

（5）近 30 名外国嘉宾打造异国嘻哈风。

（6）嘻哈牛仔成品舞。

（7）活动当晚音乐以 Hip-Hop 为主，VJ 播放 Hip-Hop 相关视频，并滚动播放酒水促销字母。

4. 活动流程

开场：（1）门口布置礼品桌。

（2）外籍嘉宾进场，安排在中间散台，每 3 人一桌，分发牛仔帽。

中场：（1）歌手演唱嘻哈风歌曲，DS、小蜜蜂服装尽量与主题符合。MC 配合现场气氛激情喊麦。

（2）嘉宾上场时全场配合互动。

（3）保安加强安保工作，确保现场秩序。

晚场：（1）营销、服务员加强二次促销。

（2）营业结束时，服务员将桌上酒水促销台卡收起，并交至部门负责人处。现场如有遗留活动礼品，及时上交至部门负责人处。

 **复习与思考**

一、名词解释
理念　服务营销

二、填空题
1. 产品包含_____、_____、_____三方面。
2. 就目前情况来讲，_____、_____、_____、_____是酒吧主导的营销策略。
3. 跨界营销的主要内容包括：_____、_____、_____、_____。

三、判断题
用一个公式可概况品牌的内涵：名牌＝理念＋产品＋炒作。（　　）

四、简答题
1. 简述形象营销的内容。
2. 简述服务营销实施的路径。
3. 鸡尾酒会特点有哪些？

五、案例分析

节日酒水

节日为酒吧主题活动创造了良好的机会。很多酒吧利用节日搞一些有特色主题的促销活动吸引更多的客人，有些酒吧特制各种节日酒水，增加酒水销售。

1. 春节

春节是中华民族的传统节日。在这个节日亲朋好友聚在一起，互相祝贺新年。酒吧应利用这一节日举办守岁、喝春酒、谢神、戏曲表演等活动，来渲染节日气氛，吸引顾客。春节期间顾客大多以家庭团圆、亲朋聚会为主，酒吧酒水推销应以经济实惠为主，价格适中，如果汁、软饮料、啤酒、葡萄酒以及低酒精饮料等。

2. 元宵节

农历正月十五，我国各地都举办花灯、舞狮子、踩高跷、划旱船、扭秧歌等传统活动。酒吧可利用自身的设施和场地举办元宵节卡拉OK、舞会专场。元宵节光顾酒吧多以单位、公司同事为主，酒水推销也应考虑节日气氛，以低酒精饮料或软饮料为主。

3. 情人节

2月14日，是西方人较为浪漫的节日。现在我国年轻人多过此节日。酒吧可以举办情人节舞会或化装舞会，一方面可特制年轻人喜欢的鸡尾酒；另一方面增加鲜花的销售。

4. 复活节

每年春分月圆的第一个星期日为西方的复活节。复活节期间，酒吧可绘制彩蛋出售或赠送，推销带有复活节气氛的饮品。

5. 中秋节

中秋是我国的传统节日。酒吧可根据中秋节特点举办赏月、民乐演奏等活动推出思亲酒，让人们边赏月、边吃月饼、边饮酒，增加节日情趣。

6. 圣诞节

12月25日是西方的一大节日。在我国，一些公司、企业、机关利用这一时间举行年末聚会。酒吧的圣诞活动一般持续到元旦，这是酒吧经营的黄金时段。酒吧应采取各种活动尽量推销各种酒水。

根据以上案例回答如下问题：

依据案例中重大节日，以5人为一组制订相关酒吧主题策划，定岗分配任务，制订策划书、酒水营销方案，并且由一名公关部人员进行酒水促销和活动介绍展示。

附 录

试卷 A

试卷 B

复习与思考参考答案

参考文献

［1］李丽.世界美酒百科全书［M］.广州：广东经济出版社，2021.

［2］科多尼耶·拉鲁斯.世界葡萄酒百科全书［M］.邓欣雨，译.北京：中国轻工业出版社，2017.

［3］林江.酒的全事典［M］.北京：中信出版集团，2018.

［4］蔡洪胜.酒水知识与酒吧管理［M］.北京：清华大学出版社，2020.

［5］贺正柏，祝红文.酒水知识与酒吧管理［M］.5版.北京：旅游教育出版社，2021.

［6］知酒网，https://www.sxmch.com/culture/.

［7］中国调酒师网，http://www.tiaojiushi.com/.

［8］中国酒文化网，http://www.zgjwhw.cn/.

项目策划：段向民
责任编辑：张芸艳
责任印制：钱　宬
封面设计：武爱听

图书在版编目（CIP）数据

酒水知识与酒吧管理 / 匡家庆主编；汪京强副主编．
-- 3版． -- 北京：中国旅游出版社，2023.7（2025.7重印）
"十四五"职业教育国家规划教材
ISBN 978-7-5032-7180-9

Ⅰ．①酒… Ⅱ．①匡… ②汪… Ⅲ．①酒－基本知识－职业教育－教材②酒吧－经营管理－职业教育－教材
Ⅳ．①TS971 ②F719.3

中国国家版本馆CIP数据核字(2023)第148764号

书　　名：	酒水知识与酒吧管理（第三版）
主　　编：	匡家庆
副 主 编：	汪京强
出版发行：	中国旅游出版社
	（北京静安东里6号　邮编：100028）
	http://www.cttp.net.cn　E-mail:cttp@mct.gov.cn
	营销中心电话：010-57377103，010-57377106
	读者服务部电话：010-57377107
排　　版：	北京旅教文化传播有限公司
经　　销：	全国各地新华书店
印　　刷：	三河市灵山芝兰印刷有限公司
版　　次：	2023年7月第3版　2025年7月第5次印刷
开　　本：	787毫米×1092毫米　1/16
印　　张：	25
字　　数：	500千
定　　价：	49.80元
ISBN	978-7-5032-7180-9

版权所有　翻印必究
如发现质量问题，请直接与营销中心联系调换